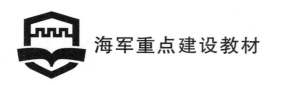
海军重点建设教材

# 自动测试技术

肖支才　王朕　聂新华　秦亮　主编

北京航空航天大学出版社

# 内 容 简 介

本书主要介绍自动测试基本原理及其相关知识,全书共 12 章,分为五个部分。第一部分(第 1 和第 2 章)主要讲述测量、测试、总线、接口等自动测试技术的基本概念,扩展阅读部分简要介绍下一代自动测试系统的若干关键技术。第二部分(第 3 至第 7 章)主要讲述自动测试系统中的总线技术,包括串行通信总线(如,RS-232C/422/485 总线、1553 总线)、并行通信总线(如,GPIB 总线)和系统总线(如,VXI 总线、PXI 总线和 LXI 总线)。第三部分(第 8 和第 9 章)主要讲述自动测试系统软件开发环境、虚拟仪器软件架构 VISA、可编程程控命令 SCPI 以及测试仪器模块驱动程序的开发。第四部分(第 10 和第 11 章)主要讲述自动测试系统的集成技术和抗干扰技术,扩展阅读部分介绍电子设备的电磁兼容试验标准。第五部分(第 12 章)介绍电子设备的故障诊断与维修基础知识,为学生进一步学习或实际开展测试、诊断、维修工作奠定基础。本书内容理论联系实际、实用性强,尤其注重普遍性和先进性,可为本科学员更好地掌握电子装备测试系统的工作原理、熟练使用各型自动测试设备以及对自动测试设备进行维修提供理论基础和实践指导。

本书主要作为军事院校测控工程等相关专业学员本科学历教育教材,也可供相关领域的工程技术人员参考。

**图书在版编目(CIP)数据**

自动测试技术 / 肖支才等主编 . -- 北京 : 北京航空航天大学出版社,2017.6

ISBN 978 - 7 - 5124 - 2377 - 0

Ⅰ.①自… Ⅱ.①肖… Ⅲ.①自动测试系统 Ⅳ.①TP274

中国版本图书馆 CIP 数据核字(2017)第 081396 号

**自动测试技术**

肖支才　王朕　聂新华　秦亮　主编

责任编辑　金友泉

\*

北京航空航天大学出版社出版发行

北京市海淀区学院路 37 号(邮编 100191)　http://www.buaapress.com.cn

发行部电话:(010)82317024　传真:(010)82328026

读者信箱:goodtextbook@126.com　邮购电话:(010)82316936

北京兴华昌盛印刷有限公司印装　各地书店经销

\*

开本:787×1 092　1/16　印张:21.75　字数:557 千字

2017 年 8 月第 1 版　2017 年 8 月第 1 次印刷　印数:3 000 册

ISBN 978 - 7 - 5124 - 2377 - 0　定价:45.00 元

# 前　　言

随着现代科学技术的发展,电子设备日趋复杂,自动化程度也越来越高,自动测试技术越来越广泛地应用于工业设备和武器装备的测试与故障诊断中。为深入阐述自动测试基本理念,紧密跟踪当前自动测试技术发展方向,结合应用背景以及笔者的实践经验,编写了本教材。

全书共分12章。第1章为概论,介绍自动测试系统的基本概念、发展历程、评价指标及现代测试系统的体系结构,扩展阅读部分介绍下一代自动测试系统的计划、体系结构和关键技术。第2章为测量误差,介绍测量误差的分类、表示形式、消除及数据的预处理等内容。第3章为串行通信接口总线技术,首先介绍总线和串行通信的相关概念,然后介绍典型的 RS-232C/422/485 串行通信总线的组成、使用等内容,最后介绍 1553 总线的硬件组成和信息传输格式等内容。第4章为 GPIB 接口总线技术,主要介绍 GPIB(又称为 IEEE 488)并行总线的结构、接口功能、三线挂钩、消息编码和 IEEE 488.2 总线等,同时还以基于 GPIB 的自动化驾驶仪通用化测试设备作为应用案例进行讲解。第5章为 VXI 总线技术,主要介绍 VXI 总线的发展概况、机械结构、电气规范、基本功能和控制方案等内容,最后以基于该技术的某型电子装备通用化测试系统作为具体应用案例进行介绍。第6章为 PXI 总线技术,分别从基本概念、机械规范、电气规范和软件规范等方面介绍 PXI 总线技术,并给出了具体应用实例,即某型通用电子装备测试信号在线监测录取系统。第7章为网络化测试与 LXI 总线技术,主要介绍 LXI 总线的网络相关协议、物理规范、触发机制,最后以基于该技术的某型装备测试系统作为应用实例。第8章为自动测试系统软件开发环境,着重介绍 LabVIEW、LabWindows/CVI 等两种主流软件开发环境,扩展阅读部分简要介绍 Atlas 软件开发环境的相关知识。第9章为测试仪器驱动程序开发,首先介绍虚拟仪器软件架构 VISA 和可编程仪器标准命令 SCPI,最后介绍 VPP 和 IVI 仪器驱动程序的开发步骤。第10章为自动测试系统集成技术,首先介绍自动测试系统的开发和集成的主要步骤与流程,其次以某型通用测试平台作为开发实例,对自动测试系统的集成技术进行深入讲解。第11章为自动测试系统的抗干扰技术,分别介绍干扰的基本概念、干扰的模式、耦合途径、干扰抑制技术及计算机系统的抗干扰技术,扩展阅读部分介绍了电磁兼容试验标准,即信息技术设备的定义、限值、电磁兼容测量方法及抗干扰度试验等,重点讲述了电磁兼容测量方法及抗干扰度实验。第12章为诊断与维修技术基础,介绍电子设备故障诊断与维修的基本概念,常用电子设备故障诊断与设备维修的技术与方法。

本教材由肖支才副教授、王朕副教授共同编写,秦亮讲师和聂新华讲师在编写过程中绘制了大量插图。史贤俊教授担任本书的主审,并提出了许多宝贵的意见,在此表示诚挚的谢意。

在本书的编写过程中,参考了大量国内外书刊资料、兄弟院校的相关教材、部分学术及学位论文,在此对原作者致以深深的谢意。同时,海军航空工程学院控制工程系、训练部教务处等领导机关给予了极大支持,在此表示衷心感谢。

由于水平有限,编写时间仓促,错误疏漏在所难免,恳请读者、专家批评指正并联系我们,修订时一定予以更正。

编　者
2017 年 5 月

# 目　　录

# 第 1 章　概　论

随着武器装备或电子设备功能越来越强大,结构越来越复杂,其维护保障任务也越来越艰巨。在计算机控制下实现对复杂装备、设备的自动测试越来越受到重视,相对应的自动测试技术发展越来越迅速、应用越来越广泛,对自动测试技术的学习与应用也越来越受到重视。本章主要对自动测试系统的基本概念、发展历程、评价指标、现代体系结构等内容进行简要介绍。

## 1.1　基本概念

### 1.1.1　测量与测试

以确定量值为目的的一组操作称为测量。一组操作的结果可得到量值,或者进一步说可以得到数据,这组操作称为测量。例如:某人的身高 1.78 m 是通过测量得到的,而对某固体表面所进行的硬度试验,不能称为测量,因为这一操作并不能给出量值。

在生产和科学实验中经常进行的满足一定准确度要求的试验性测量过程称为测试。例如,交流电源相关技术指标均有准确度要求,比如说其输出电压为(115±5) V,频率为(400±5) Hz,波形失真度<3%,这时,对该交流电源的技术指标进行试验性的测量过程称为测试。

测试与测量概念的区别体现在以下几个方面:

① 测试是指试验研究性质的测量过程。这种测量可能没有正式计量标准,只能用一些有意义的方法或参数去"测评"对象状态或性能,比如对人能力的测评和不规则信号的测量都属这种性质。

② 测试也可指只着眼于定性而不重定量的测量过程。比如,数字电路测试主要是确定逻辑电压的高低而非逻辑电压的准确值。这种测量过程也称为测试。

③ 测试也可以指试验和测量的全过程。这种过程既是定量的,也是定性的,其目的在于鉴定被测对象的性质和特征。

因此可以这么理解:测试与测量两个概念的基本含义是一致的,但测试概念的外延更宽,更注重强调试验性质与过程。

### 1.1.2　自动测试与自动测试系统

与测试相关的因素包括人、测试仪器或系统、测试对象。根据人在测试过程中的参与程度,可将测试分为自动测试、半自动测试和手动测试。测试系统开始工作后,在没有人参与的情况下,按照预先设定的流程自动对被测对象进行测试并直接给出结果的,称为自动测试;测试系统开始工作后,人参与部分的测试工作,如测试条件的构成、测试结果的判断等,这种测试称为半自动测试;测试系统开始工作后,人参与每个参数的测试,如选择测试位置、手段、方法等,这种测试称为手动测试。

自动测试系统(Automatic Test System,ATS)是指采用计算机控制,能实现自动测试的系统,是自动完成激励、测量、数据处理并显示或输出测试结果的一类系统的统称。这类系统通常是在标准的仪器总线(如 CAMAC、GPIB、VXI、PXI 等)的基础上组建而成的,具有高速度、高精度、多功能、多参数和宽测量范围等众多特点。

根据应用环境和需求的不同,ATS 的规模也不尽相同。最简单的 ATS 可以仅由一台智能测试仪器组成,大规模的 ATS 可以由一台计算机控制下的许多测试仪器组成,甚至可以由分布在不同地理位置的若干个测试系统构成。但不论哪种情况,从 ATS 组成而言,都由自动测试设备(Automatic Test Equipment,ATE)、测试程序集(Test Program Set,TPS)和 TPS 软件开发工具组成,如图 1-1 所示。

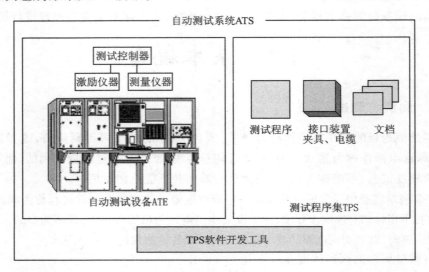

图 1-1　自动测试系统组成

ATE 是指用来完成测试任务的全部硬件资源的总称。ATE 本身可能是很小的便携设备,也可能是由多个机柜、多台仪器组成的庞大系统。为适应机载、舰载或机动运输的需要,ATE 往往选用加固型商用设备或者商用货架设备(COTS)。ATE 的核心是计算机,并通过计算机实现对各种复杂的测试仪器如数字万用表、波形分析仪、信号发生器及开关组件的控制。在测控软件的控制下,ATE 为被测对象中的电路或部件提供其工作所需的激励信号,然后在相应的引脚、端口或连接点上测量被测对象的响应,对各种物理量进行测量或给出测量结果,从而确定该被测对象是否达到规范中规定的功能或性能。

TPS 是与被测对象及其测试要求密切相关的。典型的测试程序集由三部分组成,即测试程序软件、测试接口适配器和被测对象测试所需的各种文件。测试软件通常用标准测试语言编写,如 Atlas、LabWindows/CVI 等。ATE 中的计算机运行测试软件,控制 ATE 中的激励设备、测量仪器、电源及开关组件等,将激励信号施加到所需位置,并且在合适的点来测量被测对象的相应信号,然后再由测试软件来分析测量结果并确定可能是故障的事件,进而提示维修人员更换某一个或几个部件。由于每个被测对象有着不同的连接要求和输入/输出端口,因此通常要求有相应的接口设备,即接口适配器,其主要完成测试对象到测试设备的正确、可靠的连接。

开发测试软件要使用一系列的工具,这些工具统称为测试程序集成开发工具,如各种测试软件的集成开发环境。

### 1.1.3 自动测试技术

自动测试技术是自动化科学技术的一个重要分支,是在仪器仪表的使用、研制、生产的基础上发展起来的一项涉及多个学科领域的综合性技术。

**1. 自动测试技术的研究内容**

自动测试技术的主要研究内容包括测量原理、测量方法、测量系统和数据处理四个方面。

测量原理是指测量所依据的物理原理。不同性质的被测量用不同原理去测量,同一性质的被测量也可用不同原理去测量。测量原理研究涉及物理学、热学、力学、电学、光学、声学和生物学等知识。测量原理的选择主要取决于被测量物理化学性质、测量范围、性能要求和环境条件等因素。测量原理的更新和发展,新的测量原理的研究与探索始终是测试技术发展的一个活跃领域。

测量方法是指人们依据测量原理完成测量的具体方式。一般按测量结果产生的方式,将测量方法分为直接测量、间接测量和组合测量三种。

① 直接测量:在测量中,将待测量与作为标准的物理量直接比较,从而得到被测量的数值,这类测量称为直接测量。

② 间接测量:在测量中,对与被测量有确定函数关系的其他物理量(也称原始参数)进行直接测量,然后通过计算获得被测量数值,这类测量称为间接测量。

③ 组合测量:测量中各个未知量以不同的组合形式出现,综合直接或间接测量所获得的数据,通过求解联立方程组以求得未知量的数值,这类测量称为组合测量。

测量系统是指完成具体测量任务的各种仪器仪表所构成的实际系统。按照信息传输方式,测量系统可分为模拟式和数字式两种。无论是哪种测量系统,一般都是由传感器、信号调理电路、数据处理与显示装置、输出装置等组成。其中,数字式测量系统由于信息传输均采用数字化信息,具有抗干扰能力强、速度快、精度高、功能全等优点,是目前测量系统的发展方向。

测量数据的精度不仅取决于测量原理、测量方法和测量系统,很大程度上也与数据处理密切相关。统计分析、数字信号处理都是测量数据处理中常用的算法。研究先进、快速、高效的数据处理算法,研制集数据采集、分析、管理和显示为一体的数据处理系统与软件,是现代测量系统的一个重要发展方向。

**2. 自动测试技术的分类**

测试技术分类有多种方式,如按应用的工程领域划分,测试技术包括机械测试、航空测试、水声测试等;目前,通常按照测试信号特征将测试技术划分为时域测试、频域测试、数据域测试和统计域测试四大类。

(1) 时域测试

时域测试就是在时间域观察动态信号随时间的变化过程,研究动态系统瞬态特性,测量各种动态参数。常见的时域测试仪器有示波器、波形记录仪等。

(2) 频域测试

频域测试就是在频率域观察信号频率的组成,测量信号频率的响应特性,获取信号频谱图像。事实上,频域测试与时域测试是研究同一过程的两种方法,通过数学上的傅里叶(Fourier)正变换和逆变换,可以建立时域测试与频域测试的对应关系。常见的频域测试仪器有频谱分析仪和网络分析仪等。

（3）数据域测试

时域和频域方法对于模拟电路和系统是行之有效的分析和测试方法，但对复杂的数字电路和系统未必有效。众所周知，数字信号采用二进制逻辑状态 0、1 来表示信号特性，与信号波形无关，而且正常的数据流中经常混杂错误信息。因此，数字电路与系统的测试需要新的方法和仪器。由于数字系统处理的是二进制信息（一般称为"数据"），所以数字系统测试也就被称为数据域测试。最常见的数据域测试仪器是逻辑分析仪。

（4）统计域测试

统计域测试一般是指对随机信号的统计特性进行测试，也包括具有特定统计规律的随机信号，通过对系统响应的统计测试，实现对被测系统的统计特性研究或实现对噪声污染信号的精确检测。描述随机过程统计特性的主要参数包括：均值、标准偏差、方差、自相关函数和互相关函数以及谱密度函数等。

统计域测试中有两种基本激励信号：一种是白噪声信号，常用于系统的动态测试或对系统工作性能进行估测；另一种是伪随机信号，是一组由计算机直接产生的二进制数字序列，具有与随机信号一样的频谱和高斯概率分布特性。

### 1.1.4　总线和接口

在自动测试系统中，讨论最多的是总线和接口等相关概念。那么什么是总线，什么是接口？下面分别对其进行简要介绍。

#### 1. 总线和接口的定义

总线存在于不同的应用领域，例如，在微型计算机系统中，利用 PC 总线来实现芯片内部、印刷电路板部件之间、机箱内各功能插件板之间、主机与外部器件之间的连接与通信，这通常是计算机制造商们所研究和关心的问题。然而，在工业测控的现场，总线则主要研究如何将数据采集检测与传感技术、计算机技术和自动控制理论应用于工业生产的过程控制中，并设计出由微机控制的自动化过程控制系统。同理，自动测试系统中的测试总线则是应用于测试与测量（Test & Measurement）领域内的一种总线技术，其主要研究如何在控制器与仪器模块之间、各个仪器模块之间、系统与系统之间进行有效通信、触发与控制。

总线从物理形式上讲是一组信号线的集合，是系统中各功能部件之间进行信息传输的公共通道。定义和规范测试总线的目的是使系统设计者只需根据总线的规则去设计，选择符合该总线规范的标准化测试仪器直接与总线连接而无须单独设计接口，因而简化了系统软硬件的设计，使系统组建简易方便，可靠性高，也使系统更易于扩充和升级。

接口是一个自动测试系统内计算机与仪器、仪器与仪器之间相互连接的通道。接口的基本功能是管理它们之间的数据、状态和控制信息的传输、交换，并提供所需的同步信号，完成设备之间数据通信时的速度匹配、时序匹配、信息格式匹配和信息类型匹配。因此，在设计一个以计算机为中心的测量控制系统时，设计和选择一个合适的接口成为系统设计的重要环节。接口按数据传输工作方式可分为串行接口和并行接口。串行接口数据信息是按位流顺序传输，采用 ASCII 码或 BCD 码；而并行接口中数据信息是按位流并行传输。

总线和接口的概念密不可分，紧密相随，总线是接口的总线，接口是总线的接口，很多场合两者混淆使用或者用一个概念表示两个概念的含义。

## 2. 总线技术规范

一个测试总线要成为一种标准总线,使不同厂商生产的仪器器件都能挂在这条总线上,可互换和组合,并能维持正常的工作,就要对这种总线进行周密的设计和严格的规定,也就是制定详细的总线规范。各生产厂商只要按照总线规范去设计和生产自己的产品,就能挂在这样的标准总线上运行,既方便了厂家生产,也为用户组装自己的自动测试系统带来灵活性和便利性。无论哪种标准的总线规范,一般都应包括以下三方面内容:

(1)机械结构规范

规定总线扩展槽的各种尺寸,规定模块插卡的各种尺寸和边沿连接器的规格及位置。

(2)电气规范

规定信号的高低电压、信号动态转换时间、负载能力和最大额定值等。

(3)功能结构规范

规定总线上每条信号的名称和功能、相互作用的协议及功能结构规范是总线的核心。功能结构规范通常是以时序及状态来描述信息的交换与流向,以及信息的管理规则。总线功能结构规范包括:

① 数据线,地址线,读/写控制逻辑线,模块识别线,时钟同步线,触发线和电源/地线等。
② 中断机制的关键参数是中断线数量、直接中断能力、中断类型等。
③ 总线主控仲裁。
④ 应用逻辑,如挂钩联络线、复位、自启动、状态维护等。

## 3. 总线主要功能指标

总线的主要功能是完成模块间或系统间的通信。因此,总线能否保证相互间的通信通畅是衡量总线性能的关键指标。总线的一个信息传输过程可分为请求总线、总线裁决、寻址目的地址、信息传送、错误检测几个阶段。不同总线在各阶段所采用的处理方法各异。其中,信息传送是影响总线通信通畅的关键因素。

总线的主要功能指标有以下 6 种。

(1)总线宽度

总线宽度是指数据总线的宽度,以位数为单位。如 16 位总线、32 位总线,指的是总线具有 16 位数据和 32 位数据的传送能力。

(2)寻址能力

寻址能力是指地址总线的位数及所能直接寻址的存储器空间的大小。一般来说,地址线位数越多,所能寻址的地址空间越大。

(3)总线频率

总线周期是微处理器完成一步完整操作的最小时间单位。总线频率就是总线周期的倒数,它是总线工作速度的一个重要参数。工作频率越高,传输速度越快。通常用 MHz 表示,如 33 MHz、66 MHz、100 MHz、133 MHz 等。

(4)传输率

总线传输率是指在某种数据传输方式下总线所能达到的数据传输速率,即每秒传送字节数,单位为 MB/s,总线传输率为

$$Q = W \times f / N$$

式中:$W$ 为数据宽度,以字节为单位即总线位数/8;$f$ 为总线时钟频率,以 Hz 为单位;$N$ 为完

成一次数据传送所需的时钟周期个数。

如一种总线宽度为 32 位,总线频率为 66 MHz,且一次数据传送需 8 个时钟周期,则数据传输率为:32/8 Byte×66 MHz＝264 MB/s,即传输速率为 264 兆字节每秒。

(5) 总线的定时协议

在总线上进行信息传送,必须遵守定时规则,以使源与目的同步。定时协议主要有以下几种:

① 同步总线定时:信息传送由公共时钟控制,公共时钟连接到所有模块,所有操作都是在公共时钟的固定时间发生,不依赖于源或目的。

② 异步总线定时:是指一个信号出现在总线上的时刻取决于前一个信号的出现,即信号的改变是顺序发生的,且每一操作由源(或目的)的特定跳变所确定。

③ 半同步总线定时:它是前两种总线挂钩方式的混合。它在操作之间的时间间隔内可以变化,但仅能为公共时钟周期的整数倍,半同步总线具有同步总线的速度以及异步总线的通用性。

(6) 负载能力

负载能力是指总线上所有能挂连的器件个数,由于总线上只有扩展槽能提供给用户使用,故负载能力一般是指总线上的扩展槽个数,即可连到总线上的扩展电路板的个数。

### 4. 总线的分类

根据其在 ATS 中所担任的功能角色,测试总线通常可分成三种类型:控制总线、系统总线和通信接口总线。

(1) 控制总线

控制总线是一种流行的微型计算机总线。它是测试总线的基础,是最重要的核心部分。事实上,测试总线均是在一种高速的计算机总线的基础上经测试仪器功能的扩展而构成的。

控制总线通常由微处理器(CPU)主总线(Host Bus)和数据传输总线(DTB)等所组成。其中,DTB 中包括了地址线、数据线和控制线的数据。为了满足更高的带宽和高速可靠的数据传送功能,在新一代的计算机总线中引入了局部总线技术。通过采用局部总线,一个高性能的 CPU 主总线可以支持很高的数据传输率给挂在主总线上的各个器件模块。

目前,在测试总线中常见的控制总线有 VME 总线和 PCI 总线。

(2) 系统总线

系统总线又称为内总线,是指模块式仪器机箱内的底板总线,用来实现系统机箱中各种功能模块之间的互联,并构成一个自动化测试系统。系统总线包括计算机局部总线、触发总线、时钟和同步总线、仪器模块公用总线、模块识别总线和模块间的接地总线等。选择一个标准化的系统总线,并通过适当地选择各种仪器模块来组建一个符合要求的自动化测试系统,可使得开放型互联模块式仪器能在机械、电气、功能上兼容,以保证各种命令和测试数据在测试系统中准确无误地传递。目前,较普遍采用的标准化系统总线有 VXI 总线、Compact PCI 总线和 PXI 总线。

(3) 通信接口总线

通信接口总线又称为外总线,它用于系统控制计算机与挂在系统内总线上的模块仪器卡之间,或系统控制器与台式仪器间的通信通道。外总线的数据传输方式不但可以是并行的(如 MXI-2 和 GPIB 总线),也可以是串行的(如 RS-232C 和 USB 总线)。

并行接口总线采用并行的数据传输方式,有多条数据线、地址线和控制线,因此传输速度快,但并行总线的长度不能过长,通常少于几米,这就要求采用并行外总线的系统必须与控制器相邻。

串行接口总线则采用数据串行传输方式,数据按位的顺序依次传输,因此数据总线的线数较少,仅需有 2～4 线,总线的地址和控制功能通常通过通信协议软件来实现。串行外总线虽然传输速度较慢,但是可以适用于外控器件与测试系统有较远传输距离的场合。

目前,较普遍采用的通信接口总线有 GPIB(IEEE 488)总线、MXI-2 总线、USB 总线、IEEE 1394 总线、RS-232C/RS-485 总线等。

# 1.2 自动测试系统发展历程

自动测试系统的发展经历了从专用型向通用型发展的过程。在早期,仅侧重于自动测试设备(ATE)本体的研制,近年来,则着眼于建立整个自动测试系统体系结构,同时注重 ATE 研制和 TPS 的开发及其可移植性。

自动测试技术首先是由于军事上的需要而发展起来的。1956 年,为解决日益增加的复杂武器系统测试问题,美国国防部开始了一个称为 SETE(Secretariat to the Electronic Test Equipment Coordination Group)计划的研究项目,标志着大规模现代自动测试技术研究的开始。该项目设想的最终目标是不必依靠任何有关的测试技术文件,由非熟练的人员上机进行几乎全自动的操作,完成各种测试项目,通过灵活的程序设计,还可以适应任何具体测试任务。在当时条件下,虽然该计划花费了可观的经费,最终却没有达到上述预期目标。

原因在于自动测试系统存在以下 3 个方面的问题:

① 尽管采用了高速计算机来控制测试系统,但系统中的测试仪器以及被测对象却常常无法满足响应计算机速度的要求。

② 虽然对操作人员的测试技能要求降低了,但对测试工程师的程序设计能力与技巧的要求却提高了。

③ 虽然测试手册和测试指南等技术文件减少了,但又增加了许多程序指令和编程说明在内的技术文档。尽管如此,自动测试技术的思想还是很快为广大测试工程师所接受。

随着测试技术的发展,到 20 世纪 60 年代末,自动测试技术突破了原先军事应用的狭窄范围,在工业领域得到应用,市场上出现了成套的自动测试系统。目前,自动测试技术已经成为航空、航天、电子、通信等众多领域不可缺少的关键技术之一,其发展历程大致可以分为三代。

## 1.2.1 第一代自动测试系统

第一代自动测试系统多为专用系统,主要用于测试工作量很大的重复测试,或者用于高可靠性的复杂测试,或者用来提高测试速度,在短时间内完成规定的测试,或者用于人员难以进入的恶劣环境。计算机主要用来进行逻辑或定时控制,由于当时计算机缺乏标准接口,技术比较复杂,其主要功能是进行数据自动采集与分析,完成大量重复的测试工作,以便快速获得测试结果。图 1-2 所示的第一代自动测试系统包括计算机、可程控仪器等。为了使各仪器和控制器之间进行信息交换,必须研制接口电路,各个仪器厂家的接口电路是不兼容的,需要的程控仪器较多时,不但研制的工作量大,费用高,而且系统的适应性很差。系统设计者并未充分

考虑所选仪器/设备的复用性、通用性和互换性问题,带来的突出问题是:

① 若复杂的被测对象的所有功能、性能测试全部采用专用型自动测试系统,则所需要的自动测试系统数目巨大,费用十分高昂。

② 由于这类专用系统中,仪器/设备的可复用性差,一旦被测对象退役,为其服务的一大批专用自动测试系统也随之报废,测试设备方面的费用浪费惊人。

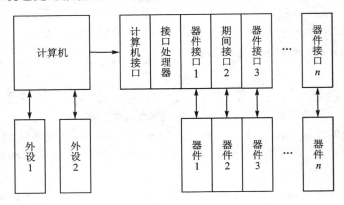

图 1-2　第一代自动测试系统框图

尽管有上述种种缺点,但是沿用第一代自动测试系统构建思想的小型化专用测试系统仍在应用,各式各样的针对特定测试对象的智能检测仪就是其中的典型例子。近十余年来,随着计算机技术的发展,特别是随着单片机与嵌入式系统应用技术以及能支持第一代自动测试系统快速组成的计算机总线(如 PC-104)技术的飞速发展,这类自动测试系统已具有新的测试思路、研制策略和技术的支持。

第一代自动测试系统是从人工测试向自动测试迈出的重要一步,它在测试功能、性能、测试速度和效率,以及使用方便等方面明显优于人工测试,能够完成一些人工测试无法完成的任务。

### 1.2.2　第二代自动测试系统

第二代自动测试系统的特点是采用标准接口总线系统,测试系统中的各器件/仪器按照规定的形式连接在一起,在标准的接口总线的基础上,以积木方式组建在一起,具有代表性的是 GPIB(General Purpose Interface Bus)接口系统。

如图 1-3 所示,第二代自动测试系统的组成除被测对象和电源部分外,主要由计算机系统、测量控制系统、接口总线系统三大部分组成。也就是说,计算机、可程控仪器和 IEEE-488 标准总线系统是构成第二代自动测试系统的三大支柱。

通用接口总线 GPIB,在美国亦称为 IEEE-488 或者 HP-IB,在欧洲、日本称为 IEC 625。在我国,通常称为 GPIB 或 IEEE-488 总线,并已公布了相应的国家标准。

第二代自动测试系统中的各个设备(包括计算机、可程控仪器、可程控开关等)均为台式设备,每台设备都配有符合接口标准的接口电路。组装系统时,用标准的接口总线电缆将系统所含的各台设备连在一起构成系统,这种系统组建方便,组建者不需要自行设计接口电路。由于组建系统时的积木式特点,使得这类系统更改、增减测试内容很灵活,而且设备资源的复用性好,系统中的通用仪器(如数字多用表、信号发生器、示波器等)既可作为自动测试系统中的设

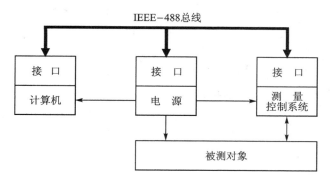

**图 1-3　第二代自动测试系统框图**

备来用,也可作为独立的仪器使用。应用一些基本的通用智能仪器可以在不同时期、针对不同的要求,灵活地组建不同的自动测试系统。

基于 GPIB 总线的自动测试系统的主要缺点为:

① 总线的传输速率不够高(最大传输速率为 1 Mb/s),很难以此总线为基础组建高速、大数据吞吐量的自动测试系统。

② 由于这类系统是由一些独立的台式仪器用 GPIB 电缆串接组建而成的,系统中的每台仪器都有自己的机箱、电源、显示面板、控制开关等,从系统角度看,这些机箱、电源、面板、开关大部分都是重复配置的,它阻碍了系统体积、重量的进一步降低。

### 1.2.3　第三代自动测试系统

第三代自动测试系统是基于 VXI 和 PXI 等测试总线、由模块化的仪器/设备所组成的自动测试系统。VXI 总线(VMEbus eXtensions for Instrumentation)是 VME 计算机总线向仪器/测试领域的扩展;PXI 总线是 PCI 总线(其中的 Compact PCI 总线)向仪器/测量领域的扩展。以这两种总线为基础,可组建高速、大数据吞吐量的自动测试系统。在 VXI(或 PXI)总线系统中,仪器、设备或嵌入计算机均以 VXI(或 PXI)总线的形式出现,系统中所采用的众多模块化仪器/设备均插入带有 VXI(或 PXI)总线插座、插槽、电源的 VXI(或 PXI)总线机箱中,仪器的显示面板及操作,用统一的计算机显示屏以软面板的形式来实现,从而避免了系统中各仪器、设备在机箱、电源、面板、开关等方面的重复配置,大大降低了整个系统的体积、重量,并能在一定程度上节约成本。

由于该类型的自动测试系统具有数据传输速率高、数据吞吐量大,体积小,重量轻、系统组建灵活、扩展容易、资源复用性好、标准化程度高等众多优点,是当前先进的自动测试系统特别是军用自动测试系统的主流组建方案。在组建这类系统中,VXI 总线规范是其硬件标准,VXI 即插即用规范(VXI Plug & Play)为其软件标准,虚拟仪器开发环境(LabWindows/CVI、Lab-VIEW 等)为研制测试软件的基本软件开发工具。

### 1.2.4　军用自动测试系统的发展概况

国防、军事领域是自动测试系统应用最多、发展最迅速的领域,武器装备研发、使用、维护过程中对自动测试系统的众多需求是推动自动测试系统(ATS)和自动测试技术发展的强大动力。从国内外军用 ATS 的发展过程可以看出,军方的需求不仅促成了新的测试系统总线及新一代自动测试系统的诞生,还促使 ATS 的设计思想、开发策略发生重大变化。

早期的军用自动测试系统是针对具体武器型号和系列的,不同系统间互不兼容,不具有互操作性。随着装备的规模和种类的不断扩大,专用测试系统的维护保障费用昂贵,美国在 20世纪 80 年代用于军用自动测试系统的开支就超过 510 亿美元。同时,庞大、种类繁多的测试设备也无法适应现代化机动作战的需要。因此从 20 世纪 80 年代中期开始,美国军方就开始研制针对多种武器平台和系统,由可重用的公共测试资源组成的通用自动测试系统。

目前在美国,军种内部通用的系列化自动测试系统已经形成,即:海军的综合自动支持系统(CASS),陆军的集成测试设备系列(IFTE),空军的电子战综合测试系统(JSECST),海军陆战队的第三梯队测试系统(TETS)。其中以洛克希德·马丁公司为主承包商的海军 CASS 系统最为成功,现已生产装备了 15 套全配置开发型系统、185 套生产型系统,其中 145 套已装备在 38个军工厂、基地和航空母舰上,到 2000 年已开发出相应的 TPS 2388 套。CASS 系统于 1986年开始设计,1990 年投入生产,主要用于中间级武器系统维护。CASS 系列基本型称为混合型,能够覆盖各种武器的一般测试项目,ATE 采用的 DEC 工作站称为主控计算机,由 5 个机柜组成,包括:控制子系统、通用低频仪器、数字测试单元、通信接口、功率电源和开关组件等,如图 1－4 所示。在混合型基础上针对特殊用途扩展又形成射频、通信/导航/应答识别型、光电型等各类系统。

**图 1－4　CASS 混合测试系统**

如图 1－5 所示,该测试系统为美军海军陆战队委托 MANTEC 公司研制的 TETS 测试系统,是用于现场武器系统维护的便携式通用自动测试系统,具有良好的机动能力,能够对各种模拟、数字和射频电路进行诊断测试。该系统包括 4 个便携式加固机箱,即 2 个 VXI 总线仪器机箱,1 个可编程电源机箱及 1 个固定电源机箱,主控计算机为加固型军用便携式计算机,运行 Windows/NT 操作系统。

目前美军通用测试系统多采用模块化组合配置,根据不同的测试要求,以核心测试系统为基础进行扩展。测试仪器总线以 VXI 和 GPIB 为主。随着 PC 机性能的不断提高,以 PC 机为测控计算机,采用 Windows/NT 操作系统的测试系统逐渐普及。在 TPS 开发方面,普遍采用面向信号的测试语言 Atlas 为测试程序设计语言,以保证测试程序的可移植性。

在国内,由于众多的需求推动,自动测试技术也发展很快,正处于专用自动测试系统向通用自动测试系统的转变过程中。在通用 ATE 技术方面,按照模块化、系列化、标准化的要求,基于 VXI、PXI 和 GPIB 总线在一定范围通用的各类自动测试系统正陆续推出,通用 ATE 平

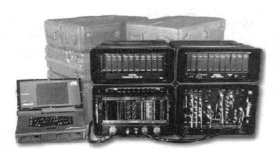

图 1-5　TETS 测试系统

台技术的研究也正在开展。为全面发展我国的自动测试系统(ATS)技术,进一步推进测试系统所要求的仪器互换性、TPS 开发技术和基于测试信息共享的集成诊断技术的研究是十分必要的。

# 1.3　现代自动测试系统体系结构

现代自动测试系统(ATS)通常是在标准的测控系统或仪器总线(CAMAC、GPIB、VXI、PXI 等)的基础上组建而成的,如图 1-6 所示。该系统采用标准总线制架构,测控计算机(含测试程序集 TPS)是测试系统的核心,包括测试资源、阵列接口(ICA)、测试单元适配器(TUA)等主要组成部分。

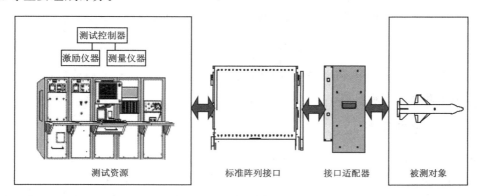

图 1-6　自动测试系统组成

① 测控计算机:提供测控总线(如 VXI、GPIB 等)的接口通信、测试资源的管理、测试程序(TPS)的调度管理和测量数据管理,并提供测试的人机交互界面,实现自动测试。

② 测试资源:一般由通用测试设备和专用测试设备两大类构成。通用测试设备通常选用技术成熟的货架产品,目前主要选择具备 VXI、PXI、GPIB 等总线接口形式的产品。以某型电子装备的功能测试为例,一般包括:PXI 主机箱(含系统控制器)、总线数字微波信号源、频率计模块、数字示波器模块、数字电压表模块、计数器模块、矩阵开关模块、数字信号输出模块、数字信号输入模块、任意函数信号发生器模块、直流稳压电源、交流电源三相交流净化电源等。专用测试设备是指专门用于被测设备某些特定参数测量、模拟和控制的设备。如激光陀螺的测试一般应包括三轴电动转台,雷达的测试一般包括微波暗箱、目标模拟器等专用测试设备。

③ 阵列接口:阵列接口连接器组件(ICA),汇集了测试系统测试资源的全部电子、电气信号,既为测试设备到测试对象的激励信号提供连接界面,又为测试对象的响应传送到测试设备提供连接界面。ICA 可根据系统设计要求选择标准化阵列式检测接口,如符合国际标准的 21 槽位 ARINC 608A 标准 ICA 部件,VPC9025 标准接口部件等。

④ 测试单元适配器(TUA):作为测试设备与被测设备(UUT)之间的信号连接装置,可提供电子和电气的转接以及机械连接,可以包括测试资源中并不具备的专用激励源和负载。此外,测试单元适配器的阵列接口各信号通道必须与测试系统的阵列接口各信号通道严格对应,并在实际使用时根据被测设备的测试信号需求确定。测试单元适配器与被测设备之间采用电缆连接方式。

# 1.4　自动测试系统评价指标

自动测试系统的性能评价指标主要包括故障检测率(Fault Detection Rate,FDR)、故障隔离率(Fault Isolation Rate,FIR)、虚警率(Fault Alarm Rate,FDR)、连续工作时间、可靠性、电磁兼容性和可扩展性。

### 1.4.1　故障检测率

故障检测率(FDR)是描述自动测试系统故障检测能力的指标。根据 GJB 2547—95 装备测试性大纲及 GJB 3385—98 测试与诊断术语的定义,故障检测率是指:在规定的时间内和规定条件下用规定的方法正确检测到的故障数与故障总数之比,用百分数表示,即为

$$FDR = \frac{N_{\mathrm{FD}}}{N} \times 100\% \tag{1-1}$$

式中:$N_{\mathrm{FD}}$ 为在规定的时间内和规定条件下用规定的方法正确检测到的故障数;$N$ 为在规定时间内和规定条件下的故障总数。

### 1.4.2　故障隔离率

故障隔离率(FIR)是描述自动测试系统故障隔离能力的指标。根据 GJB 2547—95 装备测试性大纲及 GJB 3385—98 测试与诊断术语的定义,故障隔离率是指:在规定的时间内自动测试设备将检测到的故障正确隔离到不大于规定模糊度的故障数与检测到的故障数之比,用百分数表示,即为

$$FIR = \frac{N_{\mathrm{FIR}}}{N_{\mathrm{FD}}} \times 100\% \tag{1-2}$$

式中:$N_{\mathrm{FIR}}$ 为在规定的时间内自动测试设备将检测到的故障正确隔离到不大于规定模糊度的故障数(规定模糊度 $L=1,2,3$);$N_{\mathrm{FD}}$ 为在规定时间内检测到的故障总数。

### 1.4.3　虚警率

虚警率(FAR)是描述自动测试系统故障指示不可靠程度的指标。根据 GJB 2547—95 装备测试性大纲及 GJB 3385—98 测试与诊断术语的定义,虚警是指:测试指示有故障而实际上不存在故障的情况。虚警率是指:在规定的条件下和规定的产品工作时间内,发生的虚警数与

同一时间内故障指示总数之比,用百分数表示,即为

$$FAR = \frac{N_{FA}}{N_F + N_{FA}} \times 100\% \qquad (1-3)$$

式中:$N_{FA}$ 为在规定时间内的虚警(无故障指示有故障)次数;$N_F$ 为在同一时间内正确指示的故障次数。

### 1.4.4　连续工作时间

连续工作时间是描述自动测试系统持续工作能力的指标。在连续工作时间范围内,自动测试系统应能不间断正常工作。

### 1.4.5　可靠性

可靠性是描述自动测试系统可靠程度的指标。表示自动测试系统在规定条件下和规定时间内完成规定功能的能力,一般用平均故障间隔时间 MTBF 表示,实际使用过程中用 MTBF 的观测值 $TBF$ 替代,即为

$$TBF = \frac{T}{r} \times 100\% \qquad (1-4)$$

式中:$TBF$ 为 MTBF 的观测值(h);$T$ 为累计工作时间(h);$r$ 为在全部使用时间内观测到的用于统计的关联故障总数。

### 1.4.6　电磁兼容性

电磁兼容性是指自动测试系统本身的电磁发射对被测对象和附近的其他工作的电子产品不产生明显影响,自动测试系统本身也不能受到被测对象和附近其他工作的电子产品的电磁发射的明显影响。这要求在自动测试系统设计过程中,在系统设计、分系统设计、电路设计、结构设计时按电磁兼容性要求进行电磁兼容性设计,满足自身兼容和与被测设备兼容的要求。

### 1.4.7　可扩展性

可扩展性是指自动测试系统的硬件可增加、软件可升级的特性,以适应自动测试系统未来的测试需求,增加其通用性,延长其使用寿命。这要求自动测试系统采用开放式体系结构,选用市场上广泛使用并为用户所熟悉的接口,在自动测试系统集成过程中充分预留硬件扩充插槽或安装空间,保留适当的总线驱动能力或软件存储空间。例如:可要求自动测试系统通过开发相应的 TPS 满足新研制或改进被测对象的测试需求,VXI 总线和 GPIB 总线的负载应有 30% 的余量,阵列接口通道应有 30% 的余量,VXI 机箱槽位应留出不少于 3 个空槽,软件存储容量应有 30% 的余量等。

# 本章小结

本章主要阐述了自动测试相关的一些基本概念,介绍了自动测试系统的发展历程和发展趋势,提出了现代自动测试系统基本体系架构的概念,介绍了自动测试系统相关评价指标。本章的内容作为自动测试技术的基础知识,对学生理解自动测试基本原理,掌握自动测试系统的

一般构成,深入学习各种自动测试相关技术和原理有较大的帮助。

# 思考题

1. 测量和测试的概念,两者之间的异同点?
2. 测量的基本方法有哪些?
3. 基本测试技术有哪几类?
4. 自动测试系统的基本概念?

# 扩展阅读:下一代自动测试系统

为克服自动测试系统存在的应用范围有限、开发和维护成本高、系统间缺乏互操作性以及测试诊断新技术难以融入已有系统等诸多不足,20 世纪 90 年代中后期开始在美国国防部自动测试系统执行局(ATS Executive Agent Office,ATS EAO)统一协调下,美国陆、海、空、海军陆战队与工业界联合开展命名为"NxTest"的下一代自动测试系统的研究工作,并于 1996 年提出了下一代自动测试系统的开放式体系结构,同时进行了名为"全球战场快捷支持系统"(Agile Rapid Global Combat System,ARGCS)的演示验证系统的开发工作。

## 1. "下一代自动测试系统"计划

20 世纪 80 年代,美国海、陆、空三军制定了各自的自动测试设备发展计划,分别启动了自动测试系统研制计划。由于缺乏兼容性,在通用化方面走过一段弯路,使得 1994 年美国国防部把自动测试系统纳入国防联合技术体系结构(Joint Technical Architecture,JTA),由美国国防部长办公室(Office of Secretary of Defense,OSD)发表 JTA 4.0 版本,正式明确了自动测试系统在联合技术体系结构中的地位,同时成立自动测试系统执行局,将自动测试系统纳入国防部直接管理。到了 20 世纪 90 年代中后期,美国国防部自动测试系统执行局召集海、陆、空、海军陆战队和工业部门等正式启动"下一代自动测试系统(Next Generation ATS,NxTest)"研究工作,构建新一代自动测试系统的体系结构。2004 年美国自动测试系统执行局更名为自动测试系统执行理事会(ATS Executive Directorate,ATS ED)。

从 20 世纪 80 年代中期开始,美国军方研制了针对多种武器平台的模块化通用自动测试系统,在各军种形成了国防部指定的标准测试系统系列。如海军的联合自动支持系统(Consolidated Automated Support System,CASS),陆军的综合测试设备系列(Integrated Family of Test Equipment,IFTE),海军陆战队的第三梯队测试设备集(Third Echelon Test Set,TETS),空军的通用自动测试站(Versatile Depot Automatic Test Station,VDATS),空海军共用的电子战设备标准测试系统(Joint Services Electronic Combat System Tester,JSECST)。美国国防部出台自动测试系统采办政策,要求各军种在满足装备测试保障需求时,优先考虑上述国防部指定的标准测试系统系列,但这些以军种为单位的通用测试系统存在以下不足。

(1) 标准测试系统存在的不足

① 生命周期内使用、维护费用较高:通用测试系统广泛采用商业货架产品(COTS),以 CASS 系统为例,其采用的商业成件总量超过 85%,商业产品更新换代快(典型周期为 5 年),

而武器系统的使用寿命往往超过 20 年,随着测试系统硬件的过时,系统的维护费用将不断攀升。据美国国防部统计,从 1980 年到 1992 年,用于自动测试系统使用和维护的费用高达 500 亿美元。

② 应用范围有限,适应能力不足:通用测试系统以各军种为单位,针对不同的武器维护级别(现场、中间、基地),缺乏系统间的互操作性,无法适应现代多军种联合作战对多型武器系统、多级维护的需要。

③ 故障诊断的效率和准确性有待提高:自动测试程序中,诊断软件是以预定义的故障字典或故障树为依据的,被测对象的内置测试数据、维修人员的经验、维修履历资料、被测对象的设计知识等相关调试诊断信息与知识无法得到充分的利用,测试控制计算机强大的计算、存储能力也远未得到充分的发挥,不仅不能适应复杂故障的诊断需要,而且测试诊断的效率较低。

④ 升级换代困难,难以引进先进技术:传统自动测试系统采用封闭式的体系结构,各测试系统间的仪器、接口、软件等缺乏统一标准,对先进的商业技术不敏感,不能有效利用高新技术发展带来的成果。

(2) NxTest 自动测试系统的总体目标

针对上述不足,美国国防部于 1994 年授权海军成立自动测试系统执行局,统一领导各军种与工业界联合开发名为"NxTest"的下一代自动测试系统研究计划,提出以下 4 项总体目标:

① 降低自动测试系统开发、使用、维护的总体费用:降低总费用是美国国防部下一代自动测试系统计划的首要目标,实现这一目标的关键是通过对指定通用测试系统系列的标准化工作来阻止专用测试系统的扩散,在选择自动测试系统时开展全寿命周期的成本效益分析。

② 提高自动测试系统的跨军种互操作能力:多军种联合作战的现代战争模式要求各军种的自动测试系统具备互操作能力,在各军种和各维护级别间获得最大限度的测试灵活性,建立开放式的测试系统体系结构,使各军种的标准化测试系列趋向于统一。

③ 减少后勤规模:测试保障设备随武器装备快速部署,要求自动测试系统在尺寸上小型化,在种类上集约化。

④ 提高测试诊断能力:实现被测对象全寿命周期内生产、使用、维护信息的共享和重用,提高测试诊断的效率和准确性,进而减少维护时间,提高装备战备完好性。

自动测试系统执行局领导 5 个综合产品项目组(Integrated Product Teams,IPT)来履行其职能,实现既定的国防部 ATS 总体目标。这 5 个综合产品项目组分别是下一代测试系统综合产品项目组(NxTest IPT)、TPS 标准化综合产品项目组(TPS Standardization IPT)、ATS 过程工作组(ATS Process IPT)、ATS 信息保证综合产品项目组(ATS Information Assurance IPT)和联合外场级 ATS 综合产品项目组(Joint O-Level ATS IPT)。

2012 年 4 月,美国自动测试系统执行委员会公布的 2012 年自动测试系统的主计划增加了自动测试系统框架综合产品项目组,取消了联合外场级 ATS 综合产品项目组。其中下一代测试系统综合产品项目组(NxTest IPT)承担两项任务:

任务之一是定义和开发能够实现国防部 ATS 总体目标的开放式自动测试系统体系结构和各关键元素。自动测试系统体系结构应能满足新的测试需求,在不影响现有自动测试系统组件的情况下灵活融入新的测试诊断技术,提高 TPS 可移植性。组成开放式系统体系结构的关键元素涵盖软硬件组件、组件之间的接口、信息模型以及组件、接口、信息模型之间交互的标准化描述。

　　任务之二是在国防部测试维护环境中定义、开发、演示及应用新兴的测试技术,负责制定跨军种的测试技术演示验证计划。

　　下一代自动测试系统可描述为基于开放式软硬件体系结构、采用商业标准及新兴测试技术的新一代测试系统。其主要研究目标包括:

- 改善测试系统仪器的互换性;
- 提高测试系统配置的灵活性,满足不同测试用户需要;
- 提高自动测试系统新技术的注入能力;
- 改善测试程序集(TPS)的可移植性和互操作能力;
- 实现基于模型的测试软件开发;
- 推动测试软件开发环境的发展;
- 确定便于验证、核查的 TPS 性能指标;
- 进一步扩大商用货架产品在自动测试系统中的应用;
- 综合运用被测对象的设计和维护信息,提高测试诊断的有效性;
- 促进基于知识的测试诊断软件的开发;
- 明确定义测试系统与综合诊断框架的接口,便于实现综合测试诊断。

**2. 下一代自动测试系统的体系结构**

(1) NxTest 体系结构

　　美国国防部自动测试系统执行局与工业界联合成立了多个技术工作组,将自动测试系统分为测试系统设备(含硬件、软件和开关)、测试接口适配器、TPS(含诊断、测试程序)和被测对象 UUT 等几个主要部分,划分为影响测试系统标准化、互操作性和使用维护费用的 24 个关键元素,后续工作中不断调整、增加为 26 个,并以此为基础建立了下一代自动测试系统开放式体系结构,如图 1-7 所示。

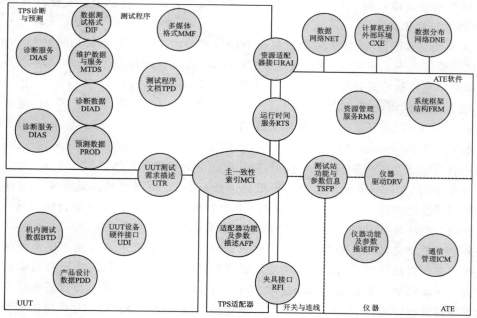

**图 1-7　下一代自动测试系统体系架构**

NxTest 体系结构首先是信息共享和交互的结构能够满足测试系统内部各组件间、不同测试系统之间、测试系统与外部环境间信息的共享与无缝交互能力。该结构主要由系统接口和信息框架两部分组成，分别受两个主要的工业标准：VXI Plug&Play 和 IEEE 1226（A Broad-Based Environment for Test，ABBET）广域测试环境的支持，在诊断信息系统方面遵循 IEEE 1232 标准（适用于所有测试环境的人工智能信息交换与服务，AI‑ESTATE），在构成分布式综合测试诊断系统时，则遵循 TCP/IP 网络传输协议。

（2）NxTest 关键元素

下一代自动测试系统体系结构采用开放系统方法（Open System Approach）来定义，即采用开放的工业标准来规范体系结构各元素的接口和性能。下一代自动测试系统体系结构的部分关键元素简要定义如下：

① 资源管理服务（Resource Management Services，RMS）：资源管理服务是一种软件组件，提供虚拟与实际资源映射、虚拟资源管理、实际资源管理和资源配置管理服务，旨在使测试程序与硬件平台无关。标准化的资源管理服务将极大地改善测试程序的可移植性和仪器的可互换性。

② 适配器功能与参数信息（Adapter Functional and Parametric Information，AFP）：AFP 定义测试夹具的性能及相关参数，传递给 TPS 应用程序开发环境，旨在避免 TPS 在不同平台间移植时重新设计 ITA。

③ 仪器功能与参数信息（Instrument Functional & Parametric Information，IFP）：仪器功能与参数信息是一种用于定义测试资源测量和激励能力的数据格式，包括一套用于操作仪器资源的命令和仪器资源的量程和精度等信息。IFP 通过提供一整套测试资源集的通用描述，用于 TPS 开发环境和执行环境，可以降低 TPS 移植的开销。

④ 诊断数据（Diagnostic Data，DIAD）：故障诊断数据是一种标准化描述故障诊断信息的模型，包括公共元素模型（Common Element Model）、故障树模型（Fault Tree Model）和强化故障推理模型（Enhanced Diagnostic Inference Model）三部分。公共元素模型定义测试、诊断、异常、资源等信息实体；故障树模型定义基于测试结果的决策树；强化故障推理模型定义被测系统功能实体与验证这些功能是否正确的测试之间的映射关系。故障诊断数据旨在减少 TPS 移植的开销，与机内测试数据综合使用，可有效降低测试维修活动的强度。

⑤ 诊断服务（Diagnostic Services，DIAS）：故障诊断服务元素是一个提供基本故障诊断服务的软件组件。这些服务将测试执行与负责分析测试结果和给出诊断结论的软件过程连接起来。标准化的故障诊断服务对 TPS 移植非常重要。

⑥ 运行时服务（Run Time Services，RTS）：运行时服务提供测试程序需要但体系结构中其他元素没有提供的服务，例如错误报告、数据日志、输入输出等。一组标准化的运行时服务，可以有效减少 TPS 在不同测试平台之间移植时的重新开发。

⑦ 机内测试数据（Built In Test Data，BTD）：机内测试数据通常在系统运行时或在不可复现的环境中获得，并将传递给后续的测试和维修活动。在测试诊断之初就将机内测试数据考虑进来，可有效地降低测试维修活动的强度，提高故障诊断的质量。

⑧ 计算机到外部环境（Computer to External Environment，CXE）：计算机到外部环境定义自动测试系统与远程系统相互通信的必要的硬件组件。与 Data Networking（NET）元素一起提供标准的、可靠的、廉价的通信机制。

⑨ 数据网络(Data Networking,DataNET):数据网络元素是一组自动测试系统与外界环境的网络通信协议,与 CXE 元素一起构成信息交换环境,可以减少 TPS 开发和升级的开销,并为分布式测试及远程诊断提供条件。

⑩ 数字测试格式(Digital Test Format,DTF):数字测试格式定义一种数据格式,用于将与数字测试(如测试向量、故障字典)有关的信息从数字测试开发工具无缝传递到测试平台。这种数字测试格式能被测试平台直接读取,因此能够减少数字测试软件移植带来的开销。

⑪ 仪器通信管理(Instrument Communication Manager,ICM):仪器通信管理是一种负责与仪器通信软件的组件,通过它可以使仪器驱动与具体的总线通信协议(如 VXI、LXI、IEEE 488.2 等)无关。如图 1-8 所示,该图描述了仪器通信管理的层次结构,标准化的 ICM 可以使更高一层的软件在不同的开发商和测试平台间具备良好的互操作性和可移植性。

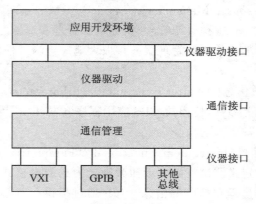

图 1-8　仪器通信层次结构

⑫ 仪器驱动(Instrument Drivers,DRV):仪器驱动是提供仪器具体操作细节的软件组件,它为测试软件的开发提供接口,对于 TPS 的可移植性和仪器的可互换性至关重要。因此,DRV 的工业标准必须保证,对最终的测试开发用户而言,来自不同开发商的仪器驱动应该在设计、封装和使用上具有良好的一致性。同时,还要提供一种标准的开发方法,实现测试软件运行环境与具体仪器的松耦合。

⑬ 维护测试数据与服务(Maintenance Test Data and Services,MTDS):维护测试数据及服务用于定义一种标准的数据格式来加强跨维护级别和跨武器系统之间的维护信息共享及重用,这有助于提高测试诊断能力,还可以作为约束条件输入到新系统的设计开发过程当中。

⑭ 多媒体格式(Multimedia Formats,MMF):多媒体格式用于传递超文本、音频、视频及三维物理模型等信息,与测试相关的多媒体信息包括测试维修演示视频,测试站、TPS 和 UUT 文档之间的超文本链接等。MMF 提高了与测试相关的多媒体信息的共享和重用,有利于提高测试人员的操作水平,减少所有人工参与的测试维修活动的开销。

⑮ 产品设计数据(Product Design Data,PDD):产品设计数据是在产品设计过程中产生的用于直接支持测试和诊断的信息,用标准化的数据格式来描述这些信息,将有助于测试工程师理解和掌控产品,从而缩短 TPS 开发时间。当产品设计发生更改的时候,也有助于测试工程师快速获悉,从而降低重复开发的风险。

⑯ 资源适配器接口(Resource Adapter Interface,RAI):资源适配器接口元素用于标准化定义 UUT 与 ATE 之间的接口,尽量减少 UUT 与 ATE 之间的重叠部分。

⑰ 系统框架(System Framework,FRM):系统框架包括一组测试系统必需的软硬件组件,并定义了每一个组件应该具备的功能和互操作能力。通过标准化测试系统中的主要组件,可以减少培训费用,避免 TPS 移植时的软硬件重新开发,提高测试系统的可靠性。

⑱ 测试程序文档(Test Program Documentation,TPD):测试程序文档用于描述测试程序如何满足具体测试需求,包括测试什么、如何测试及期望测试结果等信息。测试程序文档对于重新开发 TPS 具有重要的参考价值,但只有在测试开发人员能够快速简便地获取测试程序文档时,才能体现出这种价值。采用基于网络的标准化格式将极大促进测试程序文档的共享和重用。

⑲ UUT 测试需求(UUT Test Requirements,UTR):UUT 测试需求是测试开发的输入条件,TPS 开发需要对 UUT 测试需求有清楚的理解。第一次开发 TPS 时可以获得产品设计人员的支持,但是在另一测试平台重新开发 TPS 时,这种支持不一定存在,从现成的 TPS 中提取测试需求几乎是一项不可能完成的任务。用标准化的数据格式描述 UUT 测试需求,可以提高 UUT 测试需求信息的共享和重用,从而有效降低 TPS 重新开发时的难度和开销。

⑳ 分布式网络环境(Distributed Network environment,DNE):分布式网络环境元素定义一组通过网络调用远程测试资源的软硬件需求。

㉑ UUT 设备接口(UUT Device Interfaces,UDI):UUT 设备接口元素用于定义特殊类型 UUT 标准化测试的软硬件需求。

㉒ 主一致性索引(Master Conformance Index,MCI):主一致性索引提供了被测单元测试、评估以及维修过程中所需的配置信息和支持资源。MCI 定义并标准化了公用格式以描述测试程序、测试设备和被测单元的配置和项目位置。

### 3. 下一代自动测试系统的关键技术

(1) 合成仪器技术

美国国防部下一代自动测试系统综合产品项目组(NxTest IPT)考虑用先进的军用、民用测试技术来开发一种新的仪器结构框架,提出了合成仪器的概念。

合成仪器通过标准化的接口将一系列基本的硬件和软件部件进行连接,利用数字处理技术来产生信号和进行测量。其核心思想是将传统仪器分割成为一些基本功能模块(ADC/DAC,上、下变频器),通过外部处理器、标准连接接口和软件的聚合,取代专用高端仪器完成不同的测量任务。

对比 20 世纪 90 年代流行的"虚拟仪器(VI)"的概念,合成仪器的概念更进一步,将射频与微波的测量也纳入到了"软件就是仪器"的设想之中。目前,合成仪器主要用户是国防/航天部门,已经出现了以下 3 种代表性的合成仪器。

① 安捷伦(Agilent)公司的 SI 仪器系列。

② 埃法斯(Aeroflet)公司的 SMARTE(合成多功能自适应可重配置测试环境)系列。

③ 国家仪器(NI)/相位矩阵(Phase Matrix)/BAE 系统 3 家公司合作开发的 PXI 合成仪器系列。

美国海军综合自动支援系统(CASS)升级后,将频谱分析仪、微波功率计、波形分析仪、时间/频率测试仪和 AC/DC 电压测量等 7 种仪器的功能由一个 VXI 总线合成仪器模块来实现;美国陆军的综合测试设备系列(IFTE)、海军陆战队的第三级梯队测试设备集(TETS)也将进行相应的升级改造。合成仪器有望给测试用户带来更多的功能与灵活性、较低廉的总成本、更高速操作、更小的物理占用体积以及较长的使用寿命。

（2）并行测试技术

现有通用自动测试系统虽然能够覆盖多种被测对象的测试需求，但受测试接口容量和测试软件运行模式的限制，大多沿用串行测试工作模式，不能同时对多台（套）UUT 进行测试，所以测试吞吐量并不比专用测试系统高，在强调测试保障效率的场合，现有的通用自动测试系统往往无法真正替代多台专用测试系统的工作。

为提高测试吞吐量，在自动测试平台上实现并行测试非常必要，目前并行测试主要包括软/硬件实现两种方式：

① 硬件实现　　采用多通道同时并行模拟测试技术（Multiple Simultaneous Parallel Analog Test），代表产品如 Teradyne 公司的 Ai7。

② 软件实现　　在测试资源和信号接口容量满足要求的前提下，NI 公司的 TestStand、TYX 公司的 TestBase 等软件采用多线程技术来实现测试资源的动态分配与优化调度，可以满足多 UUT 并行测试需要。

（3）LXI 总线技术

LXI（LAN Extension for Instrumentation）具有柔性、易使用、成本低、支持分布式测试的特点，它将替代低速的外部测试测量接口（如 GPIB）。LXI 主要是一个定义基于 Ethnemet 802.3 接口技术实施纲要的功能性接口规范，旨在保证基于 IEEE - 1588 协议仪器的互操作性，并提供所需的触发功能。此外，它还规定了相关的硬件触发总线，为关键性应用提供增强的同步触发功能。国际 LXI 协会初步将基于 LXI 的仪器分为 A、B、C 三个等级：等级 C 具有通过 LAN 的编程控制能力，可以与其他厂商的仪器很好地协同工作；等级 B 拥有等级 C 的所有能力，并且加上了 IEEE - 1588 网络同步标准；等级 A 拥有等级 B 的所有能力，同时具备硬件触发能力。

（4）ABBET 标准（广域测试环境）

从下一代自动测试系统体系结构的规划可以看出，未来通用测试系统软件体系结构将以 IEEE 制定的 ABBET 标准为基础实现测试诊断信息的共享和重用。ABBET 标准由 IEEE P1226.3 - 12 等一整套测试领域信息接口标准组成，覆盖与测试信息相关的产品设计、生产到维护的各个环节。采用 ABBET 标准将实现产品设计和测试维护信息的共享和重用，实现测试仪器的可互换、TPS 的可移植与互操作，使集成诊断测试系统的开发更方便、快捷。ABBET 标准定义了基于框架的模块化测试软件结构，支持软件资源的重用。ABBET 标准的核心思想是：将调试软件合理分层配置，实现测试软件与测试系统硬件、软件运行平台的无关性，满足测试软件可移植、重用与互操作的要求。

（5）可互换虚拟仪器技术

可互换虚拟仪器（Interchangeable Virtnal Inst rument，IVI）技术是下一代测试系统重点研究和解决的技术，为 TPS 重用和仪器互换提供技术支撑。IVI 标准定义了一个开放的驱动体系，一组仪器类以及共享的软件组件。基于 IVI 的软件组件可以用于所有类型的仪器，与 I/O 接口无关。IVI 目前完成了 8 类仪器（DC 电源、数字万用表、函数和任意波形发生器、示波器、功率计、RF 信号发生器、频谱分析仪、开关）驱动的标准化。但一些其他类型的仪器，如矢量信号分析仪等，只能采用厂商的专用驱动。为了改进 IVI 模型存在的不足，IVI 基金会制定了 IVI - MSS 和 IVI - Signal Interface 规范，分别实现基于功能和信号的仪器互换操作。

（6）AI‐ESTATE 标准与 ATML

随着被测对象的日益复杂，以数据处理为基础的传统测试诊断方法已经无法适应复杂设备的维护需要，应用以知识处理为基础的人工智能技术将是自动测试系统发展的必然趋势，IEEE 制定 AI‐ESTATE 标准（适用于所有测试环境的人工智能信息交换与服务）的目的正是为了规范智能测试诊断系统的知识表达与服务，确保诊断推理系统相互兼容且独立于测试过程，测试诊断知识可移植和重用。在美国军方的资助下，Hamilton 软件公司已于 1999 年开始研制基于 AI‐ESTATE 标准的智能诊断测试软件，并初步实现了在分布环境下的机载武器系统板级智能诊断测试。

ATML（Automatic Test Markup Language）标准是 XML（可扩展标记语言）的一个子集，采用 ATML 表达测试诊断信息，将实现分布开放环境中测试诊断信息的无缝交互。ATML继承了 XML 适用于多种运行环境，便于与各种编程语言交互的优点，是目前最适合描述 AI‐ESTATE 标准定义的各种测试诊断知识模型的语言。采用 ATML 表示测试诊断知识，将实现测试诊断知识与测试过程的分离，便于测试诊断知识的共享和可移植。而在测试执行过程中，还可以根据测试诊断知识来动态地调度测试运行步骤，实现更有效的故障定位，从而缩短诊断排故时间。

# 第 2 章　测量误差

在实际测量中,由于测量设备不准确、测量方法和测量手段不完善、测量环境不规范等因素,都会导致测量结果偏离被测量的真值。测量结果与被测量真值之差就是测量误差。测量误差的存在是不可避免的,一切测量都有误差,且自始至终存在于所有科学试验过程之中,这是误差公理。人们研究测量误差的目的就是寻找产生误差的原因,认识误差的性质和规律,从而找出减小误差的途径与方法,以获得尽可能接近真值的测量结果。

## 2.1　测量误差的分类

### 2.1.1　名词术语

本节先介绍测量误差的几个名词术语。

① 测量误差　测量误差是测量值与被测量真值之差,测量误差包括系统误差和随机误差。

② 测量值　测量值是由测量仪器设备给出或提供的测量结果的量值。

③ 真值　真值是表征物理量与给定特定量的定义相一致的量值。真值是客观存在的,但它是不可测量的。随着科学技术的发展,人们对客观事物认识的提高,测量结果的数值会不断接近真值。在实际计量和测量工作中,经常使用"约定真值"和"相对真值"。

④ 重复性　重复性是指在相同条件下,对同一被测量进行多次连续测量所得结果之间的一致性。相同条件包括相同测量程序、相同观测人员、相同测量设备、相同地点和相同的测量环境等。

### 2.1.2　测量误差的分类

测量误差一般按其性质分为系统误差、随机误差和疏失误差。

#### 1. 系统误差

系统误差是指在相同条件下,对同一物理量无限多次测量结果的平均值与被测量的真值之差。

系统误差的大小、方向恒定不变或按一定规律变化:大小、方向恒定不变的系统误差为已定系统误差,在误差处理中可被修正;按一定规律变化的系统误差为未定系统误差,在实际测量工作中方向往往不确定,在误差估计时可归纳为测量不确定度。系统误差的来源主要包括:

① 方法误差　出自检测系统采用的测量原理与测试方法本身产生的测量误差,是制约测量准确性的主要原因。

② 装置误差　检测系统本身固有的各种因素影响所产生的误差,传感器、元器件与材料性能、制造与装配的技术水平等都影响检测系统的准确性和稳定性,由此产生测量误差。

③ 偏离额定工作条件所产生的附加误差以及试验人员素质不高产生的非随机性人员

误差。

　　测量条件确定后系统误差为一定值,针对系统误差产生的原因,采用一定的修正措施后可以减小系统误差。

### 2. 随机误差

　　随机误差是指测量示值与重复条件下同一被测量无限多次测量结果的平均值之差。

　　随机误差表现为在相同条件下,对同一参数多次测量的结果以不定方式变化,随机误差产生于试验条件的微小变化,如温度波动、电磁场扰动、地面振动等。由于这些因素互不相关,人们难以预料和控制,所以随机误差的大小、方向随机不定,不可预见且不可修正。

　　在重复条件下对一个参数进行多次测量,其随机误差服从正态分布,当重复测量的次数足够大时,随机误差的期望值为零,这一特性通常称为随机误差的抵偿特性。

### 3. 疏失误差

　　疏失误差是指测量值明显偏离实际值时形成的误差,它是统计异常值。也就是说,含有疏失误差的测量结果明显偏离被测量的期望值。

　　产生疏失误差的原因有读错或记错数据、使用有缺陷的计量器具以及试验条件的突然变化等。含有疏失误差的测量值在处理时应剔除不用。

　　应当指出,上述 3 类误差的定义是科学而严谨的,不能混淆。但在测量实践中,对于测量误差的划分是人为的和有条件的,在不同测量场合,不同测量条件下,误差之间可以相互转化。

# 2.2　测量误差的表示形式

　　测量误差可以用绝对误差或相对误差表示。绝对误差定义为示值与真值之差,而相对误差则定义为绝对误差与真值之比,通常用百分数表示。在测量实践中,误差的分析常用绝对误差,测量结果准确度的评价常常使用相对误差。

### 2.2.1　随机误差

　　随机误差的计算式如下,即

$$\delta_i = X_i - E_x \tag{2-1}$$

式中: $\delta_i$ 为第 $i$ 次测量的随机误差( $i=1,2,\cdots,n$ ); $X_i$ 为第 $i$ 次测量的结果; $E_x = \lim\limits_{n \to \infty} \dfrac{1}{n} \sum\limits_{i=1}^{n} X_i$ ; $E_x$ 为无穷多次测量值的算术平均值。

　　在实际测量中,多次测量的算术平均值 $\bar{X}$ 是测量真值 $A_0$ 的最佳估计值。

### 2.2.2　剩余误差

　　剩余误差的计算式如下,即

$$v_i = X_i - \bar{X} \tag{2-2}$$

式中: $v_i$ 为第 $i$ 次测量的剩余误差( $i=1,2,\cdots,n$ ); $\bar{X} = \dfrac{1}{n} \sum\limits_{i=1}^{n} X_i$ ; $\bar{X}$ 为 $n$ 次测量值的算术平均值。

### 2.2.3　系统误差

系统误差的计算式如下，即

$$\varepsilon = E_x - A_0 \tag{2-3}$$

式中：$\varepsilon$ 为系统误差；$A_0$ 为被测量的真值。

### 2.2.4　绝对误差

绝对误差的计算式如下，即

$$\Delta_i = X_i - A_0 = (E_x + \delta_i) - (E_x - \varepsilon) = \delta_i + \varepsilon \tag{2-4}$$

也就是说，绝对误差等于随机误差与系统误差的代数和。式中：$\Delta_i$ 为第 $i$ 次测量的绝对误差$(i = 1, 2, \cdots, n)$。

### 2.2.5　标准误差

标准误差为系列测量的均方根误差，其计算式如下，即

$$\sigma = \sqrt{\frac{\delta_1^2 + \delta_2^2 + \cdots + \delta_n^2}{n}} \tag{2-5}$$

式中：$\sigma$ 表示测量值集中的程度。

**注意**：该式只有当 $n \to \infty$ 才成立，实际是相对于真值的标准差，为计算方便常用剩余误差来进行标准偏差的估计。

### 2.2.6　标准误差估计值

贝塞尔（Bessel）公式推导出了用剩余误差计算标准误差估计值的公式，即

$$\sigma' = \sqrt{\frac{1}{n-1} \sum_{i=1}^{n} v_i^2} \tag{2-6}$$

实际测量中的有限次测量只能得到标准误差 $\sigma$ 的近似值 $\sigma'$，通常用 $\sigma'$ 作为判定精度的标准。

# 2.3　测量仪器的误差

由于测量仪器的缺陷常有碍对被测电路的测量，测量过程需要从电路中汲取部分能量，因而总会引入一点误差。此外，仪器的固有误差也会降低测量质量。这些误差主要受两个方面的影响：精度和分辨力。习惯上，精度泛指误差，分辨力是仪器可检测的最小变化值，它们共同决定了仪器的测试准确程度。

在计量学中，精度的概念用以下三个名词进行明确区分：

① 精密度　表示测量结果中的随机误差的大小和程度。

② 正确度　表示测量结果中的系统误差的大小和程度。

③ 准确度　表示测量结果中系统误差与随机误差的综合，是测量结果偏离被测真值的程度。

仪器的测量误差用误差的绝对值或相对值表示。仪器生产厂家给出的精度指标则通常用

其基本误差(在额定环境条件下产生的误差)的极限值表示,其中还应包含由于系统的分辨力限制所造成的误差,对数字化仪器尤其应注意。

比如,假使某电压表的精度为被测电压的 1%,分辨力为 3 位数字。若被测电压为 5 V,则电压表精度为 5 V 的 1%(±0.05 V)。电压表分辨力为 3 位数,所以读数可为 4.95～5.05 间的任何值。电压表不能读出 5.001 V,因为它没有 4 位的分辨能力。

又如,假使电压表的分辨力为 4 位数字,但精度为 1%。于是读数可从 4.950 V 读至 5.050 V(精度相同,但多 1 位数)。换句话说,假使某一时刻两个表都读出 5 V,若实际电压变至 5.001 V,3 位数字表不能记录此变化,4 位数字表却有足够的分辨力能显示电压发生了变化。因为,3 位数字表只有 3 位数,不能显示出 4 个数字。实际上,它现在测的电压已是改变了的电压。4 位数字表的精度并没有优于 3 位数字表,只是测量较小电压变化时,它有较好的分辨力。两种表都不能保证把测量5.001 V电压的精度提高 1% 以上。

通常,仪器提供的分辨力要高于其精度,这样,可保证分辨力不会制约可获得的精度,并可保证从读数中检测出小的变化量,即使这些读数中有某种绝对误差。

# 2.4　测量误差的消除

测量误差的性质不同,产生误差的原因各异,误差的消除方法也不相同。下面分别介绍几种常用的误差消除方法。

### 2.4.1　随机误差的处理

就单次测量而言,随机误差是无规律的,其大小、方向不可预知。但当测量次数足够多时,随机误差总体服从统计学规律。对某量进行无系统误差等精度重复测量 $n$ 次,其测量读数分别为 $A_1, A_2, \cdots, A_i, \cdots, A_n$,则随机误差分别为

$$\left.\begin{aligned}
\delta_1 &= A_1 - A_0 \\
\delta_2 &= A_2 - A_0 \\
&\vdots \\
\delta_i &= A_i - A_0 \\
&\vdots \\
\delta_n &= A_n - A_0
\end{aligned}\right\} \tag{2-7}$$

大量实验证明,上述随机误差具有下列统计特性:

① 有界性　随机误差的绝对值不会超过一定的界限。

② 单峰性　绝对值小的随机误差比绝对值大的随机误差出现的概率大。

③ 对称性　等值反号的随机误差出现的概率近似相等。

④ 抵偿性　当 $n \to \infty$ 时,随机误差的代数和为零,即

$$\lim_{n \to \infty} \sum_{i=1}^{n} \delta_i = 0$$

在实际的计量和测量工作中,利用随机误差的统计特性对随机误差进行处理,通过一定的测量次数的算术平均,可以减弱或消除随机误差对测量结果的影响。

### 2.4.2  系统误差的消除

为了获得理想的测量结果,找到产生系统误差的原因并采取相应的技术措施减小各种误差是很重要的。系统误差的来源多种多样,要消除系统误差,只能根据不同的测量目的,对测量仪器、测量仪表、测量条件、测量方法及测量步骤进行全面分析,以发现系统误差,进而分析系统误差,然后采取相应的措施将系统误差消除或减弱到与测量要求相适应的程度。

在测试工作开始之前,首先要对测量仪器的工作原理、主要性能(频率、带宽、输入输出特性等)是否满足要求,对仪器的使用条件、测试的工作条件和电磁环境等妥善安排,采取稳压和电磁防护措施,这些都是减少测量系统误差的预防措施,解决得好可大大减少系统误差的量值。在实际测试中,采取以上措施后还会有系统误差存在,判断有规律变化的系统误差的大小的简单方法是利用多次重复测量的数据,求出其测量剩余误差的变化规律,如图 2-1 所示。

如图 2-1 所示,图(a)表示恒定系统误差;图(b)表示线性系统误差;图(c)表示交变性系统误差,不管哪种情况都有可能一部分系统误差表示不出来。实际上,测量的算术平均值不等于被测量的真值,当存在恒定的系统误差时,用这种方法无法判定。

如果对测试结果表示怀疑,可用高一级的仪器重复测量,以判定原来的测量有无恒定性系统误差。

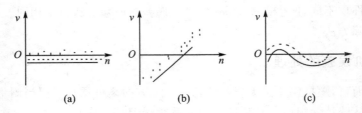

图 2-1  系统误差的判断

对于已经判定的系统误差,可以整理成表格或曲线作为修正值,修正后的被测值可认为不存在系统误差。

### 2.4.3  疏失误差的剔除

含有疏失误差的测量数据属于异常值,不能参加测量值的数据处理,必须予以剔除。为避免或减少疏失误差的出现,需要正确判断疏失误差,一旦发现疏失误差,则将相应测量数据从记录中划掉。

判断疏失误差需从定性和定量两方面来考虑。定性判断就是对测量条件、测量设备、测量步骤进行分析,看是否存在引起疏失误差的因素,也可以将测量数据同其他人员、别的方法或不同仪器所得结果进行核对,以发现疏失误差。定量判断是以由统计学原理建立起来的疏失误差准则为依据,对异常值进行剔除。

判定疏失误差的准则一般采用莱特准则,即采用 $3\sigma$ 作为判据:把剩余误差的绝对值超过 $3\sigma(|v_i|>3\sigma)$ 的个别数据 $X_i$ 判为疏失误差点,从而加以剔除,做平均值计算时不再采用,实际计算时,用 $\sigma'$ 代替 $\sigma$。

事实是,莱特准则的判据是建立在 $n$ 较大的情况下的,当 $n$ 值较小时,这种采用 $3\sigma$ 作为判据的方法就不很可靠了。特别是当 $n \leqslant 10$ 时,此规则不再适用。

以 $n=10$ 为例,标准误差估计值的计算公式为

$$3\sigma'=3\sqrt{\frac{v_1^2+v_2^2+\cdots+v_{10}^2}{10-1}}=\sqrt{v_1^2+v_2^2+\cdots+v_{10}^2}\geqslant v_i \quad (i=1,2,\cdots,10) \quad (2-8)$$

公式说明:当 $n\leqslant10$ 时,即使测量数据中有疏失误差,应用莱特准则也无法消除,在此情况下,一般采用格罗贝斯判据进行判别。

格罗贝斯判据(见表 2-1)是根据一个显著水平 $a$(一般取 $a=0.05$ 或 $a=0.01$),通过查格罗贝斯统计表找出格罗贝斯统计量的临界值 $g_0(n,a)$,若测量序列的剩余误差的最大值 $|v_i|_{max}>g_0(n,a)\cdot\sigma'$,则对应的 $X_i$ 为小概率事件,应当剔除。利用格罗贝斯准则,每次只能剔除一个可疑值,即当剔除一个疏失误差后,应重新计算平均值和标准差,再进行检验,反复进行,直到疏失误差全部剔除为止。

**表 2-1　格罗贝斯判据表**

| $a$ | $n$ | | | | | | | | | | |
|---|---|---|---|---|---|---|---|---|---|---|---|
| | 3 | 4 | 5 | 6 | 7 | 8 | 9 | 10 | 11 | 12 | 13 |
| 0.01 | 1.16 | 1.49 | 1.75 | 1.91 | 2.10 | 2.22 | 2.32 | 2.41 | 2.48 | 2.25 | 2.61 |
| 0.05 | 1.15 | 1.46 | 1.67 | 1.82 | 1.94 | 2.03 | 2.11 | 2.18 | 2.23 | 2.29 | 2.33 |

### 2.4.4　测试结果处理的步骤

在工程测试中,测量的数值可能同时含有系统误差、随机误差和疏失误差,为了得到合理的测试结果,应对测试数据进行分析处理,基本步骤为:

① 利用修正曲线,减少系统误差的影响;

② 求算术平均值:$\bar{X}=\frac{1}{n}\sum_{i=1}^{n}X_i$;

③ 求剩余误差:$v_i=X_i-\bar{X}$;

④ 求标准误差估计值:$\sigma'=\sqrt{\frac{1}{n-1}\sum_{i=1}^{n}v_i^2}$;

⑤ 判断疏失误差,剔除可疑值。剔除可疑值后,再重复步骤①~⑤,直到无奇异值为止。

在实际的测试报告中给出的数据应为修正系统误差和剔除可疑值之后的算术平均值。

# 2.5　测量结果的置信度

由于测量存在误差,经适当处理后给出的测量结果能否反映被测值的真值,这就是测量结果的置信度问题。

一般来说,随机误差服从正态分布。由概率论得知,正态分布曲线面积相当于全部误差出现的概率,其值为 1。

如图 2-2 所示,该图描述了误差在 $T=\delta/\sigma$(以标准误差 $\sigma$ 表示的随机误差)以下的测量结果的置信概率随 $\delta$ 的变化情况:

当 $\delta=1\sigma$ 时,置信概率为 86.25%;

当 $\delta=2\sigma$ 时,置信概率为 95.44%;

当 $\delta = 3\sigma$ 时,置信概率为 99.73%。

所选极限范围 $T$ 称为置信区间。显然,对同一个测量结果来说,所取置信区间越宽,置信概率越大。

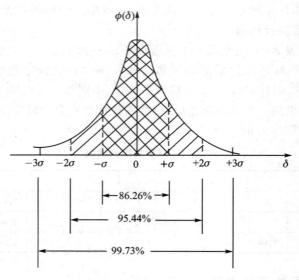

图 2－2  置信区间与置信概率

# 2.6  误差的合成

在无法进行直接测量的情况下,可改为测量与被测量有函数关系的其他量,然后再将测量误差转换到被测量上,即误差可以合成和转移。

如果被测量 $y = f(x_1, x_2, \cdots, x_n)$,自变量 $x_i$ 相互独立并且测量误差为 $\Delta x_i$,则合成系统误差为

$$\Delta y = \frac{\mathrm{d}f}{\mathrm{d}x_1}\Delta x_1 + \frac{\mathrm{d}f}{\mathrm{d}x_2}\Delta x_2 + \cdots + \frac{\mathrm{d}f}{\mathrm{d}x_n}\Delta x_n \tag{2-9}$$

式中:$\Delta x_i = X_i - A_0$ 为自变量的绝对误差;$\dfrac{\mathrm{d}f}{\mathrm{d}x_1}$ 为误差传递系数。

# 本章小结

本章主要讲述了与测量误差相关的一些基本概念和定义,包括误差的定义,误差分类及其表现形式,测量仪器的误差及测量误差的消除方法等,给出了测量数据误差处理的一般过程。

# 思考题

1. 什么是随机误差？
2. 什么是系统误差？应该如何来克服系统误差？
3. 简述测量数据处理的一般过程？

# 扩展阅读：度量衡的起源

俗语说"没有规矩，不成方圆"，在中国的远古神话里，开天辟地的创世者伏羲和女娲，分别手执规和矩，他们"规天为图，矩地取法"，制定和维护着世界的规则与秩序。

## 1. 最早的长度标准

在科学诞生之前就有了测量单位。因为贸易的需要，货币作为不同物品的统一衡量方式，结束了以物易物的时代。今天说到度量衡，是对任何表示物理量的公制单位的定义，包括温度、时间等。传统上度、量、衡是分开的，分别指长度、体积（容积）和轻重的计量标准。

度量衡制度的起源和标准难以准确考量，中国大约始于父系氏族社会末期。传说黄帝"设五量""少昊同度量，调律吕"。可以肯定的是，地球各处的人最初都不约而同地选择了用身体的一部分作为衡量长度的标准，"布手知尺，布指知寸""一手之盛谓之掬，两手谓之溢"。比如脚、胳膊和肘。当然，交易时两个人胳膊不一样长的情况很常见，所以很快地就有了统一标准。史书记载，中国的五帝时代，黄帝设立了度、量、衡、里、亩五个量，夏禹以自己的身长和体重作为长度和质量的标准，治水时还制作了准绳为测量工具。商代遗址出土有骨尺、牙尺，长度约合 16 cm，与中等身材人的大拇指和食指伸开后的指端距离相当。尺上的分寸刻画采用十进位，它和青铜器一样，反映了当时的生产和技术水平。中国古代度量衡与数学、物理、天文、律学、建筑、冶炼等科学技术的发展起着相互促进的作用。商鞅为统一秦国度量衡而于公元前344 年制造的标准量器铜方升上刻有："十六寸五分寸壹为升"，用度量审其容，"方升"遗存至今。战国时期齐国的一件标准量器栗氏量包括升、豆、斛三个容量单化。《考工记》详细记载了制作这件量器时冶炼青铜和铸造的技术条件及所包括的各个量的尺寸、容量和重量。到秦始皇统一全国后，推行"一法度衡石丈尺，车同轨，书同文字"，颁发统一度量衡诏书，制定了一套严格的管理制度。秦汉时尺长约合今 23 cm。南朝太史令钱乐之依照当朝尺长（合今 24.5cm）更铸张衡浑天仪。隋文帝统一全国后，下令统一度量衡，用北朝大尺（长 30 cm）作为官民日常用尺，用南朝小尺测日影以冬至和夏至。唐代僧一行测量子午线，宋代司天监的土表尺、元代郭守敬造观星台所标的量天尺都采用隋唐小制。1975 年，天文史家从明代制造的铜圭残件中发现当时量天尺的刻度，考定尺长 24.525 cm，与钱乐之浑天仪尺度相符。在 1 300 多年间，量天尺尺值恒定不变，保证了天文测量的连续性和稳定性。日常用尺，则历朝趋向变大。国外的考古发现也证明，他们在比较早的时期就有了长度标准，而且，随着商贸活动的开展，为了公平交易、避免欺诈，产生了计量对比表。在希腊的萨拉米那，有多利安人和雅典人脚的对比。

## 2. 越来越大的单位

公元前 1 300 年，中国商代，中庚和沃壬两人是邻居，这天他们约好去砍倒山头最高的那棵树。他们为那棵树打了赌,看两个人猜的树的长度哪个更接近树真实的尺寸,输了的得把家里盐罐里的盐都给赢家。他们量了很长时间,结果沃壬输了。如果身体的一些部分成了小长度的参照物,那么很快就需要测量长距离的单位。树还不算什么,从一个村落到另一个村落的距离,该怎么衡量呢?需要更大的衡量单位。这里自然就产生了大小单位间的换算问题。

当今世界上通用的十进制计数法简捷明了,而中国是最早使用十进制的国家。这可能还是从身体产生的灵感,数完两只手的手指头刚好到 10。据殷墟出土的甲骨文《卜辞》记载,约公元前 1400 年的商代,已有 13 种数字符号,除去从 1～9 这 9 个数字之外,还有表示位数的 4 种符号,就是十、百、千、万。用这 9 个数字符号和 4 个位数符号,已经可以轻易表达 10 万以内的任何自然数。古埃及人也采用十进制,但他们没有位制概念。古巴比伦使用的是 60 进制,另外还有使用 20 进制的国家。

### 3. 地球有多大

大约公元前 220 年的一个夏至日,希腊塞恩城(现阿斯旺附近)和亚历山大城,很多人这天都来到塞恩城的一口深井旁,观看每年一见的奇景——正午的阳光能照到井底。大家探着头,望着井底等待的时候,在亚历山大城一座很高的尖塔下面,一位秃顶老头也在紧张地等待正午时分的到来。他盯着高塔投下的短短的影子,鼻尖冒出了汗……这个老头是被西方称为地理学之父的埃拉托色尼,他正在测地球的周长。他认为,阳光照到井底,表示太阳正好处于井的正上方,而同时亚历山大城的尖塔在地上投下了短短的影子,这表示太阳的光线与塔之间有夹角。塔尖、塔底和塔尖在地上的投影,三个点形成了一个三角形。这个三角形与塔底、塞恩城的井、地心三点形成的三角形是相似三角形。埃拉托色尼算出太阳光线与塔之间的夹角是 $7°12'$,即相当于圆角 $360°$ 的 1/50。由此表明,这一角度对应的地球弧长,即从塞恩城到亚历山大城的距离,应相当于地球周长的 1/50。接下来,测出两城间的距离,乘以 50,就得出地球的周长。埃拉托色尼测出的地球周长是 25 万斯达蒂(古希腊长度单位),也就是大约 $4×10^4$ km,与我们现在所知的地球周长 40 076 km 非常接近。埃拉托色尼还用经纬网绘制过地图,他最早把物理学的原理与数学方法相结合,创立了数理地理学。中国的考古发现中,最早的地图见于西汉初期,从地图中显示出的测量和绘制能力,令全世界惊叹。

### 4. 神奇的克拉

度量衡单位的发展趋势是从混乱到统一,许多单位渐渐被取代,但也有一些最早的单位沿用至今。现在钻石的质量单位克拉,就是一例。

克拉这种计量单位,是由欧洲地中海边的一种角百树的种子演化来的。这种树开淡红色的花,然后结出豆荚。在缺少精确称量仪器的时代,人们认为角豆树豆荚里种子的质量,每一颗都是一样的。于是钻石商人就利用这些种子作为称量钻石的砝码,一颗种子的质量就是 1 克拉。后来,克拉成为钻石和一些贵重或细微物质的计量单位。到 1907 年,国际上商定 1 克拉的质量是 200 mg。

对轻重的衡量是在对长短衡量标准出现之后开始的,衡量单位相当复杂。中国很早就以长度作为基本量,由它推导出容量和重量。重量单位的规定出现于春秋中晚期,楚国制造有小型衡器——木衡、铜环权,用来称黄金货币。《汉书·食货志》记有"黄金方寸而重一斤"。完整的一套环权共十枚,分别为一铢、二铢、三铢、六铢、十二铢、一两、二两、四两、八两、一斤。一铢重 0.69 g,一两重 15.5 g,一斤重 251.3 g,十枚相加约 500 g,为楚制二斤,而且秦、楚、魏等国的换算标准还各不相同。如 1 铢在赵国相当于 0.65 g,在秦国则相当于 0.69 g。中国历史博物馆内藏有一支战国时期的铜衡杆,正中有拱肩提纽和穿线孔,一面显出贯通上下的十等分刻线,全长为战国的一尺。其形式既不同于天平衡杆,也不同于秤杆,可能是介于天平和杆秤之间的衡器。战国不仅广泛使用衡器,对杠杆原理也有透彻的认识,《墨经·经下》即有精辟论述。秦汉以后杆秤流行。

古巴比伦人和苏梅尔人的一个质量基本单位是西克里,1西克里相当于现在的10~13 g。在西克里之上,按60位进制是米纳和塔兰这两个单位。现在质量的国际标准单位是kg,它的定义是4 ℃时、装在棱为10 cm的立方体内的纯水的质量。千克的铂铱合金原器保存在巴黎,它是一个高度和直径都是39 mm的圆柱体。

律管容积为容量单位一龠,10龠为合,10合为升,一龠之黍重12铢,24铢为两,使度量衡三者建立在物理量的自然基准之上,这在当时是很先进的。《后汉书·礼仪志》中有:“水一升,冬重十三两。”清康熙年间规定以金、银等金属作为长度和重量的标准,后发现金属纯度不高影响标准精度而改用一升纯水为重量标准。这种利用重量确定度量衡单位的方法在世界度量衡史上也占有一定地位。

### 5. 终于有了全球标准

1875年,来自美国、俄国、德国、阿根廷、奥地利、丹麦、比利时等20个国家的代表,在法国巴黎举行会议,其中的17位全权代表签署了《米制公约》,承认以法国档案馆内的米原器作为统一的长度基准。

国际单位制的长度单位“米”起源于法国。1790年5月,由法国科学家组成的特别委员会,建议以通过巴黎的地球子午线全长的四千万分之一作为基本长度单位。到1799年,法国天文学家用了7年时间,制成一根截面是X形状的铂杆,将铂杆两端之间的距离定为1 m,这就是最早的米定义。由于米原器(铂杆)的精度不够,且存在变形现象,后来又对1 m的定义进行了修订,1960年的修订定义是:“1 m的长度等于氪-86原子的2P10和5d1能级之间跃迁的辐射在真空中波长的1 650 763.73倍”。1983年第十七届国际计量大会上又通过了米的新定义:“1/299 792 458 s的时间间隔内光在真空中行程的长度”。这个标准使用至今。

### 6. 逝者如斯

一曲《时光流转》的旋律,使人叹息着时光在不知不觉中毫不留情、绝无返回飞逝。但人类从很早就开始为生命的日益衰老而感慨,并一直努力想回到过去。最早被人们留意到可以用来显示时间的,是太阳和月亮的起落。在中国,远古时代就有了用太阳阴影计时的日晷,欧洲也于公元前1 000年左右发明了日晷。时间一词源于印欧语系中的“时”一词,它有“分割”和“划分”的意思,人们把连续的时间划分成小时、分钟,这可以计算和描述时间的分段。

古罗马发生过一件有意思的小事,公元前263年,执政官瓦莱里奥·迈萨拉从卡塔尼亚拿回了一尊日晷仪,并把它放在了罗马的市政广场上。可没有想到的是,这日晷的指针稍微有些倾斜。结果,在长达一世纪之久的时期内,古罗马人都生活在一个弄错了的时间里——建立一种适当的时间标准多么重要,因此就产生了早期的漏壶计。后来,由于发条系统的使用,开始有了机械表,且机械表变得越来越严密和精确。到16世纪,德国人比特·海伦发明了袖珍表。1642年,荷兰人克里斯蒂·安惠根斯利用钟摆原理发明了一种每天只误差一分钟的钟表。现今的石英表大约每3亿年才会误差一秒钟。

苏美尔人创造了许多令人叹为观止的东西,包括最早把时间按照相同的间隔进行划分。苏美尔人喜欢用12作为计数基准有其数学原因:12这个数字实际上可以很简单地划分,它可以除以 2、3、4、6，因此可以有很多个约数，计算方便。他们把一天分为 24 h，1h 分为 60 min。他们还把一年分为了 12 个月，每个月分为 30 天。

### 7. 航海日记中的"节"

　　航海的历史十分久远，在人们有了陆地上的计量单位和工具之后，却发现在茫茫大海之上，要准确地知道船的航行情况，比陆地上困难得多。17 世纪时，人们发明了一种新的工具：测程仪，它可以通过节点来测量速度。这个仪器是由用绳子连接的一块木板和船的缆绳组成的，在缆绳上，每隔 15 m 都会被标记一个节点。

　　测程仪的工作原理是先将"小船"扔在大海里，然后计算每经过 3 s 钟，小船拉出缆绳上的节点数，这个节点数也就是船的"节"速度。现在，这种方法已经不再被使用，因为今天利用卫星系统的航海定位已经相当成熟和精确了，但是人们有时还会使用传统的"节"这个速度单位：每一节大约相当于 1 n mile/h，也就是大约 1 852 m/h。

　　人类的认识能力在增强，度量衡的标准也在进步，微观和宏观的计量单位也将变得更多，使我们能将世界看得更加清晰。

# 第3章 串行通信接口总线技术

总线技术存在于不同的应用领域,在微型计算机系统中,利用 PC 总线来实现芯片内部、印刷电路板部件之间、机箱内各功能插板之间、主机与外部器件之间的连接与通信,这通常是计算机制造商们所研究和关心的问题。另一种应用在工业测控的现场总线主要研究如何将数据采集与传感技术、计算机技术和自动控制理论应用于工业生产的过程控制中,并设计出由微机控制的自动化过程控制区系统。测试总线是应用于测试与测量领域内的一种总线技术,是构成自动测试系统的核心,也是利用电子技术实现对电量或非电量进行自动化测量的一种总线技术。本章在介绍串行通信总线基本概念的基础上,重点介绍了在自动测试系统中应用最为广泛的两种串行通信测试总线:RS-232C/422A/485 总线和 1553 总线。

## 3.1 概 述

串行通信接口是在测试系统中广泛采用的一种接口方式,典型的串行通信接口包括 RS-232C 接口、RS-422 接口以及 RS-485 接口。本节主要描述串行通信接口常用的一些基本概念。

### 3.1.1 编码方式

串行通信主要采用 ASCII 码(American Standard Code for Information Interchange)和 BCD 码(Extended Binary Coded Decimal Interchange Code)两种信息编码方式。

ASCII 码采用 7 位二进制数,可表示 128 个字符;BCD 码是一种 8 位编码,常用在同步通信中。

### 3.1.2 通信方式

串行通信接口的通信方式主要包括异步通信和同步通信两种通信方式。

#### 1. 异步通信(Asynchronus Data Communication)

数据发送端和接收端时钟不必相同,通过发送起始位和停止位来实现同步的方式称为异步通信,典型的异步通信协议为起止式异步协议。

起止式异步协议的特点是一个字符一个字符传输,并且传送一个字符总是以起始位开始,以停止位结束,字符之间没有固定的时间间隔要求,如图 3-1 所示。

每一个字符的前面都有一位起始位(低电压),字符本身由 5~8 位数据位组成,接着字符后面是一位校验位(也可以没有校验位),最后是一位,或一位半,或二位的停止位,停止位后面是不定长度的空闲位。停止位和空闲位都规定为高电压,这样就保证起始位开始处一定有一个下跳沿。

可以看出,这种格式是靠起始位和停止位来实现字符的界定或同步的,故称为起止式协议。传送时,数据的低位在前,高位在后。例如,传送一个字符 E 的 ASCII 码的波形 1010 001,当把它

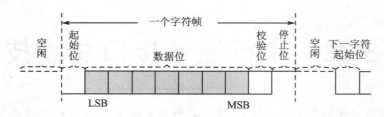

图 3-1　起止式异步串行通信协议

的最低有效位写到右边时,就是 E 的 ASCII 码 1000 101＝45H,如图 3-2 所示。

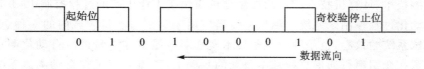

图 3-2　异步串行通信时序

　　起始位实际上是作为联络信号附加进来的,当它变为低电压时,告诉收方传送开始。它的到来,表示下面接着是数据位来了,要准备接收。而停止位标志一个字符的结束,它的出现表示一个字符传送完毕。这样就为通信双方提供了何时开始收发、何时结束的标志。传送开始前,发收双方把所采用的起止式格式(包括字符的数据位长度,停止位位数,有无校验位以及是奇校验还是偶校验等)和数据传输速率作统一规定。传送开始后,接收设备不断地检测传输线,看是否有起始位到来。当收到一系列的"1"(停止位或空闲位)之后,检测到一个下跳沿,说明起始位出现,起始位经确认后,就开始接收所规定的数据位和奇偶校验位以及停止位。经过处理将停止位去掉,把数据位拼装成一个并行字节,并且经校验后,无奇偶错才算正确地接收一个字符。一个字符接收完毕,接收设备又继续检测传输线,监视"0"电压的到来和下一个字符的开始,直到全部数据传送完毕。

　　由上述工作过程可看到,异步通信是按字符传输的,每传输一个字符,就用起始位来通知收方,以此来重新核对收发双方同步。若接收设备和发送设备两者的时钟频率略有偏差,这也不会因偏差的累积而导致错位,加之字符之间的空闲位也为这种偏差提供一种缓冲,所以异步串行通信的可靠性高。但是,由于每个字符的前后均需添加起始位和停止位等附加位,导致传输效率降低,只有约 80 ％。因此,起止式协议一般用在数据传输速率较慢的场合(小于 19.2 Kb/s)。在高速传送时,一般要采用同步协议。

### 2. 同步通信(Synchronus Data Communication)

　　同步通信中,在数据开始传送前用同步字符来指示,并用时钟来实现发送端和接收端的同步,即检测到规定的同步字符后,就开始连续按照顺序传送数据,直到通信告一段落。同步传送时,字符和字符之间没有间隔,也不用为每个字符设置起始位和停止位,故其数据传输速率高于异步通信。

　　串行通信同步协议主要包括面向字符的同步协议和面向比特的同步协议,主要用于若干个字符组成的数据块的传输,其典型代表是 IBM 公司的二进制同步通信协议(BSC)和同步数据链路控制规程(SDLC)。

### 3.1.3　数据传输方向

在串行通信中,数据通常是在两个站点/端点(如终端和微机)之间进行传输。按照数据流的方向,其可分成三种基本的传送方式:单工、半双工和全双工。

**1. 单工方式**

单工方式仅允许数据单方向传输,如图 3 - 3 所示。

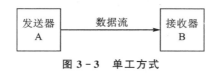

图 3 - 3　单工方式

**2. 半双工方式**

若使用同一根传输线既作接收又作发送,虽然数据可以在两个方向上传输,但通信双方不能同时收发数据,这样的传输方式就是半双工制。采用半双工方式时,通信系统每一端的发送器和接收器,通过收/发开关转接到通信线上,进行方向的切换,如图 3 - 4 所示。收/发开关实际上是由软件控制的电子开关,会产生一定的时间延迟。

**3. 全双工方式**

数据可以同时进行双向传输,相当于两个方向相反的单工方式的组合,通信双方都能在同一时刻进行发送和接收操作,这样的传输方式就是全双工制,如图 3 - 5 所示。在全双工方式下,通信系统的每一端都设置了发送器和接收器,因此,能控制数据同时在两个方向上传输。全双工方式无须进行方向的切换,因此,没有切换操作所产生的时间延迟。这种方式要求通信双方均有发送器和接收器,同时,需要 2 根数据线传送数据信号。

图 3 - 4　半双工方式　　　　　　　图 3 - 5　全双工方式

### 3.1.4　波特率

所谓波特率就是指每秒传输多少位,用 b/s 表示。国际上规定了一个标准波特率系列,为 110 b/s、300 b/s、600 b/s、1200 b/s、4800 b/s、9600 b/s 和 19200 b/s 等。大多数接口的接收波特率和发送波特率可以分别设置,而且可以通过编程来指定。在实际应用中,应注意以下两个问题:

① 波特率是衡量传输通道频宽的指标,它和传送数据的速率并不一致。例如,在异步传送中,假定每帧(每一次实际传送的字符)的格式包含 10 个代码位(1 个起始位,1 个终止位,8 个数据位),此时数据传送波特率位 1200 b/s,而实际只传送了 8 位有效位,所以数位的传送速率仅为 960 b/s。

② 允许的波特率误差:为分析方便,假设传递的数据一帧为 10 位,若发送和接收的波特率达到理想的一致,那么接收方应在每位数据有效时刻的中点对数据采样。如果接收一方的波特率比发送一方大或小 5%,那么对 10 位一帧的串行数据,采样点相对数据有效时刻逐位

偏移,当接收到第 10 位时,积累的误差达 50%,则采样的数据已是第 10 位数据有效与无效的临界状态,这时就可能发生错位,所以 5% 是最大的波特率允许误差。对于 8 位、9 位和 10 位一帧的串行传送,其最大的波特率允许误差分别为 6.25%、5.56% 和 4.5%。

### 3.1.5　通信协议

所谓通信协议其实是通信双方的一种约定,主要包括对数据格式、同步方式、传送速度、传送步骤、检验纠错方式以及控制字符定义等问题做出统一规定,确保发送设备所发送的数据能够在接收设备的接收端被正确读出。

串行通信协议包括同步协议和异步协议两种。异步串行协议通常要规定字符数据的传送格式和波特率,如前所述。要想保证通信成功,通信双方必须还有一系列的约定,比如握手信号的确定、出错的处理等。

## 3.2　RS – 232C 接口

RS – 232C 是由美国 EIA(Electronic Industries Association)于 1969 年推出的。最初是为公用电话的远距离数据通信制定,全称是"使用串行二进制数据进行交换的数据终端设备和数据通信设备之间的接口"。

数据终端设备(Data Terminal Equipment,DTE)包括计算机、外设、数据终端或其他测试、控制设备。

数据通信设备 DCE(Data Communication Equipment)完成数据通信所需的有关功能的建立、保持和终止,以及信号的转换和编码,如调制解调器(MODEM)。

如图 3 – 6 所示,该图描述了进行远距离串行通信时 DTE 与 DCE 之间的关系。

**图 3 – 6　RS – 232C 串行通信物理模型**

### 3.2.1　接口机械特性

RS – 232C 标准仅对信号电压标准和控制信号线的定义两个方面进行了规定,并不涉及接插件、电缆或协议,未定义连接器的物理特性。因此,出现了 DB – 25、DB – 15 和 DB – 9 等几种常用类型的连接器,其引脚的定义也各不相同。RS – 232C 定义了 20 根信号线,但在 IBM PC/AT 机以后,主要使用提供异步通信的 9 根信号线进行通信,其他的信号线已不再使用,9 根信号线在 DB – 25 和 DB – 9 连接器上的定义如表 3 – 1 和图 3 – 7 所示。

表 3 - 1　RS - 232C 接口常用信号线定义及功能

| 插针序号 | | 信号定义 | 名　称 | 说　明 |
|---|---|---|---|---|
| DB - 25 | DB - 9 | | | |
| 1 | | FG | Frame Ground | 保护地 |
| 2 | 3 | TXD | Transmitted Data | 数据输出线 |
| 3 | 2 | RXD | Received Data | 数据输入线 |
| 4 | 7 | RTS | Request to Send | DTE 要求发送数据 |
| 5 | 8 | CTS | Clear to Send | DCE 回应 DTE 的 RTS 的发送许可，告诉对方可以发送 |
| 6 | 6 | DSR | Data Set Ready | 告知 DCE 处于待命状态 |
| 7 | 5 | SG | Signal Ground | 信号地 |
| 8 | 1 | DCD | Data Carrier Detect | 接收线路信号检测 |
| 20 | 4 | DTR | Data Terminal Ready | 告知 DTE 处于待命状态 |
| 22 | 9 | RI | Ringing | 振铃指示 |

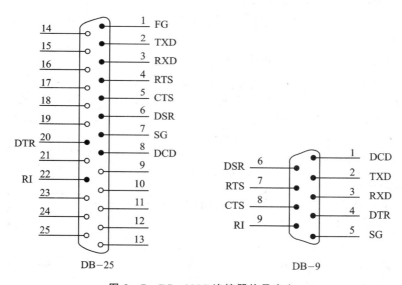

图 3 - 7　RS - 232C 连接器信号定义

## 3.2.2　信号线功能描述

如上所述，RS - 232C 标准接口常用的只有 9 根信号线。下面分别对其进行简要介绍：

### 1. 联络控制信号线

数据通信设备准备好（DSR）：有效（ON）状态，表明 DCE 设备处于可以使用的状态。

数据终端设备准备好（DTR）：有效（ON）状态，表明数据终端可以使用。

这两个信号有时连到电源上，一上电就立即有效。这两个设备状态信号有效，只表示设备本身可用，并不说明通信链路可以开始进行通信了，能否开始进行通信要由下面的控制信号决定。

请求发送(RTS)：用来表示 DTE 请求向 DCE 发送数据，即当终端要发送数据时，使该信号有效(ON 状态)，向 DCE 请求发送。

清除发送(CTS)：用来表示 DCE 准备好接收 DTE 发来的数据，是对请求发送信号 RTS 的响应信号。当 DCE 已准备好接收 DTE 传来的数据时，使该信号有效，通知 DTE 开始沿发送数据线 TXD 发送数据。

RTS/CTS 请求应答联络信号主要用于半双工系统中发送方式和接收方式之间的切换。在全双工系统中，因配置双向通道，故不需要 RTS/CTS 联络信号，使其保持高电压即可。

数据载波检出(DCD)：用来表示 DCE 已接通通信链路，告知 DTE 准备接收数据。当本地的 MODEM 收到由通信链路另一端(远地)的 MODEM 送来的载波信号时，使该信号有效，通知 DTE 准备接收，并且由 MODEM 将接收下来的载波信号解调成数字信号后，沿接收数据线 RXD 送到终端。

振铃指示(RI)：当 MODEM 收到交换台送来的振铃呼叫信号时，使该信号有效(ON 状态)，通知 DTE 终端，已被呼叫。

### 2. 数据发送与接收线

发送数据(TXD)：DTE 通过 TXD 端将串行数据发送到 DCE。

接收数据(RXD)：DTE 通过 RXD 端接收从 DCE 发来的串行数据。

### 3. 地　　线

地线有两根线 SG、FG：信号地和保护地信号线，无方向。

上述控制信号线何时有效，何时无效的顺序表示了接口信号的传送过程。例如，只有当 DSR 和 DTR 都处于有效(ON)状态时，才能在 DTE 和 DCE 之间进行传送操作。若 DTE 要发送数据，则先将 RTS 线置成有效(ON)状态，等 CTS 线上收到有效(ON)状态的回答后，才能在 TXD 线上发送串行数据。这种顺序的规定对半双工的通信线路特别有用，因为需要确定 DCE 已由发送方向改为接收方向，这时线路才能开始发送。如图 3-8 所示，该图描述了请求发送(RTS)、

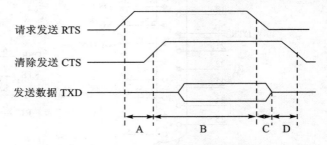

图 3-8　RTS、CTS 和 TXD 的时序图

清除发送(CTS)信号和发送数据(TXD)之间的时序关系。

上述各控制线中，数据设备准备好(DSR)、数据终端准备好(DTR)、振铃指示(RI)和数据载波检测(DCD)是利用电话网进行远距离通信时所需要的。但是，在应用近距离通信时，计算机接口和终端可直接采用 RS-232C 连接，此时不需使用电话网和调制解调器，即这几根信号控制线一般没用。

另外，需要补充说明以下两点：

① RS-232C 标准最初是为远程通信连接数据终端设备(DTE)与数据通信设备(DCE)而制定的，因此，当时并未考虑计算机系统的应用要求。然而，目前该标准被广泛地用做计算机接口与终端或外设之间的近距离连接标准，因此，某些典型应用可能存在与 RS-232C 标准本身不兼容的地方。

② RS－232C 标准中所提到的"发送"和"接收"，都是相对 DTE 的用途，而不是从 DCE 的用途来定义的。但是，由于在计算机系统中，往往是两个设备的接口之间传送信息，两者都是DTE，因此双方都能发送和接收。

### 3.2.3　接口电气特性

**1. RS－232C 信号电压**

（1）RS－232C 逻辑电压的定义

RS－232C 的逻辑电压对地是对称的，这与 TTL、CMOS 逻辑电压完全不同。如表 3－2 所列，信号电压小于－3 V 为"标志"（MARK）状态，大于＋3 V 为"间隔"（SPACE）状态；数据传输（RXD 和 TXD 线上）时，"标志"状态表示逻辑"1"状态，"间隔"表示逻辑"0"状态；对于定时和控制功能（RTS、CTS、DTR、DSR 和 DCD 等），信号有效即"接通"（ON）对应正电压，信号无效即"断开"（OFF）对应负电压。

－3～＋3 V 间为信号状态的过渡区，低于－15 V 或高于＋15 V 的电压也认为无意义，因此，实际工作时，应保证电压在±（3～15）V 间。

表 3－2　信号电压状态和功能

| 信　号 | 标记对象 | 电　压 | |
|---|---|---|---|
| | | －3～－15 V | ＋3～＋15 V |
| 数　据 | 二进制状态 | 1 | 0 |
| | 信号状态 | 标志（MARK） | 间隔（SPACE） |
| 控制定时 | 功　能 | 断开（OFF） | 接通（ON） |

（2）典型的 RS－232C 信号在正负电压之间摆动

发送端驱动器输出正电压在＋5～＋15 V，负电压在－5～－15 V，而接收器典型的工作电压在＋3～＋12 V 与－3～－12 V。也就是说，两者之间存在着 2 V 的噪声容限，如图 3－9 所示。

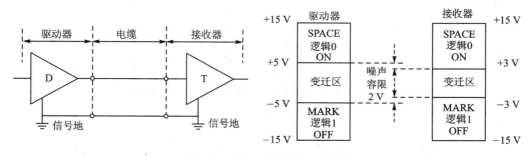

图 3－9　RS－232C 接口电气特性

（3）RS－232C 的点对点设计

RS－232C 是为点对点（即只用一对收、发设备）通信而设计的，其驱动器负载电阻为 3～7 kΩ、负载电容应小于 2 500 pF。对于普通导线，其电容值约为 170 pF/m，因此 DTE 和 DCE 之间最大传输距离 $L = 2\,500\ pF/(170\ pF/m) = 15\ m$。

### 2. RS-232C 与 TTL 电压的转换

RS-232C 是用正负电压来表示逻辑状态,这与 TTL 以高低电压表示逻辑状态的规定不同。因此,为了能够同计算机接口或终端的 TTL 器件连接,必须在 RS-232C 与 TTL 电路之间进行电压和逻辑关系的变换。实现这种变换时可用分立元件,也可用集成电路芯片。目前较为广泛地使用集成电路转换器件,如 MC1488、SN75150 芯片可完成 TTL 电压到 RS-232C 电压的转换,而 MC1489、SN75154 可实现 RS-232C 电压到 TTL 电压的转换。

如图 3-10 所示,该图描述了微机串口数据通信的具体连接方法。8251A 为通用异步接收/发送器(UART),计算机通过编程,可以控制串行数据传送的格式和速度。MC1488 的引脚(2)、(4、5)、(9、10)和(12、13)接 TTL 输入。引脚 3、6、8、11 接 RS-232C 输出。MC1489 的 1、4、10、13 脚接 RS-232C 输入,而 3、6、8、11 脚接 TTL 输出。UART 是 TTL 器件,计算机输出或输入的 TTL 电压信号,都要分别经过 MC1488 和 MC1498 转换器,转换为 RS-232C 电压后,才能送到连接器上去或从连接器上送进来。

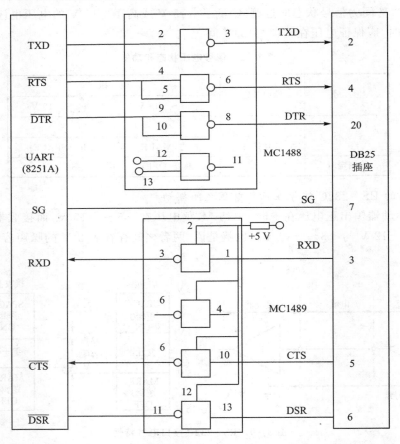

图 3-10 计算机的 RS-232C 标准接口电路

MAX232 芯片是 MAXIM 公司生产却包含两路接收器和驱动器的 IC 芯片,适用于各种 RS-232C 的通信接口。MAX232 芯片内部有一个电源电压变换器,可以把输入的 +5 V 电源电压变换成为 RS-232C 输出电压所需的 ±10 V 电压。所以,采用此芯片接口的串行通信系统只需单一的 +5 V 电源就可以了,其适应性强,硬件接口简单,被广泛采用。

　　如图 3-11 所示为 MAX232 芯片典型工作原理图,图中上半部分是电源变换电路部分,下半部分为发送和接收部分。实际应用中,可在 MAX232 芯片中两路发送接收端分别传送 TXD/RXD 和 RTS/CTS 信号,或任选一路作为 TXD/RXD 接口,要注意其发送、接收的引脚要对应。

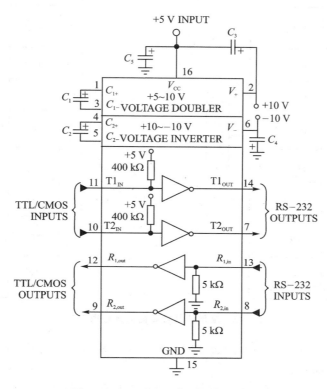

**图 3-11　MAX232 典型工作原理图**

### 3.2.4　RS-232C 的应用

　　用 RS-232C 总线连接系统时,有近程通信方式和远程通信方式之分。近程通信是指传输距离小于 15 m 的通信,这时可以用 RS-232C 电缆直接连接,所用信号线较少。传输距离大于 15 m 的远程通信,需要采用调制解调器(MODEM),因此使用的信号线较多。

**1. 远距离通信**

　　若在双方 DCE(MODEM)之间采用普通电话交换线进行通信时需要 9 根信号线进行联络,如图 3-12 所示。DTE 信号为 RS-232C 信号,DTE 与计算机间的电压转换电路未画出。其工作原理如下:

　　① 置 DSR 和 DTR 信号有效,表示 DCE 和 DTE 设备准备好,即设备本身已可用。

　　② 通过电话机拨号呼叫对方,电话交换台向对方发出拨号呼叫信号,当对方 DCE 收到该信号后,使 RI 有效,通知 DTE 已被呼叫。当对方"摘机"后,两方建立了通信链路。

　　③ 若计算机要发送数据至对方,首先通过 DTE 发出 RTS 信号,此时,若 DCE 允许传送,则向 DTE 回答 CTS 信号。对全双工通信方式,一般直接将 RTS/CTS 接至高电压,即只要通信链路建立,就可传送信号。而在半双工系统中,通常利用 RTS/CTS 实现发送方式和接收方

式的切换。

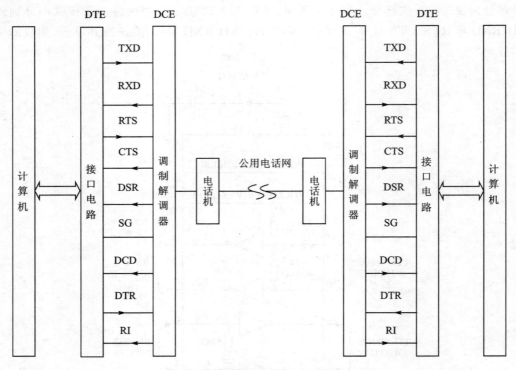

**图 3 - 12    采用调制解调器的远程通信连接**

④ 当 DTE 获得 CTS 信号后,通过 TXD 线向 DCE 发出串行信号,DCE 将这些数字信号调制成载波信号,传向对方。

⑤ 计算机向 DTE 的数据输出寄存器传送新的数据前,应检查 DCE 状态和数据输出寄存器为空。

⑥ 当对方的 DCE 收到载波信号后,向与它相连的 DTE 发出 DCD 信号,通知其 DTE 准备接收。同时,将载波信号解调为数据信号,从 RXD 线上送给 DTE,DTE 通过串行接收移位寄存器对接收到的位流进行移位,当收到 1 个字符的全部位流后,把该字符的数据位送到数据输入寄存器,计算机可以从数据输入寄存器读取字符。

**2. 近距离通信**

当两台计算机或设备进行近距离点对点通信时,可不需要 MODEM,即将两个 DTE 直接连接,这种连接方法称为零 MODEM 连接。在这种连接方式中,计算机往往貌似 MODEM,从而能够使用 RS - 232C 标准。但是,在采用零 MODEM 连接时,不能进行简单的引线互连,而应采用专门的技巧建立正常的信息交换接口,常用的零 MODEM 的 RS - 232C 连接方式有如下 3 种。

(1) 零 Modem 完整连接(7 线制)

如图 3 - 13 所示为零 Modem 完整连接的一个连接图,共用了 7 根连接线。从图中可以看出,RS - 232C 接口标准定义的主要信号线都用到了,并且是按照 DTE 和 DCE 之间信息交换协议的要求进行连接的,只不过是把 DTE 自己发出的信号线送过来,当作对方 DCE 发来的信号。它们的"请求发送"端(RTS)与自己的"清除发送"端(CTS)相连,使得当设备向对方请求发送时,随即通知自己的"清除发送"端,表示对方已经响应。这里的"请求发送"线还连往对方的"载波检测"线,这是因为"请求发送"信号的出现类似于通信通道中的载波检出。图中的"数据设备就绪"是一个接收端,它与对方的"数据终端就绪"相连,就能得知对方是否已经准备好。"数据设备就绪"端收到对方"准备好"的信号,类似于通信中收到对方发出的"响铃指示",与"数据设备就绪"并连在一起。

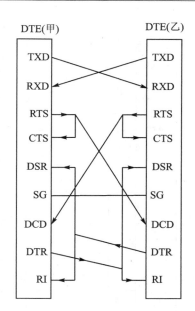

**图 3 - 13 零 Modem 完整连接**

双方的握手信号关系如下:

① 当甲方的 DTE 准备好,发出 DTR 信号,该信号直接连接至乙方的 RI(振铃信号)和 DSR(数据设备准备好)。即只要甲方准备好,乙方立即产生呼叫(RI)有效,并同时准备好(DSR)。尽管此时乙方并不存在 DCE(数传机)。

② 甲方的 RTS 和 CTS 相连,并与乙方的 DCD 互连。即:一旦甲方请求发送(RTS),便立即得到允许(CTS),同时,使乙方的 DCD 有效,即检测到载波信号。

③ 甲方的 TXD 与乙方的 RXD 相连,一发一收。

(2) 零 Modem 标准连接(5 线制)

如图 3 - 14 所示为计算机与终端之间利用 RS - 232C 连接的最常用的交叉连线图,图中"发送数据"与"接收数据"是交叉相连的,使得两台设备都能正确地发送和接收。"数据终端准备好"与"数据设备准备好"两根线也是交叉相连的,使得两设备都能检测出对方是否已经准备好,并作为硬件握手信号。

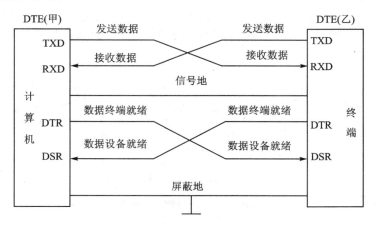

**图 3 - 14 零 Modem 标准连接**

(3) 零 Modem 的最简连接(3 线制)

如图 3 - 15 所示为零 Modem 方式的最简单连接方式,即三线连接。该连接仅将"发送数据"与"接收数据"交叉连接,通信双方都互相当作数据终端设备看待,双方都可发也可收。两装置之间需要握手信号时,可以按软件方式进行。

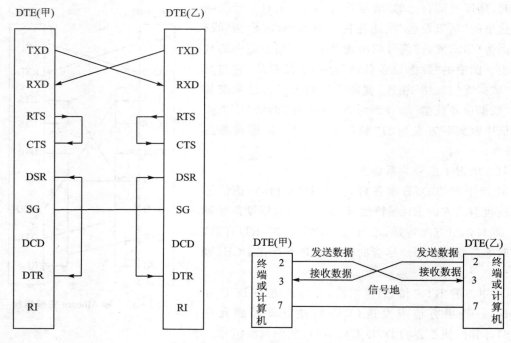

图 3 − 15　零 Modem 的最简连接

# 3.3　RS − 422/485 接口及应用

采用 RS − 232C 标准时,其所用的驱动器和接收器(负载侧)分别起到 TTL/RS − 232C 和 RS − 232C/TTL 电压转换作用,转换芯片均采用单端电路,易引入附加电压:一是来自于干扰,用 $e_n$ 表示;二是由于两者地(A 点和 B 点)电压不同引入的电位差 $V_S$,如果两者距离较远或分别接至不同的馈电系统,则这种电压差可达数伏,从而导致接收器产生错误的数据输出,如图 3 − 16 所示。

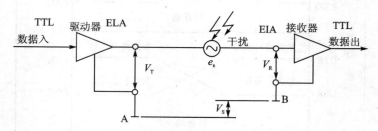

图 3 − 16　RS − 232C 单端驱动非差分接收电路

RS − 232C 是单端驱动非差分接收电路,不具有抗共模干扰特性。EIA 为了弥补 RS − 232C 的不足,以获得经它传输距离更远、速率更高及机械连接器标准化的目的,20 世纪 70 年代末期又相继推出以下 3 个模块化新标准:

RS − 499　"使用串行二进制数据交换的数据终端设备和数据电路终端设备的通用 37 芯和 9 芯接口";

RS-423A　"不平衡电压数字接口电路的电气特性";

RS-422A　"平衡电压数字接口电路的电气特性"。

RS-499 在与 RS-232C 兼容的基础上,改进了电气特性,增加了通信速率和通信距离,规定了采用 37 条引脚连接器的接口机械标准,新规定了 10 个信号线。

RS-423A 和 RS-422A 的主要改进是采用了差分输入电路,提高了接口电路对信号的识别能力和抗干扰能力。其中 RS-423A 采用单端发送,RS-422A 采用双端发送,实际上 RS-423A 是介于 RS-232C 和 RS-422A 之间的过渡标准。在飞行器测试发射控制系统中实际应用较多的是 RS-422A 标准。

RS-423/422A 是 RS-449 的标准子集,RS-485 则是 RS-422A 的型变。

### 3.3.1　RS-422A 串行总线接口

RS-422A 定义了一种单机发送、多机接收的平衡传输规范。

#### 1. 电气特性

如图 3-17 所示为 RS-422A 的接口电气特性,其接口电路采用比 RS-232C 窄的电压范围(-6~+6 V)。通常情况下,发送驱动器的正电压在+2~+6 V,是一个逻辑状态"0";负电压在-2~-6 V,是另一个逻辑状态"1"。当在接收端之间有大于+200 mV 的电压时,输出正逻辑电压,小于-200 mV 时,输出负逻辑电压,RS-422A 所规定的噪声余量是 1.8 V。

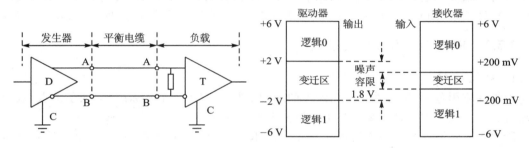

**图 3-17　RS-422A 接口电气特性**

RS-422A 的最大传输距离为 4 000 英尺(约 1 219 m),最大传输速率为 10 Mb/s。其平衡双绞线的长度与传输速率成反比,在 100 Kb/s 速率以下,才可能达到最大传输距离。只有在很短的距离下才能获得最高传输速率。一般 100 m 长的双绞线上所能获得的最大传输速率仅为 1 Mb/s。

RS-422A 需要一终端电阻,要求其阻值约等于传输电缆的特性阻抗。在近距离(一般在 300 m 以下)传输时可不需终端电阻,终端电阻接在传输电缆的最远端。

#### 2. 典型应用

RS-422A 的数据信号采用差分传输方式,也称作平衡传输。它使用一对双绞线,将其中一线定义为 A,另一线定义为 B,另一个信号地 C,发送器与接收器通过平衡双绞线对应相连,如图 3-18 所示。

采用差分输入电路可以提高接口电路对信号的识别能力及抗干扰能力。这种输入电路的特点是通过差分电路识别两个输入线间的电位差,这样既可削弱干扰地影响,又可获得更长的传输距离。

由于接收器采用高输入阻抗和发送驱动器比 RS-232C 更强的驱动能力,故允许在相同传输线上连接多个接收节点,最多可接 10 个节点。即一个为主设备(Master),其余为从设备

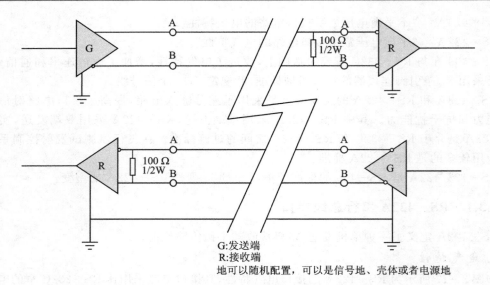

G:发送端
R:接收端
地可以随机配置,可以是信号地、壳体或者电源地

**图 3－18　RS－422A 平衡驱动差分接收电路**

(Salve),从设备之间不能通信,所以 RS－422A 支持点对多的双向通信。RS－422A 四线接口由于采用单独的发送和接收通道,因此不必控制数据方向,各装置之间任何必需的信号交换均可以按软件方式(XON/XOFF 握手)或硬件方式(一对单独的双绞线)实现,如图 3－18 所示。

### 3.3.2　RS－485 串行总线接口

#### 1. 电气特性

为扩展应用范围,EIA 在 RS－422A 的基础上制定了 RS－485 标准,增加了多点、双向通信能力。通常在要求通信距离为几十米至上千米时,广泛采用 RS－485 收发器。

RS－485 收发器采用平衡发送和差分接收,即在发送端,驱动器将 TTL 电压信号转换成差分信号输出;在接收端,接收器将差分信号变成 TTL 电压,因此具有抑制共模干扰的能力,加上接收器具有高的灵敏度,能检测低达 200 mV 的电压,故数据传可达千米以外。

RS－485 的许多电气规定与 RS－422A 相仿。如都采用平衡传输方式,都需要在传输线上接终端电阻等。RS－485 可以采用二线与四线方式,二线制可实现真正的多点双向通信,但只能是半双工模式。而采用四线连接时,与 RS－422A 一样只能实现点对多的通信,即只能有一个主设备,其余为从设备,但它比 RS－422A 有改进,无论四线还是二线连接方式,总线上可连接多达 32 个设备。

RS－485 与 RS－422A 的共模输出电压是不同的。RS－485 共模输出电压在－7～＋12 V 之间,RS－422A 在－7～＋7 V 之间,RS－485 接收器最小输入阻抗为 12 kΩ;RS－422A 是 4 kΩ;RS－485 满足所有 RS－422A 的规范,所以 RS－485 的驱动器可以在 RS－422A 网络中应用。但 RS－422A 的驱动器并不完全适用于 RS－485 网络。

RS－485 与 RS－422A 一样,最大传输速率为 10 Mb/s。当波特率为 1200 b/s 时,最大传输距离理论上可达 15 km。平衡双绞线的长度与传输速率成反比,在 100 Kb/s 速率以下,才可能使用规定最长的电缆长度。

RS－485 需要 2 个终端电阻,接在传输总线的两端,其阻值要求等于传输电缆的特性阻抗。在近距离传输时可不需终端电阻。

## 2. 典型应用

如图 3 - 19 和图 3 - 20 所示，分别为 RS - 485 典型 2 线多点网络和 RS - 485 典型 4 线多点网络典型应用连接示意图。

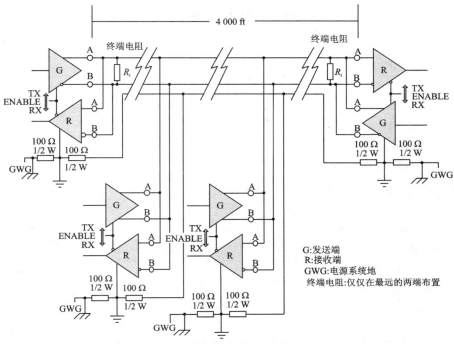

**图 3 - 19　RS - 485 典型 2 线多点网络**

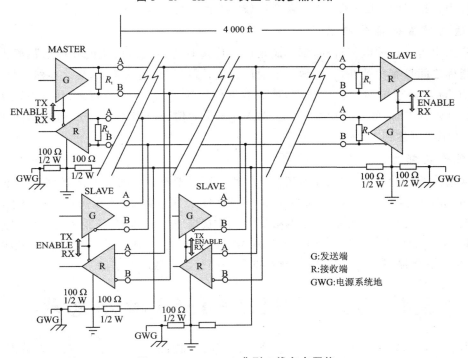

**图 3 - 20　RS - 485 典型 4 线多点网络**

### 3.3.3 RS-232/422/485 接口电路性能比较

表 3-3 所列为常用的三种串口的性能比较。

**表 3-3 RS-232/422/485 接口电路特性比较**

| 规 定 | RS-232C | RS-422 | RS-485 |
|---|---|---|---|
| 工作方式 | 单 端 | 差 分 | 差 分 |
| 节点数 | 1收1发 | 1发10收 | 1发32收 |
| 最大传输电缆长度 | 50 ft(164.04 m) | 400 ft(1313.32 m) | 400 ft(1313.32 m) |
| 最大传输速率 | 20 Kb/s | 10 Mb/s | 10 Mb/s |
| 最大驱动输出电压/V | ±25 | −0.25～+6 | −7～+12 |
| 驱动器输出信号电压(负载最小值)/V | ±5～±15 | ±2.0 | ±1.5 |
| 驱动器输出信号电压(空载最大值) | ±25 V | ±6 V | ±6 V |
| 驱动器负载阻抗/Ω | 3～7 k | 100 | 54 |
| 摆率(最大值) | 30 V/$\mu$s | N/A | N/A |
| 接收器输入电压范围/V | ±15 | −10～+10 | −7～+12 |
| 接收器输入门限 | ±3 V | ±200 mV | ±200 mV |
| 接收器输入电阻/kΩ | 3～7 | 4(最小) | ≥12 |
| 驱动器共模电压/V | | −3～+3 | −1～+3 |
| 接收器共模电压/V | | −7～+7 | −7～+12 |

选择串行接口时,还应考虑以下两个比较重要的问题:

**1. 通信速度和通信距离**

通常的串行接口的电气特性,都有满足可靠传输时的最大通信速度和传送距离指标。但这两个指标之间具有相关性,适当地降低通信速度,可以提高通信距离,反之亦然。例如,采用 RS-232C 标准进行单向数据传输时,最大数据传输速率为 20 Kb/s,最大传送距离为 15 m。改用 RS-422 标准时,最大传输速率可达 10 Mb/s,最大传送距离为 300 m,适当降低数据传输速率,传送距离可达到 1200 m。

**2. 抗干扰能力**

通常选择的标准接口,在保证不超过其使用范围时都有一定的抗干扰能力,以保证可靠的信号传输。但在一些工业测控系统中,通信环境往往十分恶劣,因此在选择通信介质、接口标准时要充分注意其抗干扰能力,并采取必要的抗干扰措施。例如,在长距离传输时,使用 RS-422 标准,能有效地抑制共模信号干扰;在高噪声污染环境中,通过使用光纤介质减少噪声干扰,通过光电隔离提高通信系统的安全性,都是一些行之有效的办法。

# 3.4 MIL-STD-1553 数据总线

MIL-STD-1553 数据总线标准,即飞机内部时分制、指令/响应式多路传输数据总线(国军标 GJB289—87),是军用飞机和导弹普遍采用的数字式数据总线。

1553 标准可分为三个组成部分,它们是:

① 终端形式 总线控制器、总线监控器和远程终端;

② 总线规约 包括消息格式和字结构;

③ 硬件性能规范 诸如特性阻抗、工作频率、信号下降以及连接要求。

图 3-21 所示为一种假想的简单 MIL-STD-1553 数据总线设计方案,该总线的工作频率为每秒 1 兆位,采用曼彻斯特 II 型(Manchester II)数据编码,属半双工工作方式。

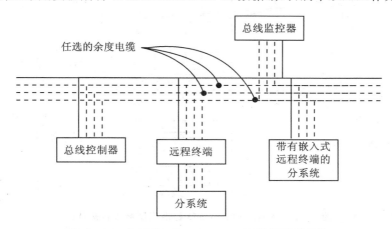

**图 3-21 典型的 MIL-STD-1553 数据总线结构**

### 3.4.1 硬件组成

1553 数据总线的硬件主要包括总线控制器、远程终端和一个任选的总线监控器,如图 3-21 所示。

总线控制器:总线控制器管理总线上所有的数据流和启动所有的信息传输,亦对系统的工作状态进行监控。但值得注意的是,总线控制器的监控功能不应和总线监控器的功能相混淆。尽管 1553 数据总线标准中规定了在各终端之间可进行总线控制能力的传递,但是,应尽量避免使用这种总线控制传递的能力。另外,总线控制器可以是独立的 LRU,或者是总线上其他部件中的一部分。

总线监控器:接收总线传输信息并萃取选择的信息。除非特殊规定向它的地址发送的传输信息,通常总线监控器对任何接收到的传输信息不作出响应。总线监控器通常用于接收和萃取脱机时使用的数据,诸如飞行试验、维护或任务分析的数据。

远程终端:远程终端是 1553 数据总线系统中数量最多的部件。事实上,在一给定的总线上最多可达 31 个远程终端。远程终端(RT)仅对它们特定寻址询问的那些有效指令,或有效广播(所有 RT 同时被寻访)指令才作出响应。如图 3-21 所示,远程终端可以与它所服务的分系统分开,也可嵌入于分系统内。

硬件特性是 1553 标准最简单明了的部分,相互之间的变压器耦合方式,如图 3-22 所示。($Z_o$ 为电缆的标称特性阻抗在 1.0 MHz 的正弦波作用下,应在 70.0~85.0 Ω 之间)。

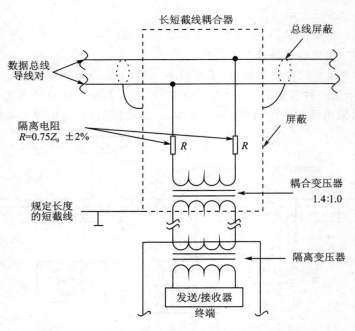

**图 3 - 22　MIL - STD - 1553 标准变压器耦合短截线**

### 3.4.2　信息传输格式

任何通信方案都离不开消息这一要素。MIL - STD - 1553 规约允许有 10 种消息格式,即"信息传输格式"。每个消息至少包含两个字,每个字有 16 个位再加上同步头和奇偶校验位,总共 20 个位时或 20 μs。但是,在讨论消息格式前,有必要对能够组成消息的三种类型的字作一了解。

所有的字都采用曼彻斯特 II 型双向编码构成,且用奇检验。曼彻斯特码要求中间位过零,即"1"由正开始,在中间位过零且变为负;而"3"则始于负,在中间位过零且变为正。之所以选择这种编码,是因为这种编码适用于变压器耦合,且它是自同步。对所有 1553 总线的字来说,都有一个两位的无效曼彻斯特码用做同步码,它占字的头三个位时,一个字内的任何一个未用位应置为逻辑"0",如图 3 - 23 所示。

#### 1. 指令字

消息中第一个字通常是指令字,且该字只能由总线控制器发送,如图 3 - 23(a)所示。指令字的同步码的前一个半位为正,后一个半位为负,紧跟同步码后有 5 位地址段。每个远程终端必须有一个专用的地址。十进制地址 31(11111)留做广播方式时用,且每个终端必须能识别"11111"这一法定的广播地址,除此之外,还能识别其自己的专用地址。发送/接收位应该这样设置:若远程终端要接收,该位应置逻辑"0";反之,若远程终端准备发送,则该位应置逻辑"1"。

紧挨着地址后面的 5 位(第 10~14 位)用做指定远程终端的子地址,或用做总线上设备的方式命令。00000 或 11111 用做表示方式代码,对它后面再做说明。因此,有效的子地址就剩 30 个。若用了状态字中的测试标志位,则有效的子地址又将减半,减少至 15 个。

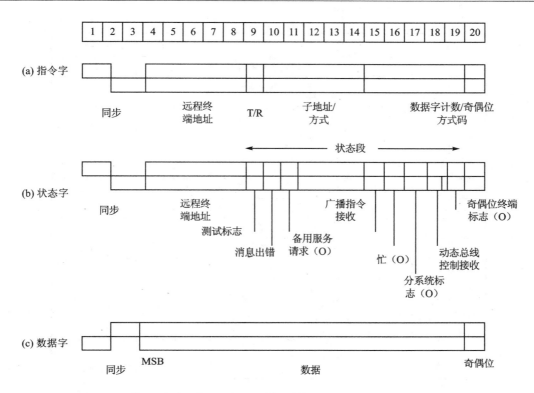

注：（O）此位可任选，若不用此位，则应置逻辑零。

**图 3 - 23　MIL - STD - 1553 字格式**

当位号 10～14 已定为 RT 的子地址时,那么第 15～19 位就用做数据字计数。在任一消息块中规定可发送的数据字最多可达 32 个。若第 10～14 位是 00000 或 11111,则第 15～19 位表示方式代码。方式代码仅用于与总线硬件的通信和管理信息流,而不用于传送数据,表 3 - 4 所列为方式代码的分配及其含义,MIL - STD - 1553 对每一个方式代码所表示的意义全面地进行了讨论。

最后,第 20 位是奇偶校验位。MIL - STD - 1553 要求奇数的奇偶校验,且三种类型的字都必须满足此要求。

表 3 - 4 所列为摘自 MIL - STD - 1553 的方式代码字分配。

**表 3 - 4　方式代码的分配**

| T/R 位 | 方式代码 | 功　能 | 带数据字否 | 允许广播指令否 |
|--------|----------|--------|-----------|----------------|
| 1 | 00000 | 动态总线规划 | 否 | 否 |
| 1 | 00001 | 同　步 | 否 | 是 |
| 1 | 00010 | 发送状态字 | 否 | 否 |
| 1 | 00011 | 启动自测试 | 否 | 是 |
| 1 | 00100 | 发送器关闭 | 否 | 是 |

| T/R 位 | 方式代码 | 功 能 | 带数据字否 | 允许广播指令否 |
|---|---|---|---|---|
| 1 | 00101 | 取消发送器关闭 | 否 | 是 |
| 1 | 00110 | 禁止终端标准位 | 否 | 是 |
| 1 | 00111 | 取消禁止终端标准位 | 否 | 是 |
| 1 | 01000 | 复位远程终端 | 否 | 是 |
| 1 | 01001 | 备 用 | 否 | 待确定 |
| ↓ | ↓ | ↓ | ↓ | ↓ |
| 1 | 01111 | 备 用 | 否 | 待确定 |
| 1 | 10000 | 发送矢量字 | 是 | 否 |
| 0 | 10001 | 同 步 | 是 | 是 |
| 1 | 10010 | 发送上一条指令 | 是 | 否 |
| 1 | 10011 | 发送自检测字 | 是 | 否 |
| 0 | 10100 | 选定的发送器关闭 | 是 | 是 |
| 0 | 10101 | 取消选定的发送器关闭 | 是 | 是 |
| 1 或 0 | 10110 | 备 用 | 是 | 待确定 |
| | ↓ | | ↓ | |
| 1 或 0 | 11111 | 备 用 | 是 | 待确定 |

**2. 状态字**

状态字是由远程终端作出响应的第一个字。图 3-23(b)为状态字的字格式,该字由 4 个基本部分组成,即同步头、远程终端地址、状态段和奇偶校验位。

在第 1 至第 3 的位置上有一个同步代码,它同控制字的同步代码完全一样(前一个半位时为正,后一个半位时为负)。第 4 至 8 位为发送状态字的终端地址。

第 9～19 位是远程终端的状态段。除非状态段存在指定的条件,否则状态段中所有的位都应置成逻辑"0",状态段中大多数的位其含义是清楚的,但其中有几个位的含义还应作必要的说明。若前一时刻总线控制器发送的字中有一个或多个字是无效字,则第 9 位应置成逻辑"1"。第 10 位是测试标志位,如果用它,则总被置成逻辑"0",使其能把状态字与控制字相区别(控制字中,第 10 位总是置为逻辑"1")。当第 10 位用做测试标准位时,则如在控制字这一段中所讨论过的那样,有可能把分系统地址数减少到只有 15 个。第 17 位是分系统的标志位,它用来表明一个分系统的故障情况。第 19 位是终端标志位,如果用它,则将表示 RT 内存在故障情况(这与第 17 位相对应,该位表示所分系统有故障)。第 20 位是奇偶校验位。

**3. 数据字**

数据字是三种类型的字中最为简单明了的字。数据字总是跟在指令字、状态字或其他数据字后面。它们从不在一个消息中最先发送。像指令字和状态字一样,数据字的字长也是 20 个位时;头 3 个位时为同步代码,最后 1 个位时是奇偶校验位(见图 3-23(c))。但是,数据字的同步代码与指令字和状态字的同步代码相反,它前一个半位时为负,而后一个半位时却为正。剩下的 16 个位时,即第 4～19 位是二进制编码的数据值.最高有效数据位先发送。所有未用的数据位都置成逻辑"0"。如果可能的话,设计者总应设法充分利用这 16 个位,把多个参数和字进行位的合并。

### 4. 消息格式

如前所述,有 10 种可允许的消息格式,如图 3 - 24 所示。所有的消息必须遵守其中一个格式,可允许的响应时间是 4～12 μs,而消息之间的间隔至少为 4 μs,最小无响应超时为 14 μs,一个消息最多可包含 32 个数据字。

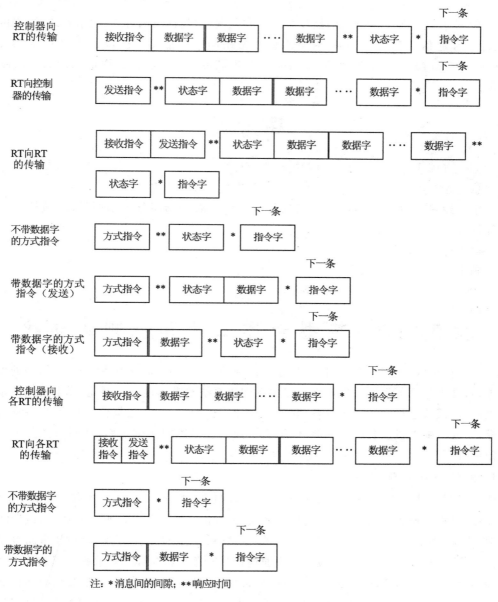

注:＊消息间的间隙;＊＊响应时间

**图 3 - 24　MIL - STD - 1553 信息传输格式**

前六种格式都在总线控制器直接控制下才能被执行,且这六种格式都要求正被访问的远程终端作出特定且唯一的响应。后四种是广播格式,这些广播格式在接收消息的终端不需确认其接收的情况下,允许某一终端把消息发送至总线上所有有地址的终端。这种广播方式虽未明文规定禁止使用,倘若真的要使用它,必须要有明证实据才可。

# 本章小结

测试总线是应用于测试与测量领域内的一种总线技术,它是构成一个自动测试系统的核心。本章首先介绍总线的一般概念,包括接口与总线的定义,总线基本规范的内容,总线的性能指标等;然后讨论各类串行通信接口总线的共性规约,包括编码方式、通信方式、数据传输方向、波特率和通信协议等内容;接着重点讲述常用串行通信总线接口包括 RS-232C、RS-422/RS-485 和 MIL-STD-1553 总线接口的机械定义、电气定义、通信规约及其具体应用等内容。

# 思考题

1. 接口有哪几种功能? 其控制方式有哪几种?
2. 总线如何进行分类? 标准总线规范一般应包括哪些方面内容?
3. 串口编码方式主要有哪两种,其通信方式按照时钟顺序分为哪两类,其通信按数据流方向可分为哪三类?
4. 何为通信协议?
5. 画出 RS-232C 的最简连接。
6. RS-422A 接口有哪些优点?

# 拓展阅读:某型号弹上计算机测试系统

弹上计算机(以下简称"弹上机")是导弹系统的神经中枢,是导弹系统通信、信号处理和控制的核心,其工作的可靠性和稳定性直接关系到该系统的整体性能。因此,弹上机测试系统是弹上机研制、试验过程中的关键设备,它能够在计算机的控制下,根据弹上机需要检测的参数和指标,完成对弹上机设备的功能测试,提高了弹上机整体的测试效率,从而为弹上机的可靠性工作提供了有力保障。

## 1. 系统硬件总体方案设计

弹上机测试系统主要分为五大部分:PXI 测控组合、Fluke 5500A 校准仪、Agilent 7000 系列示波器、显控台设备以及信号转接机箱,系统硬件组成如图 3-25 所示。其中,该套测试系统以 PXI 测控组合为核心,主要包括 PXI 嵌入式控制器、PXI 数字万用表、PXI 多路复用开关盒串行通信模块等。测试系统与被测对象通过信号转接机箱与被测对象弹上机相连接。

如图 3-25 所示,PXI 测控组合作为该测试系统的核心组成单元,是整个系统的控制和数据处理中心。它通过 LXI 总线与示波器互联,通过发送命令完成对示波器的远程控制;通过 RS-232 总线与校准仪设备互联,实现对弹上机模拟量信号通道的测试。串口通信模块用来测试弹上机设备串口的通信功能,数字万用表模块用来测试弹上机模拟量输出信号,多路复用器模块主要完成测试信号通道之间的切换。

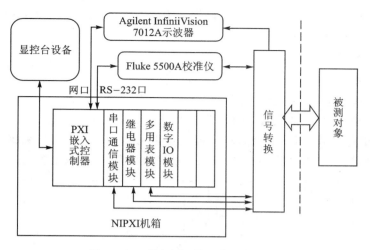

**图 3-25　弹上机系统硬件组成框图**

## 2. 软件总体方案设计

在自动测试系统构成中,硬件设备是系统基础,而软件则是系统的灵魂。一个测试系统的好坏很大程度上取决于该系统的配套软件是否具备先进性、可靠性、实时性和实用性。针对该系统的硬件组成情况及其用户的测试需求,系统软件应遵循满足基本测试测量需求、具备较高可靠性和执行效率以及尽可能保证最大继承性和可扩展性等基本原则。设计系统测试软件的总体架构如图 3-26 所示。

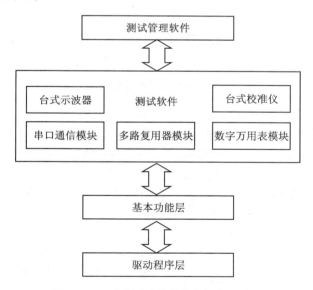

**图 3-26　系统测试软件整体框架示意图**

可以看到,该系统软件主要分为驱动程序层、基本功能函数层、测试软件层和测试管理软件层四个层次。其中,驱动程序层主要完成系统底层硬件和软件的衔接功能;基本功能层主要是对底层的基本 VISA 读写函数进行高一级的封装,使其具备相对独立的函数功能;测试软件是指针对各个模块或者仪器开发相应的上位机控制软件;而测试管理软件则实现了对各个分立的测试软件的集成和管理,测试人员可以根据测试需要,设定测试流程,获取测试结果,并对测试结果做出处理和分析。

## 3. 串口通信模块总体设计

（1）技术要求

串口通信模块的主要技术要求指标如下：

① 8 路串行通信接口：通信接口可配置成 RS-232/422/485 形式；

② 实现 2 路高速串口 RS-422 输出，通信速率为 2 Mb/s；将待发数据依照通信协议要求，封装成指定数据帧的格式后，将数据发出。通信协议要求，即数据帧格式如图 3-27 所示。

**图 3-27 数据帧格式**

③ 通信周期为 2 ms，每周期每通道收发数据长度可配置（0~4N byte，其中 N=1~25，默认 N 值为 15）。在默认长度下，每周期每通道发送有效数据为 15 个双字（定义为一群）。一群中每个双字定义为一帧，每群及每帧数据在发送前均需同步，每帧数据间应有帧间隙，编码要求如图 3-28 所示。

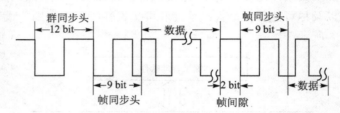

**图 3-28 高速串行数据编码波形图**

④ 实现 1 路低速串口 RS-422 输出，通信率为 230.4 Kb/s。

⑤ 实现 3 路遥测串口 RS-422 输入，通信速率为 115.2 Kb/s。

⑥ 实现波特率容限测试功能：波特率连续步进可调，精度为 0.001%。

⑦ 数据传输协议、通信速率（波特率）可根据实际需要进行设定更改。

⑧ 串口发送接/收端采取过压保护盒电气隔离。

⑨ 符合 CPCI 标准接口规范。

（2）总体设计方案

模块的总体设计方案，从数据流角度入手，即待发送的数据经由 CPCI 总线，传输至该模块中，随后将数据流按照预定的通信协议进行组帧打包，最后通过 8 路串行通信接口将数据发出，从而完成与目标机的数据通信过程。

不难看出，该模块主要涉及两种通信接口：CPCI 总线接口和串行总线接口。对于 CPCI 总线的接口设计工作，可以采用较为成熟的接口协议芯片，也可以选用基于 FPGA 的 PCI IP 核来实现；而对于串行通信总线接口，考虑到与目标机对接的安全性，采用了传统的光耦隔离的方式，以实现该模块与目标机的电气隔离，从而确保了单机的安全性。同时，由于实现串口通信协议种类较多，如 RS-232/422/485，考虑到开发的难度和可靠性，可选用 MAXIM 公司的能够实现多种串行通信协议的接口芯片 Max3160E 来完成。另外,考虑到通信协议的灵活性、快速实现以及容易更改性,两种接口的交汇处选用现场可编程逻辑器件 FPGA 来完成,模块的总体设计如图 3-29 所示。

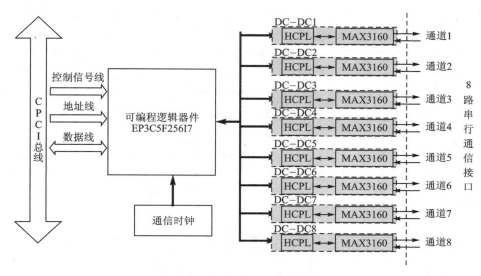

图 3-29　8 路串口通信模块总体设计框图

(3) 电路设计

① RS-232/422/485 总线接口:为了保证总线接口工作的可靠性,电路设计中要考虑协议芯片的选择、电气隔离、接地、阻抗匹配和接口保护等问题。

该部分接口设计的关键在于 RS-232/422/485 多协议通信的实现。如前所述,为了简化该通信板卡的设计,节省电路板空间的同时增加串行通道数量,且缩短开发周期,提高整个系统的可靠性,这里采用 MAXIM 公司的 Max3160E 芯片来实现 RS-232/422/485 总线的多协议,其接口电路原理图如图 3-30 所示。

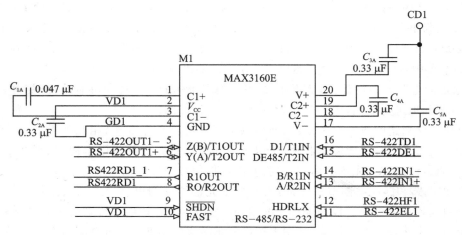

图 3-30　MAX3160E 接口电路原理图

Max3160E 是一款可编程的 RS-232/422/485 多协议收发器,可通过引脚编程设置为 2 路

RS-232收发接口或者1路RS-232/422/485收发接口。此外,该芯片具有增强的静电放电(ESD)保护功能,所有发送器输出和接收器输入均可承受±15 kV(人体模型)的静电冲击。Max3160E工作在各模式下的引脚配置分别如图3-31和3-32所示。

在图3-31中,将Max3160E芯片引脚11和引脚12都拉到"GND"时,其工作在RS-232模式下,引脚13和引脚14为接收端RS-232电压输入,相应的接收端逻辑电压输出为引脚7和引脚8;引脚15和引脚16为发送端逻辑电压输入,引脚5和引脚6为发送端RS-232电压输出。

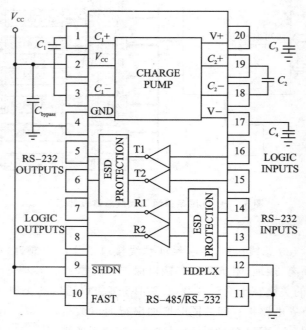

图 3-31 RS-232 总线接口设计图

在图3-32中,将Max3160E芯片引脚11拉至"$V_{CC}$"时,其工作在RS-422/485模式下。当引脚12逻辑电压输入为高时,其工作在半双工模式下,反之,其工作在全双工模式下。

在该板卡的硬件设计中,将引脚11和引脚12通过光耦器件隔离后,分别连接到可编程逻辑器件FPGA中,从而实现了对该芯片的工作模式的可编程控制。

② 通道间电路隔离设计:如上所述,为保证板卡工作的安全性和可靠性,需要对8个通道的信号、电源和地进行隔离,图3-33为单通道接口设计图。

该模块8路通道间进行隔离设计,使得每个通道能够独立工作,相互间无影响。因此,在电路设计中使用了8片电源隔离芯片,使得每个通道都有独立的供电电源,如图3-34所示。此外,每个通道使用3片光耦隔离芯片,将6路通信信号与外界输入进行隔离。

③ 保护电路和匹配电阻电路设计:为了保证光耦器件的可靠导通而又不被损坏,对其上拉电阻值的选择尤为重要。根据HCPL0631芯片资料可知,该器件导通电流在6.3~10 mA,处于最佳的工作状态。经过计算,选用上拉电阻值为270 Ω时,导通电流为6.67 mA,此时光耦处于最佳工作状态,如图3-35所示。

当串口通信速率增大或者通信距离加大时,为了消除信号发射对通信信号质量的影响,采

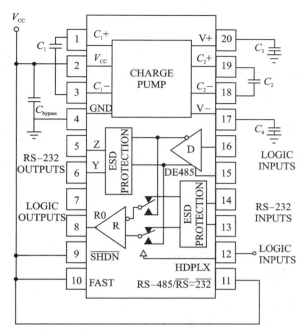

**图 3 - 32　RS - 422/485 总线接口设计图**

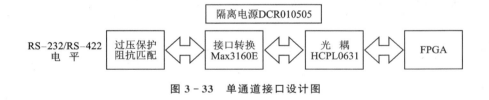

**图 3 - 33　单通道接口设计图**

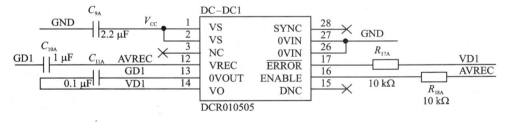

**图 3 - 34　电源隔离电路设计**

用跳线的方式，进行匹配电阻的电路设计。如图 3 - 36 所示，当引脚 1 和引脚 4 或者引脚 2 和引脚 3 分别通过跳线帽相连，即接收端或者发送端分别加入 120 Ω 匹配电阻。

图中，$R_{2A}$ 和 $R_{3A}$ 作为匹配电阻，根据所选用的传输电缆的特性阻抗值来选择其阻值，可以有效地降低信号的反射。一般情况下，屏蔽双绞线的特性阻抗在 100～120 Ω 之间，所以其阻值通常选为 120 Ω。接收端通常是在每个数据位的中点进行采样的，所以当反射信号在开始采样时衰减到足够低时就可以不考虑阻抗匹配。具体来说，数据传输的速率、传输线缆的长度和信号的转换速率决定了是否需要进行阻抗匹配。

为防止输入电压过大，对测试板卡造成损坏，设计了接口过压保护电路。在串行数据输入

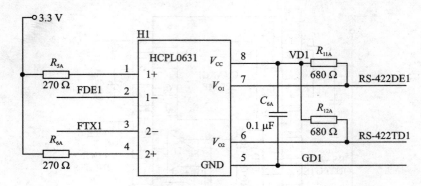

图 3 - 35　光耦隔离电路设计

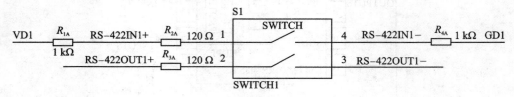

图 3 - 36　匹配电阻电路设计

通道最前端加入标准电容瞬变电压遏制二极管 PSW712,将数据传输线的电压钳制在－7～＋12 V 之间,从而有效保护了接口电路。

# 第 4 章 GPIB 接口总线技术

自动测试系统的搭建离不开仪器,现代自动测试系统中仪器主要由台式仪器和卡式(模块或虚拟)仪器构成。与此对应,自动测试系统中测控计算机则通过不同的测试总线完成对台式仪器和卡式仪器的控制与操作。本章重点介绍了在自动测试系统中应用最为广泛的一种台式仪器测试总线——GPIB 总线——的基本内容。

## 4.1  GPIB 总线结构

通用接口总线(General Purpose Interface Bus,GPIB)是自动测试系统中各设备之间相互通信的一种协议,是一种典型的并行通信接口总线。20 世纪 70 年代初,人们希望有一种适合于自动测试系统的统一、通用的通信协议标准,其最终目标是:世界各国都按同一标准来设计可程控仪器的接口电路,将任何工厂生产的任何种类、任何型号的仪器用一条无源标准母线连接起来,并通过一个与计算机相适应的接口与计算机连接,以组成任意的自动测试系统。如果计算机内也装有按该标准设计的接口,那么无源标准母线可以直接与计算机连接,系统的组建就更加简单方便。

HP 公司经过大约 8 年的研究,于 1972 年发表了一种标准接口系统;经过改进,于 1974 年命名为 HP-IB 接口系统。

该接口系统的主要特点是:可组成任何所需要的自动测试系统;积木式结构,可拆卸,重新组建,或者将系统中的仪器作为普通仪器,单独使用;控制器可以是复杂的计算机、微处理器,也可以是简单的程序机;数据传输正确可靠,使用灵活;价格低廉,使用方便。

正因为它有一系列比较突出的优点,因此先后得到了 IEEE 和 IEC 等组织的承认,并分别定为 IEEE-488 和 IEC 625 标准。

另外,美国国家标准化学会 ANSI 也将这种接口系统定为 ANSIMC 1.1-1975 标准。该接口系统一般称为 GPIB,也可以是 HP-IB、IEC-IB。在我国称为通用接口总线标准,也称为 IEEE-488 标准。对具有这样的接口系统的总线称为通用接口总线。以后,IEEE 和 IEC 等组织对这一标准做了进一步的完善,例如:对于仪器信息的编码,IEC 组织提出了"编码和格式惯例"的补充草案。

20 世纪 80 年代初期,主要使用计算机充当自动测试系统中的控制器控制整个自动测试系统的工作,如 HP9914、MZ-80B、HP9825、SIMENS B8010 都属于这类控制器。它们属于 8 位微机,都采用 BASIC 语言编程,具有 20 余条 GPIB 控制语句,但这种计算机价格昂贵,不利于推广应用。

20 世纪 80 年代中后期,由于 PC 及其兼容机的大量普及和应用,部分仪器生产厂家开始生产 IEEE-488 卡,将该卡置于 PC 中,即可方便地构造出一台基于 PC 的控制器,因而该种 PC 式控制器为自动测试技术进一步普及和应用奠定了基础。

近 5 年来,自动测试系统在软件方面发展较快,不论是在系统控制器的设计方法上还是在对控制器编程的高级语言上，都与传统的方法发生了较大的变化。并且随着大规模集成电路技术的发展和微处理器技术在电子仪器中的广泛应用，许多集成电路厂家为 GPIB 设计了专门的集成电路芯片，如 Fairchild 公司的 96LS488、Intel 公司的 8291 和 8292、Motorola 公司的 MC68488，以及美国 Texas Instruments 公司的 TMS9914 等芯片。这些大规模集成电路的出现使得 GPIB 控制器以及 GPIB 接口卡的设计更加简单方便。

下面主要介绍 GPIB 接口的基本特性、总线结构和电缆、接口功能、三线挂钩原理、消息编码与 GPIB 应用技术的发展等内容。

### 4.1.1　GPIB 基本特性

概括起来，GPIB 接口具有下述一些基本特性。

#### 1. 总线型连接方式

如图 4-1 所示，测试系统所使用的全部仪器和计算机均通过一组标准总线相互连接。总线型连接具有十分明显的优越性。

首先，在于系统的组成比较方便、灵活。少则二三台，多则十几台仪器都可以"并联"在一个系统内，仪器数量可以按需要增减而不影响其他仪器的连接。

其次，采用这种连接方式使仪器之间可以直接"通话"而无须通过中介单元（一般是计算机）。因此在仪器之间相互传递数据时，计算机可以动态"脱机"操作。

最后，组建和解散测试系统十分简单。组建系统时，只需用一条条标准总线电缆将有关仪器连接起来；反之，解散系统时也只需将连接仪器的总线电缆拨出，各台仪器又能作为可程控单机或在其他自动测试系统中使用。

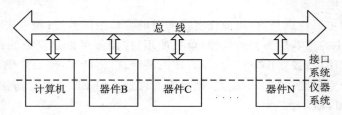

**图 4-1　总线型连接**

总线型连接的缺点在于发送器负载较重，系统速度不能太快等。

#### 2. 总线构成（16 条信号线）

在连接各台仪器的总线中，信号线的数量不宜过多，也不宜太少，而应有一个恰当的数量。通用接口系统使用的总线包含 16 条信号线，其中 8 条数据输入输出线、3 条挂钩线、5 条管理线，此外还有若干条地线。由 20 多根导线组成的总线是比较轻巧、实用的。

#### 3. 器件容量（15 台）

凡经过总线单独与系统相连的设备包括计算机、各种仪器及其他测量装置统称为器件（Device）。器件容量也就是计算机和仪器的总容量。

GPIB 总线上最多可挂 15 个器件，这主要是受目前 TTL 接口收发器（驱动器）最大驱动电流 48 mA 的限制。当测试系统有必要使用多于 15 个器件时，只需在控制器（计算机）上再添置一个 GPIB 接口，即可拉一条总线，多挂 14 个器件。

### 4. 地址容量(31 个听地址,31 个讲地址)

地址即器件(计算机和仪器)的代号,常用数字、符号或字母表示。一台器件若收到了自己的听地址表示此器件已受命为听者,应该而且必须参与从总线上接收数据;同样若收到了讲地址则表示该器件能够通过总线向其他器件传送数据。GPIB 规定采用 5 个比特(bit)来编地址,得到 $2^5 = 32$ 个地址。其中 11111 作为"不讲"、"不听"命令,故实际的听、讲地址各 31 个。若采用两字节(byte)扩大地址编码,前一个字节为主地址,后一字节为副地址,则可使听、讲地址容量扩大到 $31^2 = 961$ 个。

地址容量(31)大于器件容量(15)是合理的。实际应用中可以对一个器件指派多个讲或听地址。例如,用一个地址输出幅度值,另一个地址输出相位值;或者一个地址输出原始测量数据,另一个地址输出经过处理的数据等。

### 5. 数传方式(比特并行、字节串行、双向异步传递)

比特(bit)就是一个二进码,可为"0"或"1"。比特并行是指组成一个数字或符号代码的各个比特并行地放在各条数据线上同时传递。组成一个数字或符号代码的各个比特并行构成一个字节(byte),字节串行是指不同的字节按一定的顺序一个接一个地串行传递。双向是指输入数据和输出数据都经由同一组数据线传递,异步是指系统中不采用统一的时钟来控制数传速度,而是由发收的仪器之间相互直接"挂钩"来控制传递速度。

这种数传方式既不需要太多的数据线(只用 8 条),又能兼顾数传速度,而且能使接在同一系统中的高速器件和低速器件协调工作。

### 6. 最大数据传输速度为 1 Mb/s

这是考虑到半导体器件速度的限制而订出的指标,事实上,由 GPIB 接口构成的测试系统的数传速度一般达不到 1 Mb/s。在实际应用中,若接口采用三态驱动器,在每隔 2 m 有等效标准负载的情况下,在 20 m 全长上最高可工作于 500 Kb/s。

### 7. 数传距离(不超过 20 m)

数传距离是指数据在器件之间的传递距离,若用总线电缆将器件一个接一个按顺序连接,如图 4-2(a)所示,数据在第一个器件与最后一个器件之间的传递距离恰好等于总线电缆总长,此长度不能超过 20 m。如果一个器件经多条总线电缆与多个器件相连,如图 4-2(b)所示,此时数据在器件之间传递的最大距离与总线电缆总长不同,而用器件乘以 2 m 表示。无论采用哪种连接方式都要求总线电缆总长不超过 20 m。

如果用平衡发送器和接收器,可将数传距离扩大到 500 m。

### 8. 接口功能(共 10 种)

接口系统总的目的是为通过接口互联的一组器件提供一种通信联络手段,使之能实现准确的通信。接口系统的性能在很大程度上由接口功能来决定。器件与接口系统之间每一种交互作用就称为一种接口功能。在通用接口系统中共设立了 10 种接口功能,如听者功能、讲者功能、控者功能、服务请求功能等。不同的器件可按自身需要选择若干种功能,最简单的器件也许只需要一种功能,较复杂的仪器可能需要 3~5 种乃至更多的接口功能。

### 9. 控制方式(2 种)

采用 GPIB 接口的测试系统中,将控制方式分成系统控制和负责控制两种方式。自动测试系统的控制器一般由计算机担任,但是也不排斥由其他具有控者功能的仪器担任。凡具有

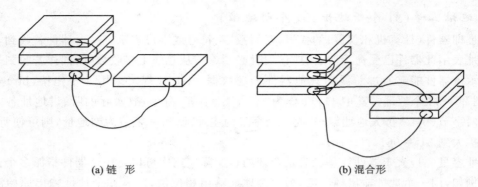

(a) 链 形 　　　　　　　　　　　　　　(b) 混合形

**图 4 - 2　器件的连接**

控制能力的器件统称为控者,测试过程中自始至终能对系统实行控制的器件称为系统控者,执行某些具体任务而对系统实行控制的器件称为负责控者。一个系统中,系统控者只能由一台器件担任,不能由多台器件担任,至于负责控者则可由多台器件轮流担任,其中起作用的负责控者称为作用控者,控制权由作用控者转给另一名控者称为控者转移。因此控者对通用接口系统的管理是很灵活的,可以只有一个负责控者,也可以有多个负责控者。系统控者和负责控者可由不同器件担任,也可以由同一台器件担任。

## 10. 消息逻辑(TTL 电压,负逻辑)

GPIB 总线上采用与 TTL 电压相容的正极性、负逻辑,即以高电压≥+2.0 V 为"假态"或"0 态"。

必须注意,正电压负逻辑关系是针对总线上的状态而完成的,至于器件内部采用何种逻辑关系与此无关。

由上述各种特性可以看出,GPIB 接口系统具有简单方便、灵活适用、易于实现等特点,为可程控仪器提供了一种通用的接口标准。

### 4.1.2　GPIB 总线

总线(Bus)是各种消息的流通渠道,构成总线的信号线数量及每条信号线的作用和用途,不仅与接口功能的设立和消息的编码格式、传递方法密切相关,而且还会直接或间接影响到测试程序的编写和指令的执行。一般来说,信号线的数目过多或过少都不恰当,应以简单实用为宜。

经过多方面的分析和研究以及长时间的实践验证之后,确定了 GPIB 接口的总线由 16 条信号线组成,这 16 条信号线分为数据输入输出线、管理线和挂钩线。不仅每一组信号线的作用不同,而且每一条信号线的用途也不一样。

### 1. 信号线

(1) 管理线

管理线(共 5 条),接口管理线用来管理通过接口的有序信息流,大部分管理线由控者使用。

① 注意(Attention)线,缩写为 ATN 线,由负责控者使用。

负责控者利用此线传递"ATN"(注意)消息。通过接口系统连接的全部器件从 ATN 线的状态(即控者传出的 ATN 消息)来判断对各条数据线上所载的消息应作何种解释。

当 ATN 线为"1"(低电压)态时,表示系统处于"命令工作方式",此时诸数据线上所载的消息是控者发出的"命令"。通过接口系统互联的所有器件必须接受,并对收到的消息作出适当的响应。也就是说,在 ATN 线处于真态时,只有控者能在数据线上发送消息(命令),其他器件只能从数据线上接收消息。

当 ATN 线为"0"(高电压)态时,表示系统处于"数据工作方式",此时诸数据上所载的消息是由受命的"讲者"发出的"数据",受命的"听者"必须接受。未受命的器件不参与数据传递活动。

"命令"和"数据"是两类不同性质的消息。命令是控者为使自动测试系统有条不紊地运行而发出的接口管理消息,它只能在接口系统内传递,不能传到器件功能区。而数据则是由器件功能所利用和处理的消息。两者决不能混淆,更不能互串互扰。任何一台器件都必须严格区别这两类消息,电路设计人员也必须正确使用 ATN 线上的 ATN 消息。

② 接口清除(Interface Clear,IFC)线,此线由系统控制使用。

系统控者用这条线传送 IFC(接口清除)消息。IFC 消息是一条接口管理消息。

当 IFC 线为"1"(低电压)态时,表示系统控者发出的 IFC 消息为真,测试系统各器件的有关接口功能都必须回到指定的初始状态而不管它原先处于何种状态。

当 IFC 线为"0"(高电压)态时,表示系统控者发出的 IFC 消息为假,此时各个器件的接口功能才能够按照自己的条件运行。

在测试系统运行之前,或在测试完成后,或在系统出现某种错误时,系统控者都可以利用 IFC 线发出接口清除消息,使接口系统回到初始状态。

③ 远程控制可能(Rmnote Enable,REN)线,此线由系统控者使用。

系统控者用这一条信号线传送 REN(远程控制可能)消息,接在总线上的器件根据 REN 线的状态来判断应该接受本地程控还是远地程控。如果器件的工作状态由它的面板或背板上的开关按键进行调整和控制,就称为本地程控,简称本控。反之,若仪器的工作状态由计算机或其他器件经过总线传送程控代码进行控制和调整,则称为远地程控,简称远程控制。

当 REN 线为"1"(低电压)态时,表示控者发出了 REN 真消息,此时控者要对器件实行远程控制,一切器件必须准备好接受控者的控制。器件接受远程控制时其面板上除个别开关之外,其余的全部自动"失效"。

当 REN 线为"0"(高电压)态时,控者发出的 REN 消息为假态,表示控者对器件不实行远程控制。此时器件本身的一切开关按键都是可以操纵的。

④ 服务请求(Service Request,SRQ)线,这条信号线由仪器使用。

任何一台器件凡因内部原因或外部原因不能正常工作(如器件过载、环路失锁、程序不明等)的,或因其他原因(如准备好送数据)需要与控者联系时,都可以通过 SRQ 线向控者发出 SRQ(服务请求)消息,希望从控者那里得到服务。

当 SRQ 线为"0"(高电压)态时,表示系统中没有任何一台器件需要从控者那里得到服务,即系统处于正常运用状态。

当 SRQ 线为"1"(低电压)态时,表示系统中至少有一台器件因某种原因请求控者为它服务,控者必须对此作出响应。

控者响应器件发出服务请求时分几步进行:

第一,中断当前正在进行的测试或数传工作。

第二,对系统进行查询,找出是哪一台器件因何原因发出服务请求。

第三,由操作人员或控者以适当方式处理服务请求。

第四,恢复中断前的测试或数传工作。

⑤ 结束或识别(End or Identify,EOI)线,此线由控者或作用讲者使用,并与 ATN 线配合发出 END(结束)或者 IDY(识别)消息。

当 EOI 线为"1"(低电压)态且 ATN 线为"0"态时,表示作用讲者"讲话"结束,也就是说,应传送的数据已经传送完毕。控者发现这种情况后便可以让系统进入另一种操作状态。

当 EOI 线为"1"态且 ATN 线为"1"态时,表示控者进行并行查询识别。

(2) 数据输入输出线

数据输入输出线(共 8 条),缩写为 DIO 线,数据输入输出线由 8 条信号线组成,分别记为 DIO8,DIO7,…,DIO1。为了减少数据线的数量,在通用接口系统中采用双向总线,即 DIO 线既可用做数据输入线,也可用做数据输出线,这 8 条信号线可由讲者或控者激励。控者可以在讲 DIO 线传送命令,包括通令、专令、地址、副令和副地址。通令是指接在系统中的全体器件都必接收并应作出适当反应的命令;专令则是控者专为某台或几台器件发出的命令,被指定的器件必须接受并应作出适当的反应,未被指定的器件对专令不予理睬。副令和副地址都必须伴随着 ATN 线为"1"态,即在命令工作方式时发出,一切器件必须参与接收。在数据工作方式,即 ATN 线为"0"态时,作用讲者使用诸 DIO 线传送数据,包括测量数据、程控数据、状态数据和显示数据等。

(3) 挂钩线

挂钩线共 3 条。采用总线型连接的自动测试系统中,在某一特定时间内只能由控者通过诸 DIO 线传送命令或由一个担任讲者的器件传送数据,而不允许一个以上的器件同时在 DIO 线上发送消息。但是在同一系统中容许多个听者同时从 DIO 线上接收消息。要保证发送消息的器件(以后称为源方)能将消息全部、完整地发送出去,接收消息的器件(以后称为受方)能够准确无误地将自己应收的消息毫无遗漏地接收下来,办法之一是源方和受方直接"挂钩"。为此,在总线中设置了 3 条"挂钩线"。源方和受方利用这 3 条线进行链锁挂钩,以保证诸 DIO 线上的命令或数据能准确无误地传送。3 条挂钩线的作用分述如下。

① 未准备好接收数据(Not Ready for Data,NRFD)线。

此线由受方使用。受方用此线向源方传递 RFD(准备好接收数据)消息。

当 NRFD 线为"1"态(低电压)时,表示受方尚未准备好接收数据,此时,源方不能在 DIO 线上传递消息。

当 NRFD 线为"0"态(高电压)时,表示未准备好为"假",也就是准备好为真。这时受方已经准备好接收数据,源方可以经由 DIO 线将数据传递给受方。

② 数据有效(Data Valid,DAV)线。

此线由源方使用。在 DIO 线上发送消息的器件利用此线传送 DAV(数据有效)消息,受方根据 DAV 线的状态断定是否可以从诸 DIO 线上接收消息。

③ 未收到数据(Not Data Accepted,NDAC)线。

此线由受方使用。在源方发出 DAV 消息宣布数据有效之后,受方利用 NDAC 线传送 DAC(数据已收到)的消息,向源方表明是否已经从 DIO 线上收下源方传送的消息。

当 NDAC 线为"1"(低电压)态时,表示受方尚未从 DIO 线上收下数据,源方必须保持 DIO 线上的消息字节不变,并维持数据有效线为低电压直到受方收到消息字节为止。

当 NDAC 线为"0"(高电压)态时,表示受方已经从 DIO 线上收下消息字节,源方可以从 DIO 线上撤销当前传递的消息字节,准备传送下一个消息字节。

源方和受方利用 DAV、NRFD 和 NDAC 3 条挂钩线进行挂钩,以保证诸 DIO 线上的消息字节准确传送,这种数传技术称为"三线挂钩技术"。从源方来看,只有在受方发出"准备好接收数据"之后才能从 DIO 线上撤销前一个消息字节,换上新的消息字节。从受方来看,只有源方宣布数据有效之后才能从 DIO 线上接收消息。这样可以保证凡是从 DIO 线上收下的每个消息字节都是有效的,决不会漏掉,也不会多收消息字节。因此,利用三线挂钩技术以异步方式传递多线消息,能够保证器件之间进行准确无误的通信,后面还将对三线挂钩过程作详细说明。

图 4-3 所示为 GPIB 总线结构图,表 4-1 给出了总线结构图中信号线的解释。

**表 4-1　GPIB 总线结构**

| 分类 | 信号线代号 | 信号线名称 | 使用该线的接口功能 | 传递的消息 | |
|---|---|---|---|---|---|
| | | | | 接口消息 | 器件消息 |
| 数据输入输出母线 | DIO1<br>DIO2<br>DIO3<br>DIO4<br>DIO5<br>DIO6<br>DIO7<br>DIO8 | 数据输入输出<br>DATAINPUT OUTPUT | C<br>L 或 LE<br>T | 1.通令<br>2.专令<br>3.地址<br>4.副令或副地址 | 程控命令数据<br><br>状态字节 |
| 挂钩母线 | DAV | 数据有效<br>DATA VALID | SH | DAV | |
| | NRFD | 未准备好接收数据<br>NOT READY FOR DATA | AH | $\overline{RFD}$ | |
| | NDAC | 未收到数据<br>NOT DATA ACCEPTED | AH | $\overline{DAC}$ | |
| 接口管理母线 | ATN | 注　意<br>ATTENTION | C | ANT | |
| | EOI | 结束或识别<br>END OR IDENTIFY | C 或 T | IDY | END |
| | SRQ | 服务请求<br>SERVICE REQUEST | SR | SRQ | |
| | IFC | 接口清除<br>INRERFACE CLEAR | C | IFC | |
| | REN | 远程控制可能<br>REMOTE ENABKE | C | REN | |

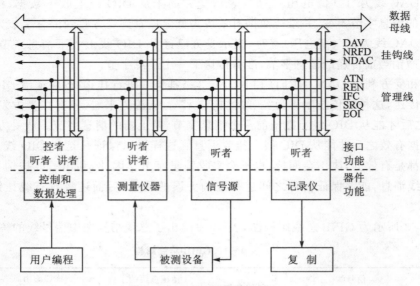

图 4-3　GPIB 总线结构图

### 2. 接口电气特性

国际标准化组织 IEEE 对通用接口总线的电气以及机械特性做了规定。其中对于机械性能只规定了总线电缆两端的接插头和仪器方面的总线插座。

① 通用接口中所规定的电气性能,适用于仪器之间距离比较近、电气噪声比较低的环境,接口电路中的发送器和接收器仅限于使用 TTL 电路。

② 信号电压用负逻辑来表示,逻辑状态 1 的信号电压要求≤＋0.8 V,称为"低态";逻辑状态 0 的信号电压要求≥＋2.0 V,称为"高态"。

③ 对信号线的驱动器的要求:信息可用主动的或被动的两种方式发送。一切被动真信息的传递都出现于高态,且使用集电极开路驱动器。

④ 对接收器的要求:在噪声干扰轻微的情况下,可以用标准的接收器。

⑤ 对接地的要求:无源电缆的外屏蔽应通过接插件的一个节点接到安全"地",以使外界噪声降到最低。

⑥ 电缆特性:对导线的要求是,电缆中诸导线的每米长的最大电阻应为:

| | |
|---|---|
| 各条信号线: | 0.14 Ω |
| 各条信号线的地线: | 0.14 Ω |
| 公共逻辑地线: | 0.085 Ω |
| 外屏蔽层: | 0.085 Ω |

⑦ 状态变迁的时间值:为了保证相互连接的各个仪器之间最大可能的兼容性,规定仪器的临界信号与输出信号之间的时间关系,如表 4-2 所列。

**表 4 - 2　时间参数表**

| 符　号 | 适用的接口功能 | 意　义 | 时间值 |
|:---:|:---:|:---:|:---:|
| T1 | SH | 数据总线数据的建立时间 | ≥2 μs |
| T2 | SH、AH、T、L | 对 ATN 的响应时间 | ≤200 ns |
| T3 | AH | 接口命令接收时间 | >0 |
| T4 | T、TE、L、LE、C | 对 IFC 或 REN 无效的响应时间 | <100 μs |
| T5 | PP | 对 ATN 或 EOI 的响应时间 | ≤200 ns |
| T6 | C | 并行点名的执行时间 | ≥2 μs |
| T7 | C | 控者延时,以便让讲者看到 ATN 信息 | ≥500 ns |
| T8 | C | IFC 或 REN 无效的时间长度 | >100 μs |
| T9 | C | EOI 信息的延时 | ≥1.5 μs |

### 3. 接口机械特性

（1）接插头节点分配

IEEE 组织对于 GPIB 的接插头的规定标准为 25 芯电缆接头,但是美国和日本的仪器厂商一般采用 24 芯的电缆接插件,现在常用的也是 24 芯的电缆接插头。表 4 - 3 所列为 25 芯电缆接插件定义,表 4 - 4 所列为 24 芯电缆接插件芯线定义。

**表 4 - 3　25 线电缆接插头节点分配表**

| 节点号 | 信号线 | 节点号 | 信号线 |
|:---:|:---:|:---:|:---:|
| 1 | DIO1 | 14 | DIO5 |
| 2 | DIO2 | 15 | DIO6 |
| 3 | DIO3 | 16 | DIO7 |
| 4 | DIO4 | 17 | DIO8 |
| 5 | REN | 18 | 地 |
| 6 | EOI | 19 | 地 |
| 7 | DAV | 20 | 地 |
| 8 | NRFD | 21 | 地 |
| 9 | NDAC | 22 | 地 |
| 10 | IFC | 23 | 地 |
| 11 | SRQ | 24 | 地 |
| 12 | ATN | 25 | — |
| 13 | 屏蔽地 | — | — |

表 4-4　24 线电缆接插头节点分配表

| 节点号 | 信号线 | 节点号 | 信号线 |
|---|---|---|---|
| 1 | DIO1 | 13 | DIO5 |
| 2 | DIO2 | 14 | DIO6 |
| 3 | DIO3 | 15 | DIO7 |
| 4 | DIO4 | 16 | DIO8 |
| 5 | EOI | 17 | REN |
| 6 | DAV | 18 | 地 |
| 7 | NRFD | 19 | 地 |
| 8 | NDAC | 20 | 地 |
| 9 | IFC | 21 | 地 |
| 10 | SRQ | 22 | 地 |
| 11 | ATN | 23 | 地 |
| 12 | 地 | 24 | 地 |

（2）基本要求和目标

接口系统标准的定义主要是简化测试系统的搭建，但是任何接口系统标准都不可能适应所有测试系统的要求，它往往只适合于一定范围之内的应用。通用接口系统所规定的目标是：

① 通用接口系统适用于小范围环境，以供研究、实验和测试使用。

② 具有最大的通用性和灵活性，保证将各种仪器有机地组织起来。

③ 允许各个仪器之间直接进行数据交换。

④ 数据传输支持双向异步，数据传输速率可以在比较大的范围内变化，既适合像打印机这样的低速设备，又适合像数字万用表这样的高速设备。

⑤ 接口系统的采用不能够限制和影响原有仪器的基本性能。

# 4.2　GPIB 接口功能

在 GPIB 系统中，把器件与 GPIB 总线的一种交互作用定义成一种接口功能（Interface Function）。例如，器件向总线发送数据的作用定义成讲者功能；相反，器件从总线上接收数据的作用定义为听者功能等。GPIB 标准接口共定义了 10 种接口功能，每种功能均赋予一种能力。下面简述各种接口功能及其赋予器件的能力。

## 4.2.1　10 种接口功能

分别有 5 种基本接口功能，5 种辅助接口功能。

### 1. 5 种基本接口功能

这是 GPIB 总线接口功能要素的核心，用于保证消息字节在 DIO 线上双向异步、准确无误传递，即用于管理和控制消息字节传递。

（1）控者（Controller）功能

控者（Controller）功能，简称为 C 功能。这种接口的功能主要是为计算机或其他控制器而设立的。一般来说,自动测试系统都由计算机来控制和管理。在系统运行中,根据测试任务的要求,计算机经常需要向有关器件发布各种命令,比如复位系统、启动系统、寻址某台器件为讲者或听者,处理服务请求等,这些活动都可以通过控者功能来实现。

（2）讲者（Talker）功能

讲者（Talker）功能,简称 T 功能;或者扩大讲者（Extended Talker）功能,简称为 TE 功能。一个器件（仪器或计算机）如果需要向别的器件传送数据必须具有讲者功能,例如一台电压表或一台频率计欲将其采集到的测量数据送往打印机或绘图仪记录,便可以通过讲者功能来实现。

（3）听者（Listener）功能

听者（Listener）功能,简称为 L 功能;或扩大听者（Extended Listener）功能,简称为 LE 功能。L 功能是为一切需要从总线上接收数据的器件设立的,例如一台打印机要将其他仪器经总线传出的数据接收下来并进行打印就必须通过听者功能来实现。

（4）**源方挂钩（Source Hand Shake）功能和受方挂钩（Acceptor Hand Shake）功能**

源方挂钩（Source Hand Shake）功能,简称为 SH 功能。受方挂钩（Acceptor Hand Shake）功能,简称为 AH 功能。SH 功能赋予器件保证多线消息正确传递的能力。与 SH 相反,AH 功能赋予器件保证正确地接收远地多线消息的能力。一个 SH 功能与一个或多个受方挂钩 AH 功能之间利用挂钩控制线（DAV、NRFD、NDAC）实现三线连锁挂钩序列,保证 DIO 线上每一个多线消息比特在发送和接收之间异步传递。SH 功能设置在多线消息发送源方器件内接口功能区之中,所以称为"源方挂钩";自然"受方挂钩"就必须设置在多线消息接收方器件接口区域内。显然 SH 功能、AH 功能是器件间利用 DIO 线传递多线消息不可缺少的接口功能。具有发送多线消息能力的控者和讲者器件必设 SH 功能,接收器件的听者器件自然要设 AH 功能。

发送消息上的器件的源方挂钩功能和接收消息的器件的受方挂钩功能,利用 3 条线进行链锁挂钩,保证 DIO 线上的每一次消息字节都能准确地传递,这种技术称为"三线挂钩"。

### 2.5 种辅助接口功能

前述控者、讲者、听者、受方和源方挂钩功能为正常运行的系统内各器件之间进行通信联络提供了必要的手段。显然这 5 种基本接口功能应是接口系统必须设立的最主要和最基本的功能。但是在任何自动测试系统中,由于种种原因可能导致一台或几台器件暂时不能正常工作,例如,电压表超量程、振荡器频率不稳定、锁相环失锁、打印机的打印纸用完、程序错误等。无论上述何种原因或其他原因使器件不能正常运行时,器件应主动向控者报告,使控者能及时发现系统存在的问题,并采取适当的措施处理,SR 功能便是为此目的而设立的。

（1）服务请求（Service Request）功能

服务请求（Service Request）功能,简称为 SR 功能。

SR 功能不仅可供器件出现临时故障时向控者发出 SRQ 消息,而且也为正常运行的器件与控者联系而提供了一种渠道。正常运行的器件往往也会有某些紧急事件必须与控者联系。例如,控者命令某台器件将大批数据传送给控者进行处理,该器件可能需要较长时间才能将数据准备好。在器件准备数据期间,按者可以空插其他操作,一旦器件的数据准备好之后,便可以通过 SR 功能向控者提出请示传递数据,控者得知后便可以让器件传递数据。

（2）并行查询（Parellel Poll）功能

并行查询（Parellel Poll）功能，简称为 PP 功能。PP 功能赋予器件响应负责控者发动的并行查寻的能力。器件出现故障以后可以通过 SR 功能向控者提出服务请求，在接受控者查询时再通过讲者功能将自己的工作状态传递给控者识别，所以配备 SR 功能的器件必须具有讲者功能，但是有些器件本身不需要配置讲者功能。不具有讲者功能的器件可以通过 PP 功能来接受控者查询。因此，有必要对并行查询和串行查询进一步说明。

在前面介绍 EOI 识别功能时，简单提到并行查询的概念。并行查询是控者为了了解系统中各器件是否有服务请求而主动查询的一种方式。在测试软件中事先安排好一段程序分两段过程：组态与识别。在组态时，控者通过发指令、副令的方法，通知被查询器件在识别时占有哪条 DIO 线，以"1"或"0"来回答是否有服务请求，这样的组态可进行 8 次（也可少于 8 次）。组态结束后，控制进行识别 IDY＝ATN・EOI＝1，例如控者收的消息为 00000100，则可判定 DI03 信号线对应的器件有服务请求。由于判别是针对 8 台器件同时进行的，所以可并行查询，或称为并行点名。

当控者退出控制（ATN＝0），并且检查到 SRQ＝1，说明系统中至少有一台器件请求控者为它服务，控者应进入控制（ATN＝1），中断现行讲者与听着的对话，控制要进行串行查询。

串行查询是逐一进行的。控者先任命被查询的器件为讲者，控者自任命为听者，听者被查询器件的汇报（状态数据）。通常定义 DI07 信号线为专用线，来回答器件是否有服务请求，如果有服务请求，则该线为"1"，否则回答为"0"。其余各线可控程控器件自行规定内容。如，DI01 线表示是否有数据输出；DI02 线表示溢出；DI03 线表示奇偶校验出错等。

如果查询的那台器件没有服务请求，那么控者再发下一个器件的讲地址，重复上述过程，直到找到有服务请求的那台器件为止。由于查询工作是逐台进行的，所以叫串行查询（串行点名）。

（3）远程控制本控（Remote Local）功能

远程控制和本地控制（Remote Local）功能，简称为 RL 功能。该功能是为器件选择接受本地操作控制或远程操作控制而设立的。通常器件有两种操作模式：本地操作和远程操作。本地操作指用人操作仪器面板上的开关、旋钮、按键来改变仪器的工作方式；远程操作指仪器通过接受外来的程控指令来改变工作方式。这两种操作方式对一台仪器来说不能同时进行，或选择本地控制功能或者选择远程控制功能，为此设置了 RL 功能。由控者控制 REN 接口管理线的逻辑电平。只要 RL 功能处于远程控制状态器件只接受远程控制操作，只有 RL 功能处于本控状态，器件面板上的开关、旋钮、按键（电源开关除外）才是可以操作的。

（4）器件触发（Device Trigger）功能

器件触发（Device Trigger）功能，简称为 DT 功能。大多数器件只要接通电源便可以进行测量，但是也有不少可程控器件在电源接通之后并不立即开始工作，而是要由控者发出一条"启动"命令之后才开始进行测量。DT 功能就是为了让控制器能够单独地启动一台或成群地启动几台器件而设立的。器件触发功能是一个极为简单的接口功能。

（5）器件清除（Device Clear）功能

器件清除（Device Clear）功能，简称为 DC 功能。DC 功能也是一种简单的功能。其作用在于能使器件功能回到某种指定的初始状态。

在测试过程中往往需要使一台甚至全体器件功能回到某种特定的初始状态。例如，让计数器的计数值回到零态，这种现象称为器件清除，为此设立了器件清除功能。而"器件清除"命令则由本控者发出,并由 DC 功能执行。

### 4.2.2　仪器内部接口功能配置

前面所述 10 种接口功能是为自动测试系统总需要而设立的。如果只就某一类器件来说,仅需要从 10 种接口功能中选择一种或多种接口功能,而没有必要配置全部功能。

表 4-5 中列出了几类常用器件应该配置的接口功能。为不同仪器选配接口功能时,既要充分考虑提高器件性能方面的各种需要,又必须兼顾仪器成本、器件使用效率等其他方面的要求,尽可能做到恰如其分。一般来说,凡需要通过总线发送数据的仪器,如数字式电压表、数字式频率计等,应该而且必须配置讲者功能和源方挂钩功能。除个别外,几乎所有的可程控仪器可能都需要从总线上接收数据,故绝大多数仪器都应配置听者功能和受方挂钩功能。当然只有计算机或其他担任控者的器件才需要配置控者功能。至于其他几种接口功能的选配,设计者可根据实际情况酌情处理。

**表 4-5　常见仪器接口功能配置**

| 器件名称 | 作　用 | 所需配置接口功能 |
|---|---|---|
| 信号发生器 | 听　者 | AH,L |
| 打印机 | 听　者 | AH,L |
| 纸带读出器 | 讲　者 | AH,T,SH |
| 电压表 | 讲者、听者 | AH,L,SH,T,SR,RL,[PP,DC,DT] |
| 功率计 | 讲者、听者 | AH,L,SH,T,SR,RL[PP,DC,DT] |
| PLC 表 | 讲者、听者 | AH,SH,T,L,SR,DT |
| 绘图仪 | 讲者、听者 | AH,SH,T,L,SR,DC[PP] |
| 计算机 | 讲者、听者、控者 | AH,L,SH,T,C |

# 4.3　三线挂钩技术

要保证消息字节通过 GPIB 接口准确无误地传递,必须建立一种物理接口的基本通信控制规程。GPIB 三线挂钩过程就是消息传递基本控制规程。

在一个自动测试系统中,总线是系统各个器件之间消息传递的必经之道。假定一台仪器(例如电压表)受命为讲者作为发送数据的源方,另外两台仪器(例如打印机和绘图仪)受命为听者作为接收数据的受方。当系统处于数据工作方式时,讲者可以将一些数据比特传送给听者。下面通过 3 台仪器之间消息字节传输过程说明 GPIB 三线挂钩技术。三线挂钩过程是发生在一个消息数据源方 SH 功能与多个消息数据受方 AH 功能之间,利用 3 条消息传递控制线 DAV、NRFD、NDAC 来传送 DAV、RFD、DAC3 个消息以控制数据在 DIO 线上传递的过程,适应系统中不同器件的数传速度,保证数据住处经 DIO 线在器件之间传送无误。图 4-4 所示为三线挂钩示意图,图 4-5 所示为三线挂钩流程图,图 4-6 所示为三线挂钩流程的时序图。

对照图 4-5、图 4-6 三线挂钩过程描述如下。

① 源方(发送端)作为当时讲者或控者的器件,其接口中的源方挂钩功能(SH)一开始就

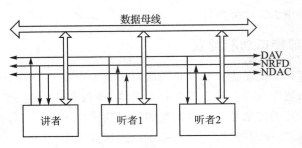

图 4-4　三线挂钩示意图

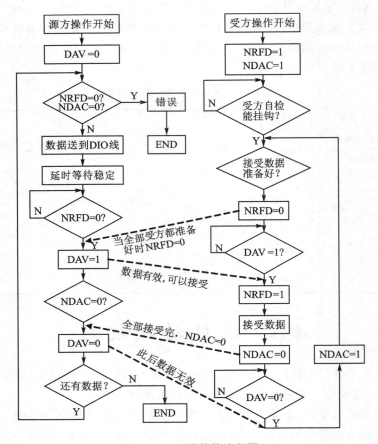

图 4-5　三线挂钩流程图

令 DAV 线处于高电压状态(DAV＝0),表示数据无效。也就是说,尚未发送数据;如果诸 DIO 线上载有信息,那是以前残留下来的信息,并不是现在发的数据,所以这个数据是无效的,受方不应接收。

② 受方(接收端)作为当时听者的器件,其接口中的受方挂钩功能(AH)一开始就令 NRFD 线处于低电压状态(NRFD＝1)即 RFD＝0,表示未准备好接收数据;并令 NDAC 线亦处于低电压状态(NDAC＝1)即 DAC＝0,表示未接收到数据。

③ 在 $t_{-2}$ 时刻,源方检查到情况正常后,把一个数据字节送到诸 DIO 线上。

④ 源方延迟一段时间 $t_1$,以便让数据字节在诸 DIO 线上稳定下来。

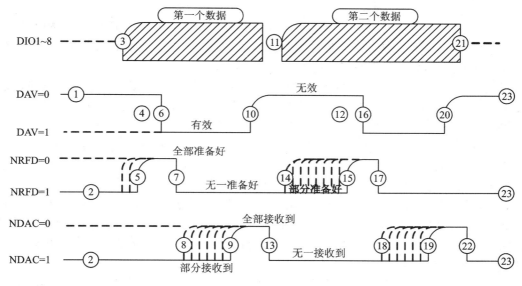

图 4-6　三线挂钩流程的时序图

⑤ 在 $t_{-1}$ 时刻,一切受者都已准备好时,其 AH 功能令 NRFD 线都为高态(NRFD＝0)即 RFD＝1,通知源方:已准备好可以接收数据。

⑥ 在 $t_0$ 时刻,源方 SH 功能发现 NRFD 线处于高态,即令 DAV 线变为低态(DAV＝1),表示诸 DIO 线上的数据已建立而且有效,对方可接受。

⑦ 在 $t_1$ 时刻,速度最快的一个受方(设有多个同时受方)的 AH 功能发现 DAV＝1,就令 NRFD 线变低,表示开始通过它的听者 L 功能接收数据,不准备接收其他数据。其他受方随之各按其自身的速度也这样做。这里着重指出,只要有一个器件的 AH 功能令 NRFD 线变低,则 NRFD 线就处于低电压状态,即使其他器件的 AH 功能想把 NRFD 线拉到高电压也是不可能拉高的。

⑧ 在 $t_2$ 时刻,速度最快的一个受方接收完毕,其 AH 功能即令 NDAC 变为高态(RFD＝0),即 DAC＝1,表示已收到了数据。但由于其他受方尚未接收完毕,其 AH 功能将仍令 NDAC 线处于低电压,即使其他器件要把 NDAC 拉高也不可能。

⑨ 在 $t_3$ 时刻,最慢的一个受方也收完了这个数据字节,其 AH 功能亦令 NDAC 变为高态,再也没有要令 NDAC 线处于低态的,只有在这时 NDAC 线才真正处于高电压状态(NDAC＝0),即 DAC＝1。这才向源方表明全部受方均已接收到数据。

⑩ 在 $t_4$ 时刻,这时源方 SH 功能发现 NDAC 变为高态,就令 DAV 线变为高态(DAV＝0)。这就向受方表明:现在诸 DIO 线上的数据无效。这避免了受方误认为源方又发来一个新的数据。

⑪ 源方即可以拆除诸 DIO 线上的数据。或准备更换一个新的数据字节。传递下一个新字节。

⑫ 开始重新进行由④开始的一系列事件。

⑬ 在 $t_5$ 时刻,各受方的 AH 功能发现由于⑩而至 DAV＝0 时,就令 NDAC 线回到低电压状态,以准备下一个字节传递的循环。当最快的一个受方使 NDAC 线变低时,NDAC 线就处

于低电压状态。

⑭ 在 $t_6$ 时刻,速度最快的一个受方已准备好接收新数据,其 AH 功能就令 NRFD 线变为高态。但是,由于其他受方尚未准备好,它们的 AH 功能强迫使 NRFD 线为低态,所以结果 NRFD 线不能拉高,仍处于低电压状态。

⑮ 在 $t_8$ 时刻,最慢的一个受方也已准备好,其 AH 功能也令 NRFD 线变高。这时已没有任何受方要令 NRFD 保持在低态,只有在这时 NRFD 线才真正变到高电压状态。

⑯ ～⑳ ⑯至⑳步骤所发生的事件与⑥至⑩相同。源方令 DAV 为高电压。

㉑ 源方令 DAV 变为高电压后,即可撤除诸 DIO 线上的数据字节。

㉒ 在 $t_{14}$ 时刻,发生的事件也与⑫相同。

㉓ 这时条挂钩线都回到了初始状态,如①和②情况一样。

总之,当一切受方都已全部准备妥当时,NRFD 线才变为高态(RFD)消息为真;源方收到 RFD 消息后,才将数据字节发到 DIO 线上并通过数据有效(DAV)。受方得知后即着手接收。一直到一切受方都确已收完后,NDAC 线才会变高(DAV 为真),这是源方才能撤除或更换 DIO 线上的消息。

由此可见,三线挂钩方式保证了适应性极强的异步传递。不管源方和受方器件各自响应速度是快是慢,也不论有多少个速度悬殊的受方,它总能保证所有受方全都准备好了才发数据,数据一直保持到最慢的受方都收到了以后才撤除或更新。

# 4.4　IEEE 488.1 标准总线协议编码

## 4.4.1　信息分类

信息的传递主要是通过信息传递媒介进行的。通用接口系统的信息传递媒介主要由接口总线和接口电路组成。发送信息的仪器将要发送的信息转换成总线上对应的电压信号,这一过程称为信息的编码。

在通用接口系统中具有多种类型的信息。首先,根据信息的内容可分为两种:接口信息和设备信息。接口信息是用来改变系统中各个仪器的接口状态的命令集。设备信息是和仪器设备本身的功能相关的内容,主要包括程控命令、测试数据和状态信息。设备信息的传递是通过设备的接口功能完成的。

其次,按照信息传递占用总线中信号线的多少,可分为多线信息和单线信息。单线信息主要是通过一根信号线的高低电压来表示信息的逻辑值(真或者假);多线信息的传送是通过两条或者更多条信号线的高低电压的组合来完成的。

从信息的来源考虑,通用接口总线中的信息又分为远程信息和本地信息。所有通过接口系统传输的信息称为远程信息,往往需要远程的仪器接收和做出反应。而本地信息往往是由仪器的设备功能部分产生的,它不会通过接口系统影响其他仪器的工作。

IEEE 488.1 标准主要对仪器接口信息的编码给出了明确的规定,但是对于仪器信息的编码只给出了一些基本的建议。

## 4.4.2　接口信息及编码

通用接口总线中规定了 18 条单线接口信息和 25 条多线接口信息,这些接口信息能够有效地完成对各个设备接口功能的控制。只有通过这些接口信息,控制器才能够完成对这个接口系统的协调和控制。

**1. 单线信息**

在 GPIB 接口系统中共存在 18 条单线信息,这些单线信息构成了接口系统的信息集合中最基础的部分。多线信息的传输是在单线信息的控制及协调下完成的。

(1) ATN 信息

ATN 信息是通过 ATN 信号线进行传输。当 ATN 线为高电压时,表示 ATN 信息为无效,或者表示为 ATN=0;当 ATN 线为低电压时,表示 ATN 信息为有效,或者表示为 ATN=1。ATN 信息由系统中的控制器负责发送,系统中所有的设备必须给予响应。

ATN 信息表示当前数据总线上可能传递的信息的类型,如果 ATN=0,表示控制器释放了总线的使用权,此时系统中被指定为讲者的设备可以向数据总线上发送设备信息;如果 ATN=1,表示控制器正在使用数据总线进行多线接口信息的传输。所以 ATN 信息标明了当前总线的使用者或者是当前数据总线上数据的内容。

(2) REN 信息

REN 信息是通过 REN 信号线发送的。REN 线为高电压时,表示 REN=0;REN 线为低电压时,表示 REN=1。

REN 信息由控制器负责发送,被系统中所有设备接收,表示设备接收控制器远程控制成为可能。如果控制器要向远程的设备发送接口信息或者设备信息,则必须首先令 REN 有效,这样设备才能够给予响应。如果 REN 处于无效状态,设备将忽略控制器发出的任何信息。在系统正常工作状态下,REN 一直处于有效状态。

(3) IFC 信息

IFC 信息是通过 IFC 信号线发送和接收的。IFC 线为高电压时,表示 IFC=0;IFC 线为低电压时,表示 IFC=1。

IFC 信息由控制器控制,由系统中所有设备接收。系统中任何设备接收到 IFC 有效信息以后,必须在指定的时间内完成对设备的接口系统功能的复位。系统在正常运行状态时,IFC 信息无效。

(4) SRQ 信息

SRQ 信息由系统中的任何一台设备发出,由控制器负责接收。SRQ 信息是通过 SRQ 线发送的,SRQ 线为高电压时,表示 SRQ=0;SRQ 线为低电压时,表示 SRQ=1。

在系统正常运行过程中,SRQ=0 表示所有设备工作正常,系统中的各个设备会根据控制器的程序要求完成指定的工作。当某台设备遇到了控制器程序处理范围之外的情况,或者设备工作发生异常时,设备往往需要提请控制器给以指示或者帮助,此时这台设备需要通过发送 SRQ 信息(SRQ 线为低电压)来向控制器提出服务请求。

在控制器检测到系统总线上的 SRQ 信息以后,将暂时停止总线上的数据传输,启动串行点名来查询提出服务请求的设备,并根据情况给予处理。串行点名结束后,提出服务请求的设备将撤销服务请求,即 SRQ 信息。由于 SRQ 线为系统中所有仪器共用,如果控制器检测到系统中出现 SRQ 信息,则表明系统中至少有一台设备的工作出现异常。

(5) END 信息

END 信息由讲者通过 EOI 线发送,通知接收数据的各方发送数据完毕。END 信息有效时,存在 EOI 线为低电压(EOI=1),并且 ATN 线为高电压(ATN=0)。在一台仪器通过接口系统向外界发送仪器信息时,此时控制器控制的 ATN 信息处于无效状态。当数据发送完毕以后(发送到最后一个数据),发送方令 EOI 线为低电压(EOI=1),即发送 END=1 信息,通知接收数据的仪器可以停止接收数据。

（6）IDY 信息

IDY 信息是控制器发送的用来通知相关设备进行并行点名响应的信息,它通过 EOI 线发送。IDY 信息有效时,存在 EOI 线为低电压(EOI=1),并且 ATN 线为低电压(ATN=1)。这条信息主要用来完成对控制器进行的并行点名工作。控制器进行并行点名前,首先为指定的设备分配一根相应的数据线,当各个设备检测到 IDY 有效以后,将自身的当前工作状态信息放置在所分配的数据线上,以告知控制器自身的工作情况。

（7）DAV 信息

DAV 信息通过 DAV 线进行发送,DAV 信息的发送主要由源方执行。DAV 信息有效,即 DAV 线为低电压(DAV=1),表示当前数据总线上的内容为有效数据;DAV 信息无效,即 DAV 线为高电压(DAV=0),表示当前数据总线上没有数据或者数据无效。DAV 信息从源方发出,由系统中各受方接收。

（8）NRFD 信息

NRFD 信息通过 NRFD 线进行发送,由系统中当前的各受方负责发送。当一台设备作为接收数据的受方时,如果令 NRFD 信息有效,即 NRFD 线为低电压(NRFD=1),则表示这台仪器还没有准备好接收源方发送的数据,此时源方要进行等待;如果令 NRFD 信息无效,即 NRFD 线为高电压(NRFD=0),表示受方已经准备好接收数据。注意,NRFD 线并不是由某一台设备控制,而是由多个受方共同控制。

如图 4-7 所示,假设系统中有 A、B、C、D、E 这五台或者更多台设备,在某一时刻有 A、B、C 这三台设备作为受方接收数据。其中设备 B 首先准备好接收数据,即 B 的 RFD=1,因此 B 的 NRFD=0,即 B 的 NRFD 输出线为高电压。此时 A、C 两台设备的 RFD=0(没有准备好接收数据),即 NRFD=1,所以 A、C 两台设备的 NRFD

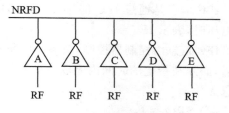

图 4-7　NRFD 母线连接图

输出线为低电压,因此在整个接口总线中 NRFD 表现为低电压。只有 A、C 两台仪器也准备好接收数据以后,NRFD 才会表现为高电压。对于系统中的非受方设备,要求 RFD 一直处于有效状态。对于源方而言,如果 NRFD 无效,表示系统中所有准备接收数据的受方全部准备好接收数据;如果 NRFD 有效,表示系统中至少存在一台设备没有准备好接收数据。

（9）NDAC 信息

NDAC 信息由系统中的各受方通过 NDAC 线发送,表示各个接收数据的设备是否接收数据完毕。当一台设备从数据总线接收数据完毕以后,发送 NDAC=0 信息,即 NDAC 线为高电压;在没有接收完数据时,将发送 NDAC=1 信息,即 NDAC 为低电压(NDAC=1)。源方检测到 NDAC 信息有效时,即 NDAC 线为低电压,说明系统中至少存在一台设备没有接收数据完毕;如果 NDAC 信息无效,即 NDAC 线为高电压(NDAC=0),表示系统中所有受方设备已经接收数据完毕。

（10）RQS 信息

RQS 信息是通过设备的 DIO7 线进行传送的,由提出服务请求信息(SRQ)的设备负责发送给控制器。当系统中某一台设备的工作发生异常以后,它会发送 SRQ 信息给控制器,提请控制器给予服务,控制器启动串行点名,对系统中的各个设备逐一询问,当询问到某一台设备时,如果是这台设备提出的服务请求,它将发送 RQS＝1 信息,即 DIO7 为低电压;否则发送 RQS＝0 信息,即 DIO7 为高电压。

（11）PPR1～PPR8 信息

这 8 条信息分别通过数据总线上的 DIO1～DIO8 进行发送和接收,主要用来并行点名响应。在控制器启动并行点名以后,控制器要先为系统中参加并行点名的各个设备分配一个编号,编号的取值为 1～8,分别对应数据总线上的 DIO1～DIO8;控制器发送并行点名响应信息(IDY),所有分配了编号的设备将根据自身的工作状况通过 DIO1～DIO8 发送 PPR 信息,而控制器在 IDY 信息有效期间收到 PPR1～PPR8 信息,根据这些信息判断各个设备的工作状态。

**2. 远地多线接口信息**

在 GPIB 接口系统中,对远地多线接口信息的编码做了严格的规定,其中包括地址信息、串行点名信息和其他几种信息,总共有 25 条远地多线接口信息。

如表 4-6 所列,这 25 条远地接口信息采用 ISO646 编码,基于 7 bit 编码,并按照信息的特性进行类型划分。

表 4-6　地址分配表

| 指令类型 | 指令编码 | | | | | | |
|:---:|:---:|:---:|:---:|:---:|:---:|:---:|:---:|
| 指　令 | 0 | 0 | 0 | X | X | X | X |
| 通用命令 | 0 | 0 | 1 | X | X | X | X |
| 听地址 | 0 | 1 | X | X | X | X | X |
| 讲地址 | 1 | 0 | X | X | X | X | X |
| 副　令 | 1 | 1 | X | X | X | X | X |

指令由控制器发出,由指定的设备进行接收,并做出反应,所有指令组成的集合称为指令集(ACG)。通用命令简称通令,由控制器发出,由所有接入到系统的设备进行接收,并给予响应,所有通令组成通令集(UCG)。听地址是控制器对系统中的设备进行听者寻址的命令,所有的听地址组成听地址集(LAG)。讲地址是控制器对系统中的设备进行讲者寻址的命令,所有讲地址组成讲地址集(TAG)。副令是在现有信息编码(其中包括指令、通令、地址等)基础上的扩充,它跟随在其他接口信息后,所有副令组成副令集(SCG)。其中指令集、通令集、听地址集、讲地址集组成的集合为主令集(PCG),所以有 PCG＝ACG∪UCG∪LAG∪TAG。

（1）听地址信息

听地址信息分为听地址和不听信息,如表 4-7 所列。

表 4 – 7　听地址分配表

| 助记符 | 信息名称 | DIO 线 | | | | | | | | 注　释 |
|---|---|---|---|---|---|---|---|---|---|---|
| | | 8 | 7 | 6 | 5 | 4 | 3 | 2 | 1 | |
| MLA | 我的听地址 | X | 0 | 1 | L1 | L2 | L3 | L4 | L5 | 除 X011 1111 |
| UNL | 不　听 | X | 0 | 1 | 1 | 1 | 1 | 1 | 1 | |

听地址信息由数据总线进行编码,其中 DIO8 不用,DIO7、DIO6 用来区别讲地址、听地址和副地址。DIO7、DIO6 为 01,表示听地址。DIO5～DIO1 用来编地址码。每条信号线都有 0 和 1 两种状态,5 条信号线可以编写 32 个地址码。但为了与早期产品兼容,不使用"11111"码作为地址码,而作为不听(UNL)。所以听地址有 31 个编码。MLA 表示当前数据总线上的听地址和设备自身所分配的听地址相同。

UNL 为不听信息,其作用是解除当前各个听者的能力,即令听者的听功能恢复到初始状态。其编码规定为 X011 1111。

(2)讲地址信息

讲地址集合分为讲地址和不讲信息,如表 4 – 8 所列。

表 4 – 8　讲地址分配表

| 助记符 | 信息名称 | DIO 线 | | | | | | | | 注　释 |
|---|---|---|---|---|---|---|---|---|---|---|
| | | 8 | 7 | 6 | 5 | 4 | 3 | 2 | 1 | |
| MTA 或<br>(OTA) | 我的听地址<br>(其他讲地址) | X | 1 | O | T1 | T2 | T3 | T4 | T5 | 除 X101 1111 |
| UNT | 不　讲 | X | 1 | 0 | 1 | 1 | 1 | 1 | 1 | |

讲地址信息同样采用数据总线编码,其中 DIO8 不用,DIO7、DIO6 为"10",表示讲地址。DIO5～DIO1 表示 32 个讲地址码,其中 X101 1111 编码保留,作为不讲命令(UNT)。所以和听地址一样,通用接口系统支持 31 个讲地址。MTA 表示数据总线上的讲地址和设备自身所分配的讲地址相同。如果数据总线上的讲地址和设备自身的讲地址不同,则表示当前数据总线上的地址为其他设备的讲地址,称为其他讲地址(OTA)。

UNT 为不讲信息,当控制器发送 UNT 信息以后,当前的讲者设备将取消其讲功能作用状态,恢复到一个初始状态。

(3)副　令

副令作为主令的补充部分往往和主令的信息配合使用,它跟随在主令后发送。副令主要包括副命令、副听地址、副讲地址等。副令的性质主要由其前方的主令决定。如果副令跟随在通令或者主令之后发送,作为对通令或者主令的补充,那么副令将起到副命令的作用。如果副令跟随在听地址或者讲地址之后发送,它将作为对地址的扩充,副令编码如表 4 – 9 所列。

通用接口总线通过 MSA 对设备单元的地址空间进行扩充。在没有扩充前,听地址和讲地址空间分别为 31。由于副地址的空间为 31,所以进行扩充以后,听地址和讲地址的地址空间为 $31^2 = 961$。对于扩充后的地址,称为扩充的听地址和扩充的讲地址;相应的接口功能称为扩充的听者功能和扩充的讲者功能。

表 4-9　副令编码表

| 助记符 | 信息名称 | DIO 线 | | | | | | | | 注　释 |
|---|---|---|---|---|---|---|---|---|---|---|
| | | 8 | 7 | 6 | 5 | 4 | 3 | 2 | 1 | |
| MTA<br>(OTA) | 我的讲地址<br>(其他讲地址) | X | 1 | 0 | T1 | T2 | T3 | T4 | T5 | 除 X101 1111 |
| MLA | 我的听地址 | X | 0 | 1 | L1 | L2 | L3 | L4 | L5 | 除 X011 1111 |
| MSA<br>(OSA) | 副地址<br>(OSA) | X | 1 | 1 | S1 | S2 | S3 | S4 | S5 | 除 X111 1111 |

（4）串行点名信息

串行点名完成通用接口系统对设备轮询检查的功能。测试系统在处于正常运行过程中，当某台设备工作出现了异常，它会发送信息给系统控制器，然后控制器通过轮询的方式来检查出现异常的设备，并进行相应的处理。串行点名所应用的多线信息编码如表 4-10 所列。

表 4-10　串行点名所应用的多线程信息编码表

| 助记符 | 信息名称 | DIO 线 | | | | | | | |
|---|---|---|---|---|---|---|---|---|---|
| | | 8 | 7 | 6 | 5 | 4 | 3 | 2 | 1 |
| SPE | 串行点名使 | X | 0 | 0 | 1 | 1 | 0 | 0 | 0 |
| RQS | 请求服务 | X | 1 | X | X | X | X | X | X |
| STB | 状态字节 | S8 | X | S6 | S5 | S4 | S3 | S2 | S1 |
| SPD | 串行点名不能 | X | 0 | 0 | 1 | 1 | 0 | 0 | 1 |

串行点名是个复杂的过程，它需要自动测试系统中的大部分设备参与。下面来看一次完整的串行点名的执行流程：

① 当某台设备出现了控制器预料不到的情况或者出现故障时，要向控制器报告其状态，这时，该设备将产生一个本地状态信息 rsv（请求服务），通过 SR 功能，使 SRQ 线变为低电压，向控制器提出服务请求信息 SRQ＝1。

② 当控者检测到 SRQ＝1 的信息后，将 ATN 线置于低电压（ATN＝1），先发一个不听命令（UNL）信息，暂停接口系统中各个设备之间的数据传输，继而发出通令 SPE 信息，使具有讲功能的仪器准备接受点名。

③ 控制器逐个向各个设备发送讲者地址，进行讲寻址。例如，首先发送第一台设备的讲地址，令第一台仪器准备通过接口系统发送信息，而后令 ATN＝0。ATN＝0 以后，第一台设备便开始向控制器发送工作状态字节（STB）。如果是第一台设备提出了服务请求，它就通过其讲功能在 DIO7 线上发送请求服务信息 RQS＝1，以表示它提出了服务请求。同时，在其他各 DIO 线上发送状态字节 STB；如果不是本设备提出了服务请求，将发送 RQS＝0 以及 STB。

④ 如果第一台设备发出信息 RQS＝0，则控制器再次令 ATN＝1，接着发第二台设备的讲地址，并令 ATN＝0，让第二台设备发送 STB 信息和 RQS，依次类推，直到找到提出服务请求的那台设备为止。

⑤ 一旦控制器收到 RQS＝1 的信息，即控制器找到了提出服务请求的那台设备，该设备便自动撤销 SRQ 信息。然后控制器再次令 ATN＝1，发出串行点名不能信息 SPD，串行点名结束。

为了让串行点名前正在工作的讲者恢复到讲者功能,使中断了的数据传输继续,控制器还必须在串行点名前记录下当前的讲者设备和各个听者设备;串行点名结束以后,控制器要重新进行相关设备的讲者寻址和听者寻址,保证原有数据传输的继续进行。

(5) 其他几种接口信息

① GET 信息(群执行触发信息):由控制器发送,用以启动系统内事先指定的设备开始进入工作状态。在发 GET 信息之前,首先要对有关的一台或一组设备发送听地址,指定这些设备来接收 GET 信息。其编码为:X000 0101。例如:系统中存在听地址分别为 1、3、5、7、9 的五台设备,在某一个时刻,控制器需要听地址为 1、5、9 的三台设备同时进入到工作状态。控制器首先发送听地址 1,其次发送听地址 5,再发送听地址 9,最后发送 GET 信息。这三台设备接收到 GET 信息以后,直接进入指定的工作状态。

② GTL 信息(进入本地信息):由事先指定的设备接收,使被指定的设备从远程控制工作状态,返回到本地工作状态,可以接受本地控制面板的操作控制。其编码为:X000 0001。从编码形式可以看到,本条信息和 GET 信息的编码前缀相同,所以该条信息为指令信息,在使用时,先对要求做出反应的设备进行听者寻址,然后发送 GTL 信息。

③ LLO 信息(本地锁定信息):由 RL 接口功能接收和使用,并转化成相应的本地信息,用来封锁设备面板上的"返回本地"开关,或者封锁所有面板按钮,使设备不能通过面板上的开关或者按钮改变其当前的运行状态。其编码为:X001 0001。该信息为通令信息,控制器直接发送 LLO 信息,系统中所有设备将进行本地面板的锁定。

④ DCL 信息和 SDC 信息(仪器功能清除信息和有选择的仪器功能清除信息):由设备内的清除(DC)接口功能电路接收,并形成一个相应的本地信息,使设备功能回到某一个初始状态。SDC 信息为指令信息,只能为事先指定的设备所接收和使用,其编码为:X000 0100。DCL 信息为系统内一切具有 DC 功能的设备所接收和使用,其编码为:X001 0100。

⑤ TCT 信息(取控信息):用于控制转移。其编码为:X000 1001。在通用接口总线系统中,允许有多个控制器存在,其中在某一个时刻起作用的控制器称为责任控制器,并且系统中存在一个能够随时介入系统运行的控制器,称为系统控制器。在系统运行过程中,系统的控制权将在多个控制器之间进行转移。在多控制器系统中,TCT 信息主要用来执行控制权的转移。假设在一个多控制器的通用接口总线系统中,存在 A、B 两个控制器,当前的控制器为 A,如果 A 需要将控制权转移给 B,那么 A 首先发送控制器 B 的讲地址,然后发送 TCT 信息;发送完 TCT 信息以后,控制器 A 令 ATN=0,放弃控制权,同时控制器 B 获得系统的控制权。

### 4.4.3　设备信息及编码

IEEE488.1 标准虽然对接口信息做了明确的定义,但是没有对设备信息的编码做出定义,这主要是由设备的多样性所决定的。不同的设备支持的测试目标、测试结果及测量方法千差万别,所以设备信息编码往往由仪器厂商自己定义。标准化组织,如 IEC,给出了一个推荐性的编码,信息的传输通过 DIO1～DIO7 来进行,并且这种编码被很多仪器设备厂商所采用。多线的设备消息包括 3 类:状态数据、程控数据、测量数据。

**1. 状态数据的编码**

文本规定若收到的 STB 中对应 DIO7=1,则表示本器件有服务请求(消息表中记为 RQS),如 DIO7=0,则表示无服务请求。

DIO6＝1,表示本器件遇到异常情况,例如程序不明,命令错误、非法操作、数据溢出等。DIO6＝0,表示工作正常。

DIO5＝1,表示本器件处于"忙"的状态。

DIO5＝0,表示本器件准备好、不忙。

DIO4～DIO1 各位的定义可由设计者自己定义,并在程控器件使用说明书上写明,以便使用者使用前查阅。如 DIO1＝1 表示本器件有数据要输出,DIO2＝1 表示挂钩出错,无受者,DIO3＝1 表示零点漂移过大,DIO4＝1 表示奇偶校验出错误等。如果还有一些服务请求原因需要表示,则在 STB 的第一个字中 DIO8＝1 表示后面还有扩展的字节,在第二个字中必须使 DIO1＝1,DIO8＝0,其他字位可根据用户需要定义。

### 2. 程控数据的编码

推荐的格式是题头部分用 1～2 个大写英文字母表示,数字段可用十进制数字表示;例如 HP5342 A 频率计接收的程控码为 AUSR8T1ST2,码中各字母含义如下:

AU　表示自动量程;

SR8　测频分辨率为 100 kHz;

T1　GET 触发后进行采样;

ST2　测量上次、保留数据、任命讲者后发出测量数据;

又如日本横河 2502A 数字电压表的程控码为 DCV;RS4;HRO;SR2;IM1,其中:DCV 测量直流电压,RS4　10 V 量程。

HRO　4 位显示方式;

SR2　GET 触发采样,保持测量结果。

IM1 规定 STB 的内容,当 A/D 转换结束时提出 SRQ,在 STB 中 b1 表示数据准备好。

对于仪器接收程控码来说,目前在母线上传送的码制绝大多数还是用 ASCII 字符形式传送的。例如发 DCV,分三个字节,第一个字节是 D(44H),第二个字节是 C(43H),第三个字节是 V(56H);(3BH)为分隔符,也按一个字节发送。

发送程控码的结束符,除了伴随以 EOI 方式以外,现在多用 CR(ODH),LF(OAH)作为结束符。

发送程控码程序形式初看起来彼此很不一样,差别很大,这是因为不同的计算机采用的 GPIB 卡不同,使用的语言也不同。

### 3. 测量数据的编码

IEC 的推荐性编码采用 7 bit 编码,主要是提出了信息单元的概念,每个信息单元表示一个明确和完整的意义。例如:"Voltage1V" "Range1A",等,它们总是作为一个完整的单元来产生、传输和使用的,并且表明了明确的意义。

每个信息单元都由 5 个基本部分组成,如表 4 - 11 所列。

表 4 - 11　信息单元

| 简　写 | 描　述 |
| --- | --- |
| T | 标题段 |
| U | 符号段 |
| V | 数值段 |
| W | 指数段 |
| X、Y、Z | 结束段 |

① T 段:用来描述信息单元的性质和单位。对于测试数据来说,像交流电压、直流电压、

频率和电阻等表明了信息单元的类型和性质,如电压用 Voltage、频率用 Hz 表示等。对于程控命令,T 段表示程控的对象,F 表示功能的程控,B 表示波段的程控等。

② U 段:U 段仅限于测试数据使用,它用来表示 V 段内数据的极性(符号)。所以,U 段内的字符是"+"号和"—"号。有时该段也可以省略,表示正值("+"号)。

③ V 段:V 段是所有段中唯一规定必须有的段,它表示的信息单元中的具体数值部分,不能省略。V 段的长度是可变的,以适应不同仪器对不同数据的要求。在发送和接收 V 段时,总是自左向右,先传输高位的数,再传输低位的数。

④ W 段:W 段是对 V 段数值表示的补充,可以不使用。主要用来表示 V 段部分的幂值部分,用于提高 V 段的数值精度。

⑤ X、Y 和 Z 段:它们分别作为单个信息和多个信息单位的定界符。X 定界符用来表示一个信息单元的结束,用于仪器发送一系列数据时分割不同的信息单元。Y 定界符用来结束一组相关的数据单元。Z 定界符主要表明一次信息传输的全部结束。

以上 5 段组成了一个完整的信息单元,根据各段的定义举出如下几个信息单元实例,以便对 IEC 的定义进一步了解:

"Voltage+1.2E+03,"

"Voltage+1200,"

"Voltage1200,"

以上三个数据单元表明仪器的测试结果:电压为 1 200 V,这三种表示方式在该推荐标准中都是合法的。其中,"Voltage"表示测量内容为电压;"+"表示数值为正值;"1.2"表示 V 段的有效数值部分;"E+03"为 W 段,表示 V 段的幂值为正 3;最后","表示这个数据单元的结束。

通用接口总线标准没有明确规定对于仪器信息的编码,而只是由 IEC 给出了一个建议性的草案。所以,不同仪器厂商生产的仪器之间的信息编码存在着很大的差别。随着测试技术的发展,这些编码更加趋向于自然语言,使仪器使用者更容易理解这些编码和定义。对于设备编码的详细了解,可以参考 HP 的仪器编码手册。

### 4.4.4　信息的传递

一个具有 IEEE 488.1 功能的仪器器件主要有两部分的功能:

一是仪器器件本身所具有的特殊功能,称为器件功能(Device Function),对应的是器件消息。例如信号发生器本身的功能就是提供所需的信号。而计频器本身的功能就是量度计测频率的大小。

另一功能是接口功能(Interface Function),对应的是接口消息。此项功能是共用的,也就是由 IEEE 488.1 所规定的标准,用来产生或处理接口信息,以便数据能有秩序地在各仪器器件间传递无误。

一个器件的接口电路按功能大体可分为三个层级:信息编码逻辑层、接口功能层和器件功能层,前两层属主级接口,第三层属次级接口。在图 4-8 中概括地示意了这三种功能的配置及信息传输的途径。

在主级接口电路中包括收发门、译码电路和相应接口功能的电路,用户必须按 IEEE488.1 标准严格执行,不能随意在标准以外加任何新的功能。

在次级接口电路中包括了主要与器件功能有关的器件信息数据的产生、译码和相应的器件动作,这些是非标准化的。用户可自行设计电路,只要这些信号能与主级接口电路匹配就可。

图 4-8 所示图中的路径数字①～⑥表示了不同信息的大致传输途径。分述如下:

信号①是器件的信息发送或接收通往接口总线的路径。

信号②是通往接口功能或来自接口功能的远地遥控接口信息。

信号③是通往器件功能或来自器件功能的器件信息。

信号④是器件内容接口功能之间的状态交链通道。

信号⑤中的本地信息是双向联系的沟通接口功能区与器件功能区的桥梁。

信息⑥是在主控器的作用下器件的功能区发出的遥控信息。

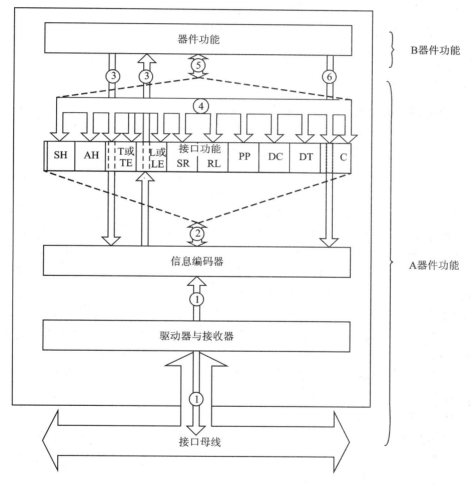

注：① 远地消息；② 接口消息；③ 器件消息；④ 状态交链；⑤ 本地消息；
　　⑥ 由控者器件功能发出的接口消息

**图 4-8　信息传输途径**

# 4.5　IEEE 488.2 标准

作为 GPIB 接口总线的基础标准 IEEE 488.1 主要规定了 GPIB 总线的硬件接口功能及数据传送的三线挂钩方式,以保证系统中各仪器间有正确的电气操作和机械连接,并提供传送数据的可靠方法。但 IEEE488.1 对软件运行的统一标准要求,即代码格式、通信协议和公用命令方面并没有做出规定。各仪器制造商被允许在遵循 IEEE 488.1 标准的条件下,自行规定数据格式及通信协议,这样使系统设计者除了必须知道各种仪器本身的测量功能外,还必须了解系统中每个仪器器件的接口功能及各仪器制造商规定的控制指令的数据格式和通信协议,否则系统将不能正确运行,这给系统用户带来很大不便。由于各仪器制造商对同类仪器的状态字节中的各比特位赋予不同的含意,使得测试系统在更换仪器时必须重新进行应用软件的设计。针对以上问题,IEEE 在 1992 年颁布推出了新标准 IEEE 488.2《IEEE 标准代码、格式、协议和公用命令》,解决了在使用 IEEE 488.1 时的一些问题。

## 4.5.1　IEEE 488.2 标准的主要目的和内容

制定 IEE 488.2 标准的目的在于提供一套标准定义的代码、格式、协议和公用命令,使得不同厂家的 GPIB 总线仪器能在 IEEE 488 总线规范规定下互相兼容使用,而不需要对特殊的代码和格式进行转换和解释,能更方便地去生成应用软件及组建系统。IEEE 488.2 标准主要涉及了以下六个方面的内容:

①　以功能子集的形式规定了仪器器件在支持 IEEE 488.2 必须有 IEEE 488.1 中的讲者、听者、源挂钩、听者挂钩、器件清零和服务请求等接口功能作为最低要求的配置。

②　明确地规定了程控和响应消息语法结构。IEEE 488.2 标准,在语法方面的特点是使仪器器件在信息接收时比它发送时有更大的灵活性。

③　规定定义了包括出错处理在内的详细信息处理规程。这种规程主要用来保证主控者发出的程控命令和仪器发生的响应信息能够被可靠地传递。

④　定义了具有广泛用途的公用命令。IEEE 488.2 定义了 39 条公用命令,包括操作命令和询问命令,其中 13 条是必需的,另外 26 条是任选的。当仪器在选择了某种非必选的接口功能后才被选用。

⑤　规定了标准的状态报告结构,IEEE 488.2 使用了统一的状态报告模式,将各种状态报告内容归纳、合并、最后反映到标准的状态字节中。同时,标准还规定了若干用于服务请求和查询的公用命令,以配合状态报告。

⑥　定义了系统地址分配和同步规程协议。IEEE 488.2 增加了地址自动分配能力,规定了两条用于地址自动分配的命令和有关工作过程的说明。同时还通过使用 3 条专门用于同步的公用命令,以保证程序和仪器在操作过程中同步。

## 4.5.2　IEEE 488.2 器件功能命令集的规定

IEEE488.2 标准规定了一套代码和格式,提供给连在 IEEE488.1 总线上的仪器器件使用。IEEE488.2 还定义了不限定于特定仪器的信息交换通信协议的统一标准和仪器使用的公用命令。

　　在一个有控者和若干仪器听者所组成的 GPIB 总线测试系统中,主控者和仪器之间的信息传递构成了整个系统的信息交换。在 IEEE 488.2 标准中,控者发给仪器的程序信息主要由命令和查询所组成。它命令仪器产生一定的操作,而查询不仅使仪器产生一定的操作,而且要求仪器返回响应信息,把这些操作信息通称为命令。

　　为了保证总线中的程序命令以统一标准的编码语法和数据结构在系统中传送,IEEE 488.2 规定了仪器命令集的发送与接收指令格式,并分为两个功能层。

　　① 功能层,主要是为仪器命令集的设计者而设置的。

　　② 编码层,在这层中实际传送的是编码,是为仪器的语法分析程序设计者而设置的。

　　IEEE 488 命令集是由程序信息所组成,而程序信息则由一系列程序指令构成,其中每一条指令代表一个程序命令或查询。IEEE 488.2 定义了一组通用仪器系统采用的命名和查询,即常称的公用命令。仪器定义的或公用的命令或查询操作,可以按编码语法规定通过系统接口作为一串数据字节发给仪器接收。

　　IEEE 488.2 仪器的指标可以允许在硬件方面的变化。然而,IEEE 488.2 仪器更容易编程,因为它们使用一种有很好定义的标准信息交换协议和数据格式的方式去响应公用命令和查询。IEEE 488.2 信息交换协议使得测试系统的编程更为容易。

　　IEEE 488.2 定义了一台仪器必须有的 IEEE 488.1 接口能力的最小集合。所有器件必须能发送和接收数据,请求服务和响应某一器件的清除消息。

　　IEEE 488.2 精确定义发送到仪器的命令格式和响应仪器的代码和形式。所有的仪器必须执行某个在总线上通信和报告状态的操作。由于这些操作是通用于所有的仪器,IEEE 488.2 定义了用于执行这些操作的编程命令和用于接收通用状态信息的查询。公用命令和查询指令如表 4 - 12 所列。

表 4 - 12　IEEE 488.2 必需的公用命令

| 命　令 | 分　类 | 功能描述 |
|--------|--------|----------|
| ＊IDN? | 系统数据 | 识别查询 |
| ＊RST | 内部操作 | 复　位 |
| ＊TST? | 内部操作 | 自检查询 |
| ＊OPC | 同　步 | 操作完成 |
| ＊OPC? | 同　步 | 操作完成查询 |
| ＊WAI | 同　步 | 等待完成 |
| ＊CLS | 状态和事件 | 清除状态 |
| ＊ESE | 状态和事件 | 事件状态使能 |
| ＊ESE? | 状态和事件 | 事件状态使能查询 |
| ＊ESR? | 状态和事件 | 事件状态登录查询 |
| ＊SRE | 状态和事件 | 服务请求使能 |
| ＊SRE? | 状态和事件 | 服务请求使能查询 |
| ＊STB? | 状态和事件 | 读状态字节查询 |

　　对于信息的接收和发送,IEEE 488.2 标准规定仪器器件在接收消息时以所谓"体谅"(forgiving)的方式来听,即当器件在接收消息时,其语法选择可以正确接收按旧标准的仪器和控

制器的信息,以保证在系统中不遵循 IEEE 488.2 的器件也能正常运行。同时,器件在发送消息时被规定在用"明确"(precisely)的方式去讲,这样使各种控制器都能接收响应信息。例如,在对结束符的处理,当器件在接收时,可以允许接收三种不同形式的结束符,即最后的字节发的末端信息、带末端信息的换行或仅有换行。而当器件在发送时,则要求仅用一种结束符,即带末端信息的换行。有时简称为"宽容的听、严格的讲"。

IEEE 488.2 的公用命令按它的功能可分为如下 10 组:地址自动分配、系统数据、内部操作、同步、宏命令、并行查询、状态和事件、触发、控制者和存储设置。

由于仪器器件往往能比执行命令更快地接收命令,程序员在编程中需设定等待时间以确保仪器达到它们的程序设计状态。但定时循环同步是很不可靠的,尤其是在程序移向其他处理速度的控制器的情况下。IEEE 488.2 提供了一套方法,并定义了三条公用命令 ∗ WAI、∗ OPC?、∗ OPC 来实现仪器器件与控者的同步。

在组建一个 GPIB 总线的测试系统时,系统工程师必须将不同地址分配给系统中的每个仪器器件,这样控制器可使用程序对预定的仪器进行信息的发送和接收。在 IEEE 488.1 的系统中,这个地址信息是由仪器上的地址开关在系统运行前进行人工设置的。而 IEEE 488.2 则定义了一种地址自动分配的方法,可以在系统加电后由控者将预定地址自动分配给各地址配置仪器器件(遵循 IEEE 488.2 的器件)。同时,还可以检查非地址配置器件的地址,以形成一张完整的系统地址表。

### 4.5.3 IEEE 488 性能扩展

在 GPIB 总线的发展中,从 IEEE488.1 标准定义了硬件接口功能及数据传送的三级挂钩方式到 IEEE 488.2 标准增加规定了 GPIB 控制和通信软件中的数据结构、语法规则和控制语句。这在很大程度上解决了使用 GPIB 控制时所遇到的软件标准问题。

可编程序控制仪器标准命令(SCPI)和 IEEE 488.2 标准解决了原 IEEE 488.1 标准的局限性和存在的问题,IEEE 488.2 使测试系统的设计更兼容和更可靠。SCPI 定义了一套为任何类型或制造商都可用的程控仪器的标准化命令集,使得编程任务更简化了。IEEE 488.1,IEEE 488.2 和 SCPI 标准的发展过程和其性能范围如图 4-9 所示。

从图 4-9 中看到,IEEE 488.2 只涉及用语法和数据结构连接的信息通信功能层和用公用命令及查询连接的公用系统层。也就是说,它主要涉及仪器的内部管理功能而并不涉及仪器信息本身。由于仪器信息未能做到标准化,每个仪器的程控命令集都由仪器制造商自行设定,迫使测试系统开发者去学习许多不同的命令集和使用在一个应用中各种仪器的特定参数,导致编程的复杂性和不可预知的时间延误以及开发费用高的问题。针对这种情况,1990 年 4 月,由 HP、Tek 等 9 家知名的仪器制造商组成的联合体,一致同意发表建立在 IEEE 488.2 基础上的可程控仪器的标准程控命令,英文简称为 SCPI(Standard Commands for Programmable Instruments),并在同年发表公布了它的第一个标准文本 SCPI Rev.1990.0。

SCPI 定义的一套标准程控命令集,能够减少开发时间,增加测试程序的可读性,以及仪器替换的能力。SCPI 是一个系统性的和可扩充的程控仪器的软件编程命令标准。目前,SCPI 联盟继续将新的命令和功能加到 SCPI 标准中。SCPI 在实际的应用中也得到广泛的好评和支持,因此,它除了在 GPIB 总线中应用外,还用于 RS-232C 及 VXI 等总线中。

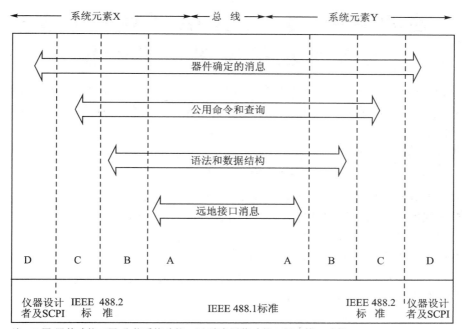

注：D层:器件功能;C层:公共系统功能;B层:消息通信功能;A层：接口功能

IEEE 488.1，IEEE 488.2及SCPI的功能规程层

**图 4 - 9　GPIB 通用接口总线仪器标准性能的演进**

# 本章小结

本章重点介绍 GPIB 并行通信总线的基本特性、总线结构和电缆、接口功能、三线挂钩原理、消息编码与 GPIB 应用技术的发展等内容。首先讲述 GPIB 总线结构和基本特性,然后重点阐述 GPIB 总线接口的 10 种功能和 GPIB 总线信号传输的三线挂钩技术,最后介绍了 IEEE 颁布的 IEEE 488.1 标准和 IEEE 488.2 协议的相关内容。

# 思考题

1. GPIB 总线基本接口功能有哪几种,辅助接口功能有哪几种?
2. GPIB 器件模型由哪几部分组成?
3. GPIB 接口系统使用的总线中包含多少条信号线,是如何分配的?
4. GPIB 总线的数传方式有哪几种? 数传距离最大为多少?
5. 采用 GPIB 接口的测试系统中,控制方式分成哪两种?
6. 简述 GPIB 中消息的分类和传输途径?
7. 说明三线挂钩的作用和实现过程?
8. IEEE 488.2 标准主要涉及哪六个方面的内容?

# 应用案例：基于 GPIB 总线的某型
# 自动驾驶仪通用测试设备

某型自动驾驶仪通用测试设备主要用于五型自动驾驶仪及其组成部分的单元测试、单项测试和单步测试。测试过程中，系统具有统一的窗口操作界面、全汉字显示、并具有帮助、自动记录及打印测试结果等功能。

**1. 系统功能与组成**

（1）某型自动驾驶仪通用测试设备的功能

① 对五型成套自动驾驶仪进行单元测试、单项测试和单步测试。

② 对无线电高度表、积分机构、阻尼陀螺等分机进行单机测试。

③ 对测试设备各组成部分进行自检。

④ 进行无线电高度表整机灵敏度的测试。

⑤ 进行无线电高度表中心频率、发射功率、频率带宽的测量。

某型自动驾驶仪通用测试设备的组成如图 4 - 10 所示。

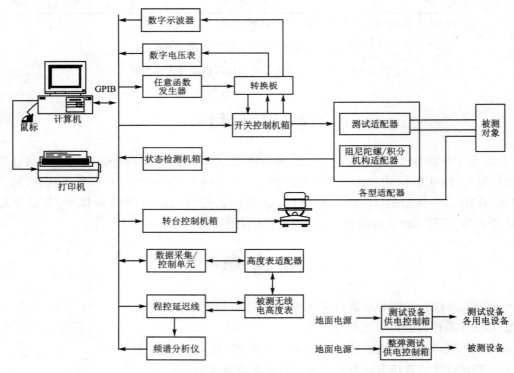

**图 4 - 10　某型自动驾驶仪通用测试设备组成框图**

（2）各个组成部分的功能

① 通用工业控制计算机：内部加装 IEEE 488 控制卡构成 IEEE 488 总线控制器；外接显示器、键盘和鼠标器作为人机接口界面。

② 打印机：作为系统打印机，用于输出检测结果。

③ 任意函数发生器（HP33120A）：用于产生各种直流模拟电压，作为待测驾驶仪的装定电压；产生正负极性的锯齿波、模拟角度微分和高度微分电压。

④ 数字电压表（HP34401A）：用于测量所有电压信号，通过接 IEEE 488 总线口将测得的电压信号送到计算机作为测试结果。

⑤ 数字示波器（HP54645D）：用于检测各种输出波形及舵面信号的同步采样。

⑥ 开关控制机箱：用于转换送入测试设备或测试设备输出的各路信号。

⑦ 频谱分析仪（HP8592L）：用于测试无线电高度表的频谱信号，该设备只有在高度表单机测试时使用和自动驾驶仪测试时关闭。

⑧ 数据采集/控制单元（HP34970A）：用于无线电高度表单机测试时信号的切换、采集和显示等。

⑨ 状态检测机箱：测试时用于各种指令及信号状态的监测，它采用中断方式，即当信号的状发生变化时，状态检测机箱给出相应的中断信号。

⑩ 转换板：用于示波器、函数发生器、数字电压表等三个设备信号的转接。

⑪ 测试设备供电控制箱：用于测试设备 220 V 交流电的供电控制。

⑫ 整弹测试供电控制箱：用于自动驾驶仪测试时 27 V 直流电和 115 V/400 Hz 交流电的供电控制。

⑬ 电动三轴转台控制器和电动三轴转台（HC - 204D）：三轴转台是驾驶仪测试的专用设备，应用于模拟被测对象飞行时的航向、俯仰、倾斜三个姿态角，改造后的电动三轴转台在三个步进电动机的带动下自动旋转，步进电动机的信号由 HC - 204D 电动三轴转台控制器产生，控制器通过 IEEE 488 接口与计算机相连，在测试过程中接收计算机发送的命令，使转台按要求的角度旋转。

⑭ ADR 程控延迟线用于模拟被测装备的飞行高度，该延迟线包括三种无线电高度表的频率系列 15 个模拟高度，可以模拟各种五项装备测试高度和维修所需的高度，而且可选用不同的衰减量，用于高度表的单机维修测试。

⑮ 适配器机箱：适配器机箱是该测试设备与被测设备之间的连接装置，测试时它能进行信号的转换、调理、状态的显示等。该套测试设备包括三种类型的适配器机箱，其中各型适配器机箱用于该型号自动驾驶仪测试时被测对象与测试设备之间的连接；积分机构、阻尼陀螺适配器机箱用于积分机构和阻尼陀螺两个分机单机测试时被测设备与测试设备之间的连接；而无线电高度表适配器机箱则用于各型无线电高度表单机测试时被测设备与测试设备之间的连接。

**2. 系统工作原理**

某型自动驾驶仪通用测试设备对五型自动驾驶仪或驾驶仪分机进行测试时，要进行模拟信号的发送与检测，状态信号的显示、发送与检测，姿态角信号的模拟，高度信号的模拟，设备的供电控制等。下面分别介绍它们的工作原理。

（1）模拟信号的发送

自动驾驶仪装定、垂直速度模拟、角速度模拟都要用模拟信号来完成，模拟信号的发送原理如图 4 - 11 所示。

测试设备的模拟信号是由程控信号源产生的，计算机通过 GPIB 总线控制程控信号源，产生所需要的模拟信号。该模拟信号首先送入适配器机箱，经过变换、放大后在开关控制箱（CUNIT 控制机箱）的切换下，送入被测对象的相应部件，其中开关控制箱也是 GPIB 总线程控设备。

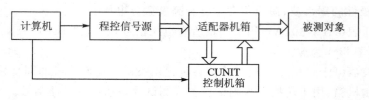

**图 4-11 模拟信号的发送**

（2）指令及状态控制信号的发送

自动驾驶仪测试时，自动驾驶仪与测试设备状态的转换都要由指令及状态控制信号来完成，指令及状态控制信号的发送原理图如图 4-12 所示。

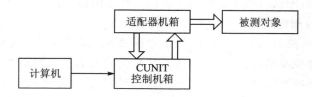

**图 4-12 指令及状态控制信号的发送**

该设备的指令及状态控制信号是由适配器机箱产生的，计算机通过 GPIB 总线控制开关控制箱，将相应的指令及状态控制信号送入适配器机箱或被测对象的相应单元，控制测试设备或被测单元（uint under test，UUT）的状态发生变化。

（3）模拟信号的检测

UUT 测试时，模拟信号包括 UUT 的输出电压、电流，测试设备及 UUT 的供电电压、电流等，模拟信号的检测是由数字电压表或示波器完成，其原理图如图 4-13 所示。

UUT 的被测信号送入适配器，计算机通过 GPIB 总线控制开关控制箱，经多路开关切换，被测信号被送入数字电压表或数字示波器，计算机通过 IEEE 488 接口将数字电压表或者数字示波器的信号读入，并进行转换、显示、判断和存储。

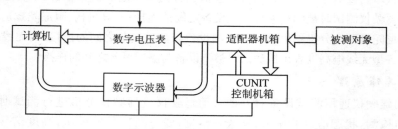

**图 4-13 模拟信号的检测**

（4）状态信号的检测

UUT 测试时，状态信号包括 UUT 的电源是否接通，指令是否发出，陀螺是否松动和驾驶仪是否正常等。模拟信号的检测是由状态检测机箱（TUNIT 测试机箱）完成，其原理图如图 4-14 所示。

当 UUT 的状态发生变化时，计算机通过 GPIB 总线控制读取状态检测机箱各通道的状态，并将状态显示在计算机的虚拟面板上。

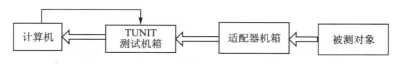

图 4 - 14  状态信号的检测

（5）姿态角信号的模拟

自动驾驶仪进行测试时，要模拟被测对象空间运动的航向、俯仰、倾斜三个姿态角，该系统姿态角的模拟由电动三轴转台完成，其工作原理图如图 4 - 15 所示。

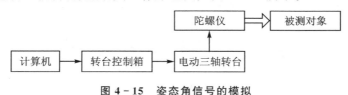

图 4 - 15  姿态角信号的模拟

计算机根据测试需要实时输出转台所要转动的角度给转台控制箱，转台控制箱将该信号变换放大后驱动转台的三个步进电机旋转，转台的旋转带动了自由陀螺仪的转动，模拟了被测对象空间运动的三个姿态角。

（6）高度信号的模拟

自动驾驶仪进行测试时，除了要模拟被测对象的姿态角，还要模拟被测对象空间的飞行高度，该系统飞行高度的模拟是由程控延迟线完成的，其工作原理图如图 4 - 16 所示。

图 4 - 16  高度信号的模拟

计算机根据测试需要通过 GPIB 总线控制程控延迟线机箱，程控延迟线机箱接通相应的延迟线模拟被测对象的飞行高度，模拟高度被无线电高度测得，并产生相应的电压信号，即高度电压信号送入被测对象相应的控制单元。

（7）高度表信号的控制与测试

高度表单机测试时，状态的控制、模拟信号的产生、低频信号的测试由数据采集/控制单元完成，高频信号的测试由频谱分析仪完成，其工作原理图如图 4 - 17 所示。

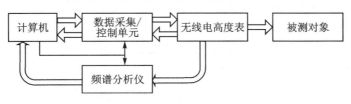

图 4 - 17  高度表信号的控制与测试

计算机通过 GPIB 总线协调控制数据采集/控制单元、频谱分析仪和程控延迟线机箱，数据采集/控制单元在计算机程序的控制下能接通或断开无线电高度表、改变无线电高度表的状态、产生模拟信号送入无线电高度表，模拟 UUT 的高度电压，以便进行垂直速度信号测试；采集、测量、显示无线电高度表的低频输出信号，并送入计算机进行后续处理。而无线电高度表的高频信号被送入计算机进行输出功率、中心频率、带宽、灵敏度等参数的测试。

# 第 5 章  VXI 总线技术

系统总线是指模块式仪器机箱内的底板总线,用来实现机箱中各种功能模块之间的互联,并构成一个自动化测试系统。随着虚拟仪器技术的飞速发展,这类总线越来越多地得到应用。目前,较普遍使用的标准化系统总线有 VXI 总线、Compact PCI 总线和 PXI 总线等。

## 5.1  VXI 总线概述

VXI 总线是在 VME 总线的基础上扩展而来的,在讲述 VXI 总线之前,首先了解一下 VME 总线的发展简史。

VME 总线(VERSA Module Eurocard)是由 Motorola、Phillips、Signetics、Mostek 和 Thales 等几家公司于 1981 年提出的,是电子计算机工业应用最广泛的计算机底板总线,作为嵌入式计算机最常用的总线结构,已经有了数千种总线产品,并吸引了数百家电路板、硬件、软件和总线接口制造商。但是 VME 主要是面向计算机的总线,市场一直对基于 VMEbus 的仪器模块有着巨大的需求。特别是美国国防部出于减小自动测试设备(ATE)体积的需要,并考虑到 VME 总线高数据带宽在数字测量与数字信号处理应用中的优势,在美国陆、海、空三军都分别实施了发展基于 VME 总线自动测试系统的计划 MATE、CASS 和 IFTE。

由于 VME 毕竟不是面向仪器的总线标准,来自 Colorado Data System,Hewlett Packard,Racal Dana,Tektronix 和 Wavetek 等五家著名仪器公司的技术代表于 1987 年 6 月宣布成立一个技术委员会,组成电气、机械、电磁兼容/电源和软件四个技术工作小组,拟在 VMEbus,Eurocard 标准和其他诸如 IEEE 488.1/488.2 这些仪器标准的基础上共同制订具有开放体系结构的仪器总线标准。

1987 年 7 月,该委员会(即后来的 VXI 总线联合体)发布了 VXIbus 规范的第一个版本,几经修改、完善,于 1992 年 9 月 17 日被 IEEE 标准局批准为 IEEE 1155 - 1992 标准,1993 年 2 月 23 日经美国国家标准研究院批准,并于 1993 年 9 月 20 日出版发行。VXIbus 标准发展历史如表 5 - 1 所列。

表 5 - 1  VXIbus 标准发展史

| 版本 | 0.0 | 1.0 | 1.1 | 1.2 | 1.3 | 1.4 | IEEE - 1155 |
|------|-----|-----|-----|-----|-----|-----|-------------|
| 日期 | 1987.7.9 | 1987.8.24 | 1987.10.7 | 1988.6.21 | 1989.7.14 | 1992.4.21 | 1993.9.20 |

国际上现有两个 VXI 总线组织,即 VXI 总线联合体和 VPP 系统联盟,前者主要负责 VXIbus 硬件(即仪器级)标准规范的制订;而后者的宗旨是通过制订一系列的 VXIbus 软件(即系统级)标准来提供一个开放的系统结构,使其更容易集成和使用。所谓 VXIbus 标准体系就由这两套标准构成。

VXIbus 仪器级和系统级规范文件分别由 10 个标准组成,如表 5 - 2 和表 5 - 3 所列。

表 5 - 2　VXIbus 仪器级标准规范文件

| 标准代号 | 标准名称 |
|---|---|
| VXI - 1 | VXIbus 系统规范（IEEE 1155 - 1992） |
| VXI - 2 | VXIbus 扩展的寄存器基器件和扩展的存储器器件 |
| VXI - 3 | VXIbus 器件识别的字符串命令 |
| VXI - 4 | VXIbus 通用助记符 |
| VXI - 5 | VXIbus 通用 ASCII 系统命令 |
| VXI - 6 | VXIbus 多机箱扩展系统 |
| VXI - 7 | VXIbus 共享存储器数据格式规范 |
| VXI - 8 | VXIbus 冷却测量方法 |
| VXI - 9 | VXIbus 标准测试程序规范 |
| VXI - 10 | VXIbus 高速数据通道 |

表 5 - 3　VXIbus 系统级标准规范文件

| 标准代号 | | 标准名称 |
|---|---|---|
| VPP - 1 | | VPP 系统联盟章程 |
| VPP - 2 | | VPP 系统框架技术规范 |
| VPP - 3 仪器驱动程序 技术规范 | VPP - 3.1 | VPP 仪器驱动程序结构和设计技术规范 |
| | VPP - 3.2 | VPP 仪器驱动程序开发工具技术规范 |
| | VPP - 3.3 | VPP 仪器驱动程序功能面板技术规范 |
| | VPP - 3.4 | VPP 仪器驱动程序编程接口技术规范 |
| VPP - 4 标准的软件输入 输出接口技术规范 | VPP - 4.1 | VISA - 1 虚拟仪器软件体系结构主要技术规范 |
| | VPP - 4.2 | VISA - 2 VISA 转换库（VTL）技术规范 |
| | VPP - 4.2.2 | VISA - 2.2 视窗框架的 VTL 实施技术规范 |
| VPP - 5 | | VXI 组件知识库技术规范 |
| VPP - 6 | | 包装和安装技术规范 |
| VPP - 7 | | 软面板技术规范 |
| VPP - 8 | | VXI 模块/主机机械技术规范 |
| VPP - 9 | | 仪器制造商缩写规则 |
| VPP - 10 | | VXI P&P LOGO 技术规范和组件注册 |

与传统的测试应用执行系统的方法相比，VXI 总线具有以下 4 个方面的特点：

**1. 与标准的框架及层叠式仪器相比，具有较好的系统性能**

相对于传统的框架及层叠式仪器，VXI 总线系统尺寸小，节省空间，其模块在机架内彼此靠得很近，使时间延迟的影响大大缩小。这就是说，VXI 总线系统与通常的框架及层叠式 ATS 相比，有较高的系统性能。

**2. 与现有其他系统兼容**

能与现有的诸如：IEEE 488，VME，RS - 232C 等标准充分兼用，可以对一个 VXI 底板进行访问,就像它是一个现有总线系统中单独存在的仪器一样。

### 3. 不同制造商所生产的模块可以互换

使用标准 VXI 总线仪器的 ATS 的一个主要特点是,不管该仪器由哪一家制造商所生产,都使用相同的机架。过去,一块插件板上的仪器系统须由同一货源提供的仪器来构成,所以如果某个制造商要对某一插件系统进行重新设计,必须考虑老用户的要求。对于使用 VXI 模块的系统来说,不管哪个货源的插件都能插入机架中,来替代已经过时的插件,而仅需对软件作最小的变动。

### 4. 编程方便

虽然在 VXI 总线的标准中没有专门的地址编程版本,但一个内部控制器会执行子程序,以克服老的 GPIB(IEEE 488.1)系统所带来的问题,受菜单控制的软件系统也能用来开发小型且简明的编码。

VXIbus 是 VMEbus 在仪器领域的扩展(VMEbus eXtensions for Instrumentation),是计算机操纵的模块化自动仪器系统。经过 10 年的发展,VXIbus 依靠有效的标准化,采用模块化的方式,实现了系列化、通用化以及 VXIbus 仪器的互换性和互操作性。其开放的体系结构和即插即用方式完全符合信息产品的要求。今天,VXIbus 仪器和系统已为世人普遍接受,并成为仪器系统发展的主流。

# 5.2　VXI 总线的机械结构规范

一般说来,VXI 总线系统或者其子系统是由一个 VXI 机箱和若干 VXI 总线模块组成。VXI 总线模块有 A、B、C 和 D 四种尺寸,且带有"欧卡"标准定义的 DIN 连接器,其中 A 尺寸的模块有一个 DIN 连接器,称为 P1;B 和 C 尺寸的模块有两个 DIN 连接器,分别称为 P1 和 P2;D 尺寸的模块有三个 DIN 连接器,分别称为 P1、P2 和 P3。每一个 DIN 连接器有 96 芯,分为 A、B、C 三列。各种规格的 VXI 总线模块尺寸如表 5 - 4 所列。

表 5 - 4　VXI 总线模块机械尺寸

| 名　　称 | 长度/cm | 宽/cm | 高/cm | 连接器 |
|---|---|---|---|---|
| A | 16 | 2 | 10 | P1 |
| B | 16 | 2 | 23.4 | P1、P2 |
| C | 34 | 3 | 23.4 | P1、P2 |
| D | 34 | 3 | 36.7 | P1、P2、P3 |

对应于四种规格尺寸的 VXI 总线模块,有四种规格尺寸的 VXI 总线机箱。VXI 总线机箱核心是一块带有可插槽位的底板(或模块机架),使用 IEEE - 1014 的 VME 总线作为一个基础架构。

目前市场上最常见的是 C 尺寸的 VXI 总线系统,这是因为 C 尺寸的 VXI 总线系统体积较小,成本相对较低,又能够发挥 VXI 总线作为高性能测试平台的优势。除特殊注明外,本书以 C 尺寸的 VXI 总线系统为例进行讲述。

另外,除了以上介绍的尺寸特性外,各种型号的 VXI 板卡还应满足以下规则:

① A 型和 B 型尺寸板及组件板应符合 VME 总线规范。

② C 型和 D 型尺寸板应为插槽间距为 30.48 mm 的主机箱而设计。

③ 模块的边缘厚度应为 (1.6±0.2) mm。

④ P1、P2、P3 连接器的最小机械插拔寿命为 400 次。

⑤ VXI 总线板上的焊盘、印制线、屏蔽罩及元件等距板的上、下边缘不应小于 2.5 mm，以确保它们与板导向槽间的间隙。

⑥ 如果模板中含有对方向敏感的元件，则应在该模块的说明书和标牌上清楚地说明其限制条件。

⑦ 对方向敏感的模块应设计成：当垂直安放时，元件面向右；当水平安放时，元件面向上。

⑧ 需要大于标准间距的 C 型或者 D 型模块可以设计成占用一个以上的插槽，增加的模块宽度为 30.88 mm 的整数倍。

⑨ 所有模块都应有一个与其所用主机箱尺寸相配套的前面板。

⑩ 如果模块有外部连接线，那么这些连接线应通过前面板引出。

⑪ 连接器、电缆等外部连接线将信号传送到模块所在的主机箱的外面。

⑫ 连接器和前面板的接口不应在前面板上留下明显的间隙，或破坏系统内的正常气流。

⑬ 冷却空气的流动方向为从 P3 到 P1。

图 5-1 是 C 尺寸 VXI 主机箱结构图。

VXI 总线以完整的 32 位 VME 总线架构为基础，根据现代测试仪器的应用需要，在同步、触发、电磁兼容和电源等方面扩展了 VME 总线功能，其 B 尺寸使用了由 VME 标准严格地定义的 P1 连接器和 P2 连接器的中央一列信号引脚功能，C 尺寸增加了 P2 连接器外面两列的 VXI 附加总线引脚信号，D 尺寸增加了 P3 连接器的定义。

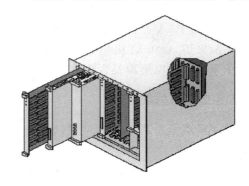

图 5-1　C 尺寸 VXI 主机箱结构

一个典型的 VXI 系统或子系统受零槽控制器 (Slot 0 Controller) 控制，用做定时和设备管理，最多能携带 12 个仪器模块，在一个 19 in（英寸）的机箱中相连和运作。

# 5.3　VXI 总线电气规范

## 5.3.1　系统配电

VXI 机箱提供了丰富的配电，具体各项指标如表 5-5 所列。

表 5-5　VXI 机箱的配电资源

| 直流电压/V | 允许偏移/V | 直流负载纹波及噪声/mV | 引入纹波及噪声/mV |
|---|---|---|---|
| +5 | +0.25/−0.125 | 50 | 50 |
| +12 | +0.60/−0.36 | 50 | 50 |
| −12 | −0.60/+0.36 | 50 | 50 |

| 直流电压/V | 允许偏移/V | 直流负载纹波及噪声/mV | 引入纹波及噪声/mV |
|---|---|---|---|
| ＋24 | ＋1.20/－0.72 | 150 | 150 |
| －24 | －1.20/＋0.72 | 150 | 150 |
| －5.2 | －0.260/＋0.156 | 50 | 50 |
| －2 | －0.10/＋0.10 | 50 | 50 |
| 备用＋5 | ＋0.25/－0.125 | 50 | 50 |

这 8 类电源提供给了充足的电源供给，为 VXI 板卡的设计提供了方便。具体各个电源部分的功能如下。

① ＋5 V：大多数 VXI 总线系统的主要电源，用于总线通信。

② ±12 V：用于模拟器件、盘驱动器和通信接口电路。

③ ±24 V：用于模拟信号源供电。

④ －5.2 V：用于 ECL 器件。

⑤ －2 V：用于 ECL 负载终端。

⑥ 备用＋5 V：当＋5 V 电源掉电时维持主存储器、时钟等工作。

一般来讲，在 VXI 机箱上，都设置了对各个电源的监控显示。用户可以根据对电源的监控显示来查看供电资源是否正常工作。

### 5.3.2　子总线

从逻辑功能来说，VXI 总线可以被分为 8 个功能组，具体的这 8 组子总线的类型如表 5－6 所列。

表 5－6　VXI 总线的功能组

| 序　号 | 子总线 | 形　式 |
|---|---|---|
| 1 | VME 计算机总线 | 全局总线 |
| 2 | 触发总线 | 全局总线 |
| 3 | 模拟相加总线 | 全局总线 |
| 4 | 电源分配总线 | 全局总线 |
| 5 | 时钟及同步总线 | 单总线 |
| 6 | 星形总线 | 单总线 |
| 7 | 模块识别总线 | 单总线 |
| 8 | 本地总线 | 局部总线 |

这 8 组子总线都在底板上，每一组总线都为 VXI 总线仪器添加了新的功能。全局总线是为所有模块所共用的；单总线用于 0 号槽中的模块同其他插槽进行点对点连线；局部总线则连接相邻的模块。

图 5－2 所示为 VXIbus 的电气结构图。

### 1. VXI 触发总线

VXI 触发总线由 8 条 TTL 触发线（TTLTRG＊）和 6 条 ECL 触发线（ECLTRG）构成。8

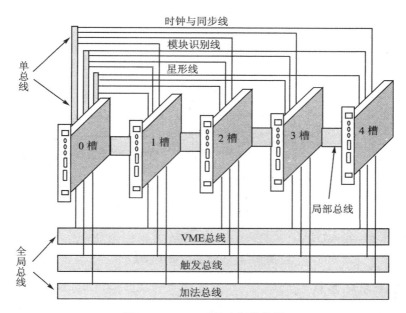

图 5 - 2　VXIbus 的电气结构图

条 TTL 触发线和 2 条 ECL 触发线在 P2 插座上，其余 4 条 ECL 触发线在 P3 上。VXI 触发线通常用在模块内部的通信中，每一个模块，包括零槽的操作在内，都可驱动触发线或从触发线上接收信号。触发总线可用做触发、握手、定时或发数据。

图 5 - 3 所示为 VXI 触发总线背板图。

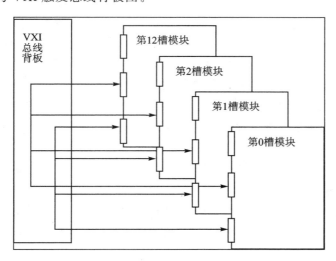

图 5 - 3　VXI 触发总线

## 2. VXI 模拟相加总线

相加总线（SUMBUS）能将模拟信号相加到一根单线上。这组子总线存在于整个 VXI 子系统的背板上。它是将机架的底板上各段汇总后形成的一条模拟相加分支，并与数字信号和其他有源信号分开。它能将来自三个独立的波形发生器的输出信号进行相加，得到一个复合的合成信号，用来作为另一模块的激励源。相加总线在 P2 上，如图 5 - 4 所示。

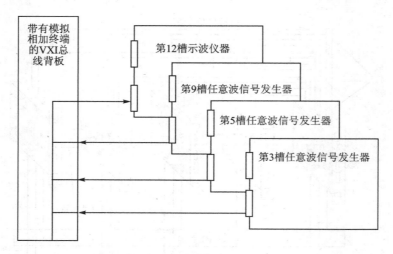

图 5 - 4　VXI 模拟相加总线

### 3. VXI 电源分配总线

VXI 机箱电源向背板上的总线提供 8 种稳定的电压,以满足大多数仪器的需要。+5 V、+12 V 和 -12 V 是 VME 总线中已有的 3 组电源,此外,还提供一组 +5 V 作后备(Standby)。VXI 总线在 P2 上增加了 +24 V 和 -24 V 电源供模拟电路用,-5.2 V 和 -2 V 电源供高速 ECL 电路用。

### 4. VXI 时钟总线

时钟总线提供两个时钟和一个时钟的同步信号,一个是位于 P2 板上的 10 MHz 时钟(CLK10),另一个是位于 P3 板上的 100 MHz 的时钟(CLK100)和一个位于 P3 板上的同步信号(SYN100),这三个信号都是差分信号。两个时钟和一个同步信号都是从零槽模块上发出的,并经底板缓冲后分别送往每一块模块。

VXI 总线的 10 MHz 同步时钟通过 P2 连接器由 0 号槽分配到其他的 1~12 号槽,0 号槽 CLK10 输出的信号是差分 ECL 信号,经过底板缓冲,作为单源、单目差分 ECL 信号分配到各模块插槽。CLK10 在每个插槽位置的底板上也经过缓冲,以便提供模块间良好的隔离,减轻模块负担。

图 5 - 5 所示为 VXI 时钟信号背板图。

### 5. VXI 星形总线

VXI 星形总线仅存在于 P3 板上,它由 STAR X 和 STAR Y 两条线构成,两线在每一模块槽和零槽之间相连。零槽可以看作是有 12 只脚的一个星形结构的中心,每一模块位于每一等长脚的末端。

### 6. VXI 模块识别总线

在 VXI 总线中,每个 VXI 设备都有一个唯一逻辑地址(Unique Logical Address,ULA),编号从 0~255,即一个 VXI 系统最多有 256 个设备。VXI 规范允许多个器件驻留在一个插槽中以提高系统的集成度和便携性,降低系统成本,也允许一个复杂设备占用多个插槽,VXI 通过 ULA 进行设备寻址,而不是通过器件的物理位置。

为了让系统资源管理器识别 VXI 模块在 VXI 机箱中的位置,总线中设有 12 条模块识别

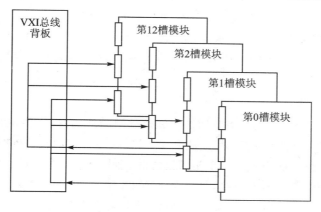

**图 5－5    VXI 时钟信号**

线 MODIDn(n＝0～12)。这些线源于 0 号槽模块,分配到 1 号插槽或其他插槽中的模块去。在每一模块上都有一根识别线,位于 P2 连接器的 A30 引脚。在一个分配完整的 VXI 系统里,0 号槽模块通过 12 根模块识别线相连。除了这 12 根线以外,0 号槽还有自己的识别线,识别线的连接如图 5－6 所示。

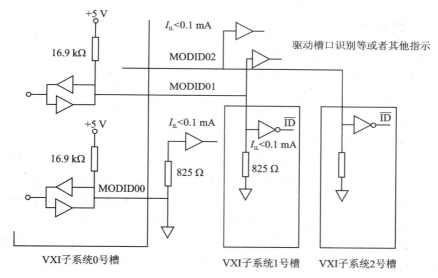

**图 5－6    VXI 模块识别总线**

具体来讲,这些识别线有如下 3 个用途:

① 检测槽中的模块是否存在,即使被检测的模块有故障也不例外。

② 识别特定模块的物理位置或槽号。

③ 用指示器或其他方法指示模块的实际物理位置。

每个模块上都有一个与模块识别线相连的固定接地电阻,0 号槽模块通过检测 MODIDn 电压是否被该电阻下拉成低电压来判断插槽中是否有模块,这种方法适用于所有的被检测模块,而不论该模块是否损坏或是否上电。特定的 MODID 线对应特定的槽号,0 号槽保持特定的 MODID 线,并查询位于各模块 A16 配置空间内的 MODID 位,如果该位为 1,则所检测的模块在 MODID 线对应的槽内,否则所检测的模块不在该槽内,使用另外一条 MODID 线,用同样的方法检测。

在插槽旁边或模块上安装了指示灯,指示灯的驱动信号来自 MODID 线,它可以指明何时驱动了特定的 MODID 线,可以快速识别出包括故障模块在内的任何模块的位置,方便用户的查错。

### 7. VXI 本地总线

本地总线位于 P2 上,它是一条专用的相邻模块间的通信总线,本地总线的连接方式是一侧连向相邻模块的另一侧。除了 0 号模块和 12 号模块之外,其余所有的模块都是把一侧连到相邻模块的左侧,而另一侧连到另一个相邻模块的右侧,所以大多数模块都有两条分开的本地总线。标准的插槽有 72 条本地总线,每一侧各有 36 条,其中 12 条线在 P2 上,24 条线在 P3 上。本地总线上的信号幅度可从 +42～−42 V,最大电流为 500 mA。

本地总线的目的是减少模块间在面板或内部使用带状电缆连接器或跨接线,使 2 个或多个模块之间可进行通信而不占用全局总线。

# 5.4　VXI 总线基本功能规范

## 5.4.1　VXI 数据传输

数据传输速率高是 VXI 总线的优点之一,其传输速率相对于传统的 GPIB 仪器有了很大的提升。GPIB 的最大数据传输速率只有 8 Mb/s,而 VXI 总线的最大数据传输速率达到了 40 Mb/s。VXI 总线设备之间的通信是以设备的分层关系为基础的,相互通信的设备一个为"命令者",另一个为"受令者"。

### 1. 参与数据传输的信号线

在完成某一项测试任务时,VXI 模块之间往往需要通过 VXI 总线传输测试数据。VXI 总线数据传输遵循主/从结构,是一种异步高速并行的传输方式。发起数据传输的 VXI 模块是主模块,被寻址的 VXI 模块是从模块。主模块必须先向总线的仲裁机构申请使用总线,在得到总线使用许可后才能发起数据传输周期,从模块根据该周期的寻址是否在自身响应的地址范围内决定是否参与数据传输。数据传输周期只有在被寻址的从模块响应了该周期后才结束,如果没有任何从模块响应并参与其中,总线的定时器将介入,使数据传输周期终止。表 5-7 列出了数据传输所用到的信号线,主/从模块通过这些信号线来完成数据的准确传输。

表 5-7　VXI 总线数据传输所用信号线

| 序　号 | 类　型 | 信号线 |
|:---:|:---:|:---:|
| 1 | 地址 | A01～A31、AM0～AM5、$\overline{DS0}$～$\overline{DS1}$、LWORD |
| 2 | 数据 | D00～D31 |
| 3 | 控制 | $\overline{AS}$、$\overline{DS0}$、$\overline{DS1}$、$\overline{BERR}$、$\overline{DTACK}$、WRITE |

### 2. 数据传输模式

数据传输的地址空间有 A16、A24、A32 以及将来的 A64,传输的模式有基本数据传输和块数据传输两种。数据传输过程中这些信息由地址修改线 AM0～AM5 的编码来指定,目前已定义的 AM0～AM5 见表 5-8。

表 5-8　AM5～AM0 的定义

| AM0～AM5 | 地址空间 | 传输类型 |
|---|---|---|
| 3F | A24 | 标准监管块传输(Standard Supervisory Block Transfer) |
| 3E | A24 | 标准监管程序获取(Standard Supervisory Program Access) |
| 3D | A24 | 标准监管数据获取(Standard Supervisory Data Access) |
| 3B | A24 | 标准非特权块传输(Standard Nonprivileged Lock Transfer) |
| 3A | A24 | 标准非特权程序获取(Standard Nonprivileged Program Access) |
| 39 | A24 | 标准非特权数据获取(Standard Nonprivileged Data Access) |
| 2D | A16 | 短监管获取(Short Supervisory Access) |
| 29 | A16 | 短非特权获取(Short Nonprivileged Access) |
| 0F | A32 | 扩展监管块传输(Extended Supervisory Block Transfer) |
| 0E | A32 | 扩展监管程序传输(Extended Supervisory Program Access) |
| 0D | A32 | 扩展监管数据传输(Extended Supervisory Data Access) |
| 0B | A32 | 扩展非特权块传输(Extended Nonprivileged Block Transfer) |
| 0A | A32 | 扩展非特权程序获取(Extended Nonprivileged Program Access) |
| 09 | A32 | 扩展非特权数据获取(Extended Nonprivileged Data Access) |

地址修改线的引入使地址空间不同的模块能够在同一个 VXI 机箱中协调工作,从而 VXI 总线具有向下兼容的特性,它也是 VXI 总线不断完善和发展的基础。

**3. 数据传输宽度的选择**

VXI 总线的最小寻址单元是一个字节,每一个字节在 VXI 总线地址空间有唯一的地址,AM0～AM5 编码所指的地址空间如 A24 只是说明数据传输操作中地址线 A2～A23 上的信号是有效的,其他地址线上的信号是无效的(A16 说明数据传输操作中地址线 A2～A15 上的信号是有效的,其他地址线上的信号无效),因此它所指的单元大小是 4 个字节,按照其地址从小到大的顺序,这 4 个字节分别命名为 BYTE(0)、BYTE(1)、BYTE(2)和 BYTE(3)。传输这 4 个字节中哪个或哪几个字节是由 $\overline{DS1}$、$\overline{DS0}$、A01 和 $\overline{LWORD}$ 确定的。例如,$\overline{DS1}$ 为低电压,$\overline{DS0}$ 为高电压,A01 为低电压,$\overline{LWORD}$ 为高电压时,只有 BYTE(0)被传输。表 5-9 描述了它们之间的关系。

表 5-9　$\overline{DS1}$、$\overline{DS0}$、A01 和 $\overline{LWORD}$ 确定的字节

| 传输字节 | | 信号电压 | | | |
|---|---|---|---|---|---|
| | | $\overline{DS1}$ | $\overline{DS0}$ | A01 | $\overline{LWORD}$ |
| 1 个字节 | BYTE(0) | L | H | L | H |
| | BYTE(1) | H | L | L | H |
| | BYTE(2) | L | H | H | H |
| | BYTE(3) | H | L | H | H |

| 传输字节 | | 信号电压 | | | |
|---|---|---|---|---|---|
| | | $\overline{DS1}$ | $\overline{DS0}$ | A01 | LWORD |
| 2 个字节 | BYTE(0~1) | L | L | L | H |
| | BYTE(1~2) | L | L | H | L |
| | BYTE(2~3) | L | L | H | H |
| 3 个字节 | BYTE(0~2) | L | H | L | L |
| | BYTE(1~3) | H | L | L | L |
| 4 个字节 | BYTE(0~3) | L | L | L | L |

### 4. 数据线的选择利用

VXI 总线的一个数据传输周期可以同时传输 1 个、2 个、3 个或 4 个字节的数据,传输不同的数据宽度以及不同的字节,所利用的数据线的条数及其在数据总线中的位置不同。例如,传输 BYTE(0)和 BYTE(1)分别使用数据线 D08~D15 和 D00~D07。表 5 - 10 完整地描述了它们之间的对应关系。

表 5 - 10　数据线与数据传输宽度的对应关系

| 传输字节 | | 所用的数据线 | | | |
|---|---|---|---|---|---|
| | | D24~D31 | D16~D23 | D08~D15 | D00~D07 |
| 1 个字节 | BYTE(0) | | | BYTE(0) | |
| | BYTE(1) | | | | BYTE(1) |
| | BYTE(2) | | | BYTE(2) | |
| | BYTE(3) | | | | BYTE(3) |
| 2 个字节 | BYTE(0~1) | | | BYTE(0) | BYTE(1) |
| | BYTE(1~2) | | BYTE(1) | BYTE(2) | |
| | BYTE(2~3) | | | BYTE(2) | BYTE(3) |
| 3 个字节 | BYTE(0~2) | BYTE(0) | BYTE(1) | BYTE(2) | |
| | BYTE(1~3) | | BYTE(1) | BYTE(2) | BYTE(3) |
| 4 个字节 | BYTE(0~3) | BYTE(0) | BYTE(1) | BYTE(2) | BYTE(3) |

### 5. 数据传输过程中的控制信号

数据传输过程的时序关系是由 $\overline{AS}$、$\overline{DS0}$、$\overline{DS1}$、$\overline{BERR}$、$\overline{DTACK}$ 和 $\overline{WRITE}$ 来保证的,具体各线的作用如下:

① $\overline{WRITE}$ 有效表示主模块将把数据写到从模块,无效表示主模块可从从模块读数据。

② 主模块用 $\overline{AS}$ 有效来通知所有的从模块地址线上的信号已经稳定,从模块可以利用这些号来确定是否参与数据传输。

③ $\overline{DS0}$ 和 $\overline{DS1}$ 用作控制信号时,是上升沿或下降沿起作用的。在写操作中,下降沿表明主块已经使数据线上的信号有效,从模块可以接收它;在读操作中,上升沿表明主模块已经接收数据,从模块可以释放数据线上的信号。

④ $\overline{\text{DTACK}}$ 是由从模块驱动的,在写操作中,$\overline{\text{DTACK}}$ 有效表明从模块已经接收数据;在读操作中,$\overline{\text{DTACK}}$ 有效表明从模块已经使数据线上的信号有效,主模块可以接收它。

⑤ 当主模块向一个只读的位置写数据时,从模块使 $\overline{\text{BERR}}$ 有效表明数据传输有错误。

⑥ $\overline{\text{BERR}}$ 也被总线时钟用来表明主模块在读/写操作中指明的地址没有对应的存储器,写操作不成功。

**6. 数据传输过程**

VXI 总线数据传输模式主要有基本数据传输、块数据传输和读-修改-写(简称 R-M-W)数据传输等三种。其中,基本传输是指一个数据传输周期内主模块只读/写一个数据;块传输是指一个数据传输周期内主模块能读/写一个数据块。

传输过程中,主模块保持数据传输的地址不变,从模块在一次数据传输完毕后自动根据数据传输的字节宽度增加地址,直至数据块传输完毕。块传输模适用于要传输的数据在地址空间的一段连续地址上;而 R-M-W 传输由一个基本的读周期和写周期组成,主模块在读周期结束后紧接着进行写周期,并始终占有总线,它是 VME 总线常用的数据传输模式,适用于主模块访问系统共享资源的情况。例如,系统的每个共享内存单元均用一个字节来标志该单元是否被锁定(独占),当某个主模块需要向该单元写数据时,必须先读取标志字节,一旦此单元未被锁定,写操作就能够执行,且读写操作是连续的(始终占有总线),这种机制有效地解决了系统资源共享冲突的问题。但是,无论哪种传输模式,其基础均是基本的读/写周期。下面详细介绍一下基本的读/写周期。

(1) 读周期

假设主模块已经被允许使用系统的总线,它首先根据传输模式、寻址的空间以及寻址单元的地址,根据相应关系驱动 AM0~AM5、地址 A01~A31 和 $\overline{\text{LWORD}}$,同时使 $\overline{\text{AS}}$ 有效从而通知所有的从模块可以开始处理地址信号,此阶段称为主模块寻址阶段。所有的从模块都将接收地址信号,并且判断地址信号所表示的信息(传输模式、寻址空间以及单元地址)对自身是否有效,决定是否参与此次数据传输,此阶段称为从模块的地址处理阶段。从模块处理地址信息的同时,主模块驱动 $\overline{\text{WRITE}}$,使之为高电压(表明数据将从从模块传到主模块),等到上次数据传输完毕后($\overline{\text{DTACK}}$ 和 $\overline{\text{BERR}}$ 无效),主模块按照上面提到的对应关系驱动 $\overline{\text{DS0}}$ 和 $\overline{\text{DS1}}$,并表明数据宽度(字节号和字节数)。从模块根据 $\overline{\text{DS0}}$、$\overline{\text{DS1}}$、A01 和 $\overline{\text{LWORD}}$,按照对应关系将相应的数据放在数据线上,同时置 $\overline{\text{DTACK}}$ 有效从而通知主模块可以接收数据线上的数据。主模块接收完数据后,释放所有的地址信号同时置 $\overline{\text{DS0}}$、$\overline{\text{DS1}}$ 和 $\overline{\text{AS}}$ 无效,接着从模块释放相应的数据线,并且置 $\overline{\text{DTACK}}$ 无效,至此一个读数据传输周期结束,典型读周期的时序如图 5-7 所示。

(2) 写周期

假设主模块已经被允许使用系统的总线,它首先根据传输模式、寻址的空间以及寻址单元地址,按照对应关系驱动 AM0~AM5、地址 A01~A31 和 $\overline{\text{LWORD}}$,同时使 $\overline{\text{AS}}$ 有效从而通知所有的从模块可以开始处理地址信号,此阶段称为主模块寻址阶段。所有的从模块都将接收地址确定并判断地址信号所表示的信息(传输模式、寻址空间以及单元地址)对自身是否有效,决定是否参与此次数据传输,此阶段称为从模块的地址处理阶段。与从模块处理地址信息同时,主模块使 $\overline{\text{WRITE}}$ 为低电压(表明数据将从主模块传到从模块),等到上次数据传输完毕后($\overline{\text{DTACK}}$ 和 $\overline{\text{BERR}}$ 无效),主模块将数据放在由表 5-10 决定的数据线上,并且按照表 5-9 的对应关系驱动 $\overline{\text{DS0}}$ 和 $\overline{\text{DS1}}$,并表明数据宽度(字节号和字节数)。从模块根据 $\overline{\text{DS0}}$、$\overline{\text{DS1}}$、A01 和

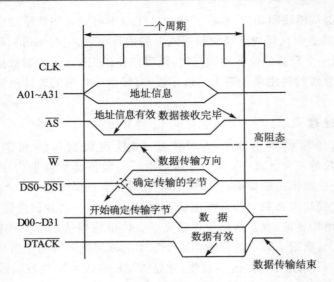

**图 5 − 7　典型读周期的时序**

$\overline{\text{LWORD}}$,并按照对应关系从相应的数据线上接收数据,同时置$\overline{\text{DTACK}}$有效从而通知主模块已经接收到数据线上数据。主设备探测到$\overline{\text{DTACK}}$有效后,释放所用的地址和数据信号的同时置$\overline{\text{DS0}}$、$\overline{\text{DS1}}$和$\overline{\text{AS}}$无效,接着从模块置$\overline{\text{DTACK}}$无效,至此一个写数据传输周期结束,典型写周期的时序如图5-8所示。

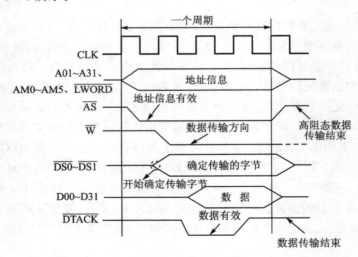

**图 5 − 8　典型写周期的时序**

### 5.4.2　VXI 总线仲裁

VXI 总线上可以有多个主模块,某一时刻 VXI 总线只能被一个主模块占用,为了避免总线占用冲突,0 号槽模块充当总线仲裁器。所有单板和组件板都应该使用或允许总线菊花链。仲裁器在 4 个总线请求/允许级中进行基于优先权的仲裁。

主模块在占用总线前必须向仲裁器提出申请,只有在总线占用许可后才能进行数据传输。

VXI 总线有 4 条总线申请线 $\overline{BR0}\sim\overline{BR3}$，一个主模块只能使用其中的一条，使用 $\overline{BR3}$ 申请总线的主模块具有最高的优先权，使用 $\overline{BR0}$ 申请总线的主模块具有最低的优先权，每一条总线申请线可被多个主模块同时使用，主模块使用哪一条总线申请线是用户系统根据测试要求由软件或跳线来确定的。对应这 4 条总线申请线，VXI 模块之间以菊花链的形式布置，即一个 VXI 模块的 $\overline{BGn\,IN}(n=0\sim3)$ 引脚和与它左相邻 VXI 模块的 $\overline{BGn\,OUT}$ 引脚连接，$\overline{BGn\,OUT}$ 引脚和与它右相邻 VXI 模块的 $\overline{BGn\,IN}$ 引脚连接，如图 5 - 9 所示。

仲裁器发出的某一优先级别总线允许信号从 0 号槽模块开始以菊花链的路径在 VXI 模块之间传递。每个从 $\overline{BGn\,IN}$ 引脚接收到某一优先级别总线允许信号的 VXI 模块，都将这优先级别与自己申请总线的优先级别比较。如果两者一致，则该 VXI 模块驱动总线忙信号 $\overline{BBSY}$，从而占有总线，且不把这一总线允许信号从 $\overline{BGn\,OUT}$ 引脚传递到下一个 VXI 模块的 $\overline{BGn\,IN}$ 引脚，避免多个主模块占用总线冲突。数据传输完毕后，该主模块主动释放 $\overline{BBSY}$ 信号或者仲裁器驱动 BCLR 信号通知它释放 $\overline{BBSY}$ 信号而空出总线。如果两者不相等，则该主模块把这一总线允许信号从 $\overline{BGn\,OUT}$ 引脚传递到下一个 VXI 模块的 $\overline{BGn\,IN}$ 引脚。因此，使用同一条总线申请线的主模块中，距离 0 号槽模块近的主模块比离 0 号槽模块远的主模块具有更高的优先权。

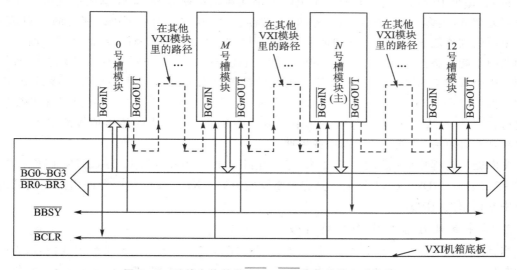

图 5 - 9　总线允许信号 $\overline{BR0}\sim\overline{BR3}$ 的菊花链方式传递

### 1. 固定优先级仲裁

有多个主模块同时申请 VXI 总线时，仲裁器比较它们的总线申请优先级别，优先级别高的 VXI 模块先被允许占有总线；当某一主模块的总线申请级别比当前占用总线的主模块的总线申请优先级别高且驱动相应的总线申请线申请总线时，仲裁器驱动 $\overline{BCLR}$ 信号，当前占有总线的主模块在事先确定的时间内释放 $\overline{BBSY}$ 从而空出总线，申请总线的主模块接收到总线占有允许信号后，随即驱动 $\overline{BBSY}$ 占有总线。

### 2. 循环仲裁顺序

如图 5 - 10 所示，当前占有总线的主模块空出总线后，它只允许比该模块总线申请优先级低一级的主模块重新占有 VXI 总线，这种仲裁方式使各种总线申请优先级别的主模块占有总线的机会较均匀。

仲裁器采用哪种仲裁方式是由系统资源管理器根据测试条件的需要设定的。

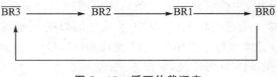

图 5 - 10　循环仲裁顺序

### 5.4.3　VXI 中断机制

VXI 总线包含 7 条中断请求线（$\overline{IRQ1}$～$\overline{IRQ7}$），使用$\overline{IRQ7}$中断请求线的中断器（申请中断服务的模块）的优先级别最高，使用$\overline{IRQ1}$中断请求线的中断器的优先级别最低。VXI 机箱内的中断器通过这 7 条中断请求线向中断处理器（提供中断服务的模块）请求中断服务。

#### 1. 中断规则

在 VXI 系统中，包括中断器、中断处理器两大部分。中断器可以是 VXI 机箱内的任何 VXI 模块，每个中断器通过一条或多条中断请求线申请中断服务，VXI 总线系统可以拥有多个中断处理器（最多 7 个），它可以是外部控制器或 VXI 机箱内有中断处理能力的 VXI 模块，一个中断处理器能够处理几个不同请求优先级别的中断，但不同中断处理器处理中断的优先级别范围不能重叠。VXI 机箱内的中断器的中断优先级级别和中断处理器处理的中断优先级别范围由有 VXI 资源管理器根据用户提供的配置要求分配的。对于 VXI 总线系统，中断处理不但可以在 VXI 机箱内的中断处理器中进行，而且还可以在 VXI 机箱外的工业控制机中进行，并且一个 VXI 模块可以同时是中断器和中断处理器。中断器申请 VXI 总线并且得到总线占有许可后，才能进入中断服务周期。

中断处理过程中，用到的 VXI 总线信号有：$\overline{IRQ1}$～$\overline{IRQ7}$、$\overline{IACK}$、$\overline{IACKIN}$、$\overline{IACKOUT}$、A01～A03、D00～D31 和$\overline{DTACK}$。具有中断器能力的 VXI 总线设备应允许用户配置采用哪一条中断请求线（$\overline{IRQ1}$～$\overline{IRQ7}$）。

#### 2. 单中断处理器的中断处理过程

当系统中只有一个中断处理器时，该处理器将探测全部 7 条中断请求线上的信号，为所有的中断优先级别请求提供服务。当同时有不同优先级别的中断器请求中断服务时，中断处理器选择优先级别最高的（假设为 $n=1$～7）进行服务。中断器和中断处理器之间的通信过程如图 5 - 11 所示。

中断处理器首先发出中断确认信号$\overline{IACK}$，同时给出要确认的中断优先级级别码 A03、A02、A01（用了地址线的 1～3 位，该 3 位二进制的十进制值代表了中断优先级别），$\overline{IACK}$在 VXI 模块之间以菊花链的形式传递。$\overline{IACK}$信号首先直接传到 0 号槽模块的引脚$\overline{IACKIN}$，如果 0 号槽模块没有申请与 A03、A02、A01 对应的优先级别的中断，则$\overline{IACK}$信号从其$\overline{IACKOUT}$引脚输出，进入下一个 VXI 模块的$\overline{IACKIN}$引脚。从其$\overline{IACKIN}$引脚接收到$\overline{IACK}$信号的 VXI 模块，都将自己申请的中断优先级别与 A03、A02、A01 对应的优先级别比较，若两者相等时，$\overline{IACK}$信号被截住，不从其$\overline{IACKOUT}$引脚输出到下一个 VXI 模块，接着把自己的状态/识别（Status/ID）字输出到数据总线 D00～D31 上，同时置$\overline{DTACK}$有效，释放$\overline{IRQn}$信号。

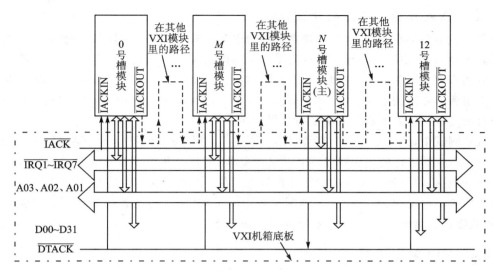

图 5 - 11　VXI 单中断处理器系统中断服务示意图

　　中断处理器探测到 $\overline{\text{DTACK}}$ 有效后，读取 D00～D31 上的状态/识别，同时释放 A03、A02、A01 和 $\overline{\text{IACK}}$ 信号。状态/识别字表明了中断器的逻辑地址和中断产生的原因，中断处理器根据它进行中断服务。该中断服务周期结束后，中断处理器接着进行下一个中断服务周期，直到 $\overline{\text{IRQ}n}$ 无效后，再进行另一个优先级别的中断服务。在同一优先级别的中断申请中，距离 0 号槽近的模块具有更高的优先权，中断处理周期时序关系如图 5 - 12 所示。

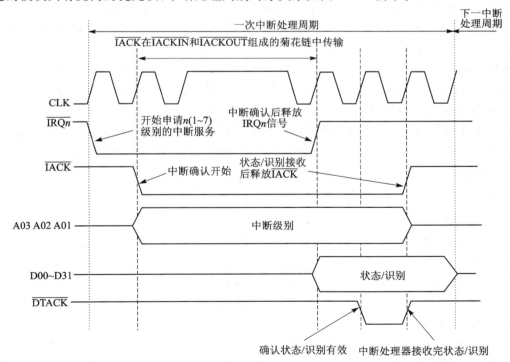

图 5 - 12　VXI 系统中断处理时序关系

### 3. 多中断处理器的中断处理过程

当系统有多个中断处理器时,处理器处理的中断级别是由资源管理器分配的,处理的级别范围不能重叠,每个中断处理器监视自己服务范围内的中断申请信号。当有多个中断处理器同时探测到有中断服务请求发生时,它们同时向系统的仲裁器申请系统总线,由于同一时刻只有一个申请者能够得到系统总线的使用权,所以每一时刻只有一个中断处理器进行中断服务,处理中断的过程与单处理器处理中断的过程一样。

在自动测试中,经常要求多个测量仪器协同工作,共同完成测试任务。某些特定的测试项目对各个测量仪器工作的先后顺序等有严格的要求,而且一些仪器经常需要另外一些仪器及时提供测试数据,因此测量仪器的工作过程是交织在一起的。在这种情况下,中断机制作为各仪器间通信的一种机制,无需软件干预测试的中间过程,能够协助各仪器顺利地完成测试任务,有效地降低了测试软件的复杂性,提高了测试速率。

## 5.4.4 VXI 触发机制

在自动测试系统中,经常要求几个 VXI 模块配合,同步或者异步工作,协同完成测试工作。例如,只有 VXI 开关模块中的开关单元动作稳定后,激励信号到被测设备的通路才畅通且稳定,激励信号源才能开始工作,待测试信号稳定且测试信号到测试仪器的通路被 VXI 开关模块接通后,测试仪器才能进行测试。因此需要一种机制使这三种仪器能够互相通信,按照上述要求的顺序异步工作,VXI 总线的触发机制使这一要求得到保证。

VXI 开关模块在工作稳定后给激励信号仪器一个触发信号,告之可以开始工作;测试信号稳定和信号通路畅通后,VXI 模块给测试仪器一个触发信号,告之可以进行测试。这样的机制使测试任务在测试软件控制下自动进行,无需人工干预,大大提高了测试速率和软件效率。

VXI 总线有 8 条 TTL 触发线 $\overline{\text{TTLTRG0}}\sim\overline{\text{TTLTRG7}}$ 和 2 条 ECL 触发线 ECLTRG0～ECLTRG1,包括 0 号槽模块在内的任何模块均可以驱动这些触发线,并从这些线上接收信息。这些线主要被 VXI 模块用来发送触发信号,VXI 模块使用其中的哪条或哪几条,触发方式是电压触发还是边沿触发均是由测试程序根据需要设定的。TTL 触发信号是低电压有效,ECL 触发信号是高电压有效。主要的触发方式有同步触发和异步触发两种。

### 1. TTL 触发

$\overline{\text{TTLTRG}}$ 触发线是用于模块间通信的集电极开路 TTL 线。包括 0 号槽控制器在内的任何模块都可以驱动这些线,并从线上接收信息。这些线是用于发送触发、握手、时钟或者逻辑状态等信号的通用线。在用户通过程序分配之前 $\overline{\text{TTLTRG}}$ 线一直处于释放(高电压)状态。为了补偿由于无源上拉终端引起较大的上升时间,这些协议分别规定了触发源和触发接收器的时序要求。在传送逻辑状态时,规定了针对时钟沿的建立时间和保持时间。

TTL 有同步触发、异步触发和外部触发三种触发方式。

(1) 同步触发

在同步触发方式下,触发源发出的触发信号不需要任何的触发信号接收器应答,它是一种单线广播触发机制,这种触发机制可用于同步启动或停止操作一组 VXI 模块。同步触发波形如图 5-13 所示。

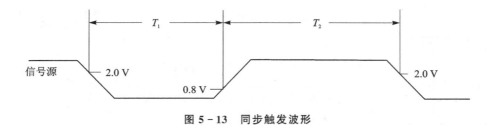

**图 5 - 13　同步触发波形**

在这里，$\overline{\text{TTLTRG}}$同步触发信号源应保持一个最小时间为 $T_1$(30 ns)的触发脉冲，而释放时间最小为 $T_2$(30 ns)。$\overline{\text{TTLTRG}}$同步接收器应接收任何保持时间不小于 10 ns 的触发脉冲，且紧跟一段不小于 10 ns 的释放时间。

（2）异步触发

异步触发方式需要一对触发线，触发线可以是$\overline{\text{TTLTRG0}}$和$\overline{\text{TTLTRG1}}$、$\overline{\text{TTLTRG2}}$和$\overline{\text{TTLTRG3}}$、$\overline{\text{TTLTRG4}}$和$\overline{\text{TTLTRG5}}$、$\overline{\text{TTLTRG6}}$和$\overline{\text{TTLTRG7}}$中的任何一对。触发源使用编号小的触发线发出触发信号，触发信号接收方通过编号大的触发线给出应答信号。这种触发方式对 VXI 总线模块和外部台式仪器间的握手，或 VXI 总线机箱之间的握手都是有用的，异步触发波形如图 5 - 14 所示。$\overline{\text{TTLTRG}}$异步触发信号源或者接收器应接收任何保持时间不小于 10 ns 的触发脉冲，且紧跟一段不小于 10 ns 的释放时间。

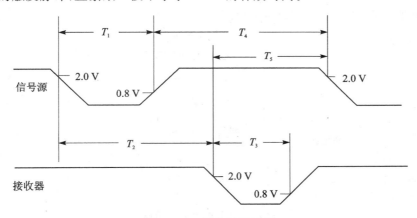

**图 5 - 14　异步触发波形**

（3）外部触发

为了最大限度地使一个或多个主机箱与外部仪器兼容，推荐使用一种$\overline{\text{TTLTRG}}$线的标准触发电路作为外部触发源，如图 5 - 15 所示。

信号源有一个 50 Ω 的串联输出阻抗，它的信号源模块与其他 VXI 主机箱或者仪器之间的连接，推荐使用 50 Ω 的电缆。信号源模块的开路低电压输出不小于0.4 V，开路高电压输出不大于 4.2 V。在距信号源最远处，给电缆接 50 Ω 电阻，这样可获得最佳性能。用一个负载阻抗不小于 50 Ω 的电阻，将接收器的阈值电压定在 −1.5 V。

**2. ECL 触发**

ECL 触发线包括 ECLTRG0 和 ECLTRG1 两条，任何模块包括 0 号槽控制器都可以驱动这两条线，也可以从这两条线上接收信息，这两条线是单端 ECL 线，系统阻抗为 50 Ω，规定逻

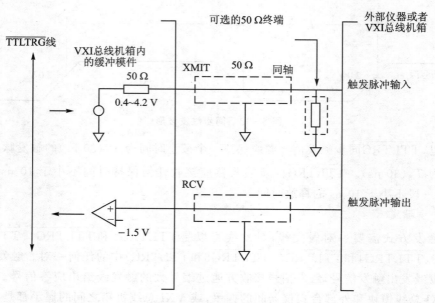

**图 5 - 15 异步触发波形**

辑高为有效状态。ECL 具有同步触发和异步触发两种触发方式。

图 5 - 16 所示为 ECL 触发线典型接口图。

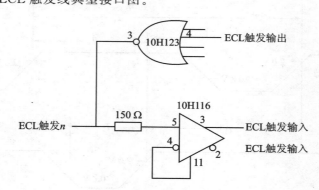

**图 5 - 16 ECL 触发线典型接口**

（1）同步触发

ECL 同步触发是不需要任何接收器应答的单根线传输触发协议。其同步触发源,应保持一个最小时间为 $T_1$(8 ns)的触发时钟,而释放时间最小为 $T_2$(8 ns),如图 5 - 17 所示。

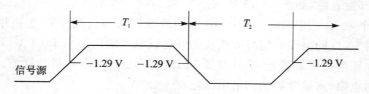

**图 5 - 17 同步触发波形**

ECLTRG 同步触发接收器应能够接收任何保持时间不小于 6 ns 的触发脉冲,且紧跟不小于 6 ns 的释放时间。

（2）异步触发

ECLTRG 异步触发协议是一个双线单信号源、单接收器协议。信号源通过保持分配的 ECLTRG 线组对中的低编号线开始一次操作，而接收器则通过保持 ECLTRG 线组对中的高编号线应答，这种触发方式对于 VXI 总线模块和外部仪器间的握手是有用的。ECLTRG 异步触发波形如图 5 - 18 所示。

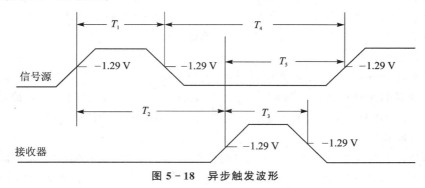

**图 5 - 18　异步触发波形**

ECLTRG 异步触发信号源或者接收器应接收任何保持时间不小于 6 ns 的触发脉冲，且紧跟一段不小于 6 ns 的释放时间。

# 5.5　VXI 器件

## 5.5.1　组成与分类

### 1. 器件模型

VXI 模块的功能和电路千差万别，但从 VXI 系统的组建和管理角度看，它们都是 VXI 系统最基本和最底层的逻辑单元，通称 VXI 器件（Device）。通常，一个器件占用一个模块，但也允许多模块器件或多器件模块存在。图 5 - 19 描述了一个 VXI 器件的功能和逻辑组成。

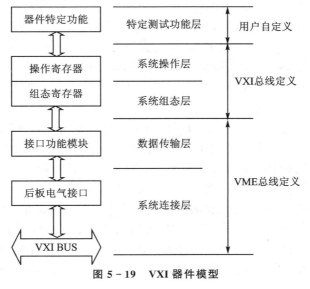

**图 5 - 19　VXI 器件模型**

## 2. 器件分类

器件之间的基本操作是信息传输。根据通信能力,VXI 总线器件分为寄存器器件、存储器器件、消息型器件和扩展器件四类。

### (1) 消息基器件

消息基器件支持 VXI 总线配置和通信协议,该类设备是含有命令基与命令基受令者组件的器件。消息基器件是任何带有通信能力的局部智能设备,如数字万用表、频谱分析仪、显示控制器、IEEE 488 - VXI 总线接口设备、开关控制器等。

### (2) 寄存器基器件

寄存器基器件支持 VXI 总线寄存器配置图,但不支持 VXI 总线的通信协议,它们由含有寄存器基受令者的组件构成。一般而言,寄存器基器件是简单、便宜的设备,如简单的开关、数字 I/O 卡、简单的串行接口卡、要求极少智能或根本不要求智能功能的插件卡。

### (3) 存储器器件

存储器器件含有配置寄存器组,有一定的存储设备的特征,如存储类型和存取时间等,但不含 VXI 总线定义的其他寄存器或者通信协议。磁盘存储器、RAM 和 ROM 插卡就是这种类型的设备。

### (4) 扩展器件

扩展器件是一种专用的 VXI 总线设备,它含有配置寄存器组供系统识别。这类器件允许将来定义更新种类的器件,以支持更高的兼容性。

## 3. 器件寻址

测控软件之所以能够与 VXI 模块通信从而控制它进行测试工作,是因为它们提供了许多可以读/写的寄存器。VXI 模块的每一项功能或属性均有相关的寄存器,按照 VXI 模块的要求读/写这些寄存器就能够控制它工作。另外有一些 VXI 模块提供了一组通信寄存器,与这类 VXI 模块通信是向这组通信寄存器写它支持的命令,接收到不同的命令执行不同的操作。VXI 模块的寄存器的地址位于 VXI 总线提供的地址空间,因此需要在一定的地址空间内访问它们。

VXI 总线有三个独立的地址空间:A16、A24 和 A32。A16 地址空间只使用了 VXI 总线的低 16 条,空间大小为 64 kB;A24 地址空间只使用了地址线的低 24 条,空间大小为 16 MB;A32 地址空间使用了全部的 32 条地址线,空间大小为 4 GB。A16 空间的高 16 kB 被 VXI 模块占用,低 48 kB 的空间被 VME 模块占用,每个模块的基地址由 VXI 模块唯一的 8 位逻辑地址 LA 决定,其计算公式为:基地址 = LA×64 + 49152。同时,每个器件必须具有 0~255(00H ~FFH)中唯一的 8 位逻辑地址。

考虑到逻辑地址 255 只用做动态配置目的,不允许分配给任何 VXI 模块,因此一个 VXI 总线系统最多可以有 255 个模块同时工作,VXI 模块的每个存储单元如寄存器(8 B)的物理地址等于基地址加上单元的地址偏移量。当某个 VXI 模块的功能复杂,寄存器多,64 kB 的地址空间不够用时,可以将部分功能寄存器设计在 A24 或 A32 地址空间,并且将所需空间的大小的信息存储在配置寄存器组中,系统的资源管理器读取该信息并根据 A24/A32 地址空间的分配情况给该设备分配一个基地址并写回 VXI 模块的基地址寄存器(OR),这些寄存器的地址等于该基地址与其地址偏移量之和。只占用 A16 地址空间的 VXI 模块称为 A16 模块,占用 A16 和 A24 空间的 VXI 模块称为 A16/A24 模块,一个 VXI 模块不能同时占用三个地址空间上的地址。

### 5.5.2　配置寄存器

VXI 总线器件的寄存器分为两大部分:配置寄存器和操作寄存器,地址分配如图 5－20 所示。

00H～07H 为配置寄存器区,VXI 共定义了六个配置寄存器,这些寄存器都是 16 位的,所有 VXI 总线器件都必须配备,其功能定义如下。

（1）识别（ID）寄存器

识别寄存器为只读型:存放"器件类别"(消息型、寄存器型、存储器型、扩展型)、"寻址空间"(A16、A16/A24、A16/A32)、"生产厂家识别码"(0～4095)等配置信息。

（2）逻辑地址寄存器

逻辑地址寄存器为只写型:用于在动态配置期间写入器件新的逻辑地址,高 8 位没有定义。

（3）器件类型寄存器

器件类型寄存器为只读型:"模块识别码"由生产厂家指定,对于仅有 A16 空间的器件,这个段占据该寄存器的整个 16 位。

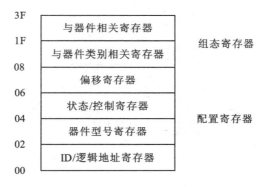

**图 5－20　器件寄存器布局**

（4）状态寄存器

状态寄存器为只读型:"A24/A32 有效"位用于指示器件是否在 A24 或 A32 寻址空间有附加的操作寄存器,该位为 1 表示有 A24/A32 附加空间;"MODID ＊"位反映该器件的 MODID 信号线的状态。

（5）控制寄存器

控制寄存器只写型:"A24/A32 使能"位为 1 时,允许访问器件的 A24 或 A32 操作寄存器,为 0 时,则相反。

（6）偏移寄存器

偏移寄存器为读/写型:只用于需要附加 A24 或 A32 空间的器件,定义附加地址空间的基地址,此基地址由系统资源管理器在配置系统地址资源时写入。

### 5.5.3　器件类别相关的寄存器

器件类别相关的寄存器随器件类型不同定义不同。

## 1. 寄存器器件

VXI 规范没有对所有寄存器器件定义与器件类别相关的寄存器,但由于 0 号槽寄存器的特殊作用,VXI 规范定义了一个 MODID(模块识别)寄存器,用于控制和监视 MODID00～MODID12。该寄存器位于 A16 空间"基地址＋08H"处,定义如表 5-11 所列。

**表 5-11　0 号槽寄存器器件的 MODID 寄存器**

| 位 | 15～14 | 13 | 12～0 |
|---|---|---|---|
| 内容 | 保留 | 输出使能 | MODID12 ～ MODID00 |

## 2. 消息型器件

消息型器件在器件类别相关的寄存器区定义了一组标准通信寄存器(见图 5-21 中的 08～17H 单元),以支持 VXI 总线系统较高级的通信协议。

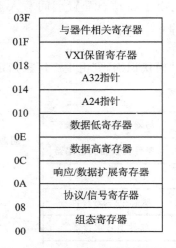

| | |
|---|---|
| 03F | 与器件相关寄存器 |
| 01F | VXI保留寄存器 |
| 018 | A32指针 |
| 014 | A24指针 |
| 010 | 数据低寄存器 |
| 0E | 数据高寄存器 |
| 0C | 响应/数据扩展寄存器 |
| 0A | 协议/信号寄存器 |
| 08 | 组态寄存器 |
| 00 | |

**图 5-21　消息型器件的寄存器结构**

(1) 协议寄存器

协议寄存器是一个 16 位只读寄存器,表示器件所支持的协议及附加的通信能力,格式定义如表 5-12 所列。

**表 5-12　协议寄存器的格式**

| 位 | 15 | 14 | 13 | 12 | 11 | 7 | 9～4 | 3～0 |
|---|---|---|---|---|---|---|---|---|
| 内容 | 命令者* | 信号寄存器* | 主者* | 中断器* | FHS* | 共享存储器* | 保留 | 器件相关 |

(2) 信号寄存器

信号寄存器是一个可选的 16 位写寄存器,支持信号通信方式的器件必须配备,以便从者写入"信号信息",作为命令者的器件必须监测对该寄存器的写操作并迅速做出反应,格式定义如表 5-13 所列。

**表 5 - 13　信号寄存器的格式**

| 位 | 15 | 14～8 | 7～0 |
|---|---|---|---|
| 内容 | 0/1 | 响应/事件 | 逻辑地址 |

（3）响应寄存器

响应寄存器是一个 16 位只读寄存器,反映器件的通信挂钩状态,格式定义如表 5 - 14 所列。

**表 5 - 14　响应寄存器的格式**

| 位 | 15 | 14 | 13 | 12 | 11 | 10 | 9 | 8 | 7 | 6～0 |
|---|---|---|---|---|---|---|---|---|---|---|
| 内容 | 0 | 保留 | DOR | DIR | Err * | RRDY | WRDY | FHS 激活 * | LOLC * | 器件相关 |

（4）数据高、数据低、数据扩展寄存器

这些寄存器用在数据通信时暂存读/写数据(16 位/32 位/48 位)。

（5）A24、A32 指针寄存器

A24、A32 为可选的 32 位寄存器,由共享存储器协议定义。

**3. 存储器器件**

存储器器件在与器件类别相关的寄存器区定义了一个特征寄存器,该寄存器是只读寄存器,用来存放存储器器件的一些重要特征,如存储类型、访问速度等信息。该寄存器位于其 A16 空间的“基地址＋08H”处,格式如表 5 - 15 所列。

**表 5 - 15　特征寄存器的格式**

| 位 | 15～14 | 13 | 12 | 11 | 10～8 | 7 | 6～4 | 3～0 |
|---|---|---|---|---|---|---|---|---|
| 内容 | 存储类型 | N/S | BT * | N_P * | 访问速度 | D32 * | 保留 | 器件相关 |

**4. 扩展器件**

扩展器件将“器件类别相关的寄存器”区连同“器件相关的寄存器”一起定义为“子类和子类相关寄存器”,以便适应新一类的 VXI 总线器件。

# 5.6　VXI 总线控制方案

## 5.6.1　零槽与资源管理器

VXI 机箱最左边的插槽包括背板时钟(Backplane Clock)、配置信号(Configuration Signals)、同步与触发信号(Synchronization and Trigger Signals)等系统资源,因而只能在该槽中插入具有 VXI“零槽”功能的设备,即所谓的零槽模块,通常简称为零槽。VXI 资源管理器(RM)是一个软件模块,它可以装在 VXI 模块或者外部计算机上。RM 与零槽模块一起进行系统中每个模块的识别、逻辑地址的分配、内存配置、并用字符串协议建立命令者/从者之间的层次体制。

零槽模块规定用来沟通 CLK10 脚(如果系统中配置有 P3 插座时,还能沟通 CLK100 和

SYN100)。零槽资源控制器能满足所有选用的仪器模块的各项要求,是一种公共资源系统模块,它包括了 VME 总线资源管理器和 VME 总线系统控制器。在零槽的许多模块中还包含其他的功能,例如,可以用于 GPIB 接口、IEEE 1394 接口、MXI 接口和系统智能功能等的系统控制部件上。

如果用一台外部的主计算机来控制 VXI 总线的仪器,那么需将计算机与 VXI 总线系统的零槽连接起来。在初期,最常用的连接线是 IEEE 488,然而其他连接线如 LAN、EIA 232、IEEE 1394、MXI 或 VME 都可选用。

### 5.6.2 系统控制方案

VXIbus 系统的配置方案是影响系统整体性能的最大因素之一。目前常见的系统配置方式有 MXI 和 IEEE 1394 两种控制方案。

#### 1. MXI 接口总线控制方式

MXI 总线是一种多功能、高速度的通信链路,并且使用一种灵活的电缆连接方式与设备进行互联及互相通信,提供一种由广泛使用的桌面计算机和工作站去控制 VXI 系统的方法。通过高速的 MXI 总线电缆直接把一台外部的计算机与 VXI 机箱相连,控制的距离可达20 m。使用 MXI 总线可以很容易地在系统中增加更多的 VXI 机箱去组建一个大的测试系统。并且外部计算机中提供的插卡槽还可用做 GPIB 总线控制、DAQ 插卡或其他的外设适配卡的配用。

8 个 MXI 设备能使用菊花型方法相互连接在一根 MXI 电缆线长度上,如果多个 MXI 设备一起由菊花型方式连接,MXI 电缆线的总长度必须不超过 20 m。图 5 - 22 和图 5 - 23 显示 2 个基本的 MXI 总线的应用配置。

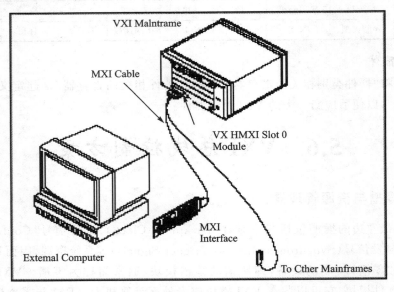

**图 5 - 22　使用 PC 通过 MXI 去控制一个 VXI 总线系统**

#### 2. IEEE 1394 接口控制方式

IEEE 1394 是一种高速串行总线,是面向高速外设的一种串行接口标准,是 IEEE 在 AP-

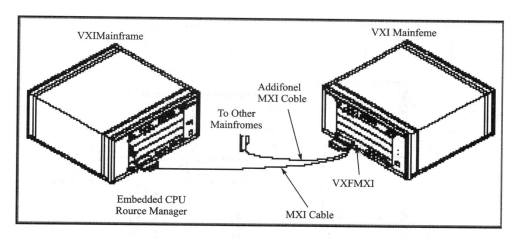

**图 5 - 23　MXI 应用在多机箱的 VXI 系统**

PLE 公司的高速串行总线火线（Fire wire）基础上重新制定的串行接口标准。该标准定义了数据的传输协议及连接系统，可用较低的成本达到较高的性能，以增强 PC 与不断增长外设的连接能力。IEEE 1394 主要性能特点如下。

① 采用"级联"方式连接各个外设、IEEE 1394 不需要集线器（Hub）就可在一个端口上连接 63 个设备。在设备之间采用了树形或菊花链的结构，其电缆的最大长度是 4.5 m。电缆不需要终端器（Terminator）。

② 能够向被连接的设备提供电源：IEEE 1394 使用 6 芯电缆，其中两条线为电源线，其他 4 条线被包装成两对双绞线，用来传输信号。电源的电压范围是 8～40 V 直流电压，最大电流为 1.5 A。

③ 具有高速数据传输能力：IEEE 1394 的数据传输率有三挡：100 Mb/s、200 Mb/s、400 Mb/s，特别适合于高速硬盘以及多媒体数据的传输。

④ 可以实时地进行数据传输：IEEE 1394 除了异步传送外，也提供了一种等时同步（Isochronous）传送方式，数据以一系列固定长度的包，等时间间隔地连续发送，端到端既有最大延时的限制又有最小延时的限制；另外，它的总线仲裁除了优先权仲裁方式之外，还有均等仲裁和紧急仲裁两种方式，保证了多媒体数据的实时传送。

⑤ 采用点对点（Peer to Peer）结构：任何两个支持 IEEE 1394 的设备可直接连接，不需要通过主机控制。

⑥ 快捷方便的设备连接：IEEE 1394 也支持热即插即用的方式做设备连接，当增加或拆除外设时，IEEE 1394 会自动调整拓扑结构，并重设整个外设的网络状态。

利用 IEEE 1394 对 VXI 系统进行控制比较典型的板卡为 E8491B，利用该模块，可实现多机箱 VXI 系统的控制，如图 5 - 24 所示。

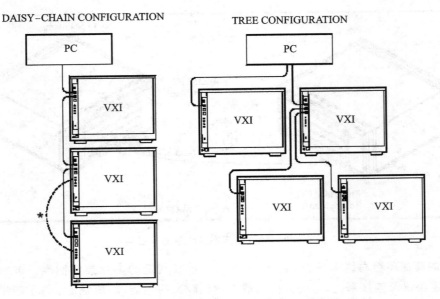

图 5-24　E8491B 应用在多机箱的 VXI 系统

# 本章小结

　　本章重点阐述了 VXI 总线标准体系、机械构造、电气结构，VXI 器件构成特点，VXI 系统的通信协议和 VXI 总线的控制方案等内容。

# 思考题

　　1. 什么叫系统总线？与传统的测试应用执行系统的方法相比，VXI 总线具有哪 7 个方面的特点？

　　2. VXIbus 从功能上可分为哪 8 种总线？

　　3. VXI 触发总线如何构成？

　　4. VXI 总线目前常见的系统配置方式有哪几种？

# 应用案例：基于 VXI 总线的 XX-13 通用化测试设备

## 1. 功能与组成

　　基于 VXI 总线的 XX-13 通用化测试设备是一套为我军多型同类装备提供的测试平台，该平台具有技术新、功能强、通用化、机动化等特点，采用国际标准的 VXI 即插即用接口和 GPIB 标准接口。

　　XX-13 通用化测试设备组成包括两大部分：一是测试系统的通用部分；另一部分是测试系统的专用部分。通用部分集成了测试系统的共性的东西，如装载设备结构、设备供电、信号激励、信号测量、信号处理、系统控制等,这些构成了测试系统的通用部分。专用部分则是根据被测对象不同,它有一些特殊要求是通用设备不能满足的,必须要设计专用设备满足它的使用要求。

该系统包括 4 个德国进口的 INCAS19 便携控制柜,4 个机柜外形尺寸相同,均为:高618 mm、宽 534 mm、深 910 mm,机柜内分别装有自动测试设备配套的主要设备,内部组成如表 5－16 所列。

表 5－16　XX－13 通用化测试设备组成

| 机柜名称 | 主要设备 | 机柜名称 | 主要设备 |
|---|---|---|---|
| 便携控制柜 I | UPS 电源 | 便携控制柜 II | 智能综合机箱显示器、键盘、鼠标组合 |
| | 主控计算机 | | L2000 标准阵列接口与各型 UUT 适配器 |
| | 显示器、键盘、鼠标组合 | | VXI 机箱 |
| | 测试系统自检器 | | — |
| 便携控制柜 III | 8 mm 程控信号源 | 便携控制柜 IV | 示波器 |
| | 28.5 V 直流电源 | | 2/3 cm 信号源 |
| | 转台及磁控管老式控制箱 | | 测试设备自检器 |

专用部分包括目标模拟器、高度模拟器、适配器、转台和智能综合机箱等,其中目标模拟器、高度模拟器、适配器、转台布置在机箱外面。

**2. 系统总线与基本测试原理**

系统连接方框图如图 5－25 所示,该系统由多台设备通过总线构成了多功能通用型测试系统,在测试系统中配套的大多数设备都带有标准的程控接口,设备之间的连接采用标准的无源母线电缆连接。为满足测试需求共使用 6 种总线,即 GPIB 总线、VXI 总线(含 1394 总线)、1553B 总线、RS－232、RS－422 串口、RS－485 串口,其中主要设备采用 VXI 总线,其他总线设备作为补充。

由图 5－25 可见,测试设备工作时对外连接信息可分为两种情况:一种是直接式传输如信号(1)～(6),这些信号包括模拟量和数字量;第二种间接式传输如信号(7)～(8)。所谓的直接信号是指被测对象无论是激励信号,还是响应信号均通过被测电子装备测试插头节点对外进行硬连接完成;所谓间接信号是指雷达从目标模拟器喇叭天线辐射的信号获取的,中间没有硬连接的过程。

为了实现计算机对外通信控制,系统中计算机总线上分别插了 3 块插卡:GPIB 插卡、PCI IEEE－1394 插卡、1553B 插卡,这些插卡负责 PC 总线与 GPIB、1394、1553B 总线转换控制,完成三种总线通信控制工作。

(1) 1553B 总线

1553B 总线是 GJB 规定的总线,是一种被广泛应用在各种航空器上数据传输总线。该总线在各终端之间提供一路单一数据通路;总线由双绞屏蔽电缆、隔离电阻耦合变压器等硬件组成。总线传输速率可达 1 Mb/s,总线上传输的数据在 GJB1188A 和 GJB289A 多路传输数据总线上有明确的规定。

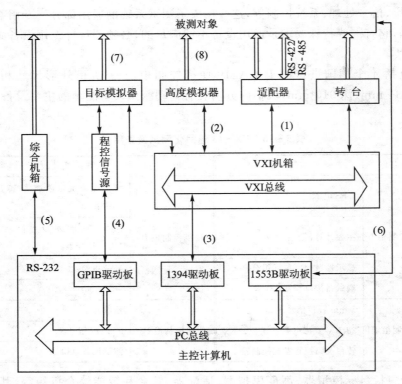

**图 5 - 25　XX - 13 通用化测试设备连接方框图**

　　XX - 13 通用化测试设备工作时,按被测对象接口通信控制要求,通过 1553B 总线完成与综控机通信联系,被测对象各个组成设备供电、导航参数装订、运算、控制等都统一在综控机控制下进行;此外,地面设备首先要通过 1553B 总线向综控机发出各种命令才能完成各个分系统的测试。各个分系统也把执行状态和执行结果及时送达到综控机,综控机再通过 1553B 总线传输到地面设备,由地面设备进行处理、判断。

　　(2) GPIB 总线

　　GPIB 总线也是一种标准总线,该总线与被测对象各个设备没有直接联系,主要用于该通用化测试设备中的高频信号源的程控。在 GPIB 总线内有 8 条数据输入输出线,3 条挂钩线,5 条管理线。为了防止干扰,在 GPIB 电缆内用了 8 条信号地分别与有关的信号线进行绞合,以确保通信可靠。GPIB 总线通过上述 16 条信号线来完成程控信号源对外通信联络。

　　XX - 13 通用化测试设备中,GPIB 总线负责 2/3 cm 程控信号源、8 mm 程控信号源与计算机之间的通信,根据雷达测试要求,程控信号源要模拟目标的位置、目标的运动、雷达的频率、功率的大小变化等。信号源各种操作命令就是由计算机通过 GPIB 总线发给程控信号源,程控信号源根据接收的命令完成相应的操作以后,要把工作状态、执行的结果再通过 GPIB 总线送到计算机,由计算机进行判断处理,确定雷达的测试进程,判断雷达性能的好坏。

　　(3) VXI 总线

　　根据测试需求,XX - 13 通用化测试设备配套中选用 1 个 13 槽的 VXI 机箱,即插在 VXI 总线上的模块最多可以容许 13 个模块。依据被测对象种类不同,所需要的模块数量也不同。其中零槽模块是 VXI 总线系统资源模块,零槽一方面通过 1394 总线负责与计算机通信,另一方面它还要管理 VXI 总线的定时发生器,总线所需的控制功能以及数据通信等。其他 8 种功能模块为普通模块,不具备中央定时器模块功能,主要完成 UUT 测试时的功能操作。

VXI 机箱中的每一个模块与 VXI 机箱的 P1、P2 连接器相连,接收 VXI 总线数据线路上的信息,模块都分配有逻辑地址,一旦选中后,完成各种功能操作,把操作结果通过模块前面板连接器送到适配器和智能综合机箱等设备上,或者由适配器把被测信号通过 VXI 模块前面板送入模块内。

(4)RS-422 串口和 RS-485 串口通信

在某型装备上综控机和雷达对外通信口使用的是 RS-422 异步串行接口,惯导使用的是 RS-485 同步串行接口。为了满足该型装备测试需求,在 XX-13 通用化测试设备中配置了一块可完成 4 路 RS-422 串行通信的 VXI 模块和一块带有 2 路 RS-422 串口和 1 路 RS-485 串口的 VXI 模块,负责完成与被测设备上综控机、惯导、雷达以及测试设备内部 8 mm 程控信号源、高度模拟控制箱之间的数据通信接收和发送控制。

测试设备串口通信的主要任务是在测试过程中,一方面通过各个串口实时接收被测设备或测试设备相关模块发送的数据及信息,以便对各种结果数据进行及时判断处理;同时通过串口向被测设备或被控模块上传基准参数和指令等信息。

(5)RS-232C 串口通信

为了实现对智能综合机箱的自动控制,系统使用主控计算机上的 RS-232C 端口向智能综合机箱发送控制命令,RS-232C 端口波特率设为 9 600 bit/s,8 位数据位,1 位停止位,无校验位,输入输出缓存为 512 KB。

# 第6章　PXI 总线技术

## 6.1　PXI 总线概述

PXI 总线是在 PCI 总线的基础上经 CPCI 总线进一步发展而来,本节对 PCI 总线、CPCI 总线和 PXI 总线作总体概述。

### 6.1.1　PCI 总线

PCI 含义为 Peripheral Component Interconnect,即周边器件互联。它由 Intel 公司最先提出定义,并于 1992 年发布了第一个技术规范 1.0 版本。随后,PCIGIS 通过了 PCI 总线的 64 位/66 Mb/s 的技术规范,极大提高了总线传输速率。PCI 总线规范不断发展,已有多个版本予以规范。由于 PCI 总线取得的巨大成功,越来越多的厂商都开始支持并投入开发符合 PCI 总线规范的产品,进一步推动了 PCI 技术的发展。该总线的优点是结合了微软(Microsoft)公司的 Windows 操作系统和英特尔(Intel)公司微处理器的先进硬件技术,成为目前世界上整个微型计算机的工业标准。

PCI 局部总线接口功能信号如图 6－1 所示,主要由地址数据线、接口控制线、中断线、错误报告线、总线仲裁线、系统线等组成。

参照图 6－1 所示的 PCI 局部总线信号图,PCI 总线传输周期由一个地址阶段加上一个或

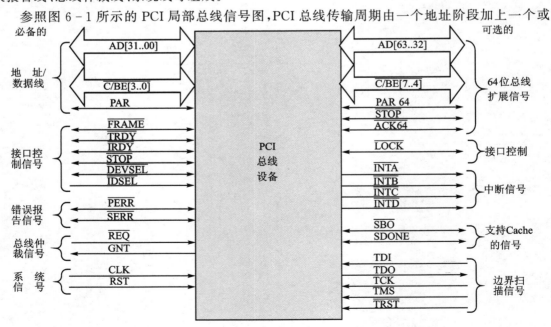

注:左边信号为任何 PCI 设备的必备信号,右边信号为可选信号(依具体设备功能而定)。

**图 6－1　PCI 局部总线信号**

多个数据阶段构成,基本的 PCI 传输是由$\overline{\text{FRAME}}$、$\overline{\text{IRDY}}$和$\overline{\text{TRDY}}$3 个信号(见接口控制信号部分)控制。PCI 总线操作主要包括读操作、写操作和操作中止(在某些情况下,需要终止当前的总线传输)3 个内容,图 6 - 2(a)和(b)所示的时序图显示了 PCI 总线读、写操作的过程。

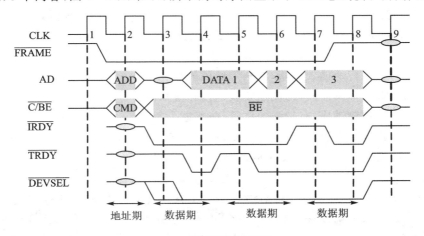

(a) PCI总线读操作时序图

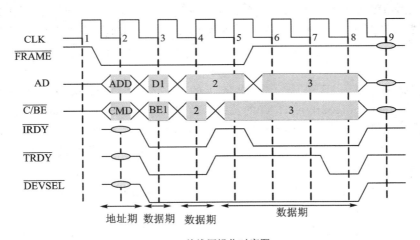

(b) PCI总线写操作时序图

**图 6 - 2　PCI 总线的读写操作时序图**

图 6 - 1 中椭圆部分表示一个时钟的周转周期,即某信号线由一个设备停止驱动到另一个设备驱动之间的过渡期,以此来避免两个设备同时驱动一条信号线所造成的竞争。

### 6.1.2　CPCI 总线概述

由于 PCI 总线具有众多的优点,工业界也把它引入到仪器测量和工业自动化控制的应用领域内,从而产生了 CompactPCI 总线规范。CompactPCI 是由 PCI 计算机总线加上欧式插卡连接标准所构成的一种面向测试控制应用的自动测试总线。它的最大总线带宽可达每秒 132 兆字节(32 位)和每秒 264 兆字节(64 位)。

美国 PCIMC(PCI 工业计算机制造商协会)把 CompactPCI 标准扩展到工业系统,使 CompactPCI 规范成为工业化标准。PCIMC 相继公布了 CompactPCI 1.0 和 2.0 版本技术规范。

设计 CompactPCI 的目的在于把 PCI 的优点结合传统的测量控制功能,并增强系统的 I/O 和其他功能。原有的 PCI 规范只允许容纳 4 块插卡,不能满足测量控制的应用,因此 CompactPCI 规范采用了无源底板,其主系统可容纳 8 块插卡。CompactPCI 在芯片、软件和开发工具方面,充分利用现已大量流行运用的 PC 机资源,从而大幅度地降低了成本。

另外,CompactPCI 采用 VME 总线实践验证是非常可靠和成熟的欧式卡的组装技术。其主要优点是:

① 插卡垂向而平行地插入机箱,有利于通风散热。

② 每块插卡都有金属前面板,便于安装连接和指示灯。

③ 每块插卡用螺钉锁住,有较强的抗震、防颤能力。

④ 采用插入式电源模块,便于维修保养;适合安装在标准化工业机架上。

CompactPCI 系统由机箱、总线底板、电路插卡,以及电源部分所组成。各插卡通过总线底板彼此相连,系统底板提供 $+5$ V,$+3.3$ V,$\pm12$ V 电源给各模块。

CompactPCI 的主系统最多允许有 8 块插卡,垂直及平行地插入机箱,插卡中心间距为 20.32 mm。总线底板上的连接器标以 P1 - P8 编号,插槽标以 S1 - S8 编号,从左到右排列。其中 1 个插槽被系统插卡占用,称为系统槽,其余供外围插卡使用,包括 I/O、智能 I/O,以及设备插卡等。规定最左边或最右边的槽为系统槽。系统插卡上装有总线仲裁、时钟分配、全系统中断处理和复位等电路功能,用来管理各外围插卡。以下是 CompactPCI 的机械结构和电气特性。

### 6.1.3　PXI 总线概述

1997 年 9 月 1 日,NI 发布了一种全新的开放性、模块化仪器总线规范 PXI(PCI Extensions for Instrumentation),PXI 的总线规范是 CompactPCI 总线规范的进一步扩展,其目的是将台式 PC 的性能价格比优势与 PCI 总线面向仪器领域的必要扩展完美地结合起来,形成一种主流的虚拟仪器测试平台。PXI 综合了 PCI 与 VME 计算机总线,CompactPCI 的插卡结构和 VXI 与 GPIB 测试总线的特点,并采用了 Windows 和 Plug&Play 的软件工具作为这个自动测试平台的硬件与软件基础,成为一种专为工业数据采集与仪器仪表测量应用领域而设计的模块化仪器自动测试平台。

PXI 总线的核心部分是来自于 PCI 和 CompactPCI 总线,经扩展在仪器应用上,并结合高性能的 VXI 总线中的仪器功能,如触发和本地总线。PXI 的机械结构采用了与 CompactPCI 相同形式的欧式卡组装技术。

PXI 也定义了 VXI PnP 即插即用系统联盟所规定的软件框架,以确保用户能快速地安装和运行系统。软件操作方式包括运行在 Windows 环境下的程序集和使用所有 PC 的应用软件技术。

# 6.2　PXI 总线机械规范

PXI 总线采用 Eurocard 坚固封装形式和高性能的 IEC 连接器,使 PXI 系统更适于在工业环境下使用,而且也更易于进行系统集成。

PXI 总线支持两种尺寸的模块。3U 模块尺寸为 100 mm×160 mm,具有两个连接器 J1 和 J2,J1 连接器具有 32 位 PCI 总线需要的所有信号,J2 连接器具有 64 位 PCI 数据传输信号线和实现 PXI 电气特性的信号线。6U 模块尺寸为 233.35 mm×160 mm，除具有 J1 和 J2 连接器外，还增加了可以在未来对 PXI 进行特性扩展的 J3 和 J4 连接器。

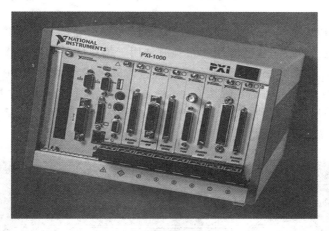

**图 6-3　PXI 系统实物照片**

图 6-3 是一个典型的 PXI 系统机械配置图，PXI 系统由一个带底板的机箱、系统控制器模块和其他外设模块组成。PXI 规定系统槽（相当于 VXI 的零槽）位于机箱的最左端，而 CompactPCI 系统槽则可位于背板总线的任何地方。PXI 规范定义唯一确定的系统槽位置是为了简化系统集成，并增加来自不同厂商的机箱与主控机之间的互操作性。PXI 规定主控机只能向左扩展其自身的扩展槽，不能向右扩展而占用仪器模块插槽。PXI 规定模块所要求的强制冷却气流流向必须由模块底部向顶部流动。

PXI 的重要特性之一是维护了与标准 CompactPCI 产品的互操作性，如图 6-4 所示。但许多 PXI 兼容系统所需要的组件也许并不需要完整的 PXI 总线特征。例如，用户或许要在 PXI 机箱中使用一个标准 CompactPCI 网络接口模块，或者要在标准 CompactPCI 机箱中使用 PXI 兼容模块。在这些情况下，用户所需要的是模块的基本功能而不是完整的 PXI 特性。即，在 PXI 机箱中可以插入 CPCI 模块，在 CPCI 机箱中，也可以插入 PXI 模块，但是混装混用模式下，模块仅仅能够使用模块的基本功能。

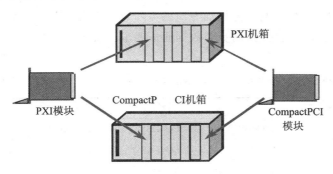

**图 6-4　PXI 与 CompactPCI 的互操作性**

# 6.3 PXI 总线电气规范

  PXI 采用标准 PCI 总线并增加了仪器专用信号,并在机箱的背板提供了一些专为测试和测量工程而设计的独到特性,包括专用的系统时钟用于模块间的同步操作,8 根独立的触发线可以精确同步两个或多个模块,插槽与插槽之间的局部总线可以节省 PCI 总线的带宽,还有可选的星形触发特性用于极高精度的触发。这些特性都是其他 PC 工业计算机和CompactPCI 机箱中所不能提供的,典型 PXI 总线机箱的仪器模块插槽总数为 7 个。图 6-5是一个完整 PXI 系统的示意图。

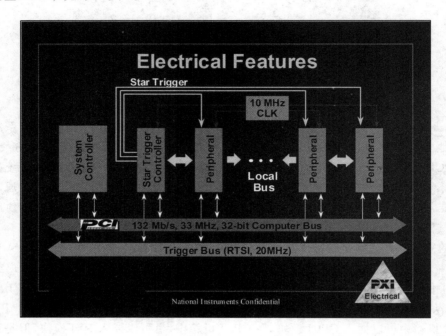

**图 6 - 5　PXI 总线电气性能**

  图中,PXI 总线在 PCI 总线的基础上增加专门的系统参考时钟、触发总线、星形触发线和模块间的局部总线来满足高精度定时、同步与数据通信要求。表 6-1 中给出了 PCI、CPCI 和PXI 规范定义的原始信号。

**表 6 - 1　PXI 系统信号分类**

| 原始信号规范 | 信　　号 | | |
|---|---|---|---|
| PXI | PXI_BRSV | PXI_LBL[0~12] | PXI_TRIG[0~7] |
|  | PXI_CLK10 | PXI_LBR[0~12] |  |
|  | PXI_CLK10_IN | PXI_STAR[0~12] |  |
| CompactPCI | $\overline{\text{BD\_SEL}}$ | $\overline{\text{HEALTHY}}$ | $\overline{\text{REQ}[0\sim6]}$ |
|  | BRSV | INTP | RSV |
|  | CLK[0~6] | INTS | $\overline{\text{SYSEN}}$ |

续表 6 - 1

| 原始信号规范 | 信　　号 | | |
|---|---|---|---|
| | $\overline{\text{DEG}}$ | IPMB_PWR | $\overline{\text{SMB\_ALERT}}$ |
| | $\overline{\text{ENUM}}$ | IPMB_SCL | SMB_SCL |
| | $\overline{\text{FAM}}$ | IPMB_SDA | SMB_SDA |
| | GA0～GA4 | $\overline{\text{PRST}}$ | UNC |
| | $\overline{\text{GNT}[0～6]}$ | | |
| PCI | $\overline{\text{ACK64}}$ | $\overline{\text{INTD}}$ | TCK |
| | A/D[0～63] | $\overline{\text{IRDY}}$ | TDI |
| | C/$\overline{\text{BE}}$[0～7] | $\overline{\text{LOCK}}$ | TDO |
| | CLK | M66EN | TMS |
| | $\overline{\text{DEVSEL}}$ | PAR | $\overline{\text{TRDY}}$ |
| | $\overline{\text{FRAME}}$ | PAR64 | $\overline{\text{TRST}}$ |
| | GND | $\overline{\text{PERR}}$ | V(I/O) |
| | $\overline{\text{GNT}}$ | $\overline{\text{REQ}}$ | 3.3 V |
| | IDSEL | $\overline{\text{REQ64}}$ | 5 V |
| | $\overline{\text{INTA}}$ | $\overline{\text{RST}}$ | +12 V |
| | $\overline{\text{INTB}}$ | $\overline{\text{SERR}}$ | −12 V |
| | $\overline{\text{INTC}}$ | $\overline{\text{STOP}}$ | |

PXI 总线与台式 PCI 规范具有完全相同的 PCI 性能,而且,利用 PCI - PCI 桥接技术扩展多台 PXI 系统,可以使扩展槽的数量理论上最多能扩展到 256 个。其主要的 PCI 性能包括:

① 33 MHz 性能;

② 32 bit 和 64 bit 数据宽度;

③ 132 Mb/s(32 bit)和 264 Mb/s(64 bit)的峰值数据吞吐率;

④ PCI - PCI 桥接技术进行系统扩展;

⑤ 即插即用功能。

下面重点对 PXI 总线在 CPCI 总线基础上增加的信号进行描述。

### 6.3.1　系统参考时钟

PXI 规定把 10 MHz 系统时钟分配给系统中的所有外设模块。这个公用的参考时钟被用于测量和控制系统中多个模块的同步操作。PXI 在背板中定义了这参考时钟,用低的时延(<1 ns)独立地分配到每一个外设槽中,并采用触发总线协议来规范各个时钟边沿,做到高精度的多模块同步定时运作。但是如果工业计算机或其他任何系统上的板卡要实现类似的同步,就必须将板卡上各自用于定时和触发的时钟信号源和触发总线连接起来。

### 6.3.2　触发总线

PXI 不仅将 ECL 参考时钟改为 TTL 参考时钟,而且只定义了 8 根 TTL 触发线,不再定义 ECL 逻辑信号。这是因为保留 ECL 逻辑电压需要机箱提供额外的电源种类,从而显著增加 PXI 的整体成本,有悖于 PXI 作为 21 世纪主流测试平台的初衷。

使用触发总线的方式可以是多种多样的。例如,通过触发线可以同步几个不同 PXI 模块上的同一种操作,或者通过一个 PXI 模块可以控制同一系统中其他模块上一系列动作的时间顺序。为了准确地响应正在被监控的外部异步事件,可以将触发从一个模块传给另一个模块。一个特定应用所需要传递的触发数量是随事件的数量与复杂程度而变化的。

PXI 规范定义了一个高度灵活的触发和同步方式。用户可使用 8 条按不同方法使用的 TTL 触发线去传送触发、握手和时钟信号或逻辑状态的切换给每一个外设槽位。利用这个特性,触发器能够使多个不同 PXI 外设卡同步运行。用一个模块触发另一个,触发信号能从一块卡传输到另一块卡,以便对所监控的异步外部事件做出确定性响应。同时一个模块还能精确地控制系统中其他模块操作的定时序列。

### 6.3.3 本地总线

PXI 总线允许相邻槽位上的模块通过专用的连线相互通信,而不占用真正的总线。这些连线构成的 PXI 本地总线是菊花链式的互联总线,每个外设槽与它左右两边相邻的外设插槽连接。因此,给定外设槽的右面本地总线连接相邻槽左面的本地总线,并以此规律延伸。每条本地总线是 13 条线宽,可用于在插卡之间传输模拟信号或提供不影响 PXI 带宽的高速边带数字通信通路,而不影响 PCI 的带宽,这一特性对于涉及模拟信号的数据采集卡和仪器模块是相当有用的。

本地总线信号的范围可以从高速的 TTL 信号到高达 42 V 的模拟信号。对于相邻模块间的匹配是由初始化软件来实现的,并禁止使用不兼容的模块。各模块的本地总线引脚要在高阻抗状态中实施初始化,并且只有在配置软件确定邻近卡兼容的情况后才能启动本地总线功能。这种方法提供了一种在不受硬件配合限制的前提下定义本地总线功能的灵活手段。PXI 背板最左边外设插槽的本地总线信号可用于星形触发。

### 6.3.4 星形触发器

作为 PXI 总线 TTL 触发器的一个扩充功能,在每个槽口上 PXI 定义了一个独立的星形结构的触发器。规范规定了 PXI 机箱中第 2 槽是一个星形触发器控制槽,但没有规定星形触发控制器的功能。

PXI 星形触发总线为 PXI 用户提供了只有 VXI D 尺寸系统才具有的超高性能(Ultra-high performance)的同步能力。星形触发总线是在紧邻系统槽的第一个仪器模块槽与其他六个仪器槽之间各配置了一根唯一确定的触发线形成的。在星形触发专用槽中插入一块星形触发控制模块,就可以给其他仪器模块提供非常精确的触发信号。当然,如果系统不需要这种超高精度的触发,也可以在该槽中安装别的仪器模块。

应当提出,当需要向触发控制器报告其他槽的状态或报告其他槽对触发控制信号的响应情况时,就得使用星形触发方式。PXI 系统的星形触发体系具有两个独特的优点:

① 保证系统中的每个模块有一根唯一确定的触发线,这在较大的系统中,可以消除在一根触发线上组合多个模块功能这样的要求,或者人为地限制触发时间。

② 每个模块槽中的单个触发点所具有的低时延连接性能,保证了系统中每个模块间非常精确的触发关系。

### 6.3.5　局部总线

PXI 局部总线是每个仪器模块插槽与左右邻槽相连的链状总线。该局部总线具有 13 线的数据宽度,可用于在模块之间传递模拟信号,也可以进行高速边带通信而不影响 PCI 总线的带宽。局部总线信号的分布范围包括从高速 TTL 信号到高达42 V 的模拟信号。

# 6.4　PXI 总线软件规范

PXI 的软件标准与其他总线体系结构一样,能让多厂家的产品在硬件接口层次上共同运作。但是,PXI 与其他总线规范所不同的是,除规定总线级电气要求外还规定了软件要求,从而进一步方便集成。图 6-6 为 PXI 软件体系,其主要包括标准操作系统框架,仪器驱动程序和标准应用软件等三部分所组成。

图 6-6　PXI 软件体系

### 6.4.1　标准操作系统

PXI 规范提出了 PXI 系统使用的软件框架,包括支持标准的 Windows 操作系统。无论在哪种框架中运作的 PXI 控制器应支持当前流行的操作系统,而且必须支持未来的升级,这种要求的好处是控制器必须支持最流行的工业标准应用程序接口,包括 Microsoft 与 Borland 的 C++、Visual Basic、LabVIEW 和 LabWindows/CVI。

### 6.4.2　仪器驱动程序

PXI 的软件要求支持 VXI 即插即用系统联盟(VPP 与 VISA)开发的仪器软件标准。PXI 规范要求所有仪器模块需配置相应的驱动程序,这样可避免用户只得到硬件模块和手册,再花大量时间去编写应用程序。PXI 要求生产厂家而不是要求用户去开发驱动软件,以减轻用户负担,做到即买(插)即用。

PXI 也要求仪器模块和机箱制造厂商提供定义系统配置和能力的初始化文件,这种信息由操作软件用来保证系统的正确配置。

PXI 规范允许不同厂家的多种 PXI 机箱和系统控制器模块同时工作,为了方便系统集成,机箱和系统控制器模块的生产商必须提供详细文档。文档的最小需求包含在初始化文档(.ini)中,该文档是 ASCII 码格式的文本文件。

.ini 文件可以帮助系统设计者了解外设模块局部总线的使用情况。例如,最右侧外设模块的局部总线右总线部分用来和外部其他设备连接(如 SCXI),局部总线的接口电路不能使能。.ini 文件也可以帮助系统设计者了解外设模块的物理位置。例如,如果一个系统中有四个数据采集模块,设备驱动器为所有模块提供驱动,用户需要知道某个模块的物理槽位置,这可以通过.ini 文件得到。通过.ini 文件可以有效地获得系统中各个模块槽的编号,而不用添加新的引脚。

机箱的文档说明包含在 chassis.ini 文件中,这个文件中包含了系统控制器模块初始化的文件 pxisys.ini(PXI 系统初始化文档)。系统控制器模块生产商既可以提供为特定机箱类型使用的 pxisys.ini 文件,也可以通过读取 chassis.ini 文件产生相适应的 pxisys.ini 文件。设备驱动程序和其他软件都可以读取 pxisys.ini 文件来了解系统的信息,而不用直接读 chassis.ini 文件。

# 本章小结

本章介绍了 PXI 总线相关的基础知识、包括 PXI 总线机械构造、电气规范和软件规范,并用实例讲解了 PXI 总线的具体应用。

# 思考题

1. PXI 电气方面作了哪些规定?
2. 如何设计一个基于 PXI 总线的模块?

# 应用案例:基于 PXI 总线的某型电子装备测试数据在线采集系统

## 1. 功能与组成

为实时掌握电子装备测试过程中的信号变化情况,监测和录取测试过程中的信号变化规律,彻底理清测试时序和测试技术条件,研制某型电子装备测试数据在线采集系统。其主要功能为对各型电子装备的监测点数据进行实时采集存储,具备多通道、连续高速率数据实时采集、实时存储的能力,并提供被测装备监测数据实时采集和分析的通用软件平台。

某型电子装备测试数据采集系统采用嵌入式控制一体化方案,系统在硬件上采用通用硬件平台+型号适配器机箱+测试电缆的构造方式,硬件平台中的所有硬件资源的对外接口都通过自定义通用接口与适配器机箱相连接,适配器机箱再通过电缆引入监测界面,其结构如图 6 - 7 所示。

**图 6 - 7　全系统结构示意图**

主要硬件模块基本配置如表 6 - 2 所列。

表 6 - 2　监测系统硬件资源配置

| 序　号 | 设　　　备 | 型　　号 | 厂　家 | 数　量 |
|---|---|---|---|---|
| 1 | 12 槽 PXI 机箱 | JV31113 | 纵横 | 1 块 |
| 2 | PXI 系统槽 | JV31412H | 纵横 | 1 块 |
| 3 | 8 通道 100 kSa/s 并行数采模块（专用） | JV58112H | 纵横 | 6 块 |
| 4 | 50MSa/s 14 bit 4 通道并行数采模块 | JV58115 | 纵横 | 1 块 |
| 5 | 32 通道数字隔离输入模块（专用） | JV31613 | 纵横 | 2 块 |
| 6 | 多总线通信模块 | JV58451 | 纵横 | 1 块 |

### 2. 系统总线与基本测试原理

嵌入式一体化平台拟采用数据流盘技术,简称数据流盘。数据流盘是能满足多通道、连续高速率数据实时采集、实时存储的数据采集分析系统,支持 4 通道高速连续采集,通道连续采集采样速率最高 5 Mb/s;支持 96 通道低速连续采集,通道连续采集最高采样速率 25 Kb/s;支持通道信号隔离;支持数字 I/O 操作。

嵌入式一体化平台硬件架构选择建立基于标准 PCI 总线规格的加固型高性能工业计算机架构 CompactPCI,使用 3U 板卡尺寸。机箱选择纵横公司 JV31113 型 12 槽 3U CompactP-CI/PXI 便携式一体化机箱,并在背面加装航空连接器安装架;控制器模块选择纵横公司 JV31412H 型 Intel Core 2 duo 3U CompactPCI/PXI 控制器;高速数据采集模块选择纵横公司 JV58115H 型 4 通道 14 Bit 50MSa/s 3U CompactPCI/PXI 并行同步数据采集模块;低速数据采集模块选择 JV58112H 型 32 通道 16 Bit 25 kSa/s 3U CompactPCI/PXI 并行数据采集模块;数字 I/O 模块选择纵横公司 JV31613H 32 通道 80 Mb/s 的 3U CompactPCI/PXI 高速数字量 I/O 模块;多总线通信模块选择 JV58451H 模块。标准接口上的硬件资源由 PXI 功能模块实现,测控软件基于嵌入式系统槽实现,通过 CPCI/PXI 总线实现 PXI 模块的控制与管理。

系统接口实现原理如图 6 - 8 所示。

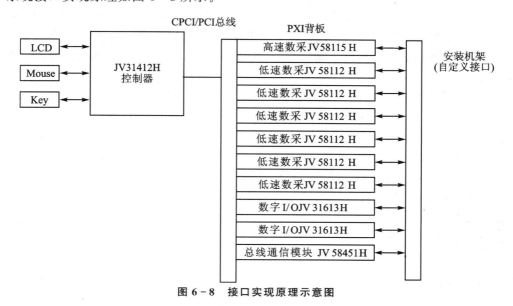

图 6 - 8　接口实现原理示意图

（1）控制器模块 JV31412H

控制器模块 JV31412H 支持 PCI Express 技术，具有最大的传输吞吐率，板上可以达到 6.4 GB/s 传输速率，具有一个快速 SATA 接口，控制器模块如图 6-9 所示。

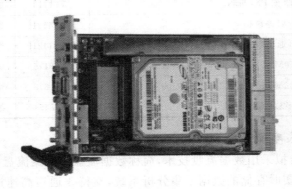

**图 6-9  控制器模块 JV31412H**

在硬盘规格上，JV31412H 控制器升级为 250G7200 转的 SATA 硬盘，以充分保障系统的快速存取。技术特性如下：

➢ Intel Core 2 Duo/Celeron M 处理器，2.2/2.0 GHz，4 MB 二级缓存；

➢ Intel GM945 芯片组支持 533/667 MHz 前端总线；

➢ 1 GB（633/667 MHz DDR2 SDRAM）SO-DIMM 内存；

➢ 双千兆以太网、SATA、CompactFlash。

（2）高速数据采集模块 JV58115H

高速数据采集模块 JV58115H 采用高速 CompactPCI/PXI 总线和 DMA 设计，可以高速存储数据，实现数据从板上存储器到主机内存或硬盘的连续传输，大大缩短测试时间；具有良好的动态范围、低噪声和大缓存等优异特性，适于各种应用。

JV58115H 具有软件可选的动态范围，50 Ω 或 1 MΩ 电阻输入，峰-峰值从 200 mV～20 V 电压输入，最大可提供 512 MB 板载存储空间，可在板载内存中采集超过 100 万个波形；使用 14 位高性能模/数转换器，总谐波失真为 -75 dBc，信号与噪声失真比为 62 dB；支持多种触发模式，可以满足各种要求苛刻的数据采集应用。板载提供自校准功能，从而使用测量更为可靠、稳定、方便。

JV58115H 如图 6-10 所示。

① 技术特性：

➢ 通道数：4；

➢ 50 MSa/s 实时采样；

➢ 14 Bit 分辨率的并行数据采集；

➢ 最大板载数据缓存：512 MB；

➢ 带宽：10 MHz；

➢ 自校准功能。

② 技术规格：

➢ 输入范围：±10 V（量程挡分为 ±0.1 V、±0.5 V、±1 V、±5 V、±10 V，各通道可独立设置）；

**图 6 - 10　高速数据采集模块 JV58115H**

- 带宽(−3 dB):10 MHz;
- 输入阻抗:50 Ω,1 MΩ;
- 输入耦合:AC、DC;
- 交流耦合截止频率:12 Hz;
- 总谐波失真:−75 dBc;
- 信号与噪声失真比:58 dB;
- 数据存储:32 MB,128 MB,256 MB 或 512 MB;
- 直流精度:±1%输入值,+0.25%FSR+0.1 mV;
- 交流精度:<5‰(用有效值平均计算)FSR($f$<300 kHz,1 V 以上量程挡);
- 触发方式:外触发(从前面板输入),通道电压触发(内触发),自动触发(软件触发),总线触发;
- 触发沿:上升沿、下降沿;
- 触发次数:单次触发、连续触发;
- 触发输出:TTL(前面板输出,可程控 PXI TRGn 线)。

③ 物理特性:

- I/O 连接器:BNC 连接器;
- 尺寸:3U 单宽。

(3) 低速数据采集模块 JV58112H

低速数据采集模块 JV58112H 采用高速 CompactPCI/PXI 总线和 DMA 设计,可以高速存储数据,大大缩短测试时间;可以使用由前面板输入的外部时钟,该外部时钟没有最低采样率的限制;以其良好的动态范围、低噪声和大缓存的优异特性,可广泛应用于振动、噪声、压力、位移等信号采集分析,适用于高速数据采集和计算机自动测试的科研、生产测试。

JV58112H 如图 6 - 11 所示。

① 技术特性:

- 32 通道输入;
- 16 位的高分辨率;
- 25 kSa/s 的采样频率;
- 自校准功能;

图 6-11 低速数据采集模块 JV58112H

➢ 丰富的触发方式。

② 技术规格：

➢ 隔离度：优于 72 dB；

➢ 通道间相差：0.1°($f<5$ kHz)；

➢ 输入范围：±10 V，4 挡可调(0.1 V～±10 V)；

➢ 信号输入：单端/差分(默认为单端)；

➢ 最大共模电压：工作±10 V，不损坏±20；V；

➢ 带宽：25 kHz；

➢ 耦合方式：AC 或 DC；

➢ 输入阻抗：1 MΩ 或 50 Ω；

➢ 直流精度：<0.03FSR(500 mV 及以上)，<0.1FSR(500 mV 及以下)；

➢ 交流精度：<1%FSR($f<5$ kHz，500 mV 及以下)，<0.35%FSR($f<5$ kHz，500 mV 及以上)；

➢ 板载缓存：4 MSa/ch；

➢ 触发方式：外触发(从前面板输入)，通道电压触发(内触发)，自动触发(软件触发)，总线触发；

➢ 触发沿：上升沿、下降沿；

➢ 触发次数：单次触发、连续触发；

➢ 触发输出：TTL(前面板输出，可程控 PXI TRGn 线)。

(4) 数字 I/O 模块 JV31613H

数字 I/O 模块 JV31613H 是 32 通道 80Mb/s 的 3U CompactPCI/PXI 高速数字量 I/O 模块，如图 6-12 所示。该模块能够提供 32 路高速数字量输入或 32 路高速数字量输出，可以满足高速数字 I/O 的应用；采用高速 PCI 总线与 DMA 技术，其输入/输出的最大传输速率可以达到 80 Mb/s，满足高速数字接口要求。提供的 32 路数字量接口分为两组，每组 16 路数字 I/O，每组可以独立配置为输入或输出，配置灵活，可以配置为 32 路输入、32 路输出或 16 路输入 16 路输出；通过高速数字 I/O 接口，可以产生或采集 20 MHz 的数字序列；具有外部时钟接口，使用方便。

① 技术特性：

➢ 32 通道；

**图 6 – 12　数字 I/O 模块 JV31613H**

> 80 Mb/s 传输速率；
> 每端口 64 KB 收发 FIFO；
> 配置灵活；
> 外部时钟接口；
> DMA 数据传输。

② 技术规格：

> I/O 电压：5 V TTL；
> 输入低电压：≤0.8 V；
> 输入高电压：≥2.0 V；
> 输出低电压：≤0.5 V；
> 输出高电压：≥2.7 V；
> 驱动能力：低电压：0.5 V at 48 mA(Sink)，高电压：2.4 V at 8 mA(Source)。

（5）多总线通信模块 JV58451

JV58451 多总线通信模块主要用于 RS – 422、ARINC429 通信设备的测试仿真，或者直接用做 RS – 422、ARINC429 通信设备；JV58451 主要由嵌入式计算机模块、FPGA 模块、可编程时钟模块、RS – 422 驱动模块和 ARINC429 模块组成。

# 第7章  网络化测试与 LXI 总线技术

LXI(LAN eXtensions for Instrumentation)的概念由 Agilent Technology 和 VXI Technology 于 2004 年联合推出,并于 2005 年 9 月 23 日发布 LXI 标准 1.0 和 LXI 同步接口规范 1.0。

LXI 是以太网(Ethernet)技术在仪器领域的扩展,作为一种新型仪器总线技术,它将目前非常成熟的以太网技术引入自动测试系统替代传统的仪器总线。LXI 总线具备以下特性:

① 基于 LAN 的大吞吐量和组网优势;

② 融合了 GPIB 堆叠上架与 VXI、PXI 模块化的工作方式;

③ 引入 IEEE 1588 同步时钟协议;

④ 硬件快速触发能力。

这些特性基于用户对仪器总线性能的需求而提出,可为测试和测量系统的实现提供更理想的解决方案。

## 7.1  LXI 总线网络相关协议

### 7.1.1  LXI 支持的协议

所有的 LXI 仪器必须遵循 IEEE 802.3 以太网(Ethernet)标准接口(推荐 RJ - 45 连接器),至少支持 TCP/IP 协议 IPv4 版,支持 IP(Internet)协议、TCP(传输控制协议)和 UDP 信息。

LXI 标准推荐 Gigabit Ethernet(同时允许 10 和 100 Megabit LAN)。它使用自动握手,因此网络上的仪器默认一个公共速度;仪器必须实现 Auto - MDIX(自动感知 LAN 电缆极性),在过渡期间,仪器上可放置说明支持电缆极性的标记。

LXI 规范建议使用 1000 Base2T 以太网。仪器供应商最低限度提供 100 Base2T,同时也允许使用 10 Base2T 组网。在 100 Mb/s 速度下,LXI 的传输速度比 GPIB 大约快 10 倍。

### 7.1.2  LXI 仪器的寻址

LXI 仪器必须通过用户显示器或安装在机箱的可视标志显示媒体访问控制(MAC)地址。LXI 仪器实现媒体检测,监视以太网连接的 IP 地址。网络控制器定时检查网络链路情况。如果网络链路断开不到 20 s,例如用户更换电缆时,则 LXI 仪器将回到链路断开前的地址。如果器件断开 20 s 以上,则 LXI 仪器将认为用户永久断开,链路从网络消失。如果该仪器再接入网络,则网络控制器首先尝试启动原来仪器的地址,若已被占用则转到其他地址。LXI 规范还建议 LXI 仪器具有媒体相关界面跨接(Auto - MDIX)检测功能,避免跨接用电缆极性反向引起的故障。LXI 仪器应具有默认的自动协商机制,使网络运行在最高传输速度级别。为了获得最大灵活性,LXI 仪器支持三种 IP 地址配置:

① 动态主配置协议(DHCP)选址,便于自动指派 lP 地址,适用于大型网络。

② 动态链路 IP 选址,适用于只有一台 PC 的小型网络。

③ 手动 IP 选址,用户可设定默认地址。

另外,LXI 器件还可使用域名系统(DNS)的 IP 地址,该地址可不同于 DHCP 地址,获得更快速的 Web 浏览器访问。这些寻址规则保证了 LXI 仪器在网络中的共存,而不要求用户做许多工作。

### 7.1.3　LAN 查询功能

目前,LXI 设备至少要响应"＊IDN?"命令,返送回它的识别信息。LXI 标准也强制要求符合 LXI 标准的设备必须支持 LAN 查询功能,从而使主控 PC 能确认已连接的仪器。

另外,LXI 标准要求使用 VXI－11 协议,该协议定义所有类型测试设备,而不只是 VXI 的基于 LAN 的连通能力。

### 7.1.4　LXI 仪器分类

LXI 联盟将 LXI 仪器分为以下三个等级:

① 等级 C:支持 IEEE 802.3 协议、具备 LAN 的编程控制能力和支持 IVI－COM 仪器驱动器的为"系统就绪"仪器,这类仪器提供标准的 LAN 接口以及 Web 浏览器接口。

② 等级 B:拥有等级 C 的一切能力,并引入 IEEE 1588 同步时钟协议。

③ 等级 A:拥有等级 B 的一切能力,同时具备硬件快速触发能力,触发性能与机箱式仪器的底板触发相当。

# 7.2　LXI 总线的物理规范

LXI 物理规范定义了仪器的机械、电气和环境标准,包括上架和非上架仪器。该规范兼容现存的 IEC 60297,可以支持传统的全宽上架仪器以及由各仪器厂商自定义的新型半宽上架仪器。同时,该规范还引入半宽仪器的上架规范,解决先前由于缺少规范而引起的机械互操作性问题。

LXI 物理规范包含以下四种类型仪器的界定:

① 非上架仪器;

② 符合 IEC 60297 标准的全宽上架仪器;

③ 基于厂商自定义标准的半宽上架仪器;

④ 基于 LXI 标准的半宽上架仪器。

### 7.2.1　机械标准

#### 1. IEC 全宽上架仪器

全宽上架仪器符合现存的 IEC 60297 上架标准,在设计仪器时应该遵循当前版本标准的相关部分设计。

#### 2. 厂商定义的半宽仪器

在用于半宽上架仪器的官方标准尚未发布时,已经有厂商提供这种类型的仪器并且得到了广泛的应用。随着系统集成商和用户不断地把这类仪器成功应用于机架式的环境中,厂商自定义的标准得到了确立。

半宽仪器应该遵循 IEC 标准中的基本尺寸规范,当加装合适的适配器组件后可以装入全宽度的机架中。

为了在机械特性上保证与基于 LXI 标准的半宽仪器的互操作性,LXI 标准鼓励有关厂商开发适配器组件以满足该类仪器与 LXI 半宽仪器集成的需要,同时也鼓励有关厂家参与互操作标准的制定。

### 3. LXI 标准定义的半宽仪器

(1)机械尺寸

LXI 标准定义的可上架、半宽仪器的三维尺寸如表 7-1 所列。

表 7-1　LXI 半宽仪器单元最大尺寸

| 参　数 | 规　格 | | | |
|---|---|---|---|---|
| | 1U | 2U | 3U | 4U |
| 高/mm | 43.69 | 88.14 | 132.59 | 177.04 |
| 面板宽/mm | 215.9 | | | |
| 主体宽/mm | 215.9 | | | |
| 总　深 | IEC 标准 | | | |
| 面板深/mm | 32.0 | | | |
| 上轨道凹进值/mm | 1.6 | | | |
| 下轨道凹进值/mm | 4.0 | | | |

(2)装配规范

仪器厂商应该提供 LXI 半宽仪器之间的适配器,还应该提供 LXI 半宽仪器与传统半宽上架仪器的适配器。

(3)冷却规范

LXI 半宽仪器具有自我冷却功能。冷空气由仪器的两侧进入,再由仪器的后面板排出,气流也可以从前部进入仪器。

## 7.2.2　电气标准

LXI 电气标准定义了电源供电、连接器、开关、指示器和相关组件的类型及位置。

① 安全性:LXI 仪器应该遵守已有的市场的安全标准(CSA、EN、UL、IEC)。

② 电磁兼容性:LXI 仪器对高频信号具有屏蔽能力,其电磁兼容性(EMC)、抗传导干扰、抗电磁干扰(EMI)符合已有的市场标准。

③ 电源输入:LXI 仪器一般采用单相交流电供电,电压 100~240 V、频率 47~66 Hz。但根据不同市场或应用场合的需要,可设计为直流供电(48 V)、以太网供电以及两相或三相交流供电。

④ 电源开关:电源开关可选,可安装在仪器后面板的右下角或者前面板。

⑤ LAN 配置初始化(LCI):LCI 激活时把网络设置还原为默认的出厂状态。为了防止误操作,LCI 应该用时延或机械方式加以保护。LCI 按钮以 LAN RST 或 LAN RESET 标记,一

般位于仪器后面板,与电源开关在同一区域,在特定情况下也可位于前面板。对于工作在严酷环境下的 LXI 仪器,制造商提供 LCI 锁定机制(内部开关、跳线等形式)以防止对复位功能的随意使用。

⑥ 电源线和连接器:AC 或 DC 电源连接器位于后面板右侧,单相交流输入使用 IEC 320 型连接器,多相交流输入连接器应该兼容仪器的 EMC 和安全标准。

⑦ 熔丝或过流保护:熔丝或过流保护装置可以集成到输入电源连接器中,或紧邻连接器配置。

⑧ 接地:遵循市场标准。

⑨ LAN 连接器:以太网的物理连接应兼容 IEEE 802.3 标准。连接器使用 RJ-45 型接头,如果 RJ-45 连接器不合适,可选用 M12 型连接器,LAN 连接器位于仪器后面板右侧。对工作于恶劣环境下的仪器而言,应该使用屏蔽式的 CAT 5 电缆。

⑩ LXI 硬件触发连接器:LXI 硬件触发连接器位于后面板右侧。连接器垂直或水平分布,垂直安装时中心到中心的最小距离为 11.05 mm。LXI 仪器还可以具备厂商自定义的触发接口。

⑪ 信号 I/O 接口:一般位于仪器前面板,根据特定应用场合需求,接口也可以位于后面板。

### 7.2.3　状态指示器

LXI 仪器具有电源、LAN、IEEE 1588 等子系统的状态指示灯,表 7-2 总结了各状态指示灯的颜色、位置、方向和标志。

表 7-2　LXI 状态指示灯

| 项　目 | 电源指示器 | LAN 状态指示器 | IEEE 1588 时钟指示器 |
|---|---|---|---|
| LED 颜色 | 双色(橘红/绿) | 双色(红/绿) | 双色(红/绿) |
| 位　置 | 前面板的左下角 | 紧邻电源指示器 | 紧邻 LAN 状态指示器 |
| 方　向<br>(水平或垂直) | POWER　　LAN 1588 | | |
| 方　向<br>(水平或垂直) | 1588 | | |
| 方　向<br>(水平或垂直) | LAN | | |
| 方　向<br>(水平或垂直) | POWER | | |
| 标　志 | 通用电源标志或者<br>PWR、POWER | LAN | 1588 |

# 7.3　LXI 总线的触发机制

LXI 的触发是 LXI 标准的重要组成部分,它把以太网通信、IEEE 1588 同步时钟协议和类似于 VXI 的底板触发能力很好地结合在一起,从而满足用户对实时测试的要求。

LXI 总线的触发机制分 C 类、B 类和 A 类。

① C 类 LXI 仪器对触发没有特殊要求。它允许仪器厂商定义的特定硬件触发或基于 LAN 消息触发。LAN 触发即在 LAN 上发送消息,可以发送到指定的一台仪器(点对点),也

可以发送到所有仪器(组播)。

点对点触发灵活方便,触发可由总线上任何 LXI 仪器发起,并由任何其他仪器接收。

组播触发类似于 GPIB 上的群触发,但这里的 LXI 是在 LAN 上向所有其他仪器发送消息,这些仪器按照已编制的程序响应。

点对点和组播消息本身即是以太网标准的组成部分,但 LXI 实现了其在仪器触发中的应用。

② B 类仪器的触发需要基于 LAN 消息和 IEEE 1588 同步时钟协议,即增加了 IEEE 1588 这种新型的触发方式。每一台 B 类仪器都包含一个内部时钟和 IEEE 1588 软件。在 IEEE 1588 系统中,LXI 仪器把它们的时钟与一个公共意义上的时间(网络中最精确的时钟)相同步。通过时钟同步,LXI 仪器为所有事件和数据加盖时间戳,从而能在规定时间开始(或停止)测试和激励,同步它们的测量和输出信号,该协议适用于以网线相连的相距甚远的仪器。IEEE 1588 与基于 LAN 消息的触发相结合后,测试信息不需要实时计算机亦可方便地同步,分布式实时系统的组建由此变得可行、易行。

③ A 类仪器增加了另一种触发,即 8 通道的 M-LVDS 硬件触发线,它能以菊花链的方式连接相距很近的多台仪器,也可作星状连接或者是两者的组合,该触发总线能提供非常快的反应时间,是较 IEEE 1588 时基触发更为精确的触发方式。

### 7.3.1 基于 LAN 消息的触发

该同步方式是通过仪器模块间的消息和控制器与模块之间的命令完成的,它是一种最基本的同步触发方式,其原理如图 7-1 所示。

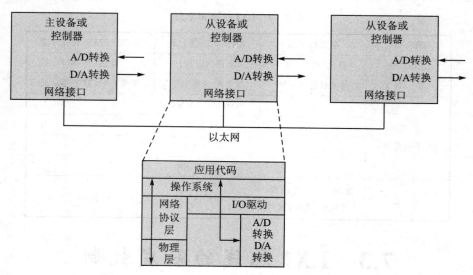

图 7-1 基于 LAN 消息的触发模型

基于 LAN 的消息或命令分别在发送仪器和接收仪器的应用程序中发起和终止,遍历两台设备的操作系统、网络协议层和物理层,应用程序对消息和命令进行解析,通过 I/O 驱动触发仪器相应的动作(如 A/D 转换、D/A 转换)。由于触发的消息和命令经历了较长的传输路径,这会增加可观的延迟和抖动,所以这种触发很难对多台设备的动作进行精确的瞬时控制。

基于 LAN 消息的触发使用 TCP 点对点协议或 UDP 组播传送触发的消息和命令。TCP 协议为点对点、可靠的传输协议。它基于握手和数据流控制机制,所以传输速率较慢。但 TCP 协议的可靠性使之适合应用于一些需要长距离传输数据的场合。UDP 协议为一点对多点、不可靠的传输协议。一个 LXI 模块发送触发信息,同一子网下的其他多个 LXI 模块进行接收。UDP 的传输速率快于 TCP,因为它并不保证传输的可靠性,但在大多数测试系统中,可以通过以太网交换机来确保 UDP 不丢包,而且 LXI 规范也支持相关的技术来增强 UDP 的可靠性。

基于 LAN 消息的触发使用 TCP 点对点或 UDP 组播协议传送触发的消息和命令,表 7-3 比较了基于该两种消息触发方式的特点及应用场合。

表 7-3 两种基于 LAN 消息触发方式的特点及应用场合

| 传输协议/基于此的 LAN 触发 | 特点/适用场合 |
| --- | --- |
| TCP | 点对点的数据传输(一台仪器触发另一台仪器),长距离传输,需要数据可靠传输(保证触发的可靠性),传输速率慢(触发精度差) |
| UDP | 点对多点的数据传输(一台仪器触发另外多台仪器),数据传输不可靠(LXI 规范有相关技术提高触发可靠性),传输速率快(触发精度相对好) |

## 7.3.2 LXI 模块间的数据通信

本节描述的数据通信格式针对 LXI 的 A 类和 B 类仪器,C 类仪器的通信格式可以是 A、B 类的特殊情况,也可以不遵循该格式通信。

LXI 模块通过 LAN 进行通信。数据包既可能是 UDP 组播报文,也可能是点对点 TCP 报文,每个消息都被打上时间戳,用于显示系统中某一事件发生的时间。

模块间通信使用 TCP/UDP 端口号 5044,UDP 组播地址由互联网地址分配机构 (Internet Assigned Numbers Authority,IANA)分配。在 UDP 通信中,报文长度不能超过单个 LAN 数据包报文长度。LXI LAN 通信的数据包格式如下:

| 硬件探测 | 域名 | 事件标志 | 发包序号 | 时间戳 | 时间点 | 标志位 | 数据段 | 0(2 字节) |
| --- | --- | --- | --- | --- | --- | --- | --- | --- |

下面对每个字段作简要说明。

① 硬件探测(HW Detect):3 个字节 ASCII 码,必须包含字符"LXI",使包探测器(Packet Sniffers)能够迅速发现 LXI 数据包。LXI 仪器忽略任何在 HW Detect 字段的前 2 个字节中不包含 ASCII 值"LX"的数据包。

② 域名(Domain):1 个字节,包含 LXI 仪器的域名信息,用户可通过 Web 人机接口或者 API 设置修改字段的值。每台仪器传送数据包时必须包含自身的域名信息,以保证预设的接收仪器正确接收。该字段确保了同一子网下的 LXI 仪器互不干扰。LXI 仪器具备一个内部配置项用于用户自定义域名值。当以组播模式发送数据时,仪器将该值复制到数据包的域名字段中,接收仪器忽略掉所有域名值和本模块域名值不符的数据包。

③ 事件标志(Event ID):16 个字节 ASCII 码,包含了 LXI API 规定的事件名(一个字符串)。设某台仪器通过编程响应某事件标志,当包含该事件标志的数据包到达时,该仪器执行预设的功能。部分事件名在 LXI 规范中已经定义,其他的则可以由用户自定义(参考 LXI 软

件编程规范)。若数据包事件标志字段中只包含 0,则该事件为空。LXI 仪器忽略空事件,但它们会被保留在事件记录文件中用于以后的调试。错误数据包的事件标志为"LXIError"。

④ 发包序号(Sequence):32 位无符号整型数。记录所发数据包的序号,每当特定的数据包发送时其值加 1,用于对重复发包和丢包的检测。

⑤ 时间戳(Timestamp):10 个字节,用于记录事件发生的时间,其格式规定如下:

```
struct TimeRepresentation
{
    UInteger32  seconds;
    UInteger32  nanoseconds;
    UInteger16  fractional_nanoseconds;
}
```

其中,nanoseconds 的第一位为符号位,代表整个时间戳的正负,如:

$+2.000000001$ s 表示为 seconds$=0x00000002$,nanoseconds $=0x00000001$;

$-2.000000001$ s 表示为 seconds$=0x00000002$,nanoseconds $=0x80000001$。

fractional_nanoseconds 字段保留,用于 IEEE 1588 时间格式的扩展。在 IEEE 1588 标准新版本产生之前,该字段设为零。

对于 C 类仪器来说时间戳为零,仅代表当前时间点。

⑥ 时间点(Epoch):16 位无符号整型数,包含 IEEE 1588 时间点。

⑦ 标志位(Flag):16 位无符号整型数,每一位含义说明如下。

第 0 位——错误消息标志:置 1 表示该数据包是错误消息,可用于调试和识别错误。

第 1 位——重发标志:置 1 表示该数据包为前一个数据包的重复,包含相同的信息。采用重发数据包的方法可以提高 UDP 数据传输协议的可靠性。

第 2 位——硬件值状态标志:描述硬件总线上的触发事件,参考 LXI 软件编程规范,未使用时置 0。

第 3 位——确认标志:置 1。表示该数据包是对上一个数据包已成功接收的确认,这使 LXI 仪器能基于 UDP 协议进行握手,这是提高 UDP 数据传输协议可靠性的另一有效手段。

第 4~15 位——保留位:所有位置 0。

⑧ 数据段(Data Fields):仪器厂商定义的数据段,格式如下:

| 数据长度 |
| 标识符 |
| 用户数据 |

数据长度(Data Length,16 位无符号整型数):表示后续数据的长度。

标识符(Identifier,8 位整型数):用于描述数据类型的标识符,可由用户定义。可用于描述错误消息。

用户数据(User Data):以 8 位的字节数组表示,以 2 字节的零结束。

### 7.3.3　基于同步时钟协议(IEEE 1588)的触发

**1. IEEE 1588 同步时钟协议**

（1）概　述

IEEE 1588 体系的时钟同步分两步实现：

① 多点传输的同步信息中所包含的时钟属性信息将时钟组织成主从的层次。

② 基于主/从时钟之间传递的 Sync、Follow_Up、Delay_Req 和 Delay_Resp 信息实现每一从时钟与相应的主时钟同步。

（2）时钟分类

在一个支持 IEEE 1588 时钟协议的测试系统中，所有的时钟可按工作状态分为基准时钟（Grandmaster Clock）、主时钟（Master Clock）和从时钟（Slave Clock）。基准时钟即外部参考时钟，一般由 GPS 或高精度的原子钟担当；主时钟则由 IEEE 1588 根据最优算法，由每个子系统中的精度最高的时钟担当；余下的时钟均为从时钟。基准时钟每隔一段时间对主时钟进行同步，主时钟则对从时钟同步，由此实现整个系统各时钟的同步。

系统的时钟又可按其属性分为：普通时钟（Ordinary Clock）和边界时钟（Boundary Clock）。普通时钟仅有一个端口，而边界时钟具有多个端口，通过它可实现由路由器和交换机所形成的各个子网络间的主/从或对等连接，将网络中由路由器和交换机造成的延时降为最小。

以上两种时钟的分类并不矛盾，主/从时钟的分类是相对的，即某一时刻对于 A 时钟来说是主时钟，对于 B 时钟则可能是从时钟；而普通时钟和边界时钟的分类则是绝对的，即某个时钟不是普通时钟就是边界时钟。

如上所述，可构建出一个典型的 IEEE 1588 同步时钟系统，如图 7-2 所示。

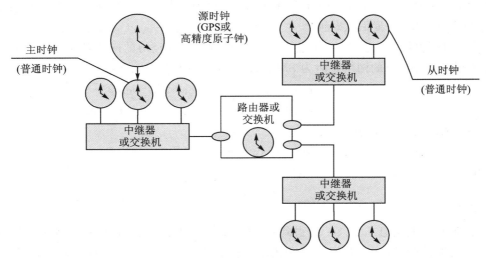

**图 7-2　典型的 IEEE 1588 同步时钟系统**

（3）同步原理

IEEE 1588 同步的基本原理为：通过发送特定的测试信息，记录信息发出和接收的时间，以时间戳的形式在主/从时钟体系内进行传递,通过相应的算法得到时钟间的误差,并以此进行同步,IEEE 1588 同步的关键可归结为时钟误差的测量和补偿。

具体时钟同步过程如图 7 – 3 所示。

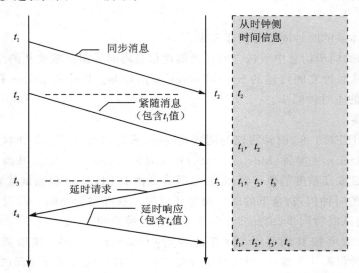

**图 7 – 3　IEEE 1588 时钟同步原理**

首先,主时钟向从时钟发送同步信息(Sync),由时间戳发生器(TimeStamp Generator)生成信息发送的时刻 $t_1$(主时钟参考系),从时钟在收到 Sync 的同时,记录该时刻 $t_2$(从时钟参考系);其次,主时钟再向从时钟发送一条紧随信息(Follow_Up),Follow_Up 中包含 Sync 的发送时刻 $t_1$;最后,从时钟向主时钟发送延时请求信息(Delay_Req),同时记录发出时间 $t_3$(从时钟参考系);主时钟在收到 Delay_Req 的同时,记录该时刻 $t_4$(主时钟参考系),并通过延时响应信息(Delay_Rtsp)发回从时钟。

设主/从时钟的误差为 offset,信息由主时钟传到从时钟经历的网络延时为 MS_Delay,由从时钟传到主时钟经历的网络延时为 SM_Delay,则有如下关系成立:

$$MS\_Difference = t_2 - t_1 = offset + MS\_Delay$$
$$SM\_Difference = t_4 - t_3 = - offset + SM\_Delay$$

若认为网络对等传输,则

$$MS\_Delay = SM\_Delay$$

故可解出

$$offset = \frac{(t_2 - t_1) - (t_4 - t_3)}{2}$$

由此,通过时间信息 $t_1$、$t_2$、$t_3$、$t_4$ 得到主/从时钟的误差,通过补偿即可实现两时钟体系的同步。同步的过程每隔一定时间进行(IEEE 1588 的默认设置为 2 s)。如此循环,保证时钟的误差在几百纳秒的数量级上。

(4)同步模型

为了获得较高的时钟同步精度,IEEE 1588 同步时钟协议可由软件和硬件配合共同实现。同步模型如图 7 – 4 所示:软件为基于 IEEE 1588 的用户代码,专用的硬件则包括 IEEE 1588

时钟和数据包探测器(时间戳发生器),后者可以用 FPGA 实现。

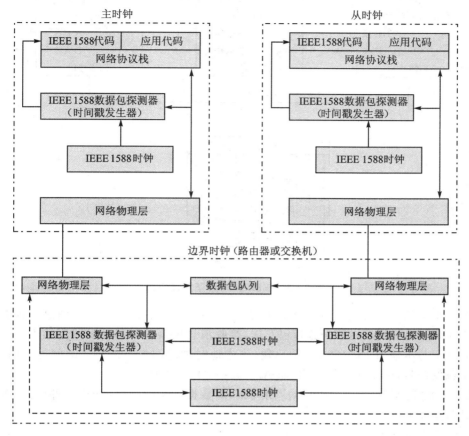

图 7 - 4　IEEE 1588 同步模型

IEEE 1588 数据包探测器监视网络协议栈内的消息,当探测到 IEEE 1588 时间数据包(即上文提及的 Sync 和 Delay_Req)时,产生时间戳记录数据包的发送或接收时间,绕过协议栈将时间信息直接发送到 IEEE 1588 代码。数据包探测器的引入消除了时间信息交换过程中复杂的协议栈造成的延时和抖动,使延时仅存在于物理层,大大提高了时钟同步的精度。

造成网络时延的另一个重要原因是交换机内数据包的排队和拥堵,IEEE 1588 协议定义了具备边界时钟功能的专用交换机用于消除这类延时。边界时钟也包含一个 IEEE 1588 硬件时钟,但具备多个端口,并且每个端口都有一个数据包探测器。由图 7 - 4 可见,边界时钟作为主/从时钟的桥梁,提供了一条新的主/从时钟信息交换路径,从而避开了原本可能造成延时的数据包队列,消除了交换机造成的延时。边界时钟多端口的机制将系统的时钟有效地组织成主/从的树状结构,实现了 IEEE 1588 时钟系统的扩展。

### 2. IEEE 1588 时基触发

IEEE 1588 时基触发为广义上的基于 LAN 消息的触发,模块间的通信仍通过 TCP/UDP 协议实现。不同之处在于,IEEE 1588 时基触发在 LAN 消息触发的基础上增加了 IEEE 1558 时钟、时间戳发生器和时基触发器,从而实现系统中各仪器的时钟同步和较之单纯的 LAN 消息触发更加精确的触发,IEEE 1588 时基触发原理如图 7 - 5 所示。

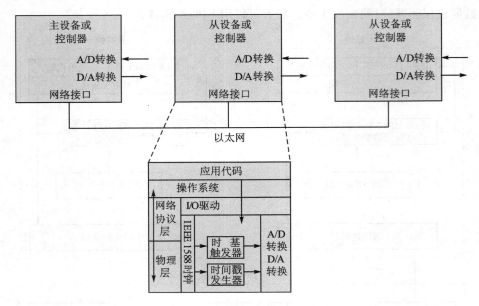

图 7 - 5　IEEE 1588 时基触发模型

　　系统中所有的仪器都使用时间戳发生器记录事件和数据的时间,发送消息的仪器将本地 IEEE 1558 时间戳与消息内容一起打包发送,接收消息仪器的时基触发器连续不断地将接收到的时间标记与本地 IEEE 1588 时钟比较,当本地时钟时间大于或等于时间标记时,时基触发器产生触发信号,引发相应的动作(如 A/D 转换、D/A 转换)。

　　IEEE 1588 时基触发有三种基本应用场景,即数据的源时间戳、随机事件触发、确定事件触发。具体描述如下:

　　(1) 数据的源时间戳

　　对于非时基的系统,事件、数据的时序关系是基于中断、轮询、系统调用以及处理器执行次数的,在这种情形下,如果需要精确的时钟信息,这种实时性的代码很难编写,即使编写出来,代码的效率也不会很高。而在 IEEE 1588 时基下,事件、数据都可以被打上时间戳,由此可以方便地知道事件、数据在时序上的关系,从而将系统控制器从对事件信息的记录、保持中解放出来。

　　图 7-6 所示为这种触发方式的应用模型。由于这种应用基于以太网,其在分布式环境中应用的优势尤为突出。以分布式测试系统为例,系统将采集到的数据与时间戳进行捆绑,将其传递到控制器,控制器需要做的只是控制测量的开始与结束,至于想得到时序上相关的测量结果,则完全可以通过时间戳实现。这一同步的精度取决于子系统间时钟同步的精度。

　　(2) 随机事件触发

　　在测试与测量系统中,基于事件触发的测量是很普遍的,如某台仪器发生某个事件时引发系统中的其他仪器动作,随机事件触发的模型如图 7-7 所示。

　　当某个事件发生时,D 仪器记录下其发生的时间,然后将包含时间戳的事件信息对系统中的 A、B、C 仪器进行广播,它们接收到事件信息后进行响应。

　　对于 A、B 设备,它们均包含一个时基触发模块,时基触发模块可以设置成在收到信息后的某个时间进行触发,也可以在和事件时间戳相关的确定时间点进行触发,这两种方式都能保证触

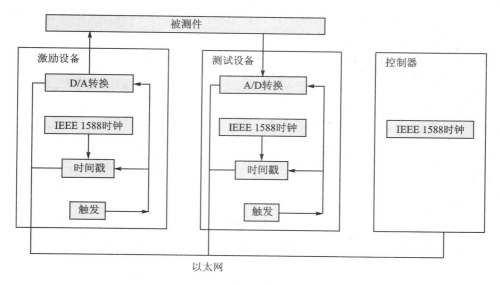

**图 7 - 6　数据的源时间戳触发模型**

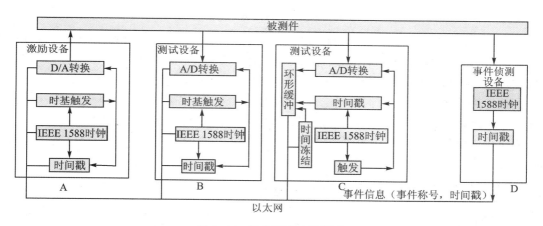

**图 7 - 7　随机事件触发模型**

发在事件产生后进行,但却必然地引入了事件信息传输的延时。

设备 C 模型有别于 A、B,它的环形缓冲器可以克服信息传输造成的延时影响。举例来说,当 C 设备被触发进行周期性的采样动作,采集到的数据加上时间戳后存于环形缓冲区中,当接收到事件信息时,缓冲区被冻结(Frozen),这样通过事件时间戳和缓冲区中数据时间戳的比较即可获得所需的数据。当然在实际工程应用中需要在测量分辨率、传输延时和缓冲区大小之间进行折中。

这一触发方式的一个典型应用就是工业控制中复杂系统的故障检测。当系统出现故障时,触发相关的测试仪器执行预设的动作,如果想准确得到故障产生瞬间的被测参数,则可以选用具备环形缓冲区结构的仪器。

(3) 确定事件触发

测试与测量系统中,还有相当一部分情况,测量动作的执行是可以精确定时的。图 7 - 8 所示即为这种触发方式的模型。确定事件的触发需要借助于时间脚本(Time Script)完成,时间脚本通过编程可以设定不同的确定事件执行的绝对时间、相对时间（以某个绝对时间点为参考）以及时间间隔（周期性）。

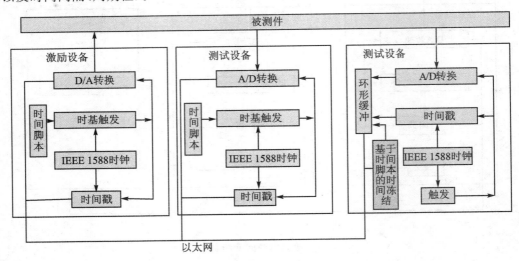

图 7-8　确定事件触发模型

绝对时间的触发常用于大批量的测试任务，通过它产生一个测试序列，以取得在多个时间点上的测试值；相对时间的触发比较灵活，最常见的应用是以系统上电为时基，设定相对这一时间点后一段时间内的测试动作；周期性的触发一般用于连续的、长时间对被测件的监控和测试。

在确定事件触发中，时钟同步的意义尤为重大。由于 IEEE 1588 的同步精度一般大于 10 ns，所以如果所设时间点或者时间间隔的精度小于 10 ns 是没有任何意义的。

确定事件触发的三种模式如图 7-9、图 7-10、图 7-11 所示，它们的区别仅在于时间脚本的配置内容。

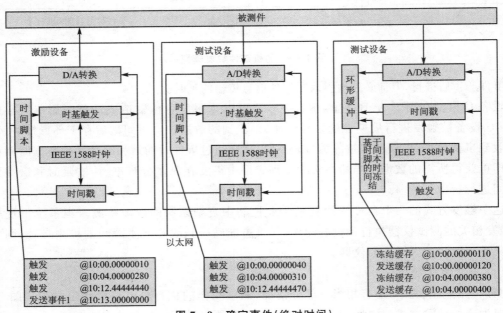

图 7-9　确定事件（绝对时间）

同步时钟协议的引入,使 LXI 仪器具备分布式系统时钟同步的能力,无需触发总线,通过以太网即可在亚微秒级的精度内构建分布式实时测试系统。

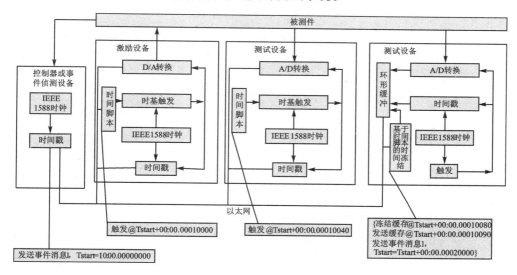

图 7 - 10　确定事件(相对时间)

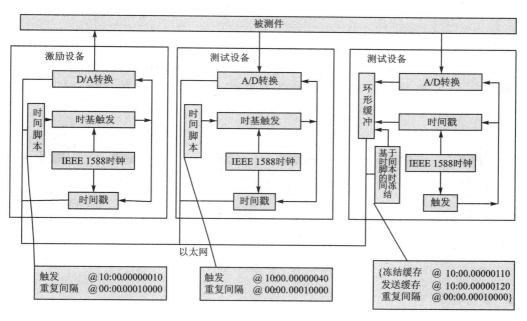

图 7 - 11　确定事件(周期性)

### 7.3.4　硬件触发总线

#### 1. 物理接口

LXI 硬件触发总线(Wired Trigger Bus,WTB)提供 8 个独立的物理通道,与 LXI 标准定义的 8 路逻辑通道 LXI0～LXI7 相匹配,可进行独立编程。每个通道由两路电缆绞合构成,由此传递基于差分电流的触发信号。

　　WTB采用25针D型接头,其引脚分配见表7-4。其中16针为8个差分通道[CH(＋),CH(－)]、5针为地线、1针为3.3 V电源线,余下3针保留。

表7-4　WTB接头引脚分配

| 引　脚 | 信　号 | 引　脚 | 信　号 |
|---|---|---|---|
| 1 | ＋3.3 V | 14 | CH0(＋) |
| 2 | GND | 15 | CH0(－) |
| 3 | CH1(＋) | 16 | 保留 |
| 4 | CH1(－) | 17 | CH2(＋) |
| 5 | GND | 18 | CH2(－) |
| 6 | CH3(＋) | 19 | GND |
| 7 | CH3(－) | 20 | CH4(＋) |
| 8 | GND | 21 | CH4(－) |
| 9 | CH5(＋) | 22 | GND |
| 10 | CH5(－) | 23 | CH6(＋) |
| 11 | 保留 | 24 | CH6(－) |
| 12 | CH7(＋) | 25 | 保留 |
| 13 | CH7(－) | — | — |

　　每台A类LXI仪器有两个这样的D型接头用于实现仪器间的级联。这两个接头在仪器内部通过一个8通道的收发器(LXI规范推荐采用TI公司的SN65 MLVD080或SN65MLVD200A芯片)相连,典型的硬件触发连接如图7-12所示。

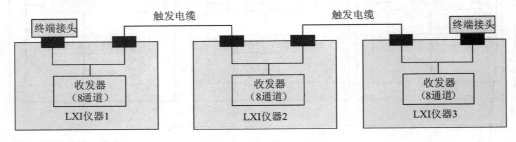

图7-12　硬线触发连接图

## 2. 电气特性

(1) 信号标准

　　WTB的物理接口基于多点低压差分信号标准(M-LVDS,TIA/EIA-889)。这一标准使用差分电流驱动信号在半导体器件之间交换数据。

　　M-LVDS是LVDS家族的新成员,主要用来优化多点互联的应用。所谓多点是指多个驱动器或者接收器共享单一物理链路的互联应用,这种应用要求驱动器件有足够的驱动能力来驱动多路负载,同时要求驱动器件与接收器件都能承受由于单板热插拔所引起的总线上的负载变化。

M－LVDS 标准可以支持高达 500 Mb/s 的数据传输速率、较宽的共模电压范围（－2～＋2 V），具备强劲的静电放电保护从而支持热插拔功能。M－LVDS 通过控制输出数据的速率和输出幅度来解决电磁干扰（EMI）问题，同时 M－LVDS 保留了 LVDS 低压差分信号特性，可以进一步减小电磁干扰。M－LVDS 高速、低耗及良好的电磁兼容性特别适合工业控制、电信基础设施和计算机外围设备接口的应用。

（2）总线终端匹配

WTB 需要合适的终端电阻匹配。WTB 每个通道绞合电缆终端由两个 50 Ω 的电阻串联，并通过 10 nF 的电容对地解耦（见图 7－13），由此将终端信号的反射减为最小。

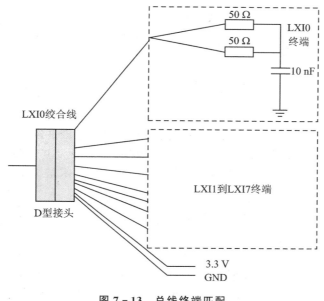

**图 7－13　总线终端匹配**

（3）总线负载

M－LVDS 标准建议总线上最多挂载 32 个驱动器，由于每台 LXI 仪器都有两个驱动器，所以 WTB 上最多允许有 16 台 LXI 仪器。

**3. 触发模式**

LXI 的硬件触发借鉴了传统的 VXI 和 PXI 底板触发模式，并将两者有机融合。

VXI 标准采用集电极开路的驱动器对总线进行驱动，高电压可以通过上拉电阻实现。由于集电极开路门（OC 门）支持线或（Wired OR）操作，使得 VXI 总线上可以存在多个模块同时对总线进行驱动。如果总线上所有的驱动器初始输出都为低（三极管导通），则只有当最后一个驱动器释放总线时，总线的状态才改变，即多个模块中最后一台准备好的将触发一个动作；相反，如果总线上所有的驱动器初始都为三态（三极管截止），则第一个输出为高的驱动器就会将总线拉高，即总线上多个模块中第一台检测到事件的将触发一个动作。以上两种情况即为 VXI 线或触发模式的典型应用，VXI 总线上可以同时有多个驱动器和接收器，所以说 VXI 是多点对多点触发的总线。

而 PXI 总线提供的则是一点对多点的触发，一个 PXI 模块发出触发信号，其他多个模块进行接收并动作，它并不支持线或模式。

　　LXI 硬件触发的通常用法是：一台 LXI 仪器发出触发信号，而其他的仪器接收触发信号并响应。另外，LXI 硬件触发也支持线或的操作模式，即所有的仪器在同一时刻驱动一条触发线，只有当所有的仪器都停止对总线进行驱动时，触发线的状态才会改变。由此可见，LXI 实现了 VXI 与 PXI 两种独立触发模式的有机集成。图 7 - 14 所示为 LXI 硬件触发的示意图。

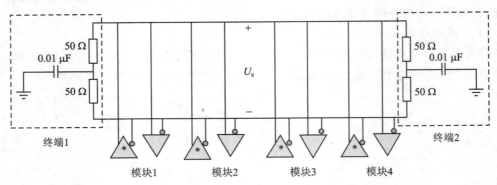

**图 7 - 14　LXI 硬线触发示意图**

　　图 7 - 14 中一个 LXI 模块中的驱动器和接收器实际上应该是按图 7 - 15 所示连接，即通过控制使能端（DE、$\overline{\text{RE}}$）配置某台 LXI 仪器是作为驱动器去触发其他仪器还是作为接收器响应其他仪器的触发。而实质上，每个通道应该有两个驱动器，图示为 1、2，这在线或模式中有具体应用。

　　下面将分驱动模式（Driven Mode）和线或模式（Wired OR Mode）对 LXI 的硬件触发作具体阐述。

　　（1）驱动模式

　　驱动模式是一点对多点的操作模式，它与 PXI 的触发类似（PXI 的触发是 8 通道电压驱动）。

　　一台 LXI 仪器驱动一个通道使之为已知的状态，其他的仪器设置为"监听"该路通道等待触发。需要注意的是，一台 LXI 仪器可以驱动某个通道亦可以接收该通道的信息；同样也能在收到一个通道信息的同时去驱动其他多个通道。

　　在驱动模式下，一个触发通道不能同时有两个驱动。如果设置了两个驱动，两者的电流输出会相互干扰，此时的状态即由电流驱动能力大的驱动决定，由于电流驱动能力大小的不确定性，该通道将不会按预期触发。

　　图 7 - 16 所示为 LXI 驱动模式的示意图。图中驱动器 2 通过拉低使能端被禁用，处于三态状态，只有驱动器（DE）1 对触发总线进行驱动。

　　驱动模式的典型应用如下：

　　① 仪器基于以太网触发，系统中的其他仪器同步响应，从而引发预设的动作。

　　② LXI 仪器检测到某个事件的发生，要求系统捕获该信息，当触发到来时，用示波器记录事件的波形。

　　另外，某些 LXI 仪器可以通过编程设置为基于多事件选通的有条件触发模式，只有当预期的几个状态同时具备时动作才会引发。但这种情况下驱动信号仍是一个，只是驱动模式的特殊应用。

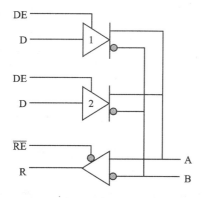

图 7 - 15　驱动器和接收器的电气连接

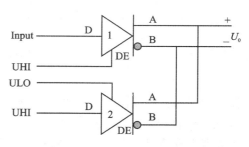

图 7 - 16　驱动模式

（2）线或模式

线或模式为多点对多点的触发模式,该操作类似于 VXI 的触发,VXI 采用的是集电极开路的器件,而 LXI 则是基于 M - LVDS 标准。

线或模式下总线上必须有一台仪器作为线或偏置仪器驱动器（Wired OR Bias Deice）将总线拉低,为了克服偏置仪器设置的总线低电压状态,参与触发的 LXI 仪器同时使用两个驱动器进行驱动,即当事件发生时,两个触发驱动器从三态变成高电压,输出两倍的差分电流将总线拉高。

图 7 - 17 所示为 LXI 线或模式示意图。驱动器（DE）1、2 都禁用或者使能,如果它们都禁用,则输出为三态状态,总线的状态由线或偏置仪器决定。如果它们都使能,则克服线或偏置仪器将总线拉高,输出就由它们决定。

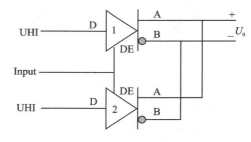

图 7 - 17　线或模式

线或模式的典型应用如下:

① 多台仪器对事件进行监控,最先侦测到事件的一台仪器对总线进行驱动,这些仪器共同响应,进行同步的数据捕获或者执行预先设置的动作。

② 系统等待多台仪器发出触发信号指示已经准备好进行测量,最后一台准备好的仪器发出触发信号驱动这些仪器执行设定的测量动作。

第一种情况时,初始时总线上所有的驱动器都处于禁用状态,总线上的线或偏置仪器输出一倍的负电流将总线拉低。这种情况下,总线上第一对从禁用转为使能的驱动器输出两倍的正电流将总线拉高,引起触发。第二种情况时,初始时总线上所有的驱动器都处于使能状态,最后一对从使能转为禁用的驱动器将改变总线的状态,引起触发。

线或模式用一种非常简单的硬件方式代替了仪器触发信号复杂的软件选通方法,对于多点触发的操作,无须编程即可最大限度地提高触发通道的可用性。

**4. 连接拓扑**

WTB 可以以星状（Star）、菊花链型（Daisy-chain）或者两者相混合的方式进行配置连接。

星状连接需要使用星状的 Hub,基于此可以实现仪器间触发延时的等同性,类似于 PXI 的星状触发线。

对于传统的 GPIB、VXI 或者 PXI 仪器,可以使用触发适配器实现其触发信号与 WTB 信号的转换,将它们兼容到 LXI 的硬件触发体系中来。

# 本章小结

仪器总线作为自动测试系统的中枢,在自动测试系统中占有重要的地位,具有网络化特性的 LXI 总线一经推出就引起了巨大的关注。

LXI 物理规范兼容已有的 IEC 60297 电子设备机械结构标准和传统的仪器厂商定义的半宽仪器上架标准,在此基础上又引入了新的 LXI 半宽仪器的机械、装配和冷却规范,并且要求仪器厂商能提供这几类仪器之间装配的适配器,确保了仪器之间的机械互操作性。

LX1 总线提供灵活多样的触发方式,这些方式可以相互组合以适应不同的应用场合。

# 思考题

1. LXI 总线仪器分为哪几类,各有什么特点?
2. 简述 LXI 总线仪器的触发方式?

# 应用案例:基于 LXI 总线的 XXX-1 测试系统

## 1. 功能与组成

基于 LXI 总线的 XXX-1 测试系统主要具备以下 4 个方面的功能。

(1) 设备自检功能

设备在上电初始或需要时,可自动完成系统功能和关键技术指标的自检,以确定设备自身的完好性及测量的准确性。

(2) 设备计量校准功能

设备具备计量校准功能,通过计量适配器,外接相应的标准计量设备,可以实现系统的计量与校准。

(3) 自动与手动测试功能

XXX-1 设备能够实现被测对象及其组成分系统的自动测试。在技术规范许可情况下,也可进行半自动或单步测试,便于对被测对象进行维修操作。

(4) 数据管理与故障诊断功能

能够自动记录被测对象的检测结果,可以对数据进行智能化统计分析。通过建立故障诊断专家系统,结合装备测试结果和装备故障知识库对弹上设备的故障进行排查及隔离定位。

XXX-1 测试系统硬件的组成分为三部分:通用平台、适配器及专用测试组件。通用平台主要完成被测装备及其组成分系统测试过程的供电、测控信号产生与转换及设备操控,阵列接口选用 VPC9025;适配器用于完成通用设备及被测装备间的信号转换及传输;专用测试组件用于满足被测装备测试的特殊需求。

　　其中通用平台由 4 个 12U 减震机柜组成,包括主控机柜、电源机柜、综合机柜以及测试机柜,机柜之间通过电缆互连。主控机柜内部主要安装计算机、显控单元等设备,用于通用平台的整体控制。电源机柜内部主要安装各种程控直流电源和交流电源,用于为被测对象提供电源。综合机柜内部空间全部预留,给用户安装各种专用设备。测试机柜内部安装各种采集设备、激励设备,用于为产品测试提供激励信号,采集产品输出的响应。

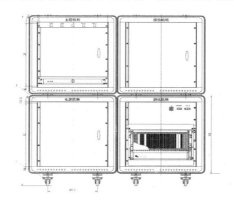

**图 7 - 18　通用平台正面**

### 2. 设备工作原理

　　XXX - 1 测试系统是一套综合化、标准化、通用化,可靠性高、维修性好和扩展能力强的基于 LXI 总线的自动测试系统,通用硬件资源均采用 LXI 总线仪器,包括万用表 LX4411A、8 通道同步采集 LX 4484、多功能采集卡 LX 4387、开关 LX 2915、小功率开关 HTLX 2913、多路开关 HTLX 3015、高频信号源 8257D、程控直流电源、程控交流电源和示波器 DSO5014A 等,其总线结构如图 7 - 19 所示。

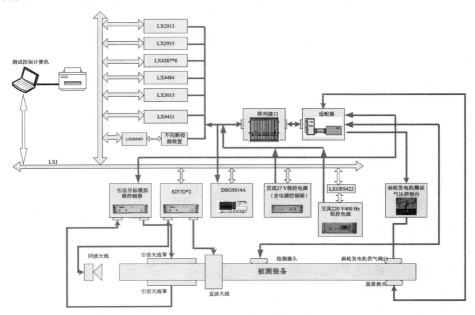

**图 7 - 19　XXX - 1 测试系统连接示意图**

测控计算机通过 LXI 总线协调控制所有测试资源,模拟输出激励信号,接收被测设备返回的测试信号,控制多路开关实现通道的切换与转换。

除高频信号外,所有测试资源输入输出信号均引至标准阵列接口,通过适配器与被测对象进行连接。各主要部件基本性能如下:

(1) 示波器

综合机柜内部安装一台示波器 Agilent 5014A,其主要功能、性能指标如下:

➢ 带宽:100 MHz;

➢ 通道数:4;

➢ 采样率:2 GSa/s;

➢ 分辨率:8 位。

(2) 三相交流电源

三相交流电源进行定制,其具体技术指标如下:

➢ 输入电压:220±10% VAC,单相;

➢ 输入频率:50±5% Hz;

➢ 输出线电压:220 V,三相四线制;

➢ 输出线电流:2 A;

➢ 输出频率:400 Hz;

➢ 电压幅值不确定度:<0.5%;

➢ 频率不确定度:±2 Hz;

➢ 波形失真度:<3%;

➢ 通信接口:RS-422;

➢ 过流、过温、过载、短路保护及自动报警。

(3) 直流电源

直流电源基于 N6702A 主机,通过配置直流电源模块实现。即采用 2 台 N63702A 主机配置 5 块 N6774A 直流电源模块的方式,以实现 27 V,+15 V,5 V 和 −5 V 的输出。

(4) 高频信号源

Agilent8257D 信号源的主要性能指标:

① 频率:选件 520:250 kHz～20 GHz。

② 频率分辨率:连续波(CW):0.001 Hz。

③ 输出功率:

(a) 选件 520,带有步进衰减器(选件 1E1),频率范围在 3.2～20 GHz 时,输出功率范围:−135～+11 dBm。

(b) 步进衰减器(选件 1E1)衰减步进值:0 dB 和 5～115 dB,10 dB 步进。

(c) 功率分辨率:0.01 dB,温度稳定度:0.01 dB/℃。

④ 斜坡(模拟)扫描(选件 007):

(a) 工作方式:合成频率扫描。

(b) 最大扫描速率:频率大于 3.2 GHz 时,400 MHz/ms。

(c) 频率精度:扫宽 0.05%±时基。

(5) $6\frac{1}{2}$(6 位半)万用表模块

万用表选用 L4411A,其主要功能、性能指标如下:

➢ 精度:$6\frac{1}{2}$(6 位半);

➢ 直流电压测量:范围 0～±1 000 VDC;

➢ 直流电流测量:范围 0～3 A;

➢ 电阻测量:范围 0～1 GΩ;

➢ 交流电压测量:电压范围 0～750 VAC,频率范围 3 Hz～300 kHz;

➢ 交流电流测量:范围 0～3 A;

➢ 频率、周期测量:电压范围 0～750 VAC,频率范围 3 Hz～300 kHz;

➢ 电容测量:10 $\mu$F;

➢ 温度测量:热电阻－200 ℃～600 ℃,热电偶－80 ℃～150 ℃;

➢ 二极管测量:1 V;

➢ 1U 高,半机架宽。

(6) 同步采集卡

8 通道同步采集卡选用 HTLX 4484,其主要功能、性能指标如下:

➢ 采样通道数:8SI(4DI);

➢ 采样率:2 MS/s;

➢ 分辨率:16 位;

➢ 输入耦合方式:DC、AC;

➢ 最大电压范围:±10 V;

➢ 最小电压范围:±100 mV;

➢ 触发源:模拟、数字;

➢ 触发电压:模拟触发:最大量程范围内;

➢ 数字触发:TTL;

➢ 模拟触发分辨率(模拟):8 位;

➢ 触发模式:模拟边沿触发,迟滞触发,窗触发;

➢ 数字信号上升沿及下降沿触发;

➢ 2U 高,半机架宽。

(7) 多功能采集卡

多功能采集卡具有模拟量采集、模拟量输出以及数字 IO 输入输出功能,选用 HTLX 4387,其主要功能、性能指标如下:

➢ 模拟输入通道数:32 路单端或 16 路差分;

➢ 模拟输入分辨率:16 位;

➢ 模拟输入采样率:1 MSa/s,扫描采样;

➢ 输入量程:±10 V、±5 V、±2 V、±1 V、±0.5 V、±0.2 V、±0.1 V;

➢ 模拟输出通道数:4;

➢ 模拟输出最大更新率:1 MHz/s;

- 模拟输出分辨率:16 位;
- 模拟输出电压范围:±10 V、±5 V;
- 模拟波形输出模式:非周期波形、利用硬件重复产生周期性波形、利用控制计算机动态更新周期性波形;
- 数字 IO:24 路;
- 定时计数器:2 个 32 位;
- 内部定时技术基准:80 MHz、20 MHz、0.1 MHz;
- 2U 高,半机架宽。

(8) 64 路 2A 单刀双掷开关

2A 单刀双掷开关选用 HTLX 2915,其主要功能、性能指标如下:

- 通道数:64;
- 继电器类型:单刀双掷;
- 最大切换电压:250 VAC/48 VDC;
- 最大切换电流:2 A;
- 2U 高,半机架宽。

(9) 32 路 5A 单刀双掷开关

5 A 单刀双掷继电器选用 HTLX 2913,其主要功能、性能指标如下:

- 通道数:32;
- 继电器类型:单刀双掷;
- 最大切换电压:250 VAC/30 VDC;
- 最大切换电流:5A;
- 1U 高,半机架宽。

(10) 4 组 2 线 1×16 多路复用开关

4 组 2 线 1×16 多路复用开关 HTLX 3015,其主要功能、性能指标如下:

- 组数:4 组;
- 开关类型:2 线 1×16;
- 最大切换电压:250 VAC/220 VDC;
- 最大切换电流:2A;
- 2U 高,半机架宽。

(11) 阵列接口

阵列接口选用 VPC 系列的 VPC9025,阵列接口汇集 ATE 系统测试资源全部电子、电气信号,为测试设备到被测对象的激励信号提供连接界面,为被测装备的响应传送到测试设备提供连接界面。

标准阵列接口由一个具有 25 个槽位的 VPC90 适配器接口接收器(ICA)和微波接口机箱组成,ICA 信号通道主要由高频通道、数字通道、模拟通道、电源通道、矩阵通道、开关通道、离散(逻辑)通道等组成,占用槽位 19 个左右,其余槽位保留,便于系统扩展使用。

对微波系统,为尽量减少信号转接或切换的次数,使电缆尽可能短,以避免信号的衰减,同时改善电磁兼容性,将微波仪器及测试附件与低频电路分离,测试所需的所有微波资源的输入、输出端口可通过专用接口与测试对象连接。

低频信号分布于 VPC90 标准接口设备,接口设备包括 25 个信号接口模块,ICA 模块配置示意图如图 7 - 20 所示,具体型号见表 7 - 5。

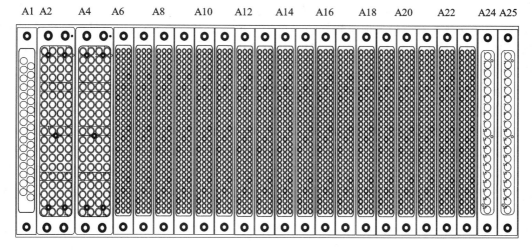

**图 7 - 20　ICA 模块配置示意图**

**表 7 - 5　标准接口型号组成**

| 序　号 | 名　称 | 型　号 | 备　注 |
|---|---|---|---|
| 1 | RECEIVER | 310104114 | |
| 2 | Encloser | 410112368 | |
| 3 | ITA | 410104111 | |
| 4 | 76 芯射频同轴模块 RCV | 510104150 | |
| 5 | 96 芯低频小信号模块 RCV | 510104136 | |
| 6 | 96 芯低频小信号模块 RCV/PCB | 510104135 | |
| 7 | 19 芯低频大功率模块 RCV | 510104123 | |
| 8 | 76 芯射频同轴模块 ITA | 510108132 | |
| 9 | 96 芯低频小信号模块 ITA | 510108126 | |
| 10 | 96 芯低频小信号模块 ITA/PCB | 510108125 | |
| 11 | 19 芯低频大功率模块 ITA | 510108115 | |
| 12 | 76 芯射频同轴模块用端子 RCV | 610104114 | |
| 13 | 96 芯低频小信号模块用端子 RCV | 610110101 | |
| 14 | 19 芯低频大功率模块用端子 RCV | 610116125 | |
| 15 | 76 芯射频同轴模块用端子 ITA | 610103115 | |
| 16 | 96 芯低频小信号模块用端子 ITA | 610110108 | |
| 17 | 19 芯低频大功率模块用端子 ITA | 610115130 | |

专用设备包括引信目标模拟器、不间断检测模块、气动控制台和适配器等设备,下面详细介绍专用设备的设计过程。

（12）引信目标模拟器

引信目标模拟器主要用于模拟弹目交会过程中对引信辐射出射频信号的衰减及延迟。引信目标模拟器采用延迟电缆完成信号的固定延时,并由测试计算机通过开关量输出及 D/A 转换电压,控制衰减器对引信发射机输出信号进行大范围动态精确衰减,以满足引信灵敏度参数测试需要。引信模拟器具有温度补偿功能,并可提供系统自检和计量所需接口,设置可调衰减器以便对衰减量进行定期校准。

引信目标模拟器由机箱、天线罩、微波电缆、控制电缆组成。机箱内部包括:射频接口转换装置、延迟电缆、粗调衰减器、精调衰减器、校准衰减器、衰减器控制电路及二次电源模块。

由射频接口转换装置将非标波导转换成为与延迟电缆对接的标准波导连接器,由延迟电缆实现输入微波信号 200 ns 的固定延迟;粗调衰减器及精调衰减器在测试计算机的控制下,在 55～100 dB 范围内动态变化,以模拟弹目交会过程中微波信号的衰减;校准衰减器用于在计量过程中,手动补偿通道内部衰减量的漂移;控制电路用于实现模拟器内部微波通道的转换及温度补偿。模拟器中微波通道组成及原理框图如图 7－21 所示,控制电路原理框图如图 7－22 所示。

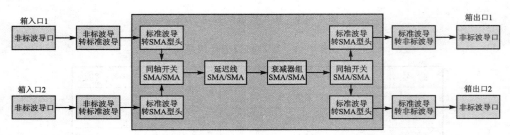

**图 7－21　引信目标模拟器中微波通道组成及原理框图**

（13）不间断检测模块

不间断检测模块用于对被测装备测试过程中 21 路关键信号进行实时监测,一旦被监测信号出现超差,则由本模块向测试计算机给出报警信息,终止测试流程,并通过执行机构切断被测对象供电电源电路。不间断检测模块的性能指标如下:

监测信号特性:

➤ 电阻信号:0～100 Ω,6 通道;

➤ 电压信号:差分输入,－30～＋30 V,26 通道;

➤ 时间测量:定时范围 0～30 min。

测量精度:

➤ 电阻信号:±(1.0 Ω±0.1％)×设定值;

➤ 电压信号:±(10 mV±0.1％)×设定值;

➤ 时间测量:±(10 ms±0.1％)×设定值。

模块响应特性:

➤ 模块能够对测试计算机设定数量的通道进行不间断检测,每个通道采样周期不超过50 ms;

➤ 被测信号通道参数超差后,模块应在 100 ms 内发出"中断供电"执行信号,并向测试计算机传送报警信息。

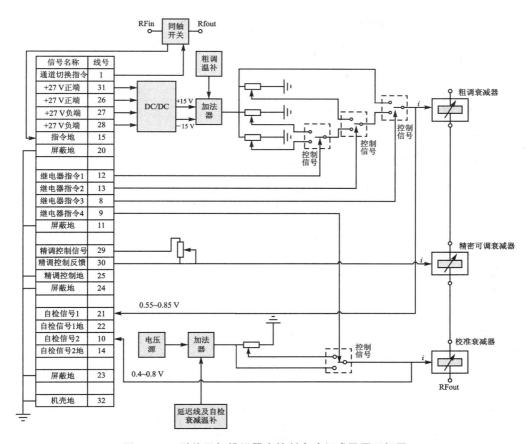

**图 7 - 22　引信目标模拟器中控制电路组成及原理框图**

不间断检测模块由一个标准 PCI - 104 模块,信号调理模块,电源模块,故障报警显示及处理模块、通道校准调整单元等功能模块组成。PCI - 104 多功能数据采集模块、信号调理模块以及供电单元用于信号调理、采集及判断;故障报警显示及处理模块用于显示故障类型并发出被测对象供电中断信号;通道校准模块用于在计量过程中对各个监测通道的精度进行校准。不间断检测模块与测试计算机之间采用 RS - 422 总线连接,主要用于对模块初始化设置及向测试计算机传送报警信息。模块组成及原理框图如图 7 - 23 所示。

（14）气动控制台

气动控制台主要用于测试过程中,向涡轮发电机及气动舵机提供规定压强的压缩空气,并在气路中的气体压力超过门限值时,断开气路并发出告警信号,以保护被测装备。来自气源站的高压气体（120～150 kg/cm²）在气压控制台中转换成压力为 31 kg/cm² 的输出供气,经管道送往涡轮发电机测试供气输入口;或者转换成压力为 14.5 kg/cm² 输出供气,经管道送往气动舵机测试供气输入口。气动控制台的主要性能指标如下:

➢ 输入气体压强:120～150 kgf/cm²,(120～150)10⁵ Pa;

➢ 输出气体压强:31±0.5 kgf/cm²((31±0.5) Pa)(涡轮发电机测试);14.5±0.5 kgf/cm² ((14.5±0.5)10⁵ Pa)(气动舵机测试);

➢ 过压门限值:34.5＋0.5 kgf/cm²((17＋0.5)10⁵ Pa)(涡轮发电机测试);17＋0.5 kgf/cm²(气

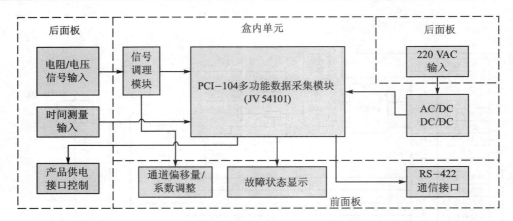

**图 7 – 23 不间断检测模块组成及原理框图**

动舵机测试）；

➤ 气体消耗量：≥2.1 m³/min（外界温度为 20 ℃，等效公称直径为 3.84 mm）；

➤ 输入气体洁度：<14 μm；

➤ 输入气体露点：-55 ℃（标准气压条件下）。

气动控制台的气路为设备主体部分，其设计应满足涡轮发电机及气动舵机测试供气的要求，同时应考虑安全稳定、便于操作。气动控制台气路部分的基本组成方案如图 7 – 24 所示。

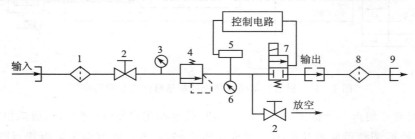

1. 过滤器；2.手动截止阀；3.输入压力表；4.减压器；5.压力开关；6.输出压力表；7.电动截止阀；8.过滤器

**图 7 – 24 气动控制台的基本组成框图**

（15）接口适配器

接口适配器的功能是在被测对象与阵列接口之间提供电子、电气和机械连接的装置，可以包括测试资源中并不具备的适当激励和负载，并提供 UUT 测试所需的信号调理及转接电路。接口适配器安装圆形电缆连接器，接口适配器与被测装备的连接为电缆方式，如图 7 – 25 所示。

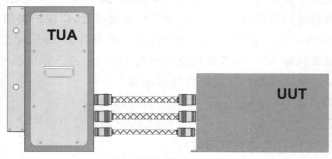

**图 7 – 25 接口适配器与 UUT 的连接方式**

（16）系统自检及计量设计

在使用通用平台对 UUT 测试前应进行系统自检。

系统自检包括：供电电源自检、低频测试资源自检、多普勒信号源输出通道自检、引信目标模拟器自检及不间断检测模块自检。供电电源及低频测试资源自检需要设计自检适配器，在 UUT 测试电缆接口处完成。

为确保系统的测量精度，应定期对其进行计量。

系统的计量包括：供电电源计量、低频测试资源计量、多普勒信号源（含功率校准装置）计量、引信目标模拟器计量及不间断检测模块计量。上述设备的计量需计量适配器，在阵列接口处完成。

# 第8章 自动测试系统软件开发环境

软件开发环境是开发自动测试系统的必要工具,自动测试系统软件开发环境可分为图形式和文本式两大类。本章简单介绍了目前常用的两种自动测试系统软件开发环境:LabVIEW和 LabWindows/CVI 语言。

## 8.1 LabVIEW 软件开发环境

### 8.1.1 LabVIEW 简介

#### 1. LabVIEW 的定义

LabVIEW 是 Laboratory Virtual Instrument Engineering Workbench 的缩写,与传统的文本方式编程语言(如 C,C++或 Java)不同,它是一个使用图形符号来编写程序的编程环境。LabVIEW 不仅仅是一种编程语言,它还是为科学家和工程师等设计的一种编程开发环境和运行系统,编程只是其中一部分功能。LabVIEW 软件开发环境可以工作在运行Windows、Mac 或 Linux 系统的计算机上,用 LabVIEW 编写的应用程序可以运行在上述系统上,还可以运行在 Microsoft Pocket PC、Microsoft Windows CE、Palm OS 以及多种嵌入式平台上,包括 FPGA(Field Programmable Gate Array)、DSP(Digital Signal Processor)和微处理器。

通过使用 LabVIEW 功能强大的图形编程语言能够成倍地提高生产率,人们亲切地称这种语言为 G 语言。使用传统的编程语言需要花费几周甚至几个月才能编写的程序,用 Lab-VIEW 只需要几个小时就可以完成。因为 LabVIEW 是专为测量、数据分析并提交结果而设计的,且 LabVIEW 拥有如此众多的图形用户界面又易于编程,使得它对于仿真、结果显示、通用编程甚至讲授基本编程概念也同样是很理想的语言。

作为一种图形化的编程语言,LabVIEW 广泛地被工业界、学术界和研究实验室所接受,视为一个标准的数据采集和仪器控制软件。LabVIEW 集成了满足 GPIB、VXI、RS-232C 和RS-485 协议的硬件及数据采集卡通信的全部功能,还内置了便于应用 TCP/IP、ActiveX 等软件标准的库函数。这是一种功能强大且灵活的程序开发环境,利用它可以方便地建立自己的虚拟仪器,其图形化的界面使得编程及使用过程都生动有趣。同时,由于 LabVIEW 是基于软件的,与传统仪器相比,其具有更大的灵活性。

#### 2. LabVIEW 的发展

1983 年,美国国家仪器(National Instrument,NI)公司开始寻找最小化编程仪器系统所需要时间的方法。通过努力,LabVIEW 虚拟仪器的概念出现了一个直观的前面板用户界面,结合新颖的框图编程方法,产生了一个高效的、基于软件的图形化仪器系统。

LabVIEW 第一版于 1986 年发布并只能用于 Macintosh 系统。虽然 Mac 系统没有广泛地用于测量和仪器应用软件,但是它的图形化特色很好地融合了 LabVIEW 技术,直到更多的通用操作系统开始支持 LabVIEW 技术。

1990 年，根据用户多年的反馈，结合新的软件技术，NI 公司对 LabVIEW 进行了重新编写。更重要的是，LabVIEW 的特色编译器，能够使 VI（Virtual Instrument，虚拟仪器，Lab-VIEW 程序的简称）的执行速度与 C 语言编程创建的程序相当。美国专利局发布的很多专利认可了 LabVIEW 的技术创新性。

随着其他图形化操作系统的出现，NI 将成熟的 LabVIEW 技术移植到了其他系统平台，包括 PC 机和工作站。1992 年，基于便携式的体系结构，NI 发布了用于 Windows 的 LabVIEW 和用于 Sun 的 LabVIEW。

1993 年，用于 Macintosh、Windows 和 Sun 操作系统的 LabVIEW 3 面世。在某个平台上编写的 LabVIEW 3 程序能够在其他平台上运行。这种平台特性使用户获得了选择开发平台的机会，因为用户确信可以在其他平台上运行其 VI（这一功能比 JAVA 的出现早很多年）。1994 年，LabVIEW 支持的平台已经包含了 Windows NT、Power Macs 和 HP 工作站。1995 年开始可以应用于 Windows 95。

1996 年，LabVIEW 4 发布，以其更加灵活的开发环境配置为特色，用户能够创建自己的工作空间与他们所在的行业、经验水平和开发习惯相匹配。另外，LabVIEW 4 为高级仪器系统添加了高效的编辑和调试工具，还有基于 OLE 的通信功能和分布式执行工具。

LabVIEW 5 和 5.1（1999 年）的贡献在于通过引进内置的 web 服务器、动态编程和控制框架（VI 服务器）、集成 ActiveX 技术，以及基于称为 DataSocket 协议的易用的互联网数据共享技术，改进了开发工具。最终实现了在大部分执行的程序中允许使用撤销（Undo）功能。

2000 年，LabVIEW 6 推出，它支持 Linux 开源操作系统，同时还推出了一套全新的 3D 控件，在某些时候，对于计算机行业这种风格的确很重要（率先发布 Apple 公司的 iMac 和 G4Cube）。LabVIEW 6 做出了很大贡献，提供了直观易用的编程界面（特别针对非程序员），也支持大量的高级编程技术，例如面向对象开发、多线程、分布式计算等。

2001 年，LabVIEW 6.1 推出了面向事件编程、LabVIEW 远程网络控制、远程前面板、通过红外设备（IrDA）通信的 VISA 支持及其他一些改进。2001 年还推出了 LabVIEW Real-Time（LabVIEW RT），允许将 LabVIEW 开发的 VI 下载到 NI 的 RT 系列设备中的 RT 引擎并实时运行。

2003 年，LabVIEW 7.0 为初级和高级用户推出了很多新特性。最显著的就是 Express 技术，即通过提供容易配置的、可以立即使用的子 VI 和函数设计工具，使 LabVIEW 新用户入门并快速进入状态。对于高级用户，LabVIEW 7.0 扩展了事件结构的功能，包括用户定义事件以及动态事件注册框架——事件结构不再是只绑定在特定 VI 的前面板事件上。其他新增内容包括树形控件和子面板，用于创建更加灵活而功能强大的用户界面。另外还新增了很多编辑功能，如对齐到网格、调整大小工具、抓取句柄，还有很多其他功能使得使用 LabVIEW 更加方便愉悦。

2003 年还发布了 LabVIEW PDA 和 LabVIEW FPGA 模块。LabVIEW PDA 允许创建在 Palm OS 和 Pocket PC 上运行的 LabVIEW 程序。LabVIEW FPGA 允许创建在 NI 的现场可编程门阵列 FPGA 设备上运行的 LabVIEW 程序。

2004 年，LabVIEW 7.1 增加 VISA 支持系统，用于与蓝牙设备的通信、分组单选按钮控件、导航窗口及其他有用的特性，包括 Express 技术的发展，例如为实时控制提供精确计时的定时循环(Timed Loop)、FPGA 目标和同步功能。

2005 年，LabVIEW 8 发布了 Project Explorer，这是一个 IDE 风格的工作环境，允许开发者管理虚拟仪器系统的开发。LabVIEW 的工程包括 VI、硬件资源和配置，以及编译和使用规则。LabVIEW 8 还支持 Project Library 组件，如编辑时用到的灵巧的右击菜单和拖放功能及定制控件。

### 3. LabVIEW 的特点

(1) 数据流与图形化编程语言

LabVIEW 编程开发环境非常重要的特点就是采用了图形编程语言，通常称为 G 语言，它不是采用基于文本的代码行编程，而是在称为框图的图形框架内编程。

图形编程消除了文本编程中涉及的许多语法细节，例如在哪儿放置分号(;)和花括号({})等。图形编程语序程序开发者只关注应用程序中的数据流，因为其简单的语法并没有使程序变得晦涩。图 8-1 和图 8-2 显示了一个简单的 LabVIEW 用户界面及其图形代码。

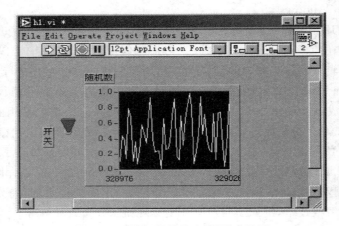

图 8-1 "随机函数发生器"用户界面

LabVIEW 使用科学家和工程师们熟悉的术语、图标和概念，依靠图形符号而不是文本语言来定义程序的功能。LabVIEW 的运行基于数据流的原理，即一个函数只有收到必要的数据后才可以运行，这样即使程序开发者仅有一点甚至没有编程经验都可以采用 LabVIEW 进行编程。

(2) LabVIEW 程序的层次化和模块化的

用户既可以把 VI(LabVIEW 程序)作为顶层程序，也可以把它作为其他程序中的子程序。在一个 VI 中的另一个 VI 称为子 VI。VI 的图标和连接器如同图形化参数列表，用于与其他子 VI 传递数据。

由于具有以上特征，LabVIEW 实际上采用的是模块化编程的概念。设计一个应用程序时，先把它分解成一系列任务，然后再把每个任务分解，直到分解成一系列简单的子任务。为每个子任务建立一个 VI，然后用这些 VI 建立一个方框图，以完成一个更大的任务，最后顶层的 VI 包含这些子 VI。

由于每个子 VI 都可以与应用的其他 VI 分开执行，调试十分方便。更进一步，许多底层的 VI 经常完成的是相同任务的若干应用，用户可以专门建立一个子 VI，以方便使用。

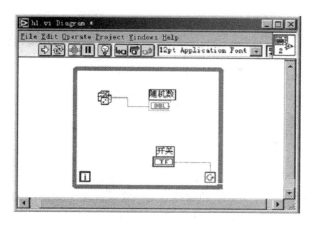

**图 8-2   "随机函数发生器"图形代码**

（3）并行与多线程

LabVIEW 的核心是结构化的数据流图,这种计算模型的本质是并行的。程序执行的顺序是由模块之间的数据流决定的,程序中的函数结合点只有在获得它的全部数据后才能够被执行。也就是说,程序的执行是数据驱动的,它不受操作系统、计算机等因素的影响。而传统文本语言中采用的是按命令行顺序连续执行的方式,例如 C/C＋＋和 BASIC,它们必须依赖于对操作系统的库函数调用来实现并行机制。LabVIEW 还允许多个数据通道同步运行,即支持多线程(Multithreading)技术。

并行执行是非常重要的,在自动化的测试系统中,多个测试单元(UUT)可以被同时测量;在实时控制系统中,采集数据和控制输出的同时把数据传送到主机;或者在嵌入式应用中,必须以确定的方式响应多种类型的输入。在开发并行执行应用时,编程人员必须要有可以设置不同操作优先级的工具,使用 LabVIEW,用户可以通过直观的对话框和设置在 OS 层配置线程的优先级。

（4）交互式执行与调试

LabVIEW 语言是交互的,用户可以在开发过程中方便地试验函数库中的不同函数,这在编程控制 I/O 资源时特别重要。例如,当配置一个数据采样操作时,用户只需要从内置的 DAQ 库中选择一个采集函数并独立运行,通过检查从板卡采集的数据检验该操作是否适合程序,如果适合,仅需将该函数拖进程序,如果不适合,可以尝试函数库中的其他函数。

LabVIEW 的调试也是交互的,它具有传统编程工具的所有常用功能,如断点、单步越过/进入/跳出等。此外,LabVIEW 允许用户在源代码的数据流上设置探针,在程序运行中观察数据流的变化。另外,用户可以将图形控件加入前面板,将其连接到数据通路,观察该点的数据,这种数据可视化的方法简单方便而且不会降低算法的性能。

（5）丰富的函数库和扩展功能

LabVIEW 是带有可扩展函数库和子程序库的通用程序设计系统。它提供了用于 GPIB 设备控制、VXI 总线控制、串行口设备控制,以及数据分析、显示和存储的应用程序模块。

作为一个开放的开发平台,LabVIEW 也提供了大量的软件标准,用于与其他软件工具盒软件包,或者与各种测量资源的集成,包括:

① DLL、共享库；

② ActiveX、COM 和.NET；

③ DDE、TCP/IP、UDP、以太网和蓝牙；

④ CAN、DeviceNET、ModBUS 和 OPC；

⑤ USB、IEEE 1394(FireWire)、RS232/485 和 GPIB；

⑥ 数据库(ADO、SQL 等)。

### 8.1.2　LabVIEW 程序的组成

一个 LabVIEW 程序通常由一个或多个虚拟仪器(VI)组成,之所以称为虚拟仪器是因为它们的外观和操作通常是模拟了实际的物理仪器。然而,在这些面板之后,它们有着类似于流行的编程语言如 C 或 BASIC 中的主程序、函数、子程序。因此,LabVIEW 程序通常被称为"VI"。需要注意的是,无论其外观和功能是否和实际的仪器相关联,总将 LabVIEW 的程序称为"VI"。

每一个 VI 都由三个主要部分组成:前面板(Front Panel)、框图(Block Diagram)和图标/连接器(Icon/Connector)。

#### 1. 前面板

前面板是图形用户界面,是 VI 的虚拟仪器面板,主要是由控件和指示器组成的联合体。它能实现用户输入和显示输出功能,具体表现有开关、旋钮、图形以及其他控制(Control)和显示对象(Indicator)。

图 8-3 是一个频谱分析仪前面板,模拟了真实的频谱分析仪操作面板,如前面板上有一个波形显示窗口,以曲线的方式显示信号频率与幅值的关系;还有一个控制对象——开关,可以启动和停止工作;有触发开关按钮;有频率和幅值设置按钮等。

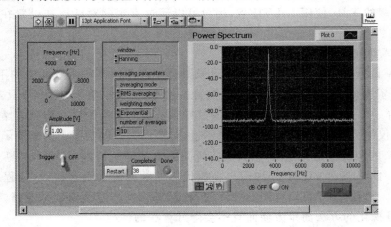

图 8-3　频谱分析仪前面板

#### 2. 框　图

框图是 LabVIEW VI 图形化的源代码,主要由端子、节点和连线组成,用来控制和操纵定义在前面板上的输入和输出功能。当放置控件和指示器到前面板上时,LabVIEW 自动在框图中创建对应的端子。默认情况下,不能删除框图上属于控件和指示器的端子,只有在前面板上删除其对应的控件和指示器,端子才会自动消失。在框图中,可以把端子视为入口和出口,或者视为源和目的地。

节点是程序执行元件形象化的名称,类似于标准编程语言中的语句、操作符、函数和子程序。结构是另一种类型的节点,它能够重复地执行或有条件地执行代码,与传统编程语言中的循环和 Case 语句相似。LabVIEW 也有特殊的节点,称为公式节点,对于计算数学公式和表达式非常有用。另外,LabVIEW 还有一种称为事件结构的非常特殊的节点,能够捕获来自前面板和用户定义的事件。

LabVIEW VI 通过连线连接节点和端子。连线是从源端子到目的端子的数据路径,将数据从一个源端子传递到一个或多个目的端子。应当注意,如果一条连线上连接多个源或根本没有源,LabVIEW 将不支持这样的操作,连线将显示为断开——一条连线只能有一个数据源,但可以有多个数据接收端。LabVIEW 中,为避免数据类型错误地被使用,不同的数据类型采用不同颜色和类型的连线。如整数型标量数据为蓝色细实线,字符串型二维数组为粉色双绞线。

框图中除包括前面板上控件的连线端子,还有一些前面板上没有但编程必须有的东西,例如函数、结构和连线等。图 8-4 是与图 8-3 对应的框图。可以看到框图中包括了前面板上的开关、电源、启动停止的连线端子,还有一个频谱分析的函数及程序的循环结构。频谱分析函数通过连线将产生的频谱信号送到显示控件,为了使它持续工作下去,设置了一个 While Loop 循环,由开关控制这一循环的结束。

如果将 VI 与标准仪器相比较,则前面板上的设置就是仪器面板上的设置,而框图上的设置相当于仪器箱内的设置。使用 VI 可以仿真标准仪器,不仅在屏幕上出现一个标准仪器面板,而且其功能也与标准仪器相差无几。

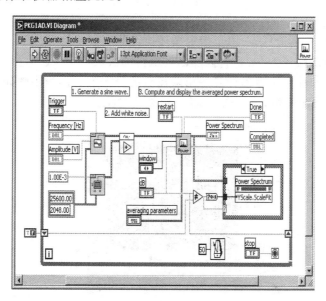

图 8-4　频谱分析仪框图

### 3. 图标/连接器

VI 具有层次化和结构化的特征。一个 VI 可以作为子程序,这里称为子 VI(subVI),被其他 VI 调用。为了使一个子 VI 能被另一个 VI 框图使用,该子 VI 必须有图标/连接器。当子 VI 被使用时,其连接器用于从其他框图中连线数据到当前 VI。连接器定义了子 VI 的输入和输出,类似于子程序中的参数,即图标与连接器相当于图形化的参数。

在 LabVIEW 的用户界面上,应特别注意它提供的操作模板,包括工具(Tools)模板、控制(Controls)模板和函数(Functions)模板。这些模板集中反映了该软件的功能与特征。

工具模板(Tools Palette):该模板提供了各种用于创建、修改和调试 VI 程序的工具。

控制模板(Control Palette):只有打开前面板时才能调用该模板。该模板用来给前面板设置各种所需的输出显示对象和输入控制对象。每个图标代表一类子模板。

功能模板(Functions Palette):只有打开了流程图程序窗口,才能出现功能模板。功能模板是创建流程图程序的工具。该模板上的每一个顶层图标都表示一个子模板。

### 8.1.3　LabVIEW 编程中的结构控制

**1. 循环结构**

LabVIEW 提供两种循环结构:While 循环和 For 循环。For 循环会执行指定的循环次数;而 While 循环持续执行直到一个指定的条件为真(或为假)时停止。

(1) For 循环

For 循环将其子框图内的代码执行指定的次数,其次数等于计数端子的值。可以从循环外部连线一个值到计数端子来设置次数。如果计数端子值为 0,则不会执行循环。应当注意,迭代端子包含了当前已经执行完毕的迭代次数:0 表示正在进行第一次迭代,1 表示正在进行第二次迭代,依次类推,直到 $N-1$($N$ 表示循环所期望的执行次数)。

For 循环将把它的框图中的程序执行指定循环执行的次数,For 循环具有下面这两个端子:

$N$:计数端子(输入端子)——用于指定循环执行的次数。

$I$:周期端子(输出端子)——含有循环已经执行的次数。

例:用 For 循环和移位寄存器计算一组随机数的最大值。操作步骤如下:

① 打开一个新的前面板,按照图 8-5 所示创建对象。

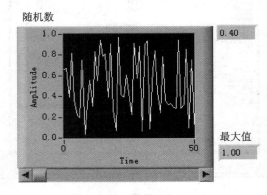

**图 8-5　面板图**

② 设置数字显示对象的标签为"最大值"。

③ 设置波形图表标签为"随机数",纵坐标范围改为 0.0～1.0。

④ 用移位工具修改滚动栏的大小。

⑤ 画流程图,在流程图中放置一个 For 循环(Functions→Structures)。在 For 循环的边框处单击鼠标右键,在快捷菜单中选择 Add Shift Register,将下列对象添加到流程图。

流程图中各对象的参数设置如下:

① Random Number(0～1)函数(Functions→Numeric),即产生 0～1 之间的某个随机数。

② 数值常数(Functions→Numeric):本例中需要将移位寄存器的初始值设成 0。

③ Max&Min 函数(Functions→Comparison):输入两个数值,再将它们的最大值输出到右上角,最小值输出到右下角。这里只需要最大值,只用连接最大值输出。

④ 数值常数(Functions→Numeric):For 循环需要知道需要执行的次数。本例中是100 次。

⑤ 按照图连接各个端子。

⑥ 运行该 VI。

⑦ 将该 VI 保存为 LabVIEW\Activity 目录下的 Calculate Max.vi。

(2) While 循环

While 循环持续执行子框图直到连接到条件端子的布尔值变为 True(意味着停止循环)。LabVIEW 在每次迭代完成时检查条件端子的值,如果为 False(意味着继续循环),执行下一次迭代。

While 循环中迭代端子的作用和 For 循环中的完全一样。另外,可以通过单击条件端子,改变 While 循环中条件端子的状态。

例:创建一个可以产生并在图表中显示随机数的程序。前面板有一个控制旋钮可在 0～10 s 之间调节循环时间,还有一个开关可以中止 VI 的运行。操作步骤如下:

① 从 Functions→Structures 中选择 While 循环,把它放置在流程图图 8 - 6 中,将相关对象移到循环圈内。

② 从 Functions→Numeric 中选择随机数(0～1)功能函数放到循环内。

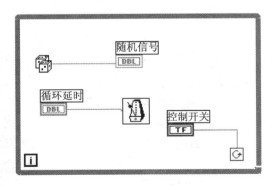

图 8 - 6　流程图

③ 在循环中设置 Wait Until Next ms Multiple 函数(Functions→Time & Dialog),该函数的时间单位是毫秒(ms),按目前面板旋钮的标度,可将每次执行时间延迟 0～10 ms。按照执行流程连线,把随机数功能函数和随机信号图表输入端子连接起来,并把启动开关和 While循环的条件端子连接。创建的流程图如图 8 - 6 所示。

④ 打开一个新的前面板,选择 Controls→Boolean,在前面板中放置一个开关。设置开关

的标签为控制开关。

⑤ 选中 Controls→Graph,在前面板中放置一个波形图(是 chart,而不是 graph)。设置它的标签为随机信号。这个图表用于实时显示随机数。

⑥ 选择 Controls→Numeric,在前面板中放置一个旋钮。设置旋钮的标签为循环延时。这个旋钮用于控制 While 循环的循环时间,所创建前面板如图 8-7 所示。

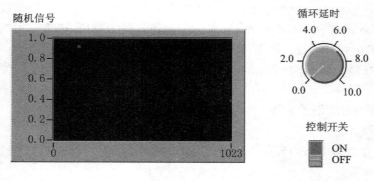

图 8-7　前面板

⑦ 返回前面板,调用操作工具后单击垂直开关将它打开。

⑧ 把该 VI 保存为 LabVIEW\Activity 目录中的 Random Signal.vi。

⑨ 执行 VI。While 循环的执行次数是不确定的,只要设置的条件为真,循环程序就会持续运行。在这个例子中,只要开关打开(TRUE),框图程序就会一直产生随机数,并将其在图表中显示。

⑩ 单击垂直开关,中止该 VI。关闭开关这个动作会给循环条件端子发送一个 FALSE 值,从而中止循环。

⑪ 用鼠标右键单击图表,选择 Data Operations→Clear Chart,清除显示缓存,重新设置图表。

**2. 移位寄存器**

移位寄存器是用来从一次迭代向下一次迭代传输数据的特殊变量,只能在 While 循环和 For 循环中使用。在 LabVIEW 的图形化结构中,移位寄存器是唯一且必要的。在循环左右的边框上弹出菜单并从中选择"Add Shift Register"就可以创建移位寄存器,如图 8-8 所示。

在一个循环里可以有多个不同的移位寄存器来存储不同的变量,只需要再循环的边框上添加足够的移位寄存器。左边的移位寄存器总是和右边的平行,如果移动其中一个,那么两个都会移动。如果循环里有太多的移位

图 8-8　移位寄存器操作

寄存器而无法分清哪一对是平行的,只要选中其中一个,另一个也会自动选中,或者移动其中

一个,那么跟着移动的那个移位寄存器就和它是一对儿。但是有两种情况在使用中容易混淆,要多加注意,一种情况是多个变量存储在多个移位寄存器里,另一种情况是单个变量使用一个移位寄存器存储多个先前的值。

移位寄存器可以转移各种类型的数据－数值、布尔数、数组、字符串,等等。它会自动适应与它连接的第一个对象的数据类型,图 8－9 为 Shift Register 的工作过程。

可以令移位寄存器记忆前面的多个周期的数值,这个功能对于计算数据均值非常有用。还可以创建其他的端子访问先前的周期数据,方法是用右击左边或者右边的端子,在快捷菜单中选择 Add Element。例如,如果某个移位寄存器左边的端口含有三个元素,那么就可以访问前三个周期的数据。

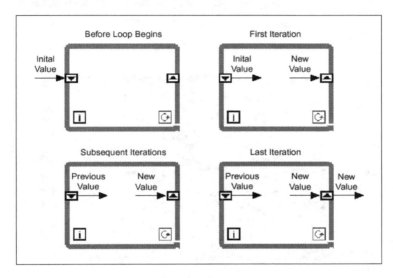

**图 8－9  Shift Register 的工作过程**

例:使用移位寄存器创建一个可以在图表中显示运行平均数的 VI。操作步骤如下:

① 打开一个新的前面板,按照图 8－10 所示创建对象。

② 把波形图表的坐标范围改为 0.0～2.0。在快捷菜单中选择 Mechanical Action→Latch When Pressed,再选择 Operate→Make Current Values Default,把 ON 状态设置为默认状态。

③ 按图 8－11 创建流程图。

④ 在流程图中添加 While 循环(Functions→Structures),创建移位寄存器。

⑤ 单击寄存器的左端子,在快捷菜单中选择 Add Element,添加一个寄存器。用同样的方法创建第三个元素。

⑥ Random Number(0～1)函数(Functions→Numeric):产生 0～1 之间的某个随机数。

⑦ Compound Arithmetic 函数(Functions→Numeric):在本例中,它将返回两个周期产生的随机数的和。

⑧ 除法函数(Functions→Numeric):在本例中,它用于返回最近四个随机数的平均值。

⑨ 数值常数(Functions→Numeric):在 While 循环的每个周期,Random Number(0～1)函数将产生一个随机数。VI 就把这个数加入到存储在寄存器中的最近三个数值中。Random Number(0～1)再将结果除以 4,就能得到这些数的平均值(当前数加上以前的三个数),然后

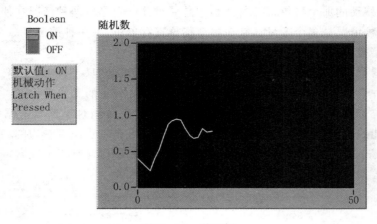

图 8 - 10　前面板

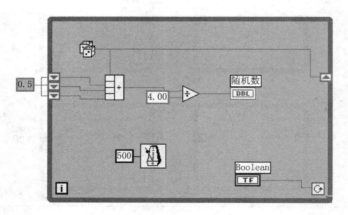

图 8 - 11　流程图

再将这个平均值显示在波形图中。

⑩ Wait Until Next ms Multiple 函数（Functions→Time & Dialog）：它将确保循环的每个周期不会比毫秒输入快。在本例中，毫秒输入的值是 500 ms。

⑪ 用鼠标右键单击 Wait Until Next ms Multiple 功能函数的输入端子，在快捷菜单中选择 Create Constant，出现一个数值常数，并自动与功能函数连接。

⑫ 将 Constant 设置为 500。这样连接到函数的数值常数设置了 500 ms 的等待时间，因此循环每半秒执行一次。VI 用一个随机数作为移位寄存器的初始值。如果没有设置移位寄存器端子的初始值，它就含有一个默认的数值，或者上次运行结束时的数值，因此开始得到的平均数没有任何意义。

⑬ 执行该 VI。

⑭ 把该 VI 保存为 LabVIEW\Activity 目录下的 Random Average.vi。

**3. Case 结构**

Case 结构是 LabVIEW 中执行条件语句的方法，就像"if-then-else"语句。在 Functions 选项卡的 Programming→Structures 子选项卡上可以找到 Case 结构。Case 结构有两个或更多的子框图，但只有一个在执行，这取决于连接到分支选择器上的布尔型、数值型或字符串型的值。

如果是布尔型连接到分支选择器上，Case 结构就只有两个分支：False 和 True。

如果是数值型或字符串型连接到分支选择器，Case 结构可以有无数个分支。初始时虽然只有两个，但可以很容易添加分支。可以给一个分支指定多个值，并用逗号分开。此外，需要选择一个默认分支，当分支选择器上输入的值和其他所有的分支都不匹配时，就会执行默认分支。在很难考虑到所有的可能分支，但又希望覆盖所有可能分支时，使用默认分支是非常方便的。

在首次放置 Case 结构到前面板上时，它是布尔型的。一旦分支选择器连接上数值型的值，分支就呈现出对应的数值型。

Case 结构可以有多个子框图，但是只能显示一个分支，就像一叠纸牌只能看见最上面的一张。单击结构上方的减量（向左）或增量（向右）箭头，可以显示前一个或后一个子框图。同时可以单击结构上方的下拉菜单，里面列出了所有的分支，单击所需要的分支。在结构的边框上的弹出菜单上选择 Show Case，也可以切换分支。

**4. 顺序结构**

按一定的顺序排列程序元素来决定程序执行的顺序，称为控制流。Visual BASIC、C 和其他编程语言也继承了控制流，语句按照出现在程序中的顺序执行。LabVIEW 使用顺序结构实现数据流框架中的控制流。顺序结构是一系列顺序执行的有序结合。顺序结构顺序执行帧0，然后是帧 1、帧 2，直到最后一个帧。只有最后一个帧执行完毕，数据才会离开结构。

LabVIEW 中有单层顺序节后和叠层顺序结构两种风格的顺序结构。两种结构都可以在 Functions 选项卡的 Programming→Structures 子选项卡中找到，这两种顺序结构非常相似，都有像胶片一样的帧，区别在于单层顺序结构中的帧是一个接一个排列的；叠层顺序结构的帧是顺序地排成一叠，和 Case 结构相似。除外观不一样外，这两种顺序结构以相同的方式执行代码，实际上可以容易地从其中一种顺序结构转换到另一种。

**5. 定　时**

定时函数在 LabVIEW 中非常重要，可以用来测量时间、同步任务，在循环中插入足够的处理器空闲时间，使得 VI 运行不要太快，以至于独占 CPU。

在 Programming→Timing 选项卡上可以找到 LabVIEW 的定时函数。LabVIEW 的基本定时函数有 Wait(ms)、Wait Until Next ms Multiple 和 Tick Count(ms)，位于函数选项卡的 Programming→Timing 子选项卡中。LabVIEW 的扩展定时函数主要有 Time Delay 和 Elapse Time。

① Wait(ms)函数控制 VI 等待指定的毫秒数，然后再继续进行。

② Wait Until Next ms Multiple 函数控制 LabVIEW 等待内部时钟等于或超过输入毫秒数的倍数再执行 VI，在控制循环的间隔时间和同步时很有用。

以上两个函数很相似但也不完全一样。Wait Until Next ms Multiple 函数在第一次循环中等待的时间也许要小于指定的毫秒数（就是时钟到达下一个毫秒数倍数的时间），这取决于开始时的时钟值。

③ Tick Count(ms)函数返回一个操作系统内部时钟的毫秒值，通常用于计算用掉的时间。

④ Time Delay 函数的功能和 Wait(ms)函数基本相同，只是以秒为单位。

⑤ Elapse Time 函数检查是否已经超过指定的定时时间。在配置该定时函数时,需要设置其定时返回时间。在调用 VI 时,如果已经超过指定的定时时间,布尔型输出"Time has Elapsed"会返回 True,否则返回 False。

此外,定时函数可以与循环结构、顺序结构都组合使用,实现更加强大的功能。

# 8.2 LabWindows/CVI 软件开发环境

## 8.2.1 LabWindows/CVI 简介

### 1. LabWindows/CVI 的特点

虚拟仪器软件开发工具 LabWindows/CVI 是 NI 公司开发的 Measurement Studio 软件组中的一员。它是 32 位的面向计算机测控领域的虚拟仪器软件开发平台,可以在多操作系统下运行。LabWindows/CVI 是以 ANSI C 为核心的交互式虚拟仪器开发环境,它将功能强大的 C 语言与测控技术有机结合,具有灵活的交互式编程方法、丰富的库函数,为开发人员建立检测系统、自动测试环境、数据采集系统、过程监控系统等提供了理想的软件开发环境,是实现虚拟仪器及网络化仪器的快速途径。作为一个优秀的软件开发平台,LabWindows/CVI 具有如下特点。

(1) 交互式的程序开发

LabWindows/CVI 将源代码编程、32 位 ANSI C 编译、链接、调试以及标准的 ANSI C 库等集成在一个交互式开发平台中,采用简单直观图形用户界面设计,利用函数面板输入函数的参数,采用事件驱动和回调函数方式的编程技术,有效地提高了工程设计的效率和可靠性。

(2) 功能强大的函数库

接口函数库、信号处理函数库、Windows SDK 为功能增大的函数库,利用这些库函数可以方便地实现复杂的数据采集和仪器控制系统的开发。同时 LabWindows/CVI 附加了各种功能的软件开发包,如数据库软件包、Internet 软件包、小波分析软件包等,大大增强了 LabWindows/CVI 的性能。

(3) 灵活的程序调试手段

LabWindows/CVI 提供了单步执行、断点执行、过程跟踪、参数检查、运行时内存检查等多种调试手段。

(4) 高效编程环境

LabWindows/CVI 以其面向虚拟仪器的交互式开发环境满足了用户对软件不断变化的要求,在产品设计中,可以快速创建、配置并显示测量。LabWindows/CVI 可以自动生成代码、编译和链接,省去了手工编写,更有利于系统的开发。

(5) 开放式的框架架构

在 LabWindows/CVI 环境中可以结合使用标准的 ANSI C 源文件、obj 文件、动态链接库(DLL);也可以将软件中的仪器驱动库与其他标准 C 编译器结合使用,无须更改开发工具。同时,可以在不同的工作小组之间共享函数模块和虚拟仪器程序。

(6) 集成式的开发环境

LabWindows/CVI 是集成式的开发环境,可用于创建基于 DAQ、GPIB、PXI、VXI、串口和以太网的虚拟仪器系统。这一开发方式结合了交互式、简单易用的开发方式与 ANSI C 代码的强大编写功能和灵活性。LabWindows/CVI 中的交互式开发工具和函数库可以方便地实现自动化测试系统、实验室研发、数据采集监视项目、验证测试和控制系统的设计。

**2. LabWindows/CVI 的应用范围**

LabWindows/CVI 主要应用在各种测试、控制、故障分析及信息处理软件的开发中，与 NI 公司开发的另一个虚拟仪器 LabVIEW 相比，其更适合中、大型复杂测试软件的开发。基于 LabWindows/CVI 设计的虚拟仪器在无损检测、电力仪表系统、温控系统、流程控制系统、故障诊断和医疗等领域发挥着重要作用。LabWindows/CVI 已经成为测控领域最受欢迎的开发平台之一，并且已经得到较为广泛的应用。

### 8.2.2　LabWindows/CVI 编程环境

**1. LabWindows/CVI 程序的文件类型**

在 LabWindows/CVI 软件平台中设计完成的虚拟仪器由 4 个文件组成，如图 8-12 所示。由软件组成框图可以看出，LabWindows/CVI 编写的虚拟仪器，其软件的文件类型包含 5 类。

文件的类型说明如下：

① ＊.cws 文件：工作区文件。

② ＊.prj 文件：工程文件，由 ＊.uir 文件、＊.c 文件和 ＊.h 文件组成。

③ ＊.c 文件：此源程序文件此为标准的 C 语言程序文件。文件由三部分组成，即头文件（＊.h）、主程序文件（Main）和回调函数（CallBack），其结构和 C 语言的结构一致。

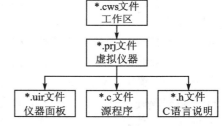

图 8-12　用 LabWindows/CVI 设计的虚拟仪器软件组成框图

④ ＊.uir 文件：用户界面文件，该文件为虚拟仪器的面板文件，类似 VB 或 VC 中的窗体文件。该文件中包含仪器面板中的各类控件，如按钮、开关等，每个控件都有自己的属性，如按钮的名称、面板的标题、长度、位置等。同时，控件还有事件，当用鼠标单击控件或用键盘改变控件时，将调用相应的回调函数，完成相应的功能，如完成数据处理、存盘、显示、打印等功能。

⑤ ＊.h 文件：头文件，与 C 语言中的 ＊.h 文件结构完全一致。在 LabWindows/CVI 中，＊.h 文件是自动生成的，当设计完 ＊.uir 文件后，会自动生成 ＊.h 文件。

**2. LabWindows/CVI 编程环境的界面窗口**

LabWindows/CVI 开发环境有以下三个最主要的窗口（Window）与函数面板（Function Panel）：

- 项目工程窗口（Project Window）；
- 用户接口编辑窗口（User Interface Editor window）；
- 源代码窗口（Source window）。

下面对以上三个窗口及函数面板作详细的介绍。

（1）项目工程窗口（Project Window）

一个项目工程窗口（Project Window），如图 8-13 所示。

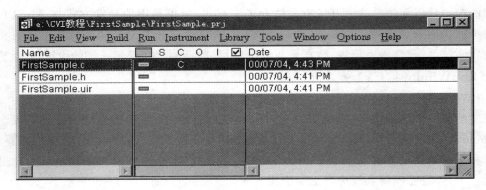

图 8-13  项目工程窗口

在项目工程窗口中列出了组成该项目工程所有的文件,项目工程窗口中的每个菜单项功能如下:

File:创建、保存或打开文件。可以打开以下文件:项目工程文件(＊.Prj)、源代码文件(＊.c)、头文件(＊.h)以及用户接口文件(＊.uir)。

Edit:在项目工程中添加或移去文件。

Build:使用 LabWindows/CVI 编译链接器。

Run:运行一个项目工程。

Windows:用来访问某个已经打开的窗口,例如:用户接口编辑窗口,源代码窗口。

Tools:运行向导(Wizard)或者添加到 Tools 菜单中的一些工具。

Options:设置 LabWindows/CVI 的编程环境。

Help:LabWindows/CVI 在线帮助及 Windows SDK 的函数帮助。

工程项目文件显示了所列文件的状态,其各项的含义如图 8-14 所示。

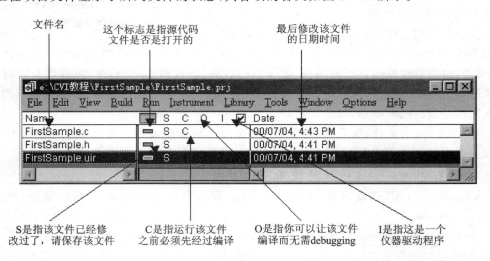

图 8-14  工程项目文件窗口中的文件的状态

(2) 用户接口编辑窗口(User Interface Edit window)

图形用户接口编辑窗口是用来创建、编辑 GUI(Graph User Interface)的。一个用户接口至少要有一个面板(Panel)以及在面板上的各种控件元素(Control Element)。图形用户接口编辑窗口为开发者提供了非常快捷的创建、编辑这些面板和控件元素的方法,可以让开发者在短时间里创建出符合要求的图形界面。

　　一个图形用户接口编辑窗口如图 8-15 所示。下面详细介绍图形用户接口编辑窗口各菜单项的功能:

　　File:创建、保存或打开文件。

　　Edit:可用来编辑面板或控件元素。说明:直接用鼠标双击想要编辑对象即可。

　　Creat:可用来创建面板和各种控件元素。说明:在 Panel 上单击鼠标右键,便会弹出一个快捷菜单,选择所想创建的对象即可。

　　View:当创建多个面板后就可用该项来查看想要看的面板。

　　Arrange:用来调节各个控件元素的位置与大小。

　　Code:产生源代码,以及选择你所需的事件消息类型。

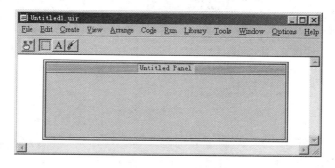

**图 8-15　图形用户接口编辑窗口**

　　Run:运行程序。

　　Library:函数库。说明:将在后面详细介绍 LabWindows/CVI 的函数库。

　　Tools:一些可使用的工具项。

　　Windows:用来访问某个已经打开的窗口,例如,项目工程窗口,用户接口编辑窗口,源代码窗口,…

　　Options:设置用接口编辑窗口的编辑环境。

　　Help:LabWindows/CVI 在线帮助及 Windows SDK 的函数帮助。

　　**说明:**在用户接口编辑窗口中有一快捷菜单是非常有用的,当把鼠标指在某一控件元素上单击右键后便弹出一快捷菜单,通过该菜单可以生成回调函数以及查看回调函数,而无须再切换到源代码窗口后再查看。这是一个以后在编程中要常用到的技巧。

　　(3) 源代码编辑窗口(Sourse Window)

　　可以在源代码编辑窗口中开发你的 C 语言代码文件。例如,添加、删除、插入函数等编程所需的基本编辑操作。但是 LabWindows/CVI 又有其独特的简捷快速的开发、编辑工具,可以让程序开发者在短时间内完成一个较复杂的 C 程序代码的开发。一个源代码编辑窗口(Source Window)如图 8-16 所示。

　　源代码编辑窗口中各菜单项的功能如下:

　　File:创建、保存或打开文件。

Edit：可用来编辑源代码文件。

View：设置源代码编辑窗口的风格等功能。

Build：编译文件以及编译设置。

Run：运行程序。

Instrument：装入仪器驱动程序。

Library：函数库。

Tools：一些你可使用的工具项。

Windows：用来访问某个已经打开的窗口，例如，项目工程窗口，用接口编辑窗口，源代码窗口，…

Options：设置用接口编辑窗口的编辑环境。

Help：LabWindows/CVI 在线帮助及 Windows SDK 的函数帮助。

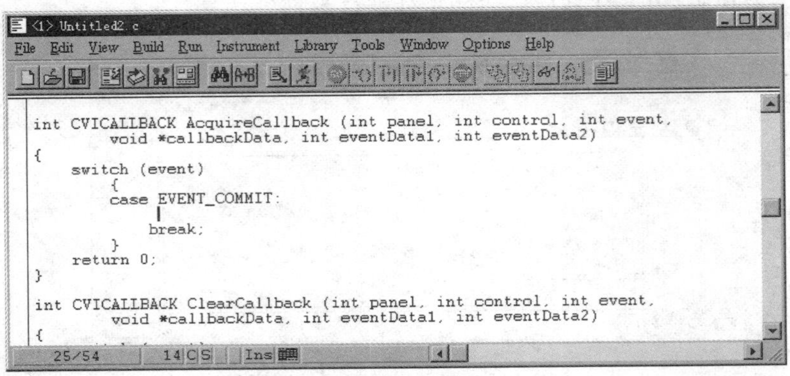

图 8-16　源代码编辑窗口

（4）函数面板（Function Panel）

在 LabWindows/CVI 编程环境下，当准备在源程序某处插入函数时，只需从函数所在的库中选择该函数后便会弹出一个与之对应的函数面板，程序开发者只需要填入该函数所需的参数后完成插入即可。而且更为方便的是：若参数是一已有的常量或变量，只需单击常量或变量工具按钮后选择所需的量即可；若参数是一变量，则直接可声明该变量而无须再切换至源代码窗口。下面简单介绍这些在 LabWindows/CVI 中可以加快你编程的技巧。

图 8-17 是一个产生正弦波的函数的界面，其中 SinePattern 项是用来装正弦波的数组，假设在程序中使用数组 Wave[512]来装正弦波的。当在 SinePattern 项填入 Wave 后，由于 Wave 是一变量，所以需要声明该变量：让鼠标指在 Wave 上然后单击工具条中的声明变量按钮，便弹出一个声明变量对话框即可声明该变量为局域变量或为全局变量。

### 8.2.3　LabWindows/CVI 的函数库

LabWindows/CVI 其强大功能的所在就是基于其非常丰富的库函数。LabWindows/CVI 所提供的库函数从用户图形界面，数据采集，数据分析，仪器控制，…，直到现在 Internet 时代的 TCP。所以说，LabWindows/CVI 在测量领域成为先锋的同时又与当前时代的新科技保持了同步。

通常，可将 LabWindows/CVI 的函数库划分为基本函数库、数据采集及接口函数库、信号

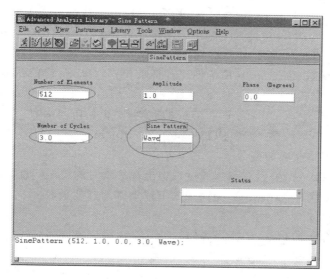

图 8 − 17  函数面板窗口

分析处理函数库和高级函数库。下面简单介绍各函数库的组成和基本功能。

**1. 基本函数库**

基本函数库主要包括用户界面库（User Interface Library）、格式化与 I/O 库（Formatting and I/O）和实用函数库（Utility）。

（1）用户界面库

用户界面库中提供了许多与面板上各种控件打交道的函数，通过这些函数，可以设置和编辑 Panel 上某个控件的属性值，实时地在 Panel 的图形控件上显示波形，在数值型控件上显示数据。用户界面库函数包含所有与用户界面设计有关的函数，按用途分为以下 15 类函数。

① 面板操作类函数（Panels）：对用户自定义面板执行调用/创建、修改、卸载/释放等操作的函数。

② 菜单结构类函数（Menu Structures）：对用户自定义菜单结构执行调用/创建、修改、卸载/释放等操作的函数。

③ 控件操作类函数（Controls/Graphs/Strip Charts）：对控件、图形执行创建、控制、修改和释放等操作函数。

④ 弹出式面板类函数（Pop − up Panels）：实现用户定义对话框或已定义对话框的安装和交互作用等操作的函数。

⑤ 按键响应函数（KeyPress Event Functions）：响应按键消息处理的相关函数。

⑥ 回调函数（Callback Functions）：实现用户定义回调函数（响应用户界面事件和 Windows 消息的处理函数）的安装操作的函数。

⑦ 用户界面管理类函数（User Interface Management）：对用户输入和屏幕显示进行控制的函数。

⑧ 打印类函数（Printing）：用于定制打印和打印输出的函数。

⑨ 鼠标和光标控制类函数（Mouse and Cursor）：实现对鼠标、鼠标光标和沙漏光标的状态进行捕获和设置操作的函数。

⑩ 矩形和点操作类函数(Rectangles and Points):用于创建和操作矩形和点结构的函数。使用这些矩形和点结构在 Cartesian 坐标系中对画布(Canvas)和位图(Bitmaps)控件进行的操作指定位置和区域。

⑪ 位图操作类函数(Bitmaps):用于创建和释放位图(Bitmaps)的函数。Bitmaps 用二维像素坐标来描绘图形。

⑫ 剪贴板操作类函数(Clipboard):实现对系统剪贴板的访问函数。

⑬ LW DOS 兼容类函数(LW DOS Compatibility Functions):是与现有 DOS 版本的 LabWindows/CVI 保持兼容的函数。

⑭ 监控类函数(Monitors):获取运行过程中出现故障时的错误信息。

⑮ 其他类函数(Miscellaneous):无法归入上述类别的其他函数。

(2) 格式化与 I/O 库

格式化与 I/O 库主要包括以下 5 类函数。

① 文件 I/O 类函数:完成文件的输入/输出,包括 OpenFile 函数、CloseFile 函数、ReadFile 函数、WriteFile 函数、ArrayToFile 函数和 FileToArray 函数。

② 字符串处理类函数:完成字符串信息的处理、复制等功能,包括 StringLength 函数、StringLowerCase 函数、StingUpperCase 函数、CopyBytes 函数、CopyString 函数、CompareBytes 函数、CompareStrings 函数、ReadLine 函数和 WriteLine 函数。

③ 数据格式化类函数:将源数据格式化到目标变量中,主要有 Fmt 函数和 Scan 函数。

④ 获得格式 I/O 错误函数。

⑤ 获得格式 I/O 错误相对应的字符串函数。

(3) 实用函数库

LabWindows/CVI 中的实用函数库完成程序开发中常用的一些功能,主要包括以下 14 类函数。

① 定时/等待类函数:完成时间的回调、延迟和定时功能,包括 Timer 函数、Delay 函数、SyncWait 函数。

② 日期/时间类函数:获得或返回日期/时间信息,包括 DateStr 函数、TimeStr 函数、GetSystemDate 函数、SetSystemDate 函数、GetSystemTime 函数和 SetSystemTime 函数。

③ 文件应用类函数:完成文件的删除、改名等功能,包括 DeleteFile 函数、RenameFile 函数和 CopyFile 函数。

④ 路径实用类函数:获得工程文件所在目录的目录名,包括 GetDir 函数和 GetProjectDir 函数。

⑤ I/O 端口类函数:完成端口数据的读入/输出功能,包括 inp 函数、inpw 函数、outp 函数和 outpw 函数。

⑥ 中断类函数:完成中断功能,主要包括 DisableInterrupts 函数、EnableInterrups 函数和 GetInterruptState 函数。

⑦ 其他类函数:键盘应用类函数、外部模块类函数、标准输入/输出窗口类函数、实时错误报告类函数、物理内存访问类函数、多线程切换类函数、任务切换类函数、运行可执行文件类函数。

## 2. 数据采集及接口函数库

数据采集与控制、数据分析和数据表达是虚拟仪器（也是测试系统）的三个重要功能，其中数据采集与控制主要由计算机控制 I/O 接口设备来完成。I/O 接口设备主要是数据采集卡，所涉及的总线类型有 GPIB、RS - 232、PCI、VISA、VXI、PXI 和 LXI 等总线。I/O 设备的主要作用是完成信号采集、放大和模数转换，因此，对 I/O 设备的驱动是虚拟仪器的重要组成部分。

LabWindows/CVI 具有功能强大的数据采集与控制库函数和总线控制库函数，主要包括数据采集函数库（Data Acquisition Library）、易用数据采集函数库（Easy I/O for DAQ）、仪器控制函数库（GPIB488.2 Library）、RS - 232 函数库（RS - 232 Library）、VISA 函数库（VISA Library）和 VXI 函数库（VXI Library）。下面分别对其进行简要介绍。

（1）数据采集函数库

数据的采集涉及硬件和软件两方面，LabWindows/CVI 程序中数据的采集主要通过引用数据采集函数库中的各种配置和调用函数来完成，数据采集函数库包括以下 10 个函数库子类。

① Initialization/Unities 子类：包含各种初始化函数和库配置操作函数。

② Board Config & Calibrate 子类：包含各种数据采集卡的配置和校准函数。

③ Analog Input 子类：包含各种模拟输入函数。

④ Analog Output 子类：包含各种模拟输出函数。

⑤ Digital Input/Output 子类：包含各种数字输入/输出函数。

⑥ SCXI 子类：关于 SCXI 模块和底板的编程函数。

⑦ Counter/Timer 子类：包含各种对安装了 DAQ - STC 计数器/计时器芯片的数据采集卡进行计数/计时操作的函数。

⑧ RTSI Bus 子类：包含各种支持实时系统集成（Real - Time System Integration）总线的函数。

⑨ Event Messaging 子类：包含各种向数据采集卡注册事件消息的函数。这些函数提供了一种有效的监测采集过程的方法。

⑩ Errors 子类：包含了处理出错代码的两个函数。

（2）易用数据采集函数库

LabWindows/CVI 不仅提供了功能强大的数据采集（DAQ）函数库，还提供了功能相对简单，但操作更加方便的 Easy I/O for DAQ 函数库。该函数库是对 DAQ 函数库的补充，在编辑小型的数据采集应用程序时，一般采用易用数据采集函数库中的函数。该函数库主要包括以下几个方面内容。

① 模拟输入函数：完成数据启动、采样、读取等操作，主要包括 AIStartAcquisition 函数、AIReadAcquisition 函数、AISampleChannel 函数、AICheckAcquisition 函数和 AIChearAcquisition 函数。

② 模拟输出函数：完成数据产生、更新和清空等操作，主要包括 AOGenerateWaveforms 函数、AOUpdateChannel 函数和 AOClearWaveforms 函数。

③ 数字输入/输出函数：完成从端口或数据线上读取/输出数据，主要包括 ReadFromDigitalPort 函数、WriteToDigitalPort 函数、ReadFromDigitalLine 函数和 WriteToDigitalLine

函数。

④ 计数器/计时器函数：完成启动、读取和停止计数/计时功能，主要包括 CounterStart 函数、CounterRead 函数和 CounterStop 函数。

（3）RS-232 函数库

LabWindows/CVI 提供的 RS-232 函数库主要包括以下几类函数。

① 串行口打开/关闭函数：完成 RS-232 串口的打开、参数设置和关闭功能。包括 Open-Com 函数、OpenComConfig 函数和 CloseCom 函数。

② 串行口输入/输出函数：完成从串口读取/写入字节、若干字节、数据等功能。包括 ComRd 函数、ComRdByte 函数、ComWrt 函数、ComWrtByte 函数、ComToFile 函数和 ComRdTerm 函数。

③ 串行口控制函数：完成串口清空、串口操作时限等功能。包括 FlushInQ 函数、Flush-OutQ 函数和 SetComTime 函数。

④ 串行口状态查询函数：完成串口状态信息查询功能。包括 GetInQLen 函数、GetOutQLen 函数和 GetComStat 函数。

⑤ 串行口事件处理函数：用来为指定串口设置一个回调函数，InstallComCallback 函数。

（4）仪器控制函数库

仪器控制函数库（GPIB-488.2 函数库）具有打开/关闭 GPIB 设备、配置总线、读写 I/O、控制 GPIB 设备、控制总线等功能，该库共包含以下 10 个子类，具体如下。

① Open/Close 子类：即打开/关闭 GPIB 设备子类，用来打开或关闭 GPIB 总线和设备。LabWindows/CVI 中打开 GPIB 设备的函数有 OpenDev 函数、ibfind 函数和 ibdev 函数，关闭 GPIB 设备的函数有 CloseDev 函数和 CloseInstrDevs 函数。

② I/O 子类：即 I/O 读/写操作子类，利用 GPIB 总线读/写数据。包括 ibwrt 函数、ibrd 函数、ibrda 函数、ibrdf 函数、ibwrta 函数、ibwrtf 函数和 ibstop 函数。

③ CallBacks 子类：即安装 GPIB 回调函数，安装响应 GPIB 事件的回调函数，只适用于 Windows 系统下，包括 ibInstallCallBack 函数（安装同步回调函数）和 ibnotify 函数（安装异步回调函数）。这两个函数会对 GPIB 事件做出响应并处理，GPIB 事件对应于全局变量 ibsta 取值，对于 GPIB 插板和设备，响应的时间有所不同，GPIB 板支持除 ERR 以外的所有事件，GPIB 设备支持 TIMO（操作超时）、END（检测到 EOI 或 EOS 信号）、RQS（设备请求服务）和 CMPL（I/O 操作完成）4 个事件。

**注意**：在 UNIX 系统下该子类为 ibsgnl 函数。

④ Locking 子类：即设备控制子类，用于控制多个应用程序或计算机同时进入 GPIB-ENET，包括两个函数：ibloc 函数（用来设置锁定设备，阻塞其他过程调用该函数）和 ibunlock 函数（用来解除设备锁定）。

⑤ Thread-Specific Status 子类：即多线程状态子类，在多线程下返回当前线程的状态，只适用于 Windows 系统中。该函数库提供了 4 个函数来完成多线程操作：ThreadIbcnt 函数（返回全局变量 ibcnt 在当前线程的值）、ThreadIbsta 函数（返回全局变量 ibsta 在当前线程的值）、ThreadIberr 函数（返回全局变量 iberr 在当前线程的值）和 ThreadIbcnt1 函数（返回全局变量 ibcnt1 在当前线程的值）。

⑥ Configuration 子类：设置或更改 GPIB 总线配置参数。

⑦ Bus Control 子类：低层 GPIB 总线控制函数。

⑧ Board Control 子类：低层 GPIB 接口控制函数，一般用于控制器无效时。

⑨ Device Control 子类：常用的 GPIB 仪器控制应用函数。

⑩ GPIB－488.2 子类：根据 IEEE 488.2 标准用于通信和控制 GPIB 设备。

（5）VISA 函数库

介绍以下 8 个常用的 VISA 函数。

① viInstallHandle 函数：用来给特定的仪器事件指定回调函数句柄。

② viEnableEvent 函数：表示事件使能。

③ viDisableEvent 函数：用来禁止事件。

④ viUninstallHandle 函数：用来卸载回调函数句柄。

⑤ viOpen 函数：用来与外部仪器建立连接，返回设备句柄。

⑥ viOpenDefaultRM 函数：用来以默认方式打开资源管理器。

⑦ viClose 函数：用来关闭已打开的设备。

⑧ viGetAttribute 函数：用来获取仪器的属性。

（6）VXI 函数库

介绍 4 个常用的 VXI 函数。

① InitVXIlibrary 函数：用来初始化 VXI 函数库的数据结构。返回的操作状态：0 为成功；1 为 NI－VXI 已经初始化；2 为 NI－VXI 成功初始化，但资源管理器不能成功运行；－1 为初始化失败，未找到 NI－VXI 函数库。

② CloseVXIlibrary 函数：用来关闭 NI－VXI 函数库，释放内存。返回的操作状态：0 为成功；1 为成功，超过一个 NI－VXI 函数库打开未决；－1 为 NI－VXI 函数库为打开或关闭失败。

③ WSrd 函数：用来从设备读取规定数目的数据存入指定变量。

④ WSwrt 函数：用来从内存读取数据输出到指定设备。

**3. 信号分析处理函数库**

（1）信号产生类函数

信号产生类函数是用来产生仿真信号的，主要包括冲击信号（Impulse）、脉冲信号（Pulse）、斜坡信号（Ramp）、正弦信号（SinePattern 和 SineWave）、均匀噪声信号（Uniform）、白噪声信号（WhiteNoise）、高斯噪声信号（GaussNoise）、任意波信号（ArbitraryWave）、变频信号（Chirp）、锯齿波信号（SawtoothWave）、三角波信号（Triangle 和 TriangleWave）、方波信号（SquareWave）和 Sinc 信号（Sinc）。

（2）信号处理类函数

信号处理类函数共分 5 类，详见如下解释。

① 时域信号处理函数：主要包括卷积（Convolve）、反卷积（Deconvolve）、相关分析（Coreelate）、微分（Difference）、积分（Integrate）等函数。

② 频域信号处理函数：主要包括快速傅里叶变换（FFT）、快速傅里叶反变换（InvFFT）、快速 Hartley 变换（FHT）和快速 Hartley 反变换（InvFHT）函数。

③ 数字 IIR 滤波器：主要有巴特沃斯滤波器、契比雪夫滤波器和椭圆滤波器，每种滤波器都包含低通、高通、带通和带阻四种滤波器函数。

④ 窗函数：LabWindows/CVI 中的窗函数包括三角窗（Triangular）、汉宁窗（Hanning）、汉明窗（Hamming）、布莱克曼窗（Blackman）、凯塞窗（Kaiser）等窗函数。

⑤ 数字 FIR 滤波器：数字滤波器主要包括利用窗口法和应用 Parks - McClellan 运算法构造 FIR 线性相位滤波器，具体函数请参考相关书籍，不再详细介绍。

### 4. 高级函数库

LabWindows/CVI 中的高级函数库可以大大简化用户程序设计，本节主要介绍 TCP、DDE 和 ActiveX 三个高级函数库。

（1）TCP/IP 函数库

该函数库是 TCP/IP 协议集的一个组成部分，只支持 TCP 服务，暂不支持 UDP 服务。Windows 操作系统下应用 LabWindows/CVI 中的 TCP 函数，必须应用 winsock.dll 文件，该文件提供了对 TCP 函数库与网络协议的标准接口。该函数库包括如下 3 类主要函数。

① Server Function 函数：即服务器传输控制函数，能够实现注册和注销服务器、终止与客户的连接、读取和发送数据等功能。主要包括 5 个服务器类传输控制函数：RegisterTCPServer（注册 TCP 服务器）、ServerTCPRead（从客户端读取数据）、ServerTCPWrite（向客户端发送数据）、UnregisterTCPServer（注销 TCP 服务器）和 DisconnectTCPClinet（断开与客户端的连接）。

② Client Function 函数：客户类传输控制函数，能够实现连接和断开与服务器的连接及读取和发送数据等功能。主要包括 4 个客户类传输控制函数：ConnectToTCPServer（注册 TCP 服务器）、ClientTCPRead（从服务器应用程序读取数据）、ClientTCPWrite（向服务器应用程序发送数据）和 DisconnectFromTCPServer（注销 TCP 服务器）。

③ Support Function 函数：其他支持类函数，能够获得本地主机和连接主机的名称和 IP 地址、设置断开连接的方式和由连接句柄获得相应的套接字句柄。主要包括 GetTCPHostAddr（获取本地主机的 IP 地址）、GetTCPHostName（获取本地主机名）、GetTCPPeerAddr（由连接句柄获取连接主机的 IP 地址）、GetTCPPeerName（由连接句柄获取连接主机名）、GetHostTCPSocketHandle（由连接句柄获得相应的套接字句柄）、GetTCPSystemErroString（获取导致 TCP 函数不能正常工作的信息）和 SetTCPDisconnectMode（设置断开连接模式）。

④ TCP 回调函数：通过处理与连接开始、连接断开和数据有效三种消息来完成相应的网络操作。主要包括 TCP_CONNECT（连接一个新客户端）、TCP_DISCONNECT（断开连接的客户端）和 TCP_DATAREADY（传输一方数据准备完毕，另一方收到此消息后应该接收数据）。

（2）DDE（动态数据交换）函数库

LabWindows/CVI 标准函数库中的 DDE 函数库包含服务器类函数、客户类函数和检查错误函数，通过这些函数可以实现一般的 DDE 数据交换，但只能应用在 Windows 系统范围内。

① 服务器类函数：该类函数共有 5 个，分别是 RegisterDDEServer（注册 DDE 服务器）、UnregisterDDEServer（注销 DDE 服务器）、BroadcastDDEDataReady（向所有已建立了热或温连接的、并且主题名和项名与预定值一致的客户程序发出数据）、AdviseDDEDataReady（向一个客户程序发出数据）和 ServerDDEWrite（当客户程序向服务器请求数据时服务器向客户发出数据）。

② 客户类函数：该类函数共有 8 个，分别是 ConnectToDDEServer（建立客户到服务器的连接）、DisconnectFromDDEServer（客户中断与服务器的连接）、SetUpDDEHotLink（建立客户与服务器的热链路）、SetUpDDEWarmLink（建立客户与服务器的温链路）、TerminateD-DELink（断开已建立的热链路或者温链路）、ClientDDERead（客户程序从服务器程序读取数据）、ClientDDEWrite（客户程序向服务器程序传送数据）和 ClientDDEExecute（客户请求服务器执行命令）。

③ DDE 回调函数：完成服务器和用户的数据回调，两者格式完全相同。

此外，DDE 库函数还包含一个输入出错代码来获取出错信息的 Get_DDEErrorString 函数。

（3）ActiveX 函数库

LabWindows/CVI 中，应用 ActiveX 自动化库中的函数可以方便地访问 ActiveX 服务器接口。将 ActiveX 自动化函数库与 ActiveX Automation Controller Wizard 生成的仪器驱动器结合起来使用就更加方便。ActiveX 自动化仪器驱动器包含各种 ActiveX 自动化函数，这些函数可以实现创建 ActiveX 对象、调用 ActiveX 对象的方法、获取和设置 ActiveX 对象的属性等，这些功能主要依靠 ActiveX 自动化库中的主要底层函数实现。18 个低层函数的说明如下：

① CA_GetActiveObjectByClassId：根据自动化服务器的类标志获取自动化对象的句柄。

② CA_GetActiveObjectByProgId：根据自动化服务器的程序 ID 号获得自动化对象的句柄。

③ CA_CreateObjectByClassId：根据自动化服务器的类标志创建自动化对象。

④ CA_CreateObjectByProgId：根据自动化服务器的程序 ID 号创建自动化对象。

⑤ CA_LoadObjectFromFile：从文件中加载自动化对象。

⑥ CA_LoadObjectFromFileByClassId：根据自动化服务器的类标志从文件中加载自动化对象。

⑦ CA_LoadObjectFromFileByProgId：根据自动化服务器的程序 ID 号从文件中加载自动化对象。

⑧ CA_CreateObjHandleFromIDispatch：根据自动化服务器的 IDispatch 接口创建自动化对象。

⑨ CA_MethodInvoke：调用方法。

⑩ CA_MethodInvokeV：调用方法以参数列表形式获得可变参数。

⑪ CA_PropertyGet：获得属性值。

⑫ CA_PropertySet：设置属性值。

⑬ CA_PropertySetV：以参数列表设置属性值。

⑭ CA_PropertySetByRef：以指针设置属性值。

⑮ CA_PropertySetByRefV：以参数列表指针设置属性值。

⑯ CA_InvokeHelper：既可以设置属性值又可以调用方法。

⑰ CA_InvokeHelperV：既可以设置属性值又可以调用方法，但该函数是以列表形式获得参数。

⑱ CA_GetDispatchFromObjHandle：从自动化对象句柄获得 IDispatch 接口。

# 本章小结

本章简单介绍了目前常用的两种自动测试系统软件开发环境:图形化编程环境 LabVIEW、文本式编程环境 LabWindows/CVI,并给出了简单的设计实例。通过本章学习,初步掌握自动测试系统的软件开发环境。

# 思考题

1. LabVIEW 软件开发环境具有什么特点?
2. LabVIEW 程序的基本组成部分有哪些?
3. LabVIEW 软件中的控制结构有哪些?
4. LabWindows/CVI 软件开发环境具有什么特点?
5. LabWindows/CVI 的函数库有哪些?

# 扩展阅读:ATLAS 软件开发环境

## 1. ATLAS 简介

### (1) ATLAS 语言的产生

早在 20 世纪 60 年代测试界就普遍认为需要为测试开发一种标准的语言,但当时的测试界面面临着很多难以解决的问题。例如,产品的设计者、生产者和后期维护者为了开发某产品的测试,需要进行信息交流,又因为各自行业的不同,产生很多错误信息,给测试程序开发带来很多不必要的麻烦。目前,采用自动测试系统完成产品测试是测试领域的发展趋势,自动测试系统要求测试信息必须十分精确。其解决方案就是将应用于普遍场合的自然语言进行子集化和重新定义,由此催生了 ATLAS 语言。

航空无线电公司(Aeronautical Radio Incorporated,ARINC)为解决商用航空的测试需求,最先开始了测试语言的开发。商业航空需要经常检测和维修飞机上相似或相同的电子系统,期望一种标准化和明确方式开发测试流程,便能够交换测试程序,从而避免了各航空公司要重建这些程序。

由航空无线电公司主导开发的测试语言被命名为航空系统的缩略测试语言即 ATLAS。ATLAS 使得测试程序与测试设备相隔离,提供了一种在 UUT 工程师、TPS 最终用户和 TPS 开发者之间正确无误地传递信息的方式。ATLAS 用于基于事件的表达方式和标准信号实现 UUT 的测试需求的描述,通过特定的编译器,这些描述代码可在相应的 ATS 上运行。经过多家对电子类测试感兴趣的商业公司的合作,ATLAS 得到了很大的发展与改进。这些企业里航空电子系统的维护方面的精英们聚集到一起,共同完成了 ATLAS 的定义与开发。后来,标准测试语言带来的便利在航空企业之外的电子行业也越来越得到重视。美国的海军、空军也积极投入到 ATLAS 语言的开发中。与这些机构工作的一部分国防工业的商业公司也认为 ATLAS 同样能给航空电子防御系统带来便利。在此期间,随着 ATLAS 会议的参与者的剧增,航空无线电公司在管理上的负担越来越大。

1976 年, ATLAS 的管理与维护的责任由航空无线电公司转到了 IEEE, 此时 ATLAS 被重新命名, 以映射其在多领域中的运用。ATLAS 是 Abbreviated Test Language for All Systems, 即所有系统的测试缩略语的简称。

1968 年, ATLAS 语言发布了第一版, 被命名为 ARINC 416 - 1。后期, ATLAS 语言做了很多的改进与提升, ARINC 发布了几个升级版。1976 年, ATLAS 的第四版 ARINC 416 - 13A 出版。同年, IEEE 416 - 1976 也发行了, 这是第一个由 IEEE 主导的 ATLAS 发行物, 代替了 ARINC 的 ARINC 416 - 13A 版本, 后期推出了从 13A 到 33 的 ATLAS 演化版。当 ATLAS 的 33 版的推出, 语言的体系已经变得很庞大, 但是同时还得考虑减轻语言维护的负担。

1988 年, IEEE 发行了 ATLAS 标准 716 - 1988/9, 新版本是 ATLAS416 的一个子集, 同年 ARINC 发行了 ARINC 6266 - 1988/9。然而这两个版本之间的兼容性很差, 并且也不是 IEEE416 的真正子集。IEEE 在发行 ATLAS 716 后停止了对 ATLAS 416 的发行。从第一版开始, IEEE ATLAS 每隔 3~4 年发行一个更新版。1984 年 IEEE 出版了 ATLAS 语言的一个标准学习指导即标准 771。

2000 年, IEEE 发布了最新版本 ATLAS 2000。ATLAS 2000 的开发是基于 ATLAS 前期各个版本的开发经验之上, 经过 30 多年的发展, ATLAS 开发者积累了很多的经验, 这为 ATLAS 2000 的开发提供了很大的便利。ATLAS 2000 还融合了计算机语言设计和计算机科学领域的新技术, ATLAS 的功能和优势在一种能解决现有问题的新架构中实现, 大大提高了语言的灵活性, 并增加了很多新功能。

（2）ATLAS 的语言特点

1）结构特点

ATLAS 语言的适应面广, 如用于军事、商业等。NUCLEUS 和 PRIMITIVES 是语言的基本部分, 用户可在这个基础上, 根据自己的测试领域需求建立测试应用框架（TAF）。在此后编程中, 这个框架便可作为一个语言单元被引用。这样使得语言在保护描述基础可靠的同时, 不限制用户对其扩展, 构造用于专门测试领域的新的语言单元和结构。扩展最初是由用户自行维护, 只有当成熟后, 才作为附件交给 IEEE。这种方式避免了在标准内部包含过多的特殊测试领域的深奥技术知识。使得语言具有很强的可扩充性, 能满足各种测试的要求, 又能有效地利用以往开发的测试程序。

2）面向被测单元（UUT）的特点

ATLAS 语言最突出的优点之一是具有设备无关性。其源代码中不含有具体的硬件信息, 由编译器在编译过程中导入相关信息。例如, ATE 适配器和测试资源等信息, 便增加了测试程序的通用性, 体现了面向信号源操作的思想。

ATLAS 作为一种人机通信的高级语言, 它选择独立于特定的解决方案和专用测试设备的结构。这种独立性允许 ATLAS 测试需求以多种方式或在多种测试设备上可靠地运行, 包括人工方式和自动方式。

ATLAS 测试规范和 ATLAS 测试过程是独立于测试设备的, 其测试程序与特定的测试系统相关。ATLAS 语言用来定义被测单元（UUT）的测试需求, 不参考、不依赖于使用的测试设备。在被测单元（UUT）上应用 ATLAS 的测试需求的标准加强了从一组测试设备上实现到另一组上的测试标准透明性。

3）兼容性特点

由于许多测试程序是使用其他语言开发的，ATLAS 兼容性的特点使工作量减少，只要直接使用或稍作修改，就可以应用原来开发出的程序模块。

4）明确性

ATLAS 测试规范是一个精密的参考文档，不带有任何经常在自然语言测试过程中出现的含糊指令。使用 ATLAS 语言描述这些测试将消除工程中模糊性问题。

## 2. ATLAS 的测试需求

ATLAS 中的测试需求时对将要编写的测试程序代码进行地详细描述。

（1）测试需求文件生成顺序

针对任何一个测试系统，应用 ATLAS 语言进行编程时，其测试需求文件生成顺序如下：

① 设计测试需求：这个文件是根据传统真值来写的，它具有独立于测试设备执行的特性。在规划对被测单元的设计文件时，并不知道用于执行测试的实际测试设备，即该需求可以与具体测试设备无关。

② 产品测试过程。

③ ATLAS 测试需求：通常描写 ATLAS 测试需求是为了在两个组织或团体之间提供可移植的和无歧义的测试信息通信。

（2）ATLAS 测试需求的组成

ATLAS 测试需求由一个 ATLAS 程序结构以及可选的任意数量的 ATLAS 模块结构和非 ATLAS 模块结构组成。

图 8-18 所示为 ATLAS 测试程序系统结构。

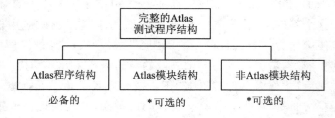

**图 8-18　ATLAS 测试程序系统结构**

图 8-18 是一个 ATLAS 的测试程序系统结构图，其中" ＊"表示其数量可以大于等于 0。非 ATLAS 模块结构的存在体现了这种测试语言的兼容性。ATLAS 和非 ATLAS 模块结构提供了充分利用大量的小而易于管理的部分开发一个大型 ATLAS 测试程序的一种途径。非 ATLAS 模块结构和 ATLAS 模块结构的唯一联系，是通过 PERFORM 语句，因此参数的任何传递必须符合 ATLAS 标准。一个定义的过程可能在 ATLAS 模块结构里，或在包含 PER-FORM 语句的主程序里。这个过程将包含关键词 EXTENAL，但不包含任何程序语句。

## 3. ATLAS 程序预编译结构

（1）程序预编译结构及其作用

程序预编译结构语法图如图 8-19 所示。语法图表示预编译的所有元素都是可选用的，而所有的变量在使用前，必须在 DECLARE 部分声明中。在 ARINC 规范 626-3 中，所有的测试资源必须在 REQUIRE 语句中描述。因此，所有实际的 ATLAS 程序都必须包含程序的

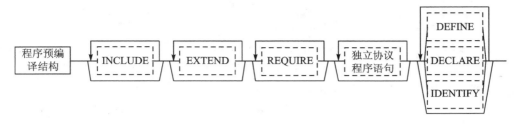

图 8-19　ATLAS 程序预编译结构语法图

预编译结构。

（2）预编译结构使用的语句

ATLAS 语言程序预编译结构包括 INCLUED、EXTEND、REQUIRE、ESTABLISH PROTOCOL、DEFINE、DECLARE 和 IDENTIFY 语句。

例如，一个直流电源资源可以在预编译中这样定义：

```
001520    DEFINE,'DC-1',SIGNAL,
          DC
          DC   SIGNAL,
          VOLTAGE   5V,
          CNX   HI  J1-1   LO  J1-2   $
```

这个电源资源可以在过程结构中如下使用：

```
100421    APPLY,'DC-1' $ 相当于
100421    APPLY, DC  SIGNAL,
          VOLTAGE 5V,
          CNX   HI   J1-1  LO  J1-2   $
```

**4. ATLAS 语言的基本语句结构**

通用的 ATLAS 语句结构的元素如图 8-20 所示。其各部分说明如下：

图 8-20　ATLAS 基本语句结构图

① 固定字段中的标志字段：用来说明这条语句的含义。如果忽略标志说明是一条普通的语句，是注释语句则标志为"C"或"B"；如果是"E"则表示可以从标志的这条语句开始执行测试，而与前面的测试无关。语句号字段，每条语句都有一个行号，用来到识别语句。

② 动词（VERB）字段，包括 ATLAS 中的动词和动词修饰词。动词有 APPLY、DEFINE、DECLEAR、DO 等；动词的修饰词则用来辅助动词，如"DO、SIMULTANEOUS"语句中 SIM-ULTANEOUS，信号语句中的"THEN RESET"等。

③ 分割符：由于动词后的域可以变化，所以使用分隔符来定义一个新的域。在 ATLAS 中，不同的语法成分由分隔符"、"隔开。在某型域，空格用来做子域的分隔符。

④ 每个语句的语句剩余部分根据情况而定。

➢ 测量特征字段：包括在传感器类型的语句中，用来评价那些可用的特征。

➢ 名词字段：用于进一步说明由动词字段定义的动作。

➢ 语句特征字段：用来说明修饰名词的修饰词（形容词）集合。

➢ 连接字段：提供 ATLAS 语句执行中必须连接到 UUT 的信息。

⑤ 每个语句的最后一个字符必须是货币字符 $。

## 5. ATLAS 语言关键词和级别

ATLAS 语法与自然语言类似，也是由动词、名词、形容词、连词、定界符（标点）组成。每一个动词、名词、修饰符、量纲和 ATLAS 语法图中的大写单词都是关键词。当创建一个 AT-LAS 程序测试需求时，用户必须为每个语句选择合适的动词。ATLAS 中的动词通常分为两类：面向信号的动词和一般的程序动词。如，面向信号的操纵动词 APPLY、MEASURE 和 SETUP 等，反映程序结构的动词 BEGIN 和程序控制动词 IF、FOR 等。

在 IEEE 标准 716 - 1995 和 ARINC 规范 626 - 3 中，动词根据它们的功能分组，这些组表明范围和能力。多数动词都有与测试工程相关的功能，只有很少一些有通用的程序作用。

ATLAS 语言有四个级别：

① 标准 ATLAS：完整的 ATLAS 语言，包括在 IEEE 716 - 1995 或 ARINC 626 - 3 中定义的词汇、语法、规则中。

② ATLAS 子集：ATLAS 子集的每一部分都包含在标准 ATLAS 中，由商业和技术等的原因，它不包含标准 ATLAS 的所有词汇、句子和语法。

③ 扩展的 ATLAS 子集：扩展的 ATLAS 子集是基于 ATLAS 子集的一种版本，包含附加在上面的扩展。在 IEEE 716 - 1995 和 ARINC 626 - 3 中，定义了扩展 ATLAS 的特定规则。这种类型的合法扩展可以看作对标准 ATLAS 的一种确认。

④ 修订版 ATLAS：当修订 ATLAS 语言有利于实现某些特殊的测试需求时，对于特殊测试环境，ATLAS 可以进行修订。任何修订都可以看成修订版 ATLAS，修订版 ATLAS 是为适合本地应用程序的测试需求修改后的 ATLAS。

# 第 9 章　测试仪器驱动程序开发

自动测试系统中测试仪器的使用离不开驱动程序,本章首先介绍了测试仪器驱动程序开发的两个基本标准:虚拟仪器软件结构 VISA 和可编程仪器标准命令 SCPI;然后讨论了 VPP 仪器驱动程序开发和 IVI 仪器驱动程序开发的基本内容。

## 9.1　虚拟仪器软件结构 VISA

### 9.1.1　VISA 简介

VISA(Virtual Instrumentation Software Architecture),即虚拟仪器软件结构,是 VPP 系统联盟制定的 I/O 接口软件标准及其相关规范的总称。图 9 - 1 为虚拟仪器软件结构模型。

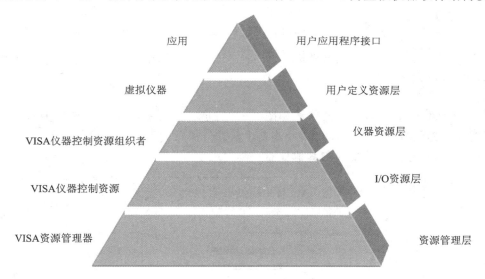

应用　　　　　　　　用户应用程序接口

虚拟仪器　　　　　　用户定义资源层

VISA仪器控制资源组织者　　　　仪器资源层

VISA仪器控制资源　　　　I/O资源层

VISA资源管理器　　　　资源管理层

**图 9 - 1　VISA 结构模型**

VISA 是随着虚拟仪器系统、特别是 VXI 总线技术的发展而出现的。随着 VXI 总线技术的日益发展,当硬件实现标准化后,软件的标准化已成为 VXI 总线技术发展的热点问题。而 I/O 接口软件作为 VXI 总线系统软件结构中承上启下的一层,其标准化显得特别重要,如何解决 I/O 接口软件的统一性与兼容性,成为组建 VXI 总线系统的关键。

在 VISA 出现之前已有过不少 I/O 接口软件,许多仪器生产厂家在推出控制器硬件的同时,也纷纷推出了不同结构的 I/O 接口软件。这些接口软件只针对某一类仪器,如 NI 公司用于控制 GPIB 仪器的 NI - 488 及用于控制 VXI 仪器的 NI - VXI;有的在向统一化的方向靠拢,如 SCPI 标准仪器控制语言。这些都是行业内优秀的 I/O 接口软件,但这些 I/O 接口软件没有一个是可互换的。针对某厂家的某种控制器编写的软件无法适用于另一厂商的另一种控制器,为了使预先编写的仪器驱动程序和软面板适用于任何情况,就必须有标准的 I/O 接口软件,以实现 VXI 即插即用的仪器驱动程序和软面板在使用各个厂商控制器的 VXI 系统中正常运行,这种标准也能确保用户的测试应用程序适用于各种控制器。

作为迈向工业界软件兼容性的一步,VPP 系统联盟制定了新一代的 I/O 接口软件规范,也就是 VPP 规范中的 VPP 4.X 系列规范,称为虚拟仪器软件结构(VISA)规范,故图 9-1 中的标准 I/O 接口软件又称为 VISA 库。

VISA 为整个工业界提供统一的软件基础。全世界的 VXI 模块生产厂家将以该接口软件作为 I/O 控制的底层函数库开发 VXI 模块的驱动程序,在通用的 I/O 接口软件的基础上不同厂商的软件可以在同一平台上协调运行。这将大大减少工业界的软件重复开发,缩短测试应用程序的开发周期,极大地推动 VXI 软件标准化进程。

对于驱动程序、应用程序开发者而言,VISA 库函数是一套可方便调用的函数,其中核心函数可控制各种类型器件,而不用考虑器件的接口类型,VISA 包含部分特定接口函数。VXI 用户可以用同一套函数为 GPIB 器件、VXI 器件等各种类型器件编写软件,学习一次 VISA 就可以处理各种情况,而不必再学习不同厂家、不同接口类型的不同厂 I/O 接口软件的各种使用方法。并且因为 VISA 可工作在各厂商的多种平台上,可以对不同接口类型的器件调用相同的 VISA 函数,用户利用 VISA 开发的软件具有更好的适应性。

对于控制器厂商,VISA 规范仅规定了该函数库应该向用户提供的标准函数、参数形式、返回代码等,关于如何实现并没有做任何说明。VISA 与硬件是密切相关的,厂商必须根据自己的硬件设计提供相应的 VISA 库支持多种接口类型、多种网络结构,这大大增加了控制器厂商的软件开发难度。

在 VXI 总线系统中,VISA 的作用如图 9-2 所示。作为 I/O 接口软件,VISA 库一般用于编写符合 VPP 规范的仪器驱动程序,完成计算机与仪器间的命令和数据传输,以实现对仪器的程控。其中,VXI 零槽模块与其他仪器一起构成了 VXI 总线系统的硬件结构。

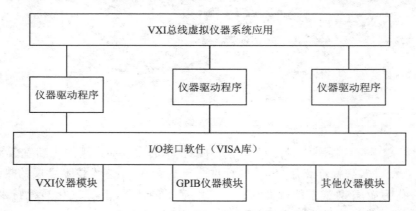

**图 9-2 VXI 虚拟仪器系统结构框图**

在这些仪器中既可以是 VXI 仪器、GPIB 仪器,也可以是异步串行通信仪器等。VISA 库作为底层 I/O 接口软件驻留在系统管理器——计算机系统中,是实现计算机系统与仪器之间命令与数据传输的桥梁和纽带。

### 9.1.2　VISA 的结构

VISA 采用自底向上的结构。与自顶向上的结构不同的是 VISA 库首先定义了一个管理所有资源,即资源管理器,这个资源称为 VISA 资源管理器,它用于管理、控制和分配 VISA 资源的操作功能。各种操作功能主要包括:资源寻址、资源创建与删除、资源属性的读取与修改、操作激活、事件报告、并行与存取控制、默认值设置等。

在资源管理器的基础上,VISA 列出了各种仪器的各种操作功能,并实现操作功能的合并。每一个资源内部,实际上是各种操作的集合,这种资源在 VISA 中就是仪器控制资源.包含各种仪器控制的资源成为通用资源,无法合并的功能则称为特定仪器资源。

另外 VISA 定义与创建了一个用 API(Application Programming Interface,即应用编程接口)实现的资源,为用户提供了单一的控制所有 VISA 仪器控制资源的方法,在 VISA 中称为仪器控制资源组织器。

与自上向下的结构相比,VISA 的结构模型是从仪器操作本身开始的,它实现的统一是深入到操作功能中去而不是停留于仪器类型之上。在 VISA 的结构中,仪器类型的区别体现在统一格式的资源中操作的选取,对于 VISA 使用者来说,形式与用法上是单一的。正是由于这种自底向上的设计方法,VISA 为虚拟仪器系统软件结构提供了一个统一的基础,使来自不同供应厂家的不同的仪器软件可以进行于统一平台之上。

VISA 结构模型如图 9-1 所示,该结构自下往上构成一个金字塔结构,最底层为资源管理层,其上为 I/O 资源层、仪器资源层与用户自定义资源层。其中,用户自定义资源层的定义,在 VISA 规范中并没有规定,它是 VISA 的可变层,实现了 VISA 的扩展性与灵活性。而金字塔顶的用户应用程序,是用户利用 VISA 资源实现的应用程序,其本身并不属于 VISA 资源。

### 9.1.3　VISA 的特点

基于自底向上结构模型的 VISA 创造了一个统一形式的 I/O 控制函数库,它是在 I/O 接口软件的功能超集,在形式上与其他的 I/O 接口软件十分相似。一方面对于初学者来说 VISA 提供了简单易学的控制函数集,应用形式上十分简单;另一方面,对于复杂系统组建者来说,VISA 提供了非常强大的仪器控制功能。

与现存的 I/O 接口软件相比.具有以下几个特点:

① VISA 的 I/O 控制功能适用于各种类型仪器,如 VXI 仪器、GPIB 仪器、RS-232 仪器等,既可用于 VXI 消息基器件,也可用于 VXI 寄存器基器件。

② 与仪器硬件接口无关的特性,即利用 VISA 编写的模块驱动程序既可以用于嵌入式计算机 VXI 系统,也可以用于通过 MXI、GPIB-VXI 或 1394 接口控制的系统中。当更换不同厂家符合 VPP 规范的 VXI 总线器嵌入式计算机或 GPIB 卡、1394 卡时,模块驱动程序无须改动。

③ VISA 的 I/O 控制功能适用于单处理器系统结构,也适用于多处理器结构或分布式网络结构。

④ VISA 的 I/O 控制功能适用于多种网络机制。

由于 VISA 考虑了多种仪器接口类型与网络机制的兼容性,以 VISA 为基础的 VXI 总线系统,不仅可以与过去已有的仪器系统(如 GPIB 仪器系统)结合,可以将仪器系统从过去的集中式结构过渡到分布结构,还保证新一代的仪器完全可以加入到 VXI 总线系统中。用户在组建系统时,可以从 VPP 产品中做出最佳选择,不必再选择某家特殊的软件或硬件产品,也可以利用其他公司生产的符合 VPP 规范的模块替代系统中的同类型模块,而无须修改软件。这样就给用户带来了很大的方便,而且对于程序开发者来说,软件的编制无须针对某个具体公司的具体模块,可以避免重复性工作。系统的标准化与兼容性得到了保证。

### 9.1.4　VISA 的现状

VISA 规范是 VPP 规范的核心内容,其中《VPP 4.3:VISA 库》规定了 VISA 库的函数名、参数定义及返回代码等。《VPP 4.3.2:文本语言的 VISA 实现规范》和《VPP 4.3.3:图形语言的 VISA 实现规范》分别对文本语言(C/C++ 和 Visual Basic)和图形语言(LabVIEW)实现 VISA 时的 VISA 数据类型与各种语言特定数据类型的对应关系、返回代码、常量等进行了定义。

1995 年 12 月颁布 VISA 库规范中规定了 VISA 资源模板、VISA 资源管理器、VISA 仪器管理器、VISA 仪器控制资源几类函数,共 54 个。VPP 规范在 1997 年 1 月、1997 年 12 月、1998 年 12 月 VISA 规范修订版中都陆续作了新的补充、更新,如增加了一些新的 VISA 类型、错误代码、事件、格式化 I/O 修饰符等。

要全部实现 VISA 标准,对控制器厂商是一项非常复杂的工作,如 HP 公司 1996 年 5 月为用户提供的 HP VISA 库基本实现了 VISA 库函数,但也没有考虑标准中的全部参数和功能。HP、NI 等各大公司都正在逐步完善各自的 VISA 库。

### 9.1.5　VISA 的应用举例

本部分通过分别调用非 VISA 的 I/O 接口软件库与 VISA 库函数,对 GPIB 器件与 VXI 消息基器件进行简单的读/写操作(向器件发送查询器件标识符命令,并从器件读回响应值),进行 VISA 与其他 I/O 接口软件的异同点比较。所有例子中采用的编程语言均为 LabWindows/CVI 语言。

**[例 1]**　用非 VISA 的 I/O 接口软件库(NI 公司的 NI-488)实现对 GPIB 仪器的读/写操作。

```
int main(void)
{
/* 以下是声明区 */
char rdResponse[RESPONSE_LENGTH];          /* 响应返回值 */
int status;                                /* 返回状态值 */
short id;                                  /* 器件软件句柄 */
/* 以下是开启区 */
id = ibfind("devl");                       /* 开启 GPIB 器件 */
status = ibpad(5);                         /* 器件主地址为 5 */
status = ibrd(id,rdResponse,RESPONSE、LENGTH,)/* 读回响应值 */ /* 以下是器件 I/O 区 */
status = ibwrt(id,"* IDN?",5);             /* 发送查询标识符命令 */
status = id,rdResponse,RESPONSE_LENGTH;     /* 读回响应值 */
```

```
/ * 以下是关闭区 * /
/ * 关闭语句空 * /
return 0;
}
```

程序说明：

① 声明区：声明程序中所有变量的数据类型，用 C 语言数据类型声明。

② 开启区：进行 GPIB 器件初始化，确定 GPIB 器件地址，并为每个器件返回一个对应的软件句柄。在初始化过程中软件句柄作为器件的标志以输出参数形式被返回。

③ 器件 I/O 区：在本例程中，主要完成命令发送，并从 GPIB 器件中读回响应数据。由初始化得到的软件句柄在器件 I/O 操作中作为函数的输入参数被使用。程序通过对软件句柄的处理，完成对仪器的一对一操作。

④ 关闭区：GPIB 的 I/O 软件库将本身的数据结构存入内存中，当系统关闭时，所有仪器全部自动关闭，无须对 I/O 软件本身作关闭操作。也就是说，GPIB 的 I/O 软件库（NI - 488）无关闭机制。

[例 2]　用非 VISA 的 I/O 接口软件库（NI 公司的 NI - VXI）实现对 VXI 消息基仪器的读/写操作。

```
int main(void)
{
/ * 以下是声明区 * /
char rdResponse[RESPONSE_LENGTH];        / * 响应返回值 * /
int16 status;                            / * 返回状态值 * /
uint32 retCount;                         / * 传送字节数 * /
int16 logicalAddr,mode;                  / * 器件逻辑地址和传送模式 * /
/ * 以下是开启区 * /
status = InitVXILibrary();
logicalAddr = 5;
/ * 以下是器件 I/O 区 * /
status = WSwrt(logicalAddr," * IDN"?,5,mode,&retCount);
    / * 发送查询标识符命令 * /
status = WSrd(logicalAddr,rdResponse,RESPONSE_LENGTH,mode,&retCount);
/ * 读回响应值 * /
......
/ * 以下是关闭区 * /
ColseVXILibrary();                       / * 关闭 VXI 器件 * /
return 0;
}
```

程序说明：

① 声明区：声明程序中所有变量的数据类型，用 C 语言数据类型声明。

② 开启区：对 VXI 消息基器件初始化，确定 VXI 消息基器件的逻辑地址。在对 VXI 消息基器件操作中，逻辑地址取代了 GPIB 器件操作中的软件句柄，作为器件操作的标志，在初始化操作中返回唯一的值。

③ 器件 I/O 区:在本例程中,主要完成对命令的发送,并从 VIX 消息基器件中读回响应数据。由初始化得到的器件逻辑地址在器件的 I/O 操作中作为函数的输入参数被使用。程序通过对逻辑地址的处理,完成对仪器的一对一操作。在 VXI 消息基器件操作中,其中 mode 参数表示数据传输方式;retCount 参数表示实际传送的字节数。

④ 关闭区:对于 VXI 器件,存在着一个关闭机制,要求在结束器件操作时,同时关闭 I/O 接口软件库。

[**例 3**]　用 VISA 的 I/O 接口软件库实现对 GPIB 仪器与 VXI 消息基仪器的读/写操作。

```
int main(void)
{
/ * 以下是声明区 * /
ViChar rdResponse[RESPONSE_LENGTH];        / * 响应返回值 * /
ViStatus status;                           / * 返回状态值 * /
ViUInt32 retCount;                         / * 传送字节数 * /
ViSession vi, ViDefaultRM                  / * 仪器软件句柄 * /
Status = ViOpenDefaultRM(& ViDefaultRM)    / * 仪器软件句柄 * /
/ * 以下是开启区 * /
status = ViOpen(viDefaultRM,"GPIB0::5",0,0,&vi);
/ * 若对 VXI 消息基仪器仪器进行操作,将 GPIB 换成 VXI 即可 * /
/ * 以下是器件 I/O 区 * /
status = viWrite(vi," * IDN?",5,&retCount);
/ * 发送查询标识符命令 * /
status = viRead(vi,rdResponse,RESPONSE_LENGTH,&retCount);
 * 读回响应值 * /
……
/ * 以下是关闭区 * /
status = viColse(vi);                      / * 关闭器件 * /
return 0;
}
```

程序说明:

① 声明区:声明程序中所有变量的数据类型,与以上两例不同的是,在这声明的数据类型均为 VISA 数据类型,与编程语言无关。而 VISA 数据类型与编程语言数据类型的对应说明,均包含在特定的文件中。如 VISA 数据类型的 C 语言形式的包含头文件为 visatype.h。由于程序中还有涉及具体某种语言的数据类型,故程序本身具有好的兼容性与可移植性,各种编程语言调用 VISA 的数据类型与操作函数的格式相差甚少。

② 开启区:进行消息基器件初始化,建立器件与 VISA 库的通信关系。对所有器件进行初始化,均调用 VISA 函数 viOpen()。在此例中,我们发现对于 GPIB 器件的初始化与对于 VXI 消息基器件的初始化调用 viOpen()的形式上是完全一致的,唯一的差别是在输入参数中各输入仪器的类型与地址。在调用 viOpen()函数时仪器硬件接口形式(计算机结构形式)是无须特别说明的,该初始化过程完全适用于各种仪器硬件接口类型。初始化过程中返回的 vi 参数,类似于软件句柄,可作为器件操作的标志与数据传递的中介。

③ 器件 I/O 区:在本例程中,主要完成对消息基器件发送命令,并从消息基器件读回响应

数据。对于 GPIB 器件的读/写操作与 VXI 消息基器件的读/写操作,调用的 VISA 函数是一样的(唯一不同是代入输入参数的器件描述不同),其中 vi 作为操作函数的输入参数。

④ 关闭区:在器件操作结束时,均需调用 viClose()函数,关闭器件与 VISA 库的联系,并关闭资源管理器。

通过以上三个例程的分析,可以发现:

第一,VISA 库函数的调用与其他 I/O 接口软件库函数的调用形式上并无太多不同,学习功能强大的 VISA 软件库不比一般的 I/O 接口软件库任务重。而且 VISA 的函数参数意义明确,结构一致,在理解与应用仪器程序时,效率较高。

第二,VISA 库用户只需学习 VISA 函数应用格式,就可以对多种仪器实现统一控制,不必再像以前学会了用 NI－488 对 GPIB 器件操作之后,还得学会 NI－VXI 对 VXI 器件进行操作。与其他的 I/O 接口软件相比,VISA 体现的多种结构与类型的统一性,使不同仪器软件运行在同一平台上,为虚拟仪器系统软件结构提供了坚实的基础。

### 9.1.6　VISA 资源描述

#### 1. VISA 资源类与资源

在 VISA 中,最基本的软件模块是定义在资源类上的资源。VISA 的资源类概念类似于面向对象程序设计方法中类的概念。类是一个实例外观和行为的描述,是一种抽象化的器件特点功能描述,是对资源精确描述的专用术语。而 VISA 的资源概念类似于面向对象程序设计方法中对象的概念。对象实例不仅包含数据实体,而且是一个服务提供者。作为一个数据实体,一个对象很像一个记录,由一些相同或不同类型的域构成。这些域的整体称为一个对象的状态。改变这些域的值逻辑上讲就是改变了一个对象的状态。

VISA 中的资源由三个要素组成:属性集、事件集与操作集。以读资源为例,其属性集包括结束字符串、超时值及协议等,事件集包括用户退出事件,操作集包括各种端口读取操作。

#### 2. VISA 资源描述格式

VISA 资源是独立于编程语言与操作系统的,在 VISA 本身的资源定义与描述中并不包含任何操作系统或编程语言相关的限制。VISA I/O 接口软件的源程序可为不同的操作系统编程语言提供不同的 API 接口。

VISA 资源类共分为五大类:VISA 资源模板、VISA 资源管理器、VISA 仪器控制资源、VISA 仪器控制组织器、VISA 特定接口仪器控制资源。在每一类中定义与描述的 VISA 资源都遵循同样的格式。VISA 资源描述格式如表 9－1 所列,其中,X、Y 为各自对应的标号。

表 9－1　VISA 资源描述格式

| 标　号 | 描　述 |
| --- | --- |
| X.1 | 资源概述 |
| X.2 | 资源属性表及属性描述 |
| X.3 | 资源事件集 |

续表 9 - 1

| 标　号 | 描　述 |
|---|---|
| X.4 | 资源操作集 |
| X.4.Y | 名字(含形参名) |
| X.4.Y.1 | 目　标 |
| X.4.Y.2 | 参数表 |
| X.4.Y.3 | 返回状态值 |
| X.4.Y.4 | 描　述 |
| X.4.Y.5 | 相关项 |
| X.4.Y.6 | 实现要求 |

　　VISA 资源描述格式与编程语言无关,资源内所有元件的定义也均与编程语言无关。VISA 通过提供不同的 API 接口,适用于不同的操作系统与编程语言环境。在不同的编程语言环境之中调用 VISA 库,均需在应用程序头部引入说明文件。在 C 语言环境下,VISA 资源说明文件为 visatype.h 和 visa.h。唯一的 VISA 源程序通过不同引入接口与文件说明,实现了不同环境下的适用性。VISA 资源描述格式不仅适用于现在 VISA 库包含的所有资源,也为 VISA 库将来的资源扩充定义了一个标准格式。所有 VISA 资源类定义如表 9 - 2 所列。

表 9 - 2　VISA 资源定义

| 资　源 | 缩　写 | 标准名 |
|---|---|---|
| VISA 资源管理器资源 | VRM | VI_RSRC_VISA_RM |
| VISA 仪器控制组织器资源 | VICO | VI_RSRC_VISA_IC_ORG |
| 写资源 | WR | VI_RSRC_WR |
| 读资源 | RD | VI_RSRC_RD |
| 格式化 I/O 资源 | FIO | VI_RSRC_FMT_IO |
| 触发资源 | TRIG | VI_RSRC_TRLG |
| 清除资源 | CLR | VI_RSRC_CLR |
| 状态/服务请求资源 | SRQ | VI_RSRC_SRQ |
| 高级存储资源 | HILA | VI_RSRC_HL_ACC |
| 低级存取资源 | LOLA | VI_RSRC_LL_ACC |
| 器件特定命令资源 | DEVC | VI_RSRC_DEV_CMD |
| CPU 接口资源 | CPUI | VI_RSRC_CPU_INTF |
| GPIB 总线控制资源 | GBIC | VI_RSRC_GPIB_INFF |
| VXI 总线配置资源 | VXDC | VI_RSRC_VXI_DEV_CONF |
| VXI 总线接口控制资源 | VXIC | VI_RSRC_VXI_INTF |
| VXI 总线零槽资源 | VXS0 | VI_RSRC_VXI_SLOT_0 |
| VXI 总线系统中断资源 | VXS1 | VI_RSRC_SYS_INTR |
| VXI 总线信号处理器资源 | VXSP | VI_RSRC_SIG_PROCESSOR |
| VXI 总线信号资源 | VXS | VI_RSRC_VXI_SIG |
| VXI 总线中断资源 | VXIN | VI_RSRC_VXI_INTR |
| VXI 总线扩展器接口资源 | VXEI | VI_RSRC_VXI_EXTDR |
| 异步串行总线接口控制资源 | ASIC | VI_RSRC_ASRL_INTF |

### 9.1.7　VISA 事件的处理机制

VISA 定义了 VISA 资源时间处理机制,在设备编程过程中,通常会遇到以下情况:

① 硬件设备请求系统给予处理,如 GPIB 设备发出的设备服务请求 SRQ;

② 硬件设备产生的需要系统立即响应,如 VXI 设备中的 SYSFAIL;

③ 程序有时需要知道一个系统服务程序是否在线;

④ 产生非正常状态,如设备资源进入非正常状态,需要终止程序执行;

⑤ 程序执行过程中出现错误。

以上这些情况,在 VISA 中被定义为事件模型,VISA 对这些事件的处理有标准的规定。

**1. 事件模型**

图 9-3 是 VPP 中定义的 VISA 事件模型,该模型可以帮助我们理解事件的产生、接收和处理过程。

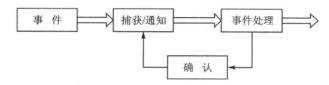

**图 9-3 事件模型示意图**

VISA 事件模型主要包含 3 个部分:捕获/通知、事件处理和确认。

捕获/通知就是设置一个 VISA 的源,使它进入能接收事件的状态,并把捕获到的事件传送到通知处理(Notification Handling)工具,对事件欲进行处理。

事件处理就是对 VISA 已经捕获到的事件进行相应处理,处理方法按照 VPP 规定有两种:排队法和回调函数法,下面将详细介绍。

确认是指事件处理完成后需要返回信息,用以确认是否已成功的执行了事件处理任务。

**2. 事件的处理方法**

如上所述,VISA 事件处理的方法有回调函数法和排队法,并且这两种方法分别适用于不同事件的处理,且是相互独立的两种方法。用户可以在同一应用程序中同时定义这两种处理方法。

两种方法的执行都可以根据需要被挂起,程序执行过程中随时都可以调用 ViDisableEvent()来挂起或终止事件的接收。例如用排队法时,调用 ViEnableEvent(),并且定义其中参数为 VI_SUSPEND_HNDLER,事件就会被挂起,放在另外一个队列(与原队列不同)中保存,而不会丢失。当用 ViEnableEvent()重新定义参数 VI HNDLR 时,系统立即触发回调函数来处理队列中被挂起的所有事件。

(1)排队法

排队法的关键就是利用 VISA 将发生的事件保存到一个 VISA 队列中,事后再对队列中的事件进行处理。每一类事件都有自己的优先级,优先级高的事件进入队列后会插入到优先级低的事件之前。同等优先级的事件按照 FIFO 顺序排列。当用户程序对事件的实时性要求不是很严格,即不需要对发生的事件做出实时响应,通常选用这种方法。

排队法处理事件的 C 代码例程如下:

```
status = viOpen(viDefaultRm,"GPIB0::5::INSTR,"0,0,&vi);
status = viEnableEvent(vi,VI_EVENT_SERVICE_REQ,VI_QUEUE,VI_NULL);
//设置排队事件
status = viWrite(vi, "VOLT:MEAS?",10,&retCount);
//产生事件
status = viWaitOnEvent(vi,VI_EVENT_SERVICE_REQ,timeout,&countext);
//等待事件发生,进入队列
if(status = VI_SUCESS)
viRead(vi,rdResponse,RESPONSE_LENGTH,&retCount);
```

上例是由 C 代码编写的用排队法处理事件的一个具体例程,排队法包含两个基本步骤:

第一步,通知 VISA 开始对某类事件进行排队,在这个例子中用 ViEnableEvent() 来定义,其中参数 VI_EVENT_SERVICE_REQ 是让 VISA 对来自硬件设备的服务请求进行排队,参数 VI_QUEUE 表示设置排队法来处理该事件。

第二步,系统查询 VISA 队列中的事件,并且允许系统等待一定的时间,在等待过程中,系统将其他程序挂起,直到有事件发生进入队列或预定的等待时间结束。例程中调用 viWaitOnEvent() 对队列进行查询,参数 timeout 给出了等待时间,若为 0 则表示不论队列中是否有事件都立即返回。

（2）回调函数法

回调函数法的关键是事件发生时能够立即触发执行用户事先定义的操作,即用户在程序中首先定义一个回调函数,每次事件发生后,VISA 即自动执行用户定义的回调函数。当用户程序需要对发生的事件立即做出响应时,通常选用这种处理方法。

回调函数法处理事件的 C 代码例程如下:

```
stauts = viOpen(viDefaultRM,"GPIB0::5::INSTR"0,0,&vi);
status = viInstallHandler(vi,VI_EVENT_SERVICE_REQ,SRQHandlerFunc,VI_NULL);
/* 设置回调函数名 */
status = viEnableEvent(vi,VI_EVENT_SERVICE_REQ,VI_HNDLR,VI_NULL);
/* 设置回调函数要处理的事件类型 */
VIStatus SRQHandlerFunc
{
/* 用户自定义回调函数代码 */
}
```

回调函数法包含三个步骤:

第一步,需要用户为事件定义一个事件句柄,即编写一个回调函数,在回调函数中根据需要对发生的事件进行相应处理。在这个例程中,事件句柄就是函数 SRQHandlerFunc(),这个函数的写法与其他一般函数的写法相同。

一个应用程序中只能为每个事件定义一个句柄,即每个发生的事件只能触发执行一个回调函数。但在一个程序中可以同时定义多个事件,为多个事件装载句柄,并且多个事件可以定义相同的句柄,即不同的事件发生时可以触发调用同一个回调函数。

第二步,时间句柄的装载,即告知 VISA 用户定义的回调函数的名称,由 viInstallHandler() 实现。

第三步,通知 VISA 开始接收事件,当事件发生时,立即调用执行回调函数,由 viEnableEvent()来实现。

# 9.2 可编程仪器标准命令 SCPI

可编程仪器标准命令(Standard Cominqnds for Programmable Instruments,SCPI)是为解决程控仪器编程进一步标准化而制定的标准程控语言,目前已经成为重要的程控软件标准之一。IEEE 488.2 定义了使用 GPIB 总线的编码、句法格式、信息交换控制协议和公用程控命令语义,但并未定义任何仪器相关命令,使器件数据和命令的标准化仍存在一定困难。1990年,由仪器制造商国际协会提出的 SCPI 语言是在 IEEE 488.2 基础上扩充得到的。SCPI 的推出与 GPIB、IEEE 488.2 的公布一样,都是可程控仪器领域的重要事件。

## 9.2.1 SCPI 仪器模型

SCPI 与过去的仪器语言的根本区别在于:SCPI 命令描述的是人们正在试图测量的信号,而不是正在用以测量信号的仪器。因此,人们可花费较多时间来研究如何解决实际应用问题,而不是花很大精力研究用以测量信号的仪器。相同的 SCPI 命令可用于不同类型的仪器,这称为 SCPI 的"横向兼容性"。SCPI 还是可扩展的,其功能可随着仪器功能的增加而升级扩展,适用于仪器产品的更新换代,这称为 SCPI 的"纵向兼容性"。标准的 SCPI 仪器程控消息、响应消息、状态报告结构和数据格式的使用只与仪器测试功能、性能及精度相关,而与具体仪器型号和厂家无关。

为了满足程控命令与仪器的前面板和硬件无关,即面向信号而不是面向具体仪器的设计要求,SCPI 提出了一个描述仪器功能的通用仪器模型。如图 9-4 所示,程控仪器模型表示了 SCPI 仪器的功能逻辑和分类,提供了各种 SCPI 命令的构成机制和相容性。

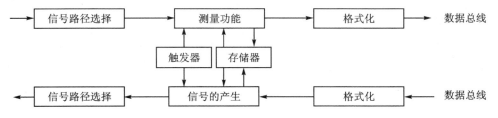

**图 9-4 SCPI 程控仪器模型**

图 9-4 上半部分反映了仪器的测量功能,其中信号路径选择用来控制信号输入通道与内部功能间的路径,当输入通道本身存在不同路径时,亦可选择。测量功能是测量仪器模型的核心,它可能需要触发控制和存储管理。格式化部分用来转换数据的表达形式,当数据需要往外部接口传送时,格式化是必需的。而图 9-4 下半部分则描述了信号源的一般情况,信号发生功能是信号源模型的核心,它也经常需要触发控制和数据存储管理。格式化部分送给它所需形式的数据,生成的信号经过路径选择输出。

值得注意的是,一台仪器可能包含图 9-4 的全部内容,既可以进行测试,又能产生信号,但大多数仪器只包含图 9-4 中的部分功能。同时,图 9-4 中的"测量功能"和"信号产生"功能区还可以进一步细分为若干功能元素框,并且每个功能元素框是 SCPI 命令分层结构树中的主命令支干,在主干下延伸细分支构成 SCPI 命令。

### 9.2.2 SCPI 命令句法

SCPI 程控命令标准由三部分内容组成:第一部分"语法和式样"描述 SCPI 命令的产生规则以及基本的命令结构;第二部分"命令标记"主要给出 SCPI 要求或可供选择的命令;第三部分"数据交换格式"描述了在仪器与应用之间,应用与应用之间或仪器与仪器之间可以使用的数据集的标准表示方法。

**1. 语法和式样**

SCPI 命令由程控题头、程控参数和注释三部分组成。SCPI 程控题头有两种形式,分别如图 9-5 和图 9-6 所示。

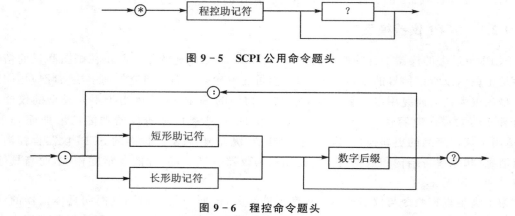

**图 9-5　SCPI 公用命令题头**

**图 9-6　程控命令题头**

第一种形式是 SCPI 公用命令题头,它采用 IEEE 488.2 命令。IEEE 488.2 命令前面均冠以 * 号。它可以是询问命令和非询问命令,前一种情况命令结尾处有问号,后一种情况无问号(见图 9-5 中把问号"短路")。

程控命令题头的第二种形式是采用以冒号":"分隔的一个或数个 SCPI 助记符构成。在 SCPI 的助记符形成规则中,要注意分清关键词、短形助记符和长形助记符的概念。关键词提供命令的名称,它可以是一个单词,也可以由一个词组构成。对于后一种情况,关键词由前面每个词的第一个字母加上最后一个完整单词组成。由关键词组成短形助记符的规则如下。

① 如果关键词不多于 4 个英语字母,则关键词就是短形助记符。

② 如果关键词多于 4 个英语字母,则通常保留关键词的前 4 个字母作为短形助记符。但是在这种情况下,如果第 4 个字母是元音,则把这个元音去掉,用 3 个字母作短形助记符。

③ 所有长形、短形助记符均允许有数字后缀,以区别类似结构的多种应用场合。例如使用不同触发源时可用不同的数字后缀区别它们。在使用数字后缀时,短形助记符仍允许使用 4 个不包括数字的字母。

长形助记符与关键词的字母完全相同,只不过长形助记符的书写格式有一定要求。它被分成两部分,第一部分用大写字母表示短形助记符,第二部分用小写字母表示关键词的其余部分。而关键词的书写形式要求不严,可以与长形助记符完全相同,也可只把第一个字母大写。表 9-3 给出若干助记符形成实例。

表中序号 1 为由一个单词构成助记符的常见情况。序号 2 为短形助记符中第 4 个字母为元音而被舍弃的情况。舍弃元音是因为从统计上看,用 3 个字母比用 4 个字母与原词意或相关词意的结合更常见,容易提高字的识别能力。序号 3 的第 4 个字母虽然也是元音,但因单词只有 4 个字母,根据上述形成短形助记符的第一条规则,第 4 个元音并不舍弃,这是要特别注意的。序号 4 和序号 5 均为词组形成助记符,序号 4 由 3 个单词组成,序号 5 中 Four-wire 被认为已组合成一个词,所以形成助记符时只取字母 F 而不取 w。SCPI 只承认严格遵守上述规则的长形或短形助记符,其他形式的助记符被认为是一个错误,因而保证了助记符的标准化。由于有明确规则可循,SCPI 的助记符显得简单而便于记忆。

表 9 - 3　关键词与助记符比较

| 序　号 | 单词或词组 | 关键词 | 短形助记符 | 长形助记符 |
|:---:|:---:|:---:|:---:|:---:|
| 1 | Measure | Measure | MEAS | MEAsure |
| 2 | Period | Period | PER | PERiod |
| 3 | Free | Free | FREE | FREE |
| 4 | Alternating Current Volts | ACVolts | ACV | ACVolts |
| 5 | Four - wire resistance | Fresistance | FRES | FRESistance |

短形助记符与长形助记符作用相同,可以任选一种;助记符可以加数字后缀,也可以不加后缀;它可以是询问命令,也可以是非询问命令;更重要的是它可以使用多个助记符,构成分层结构的程控题头。当使用多个助记符时,各助记符间用冒号隔开,即由一个助记符后可通过冒号连至下一个助记符。这是一种树状分层结构,在树的各层有一定数量的节点,由它们出发分成若干枝权,粗权上的节点又继续分出若干细权。从树的"主干"(或称为"根")出发到"树叶",可经过若干节点,对应唯一的路径,形成确定的测试功能。例如,对仪器输出端的设置可以看成树上的一个子系统(或一个较大的粗枝),它可以设置输出衰减器、输出耦合方式、输出滤波器、输出阻抗、输出保护、TTL 触发输出、ECL 触发输出和输出使能等多个分枝,而其中许多分枝又可进一步分权。例如,输出耦合可以分为直流或交流耦合,滤波又可分为低通和高通滤波等。采用分层结构的目的是为了程控命令简捷清晰,便于理解。因为在很多情况下,若只用一个助记符表示,则形成它的词组包含单词太多,4 个字母的短形助记符可能过载或含义不清。例如,设置输出端高通滤波器接入,采用分层结构的命令为 OUTPut:FILTer:HPASs:STATe ON,其中 STATe 用来表示接入或其他各种使用,后面常跟布尔变量 ON 或 OFF,可见用分层结构表达含义非常清楚、明确。另外,在这种结构中由于每个助记符都在树的确定位置上,它的作用可从它与前、后助记符的联系中进一步确定而不至于混淆。例如阻抗 IMPedance,当它前面的助记符分别为 INPut 和 OUTPut 时,就分别表示输入和输出阻抗,绝不会因重复使用而发生矛盾。从上面的例子还可以看出,长形助记符因与关键词字母相同,程序本身就类似于说明文件,有很强的可读性。

树状结构的某些节点是可以默认的,默认节点可被默认而不一定要发送。例如,状态使能符号 STATe 通常都可以默认。当发送输出使能命令时,既可以发送 OUTPut:STATe ON,又可以简单地发送 OUTPut ON。把最常用的节点定为默认节点既有利于程序的简化,也有利于语言的扩展。例如,某仪器输出端只有一个低通滤波器,滤波器使能的程控命令是 OUTPut:FILTer。因为只有一个滤波器,加不加限定节点来说明它是"低通"并没有关系。若想把命令扩展,使它能控制一台既有低通滤波器,又有高通滤波器的新仪器,则可在滤波器后面加一个默认节点[:LPASs],命令 OUTPut:FILTer:LPASs 就意味着使用低通滤波器输出,它仍适用于老仪器。新扩展的命令 OUTPut:FILTer:HPASs 意味着使用高通滤波器,这样应用软件就可以适用于新老两种仪器,扩展十分方便。

SCPI 命令的第二部分是参数。在下面数据交换格式部分,将专门介绍参数的使用规则。至于命令的注释部分,通常是可有可无的,这里不再详述。

前面讲了冒号":"用来分隔命令助记符,除此之外,在 SCPI 命令构成中,常用的标点符号还有分号";"、逗号","、空格和问号"?",下面分别介绍它们在 SCPI 命令中的含义和使用规则。

① 分号";":在 SCPI 命令中,分号用来分离同一命令字串中的两个命令,分号不会改变目前指定的命令路径,例如,以下两个命令叙述有相同的作用。

:TRIG:DELAYl;TRIG:COUNT 10

:TRIG:DELAYl;COUNT 10

② 逗号",":在 SCPI 命令中,逗号用于分隔命令参数。如果命令中需要一个以上的参数时,相邻参数之间必须以逗点分开。

③ 空格"_":SCPI 命令中的空格用来分隔命令助记符和参数。在参数列表中,空格通常会被忽略不计。

④ 问号"?":问号指定仪器返回响应信息,得到的返回值为测量数据或仪器内部的设定值。如果你送了两个查询命令,在没有读取完第一个命令的响应之前,便读取第二个命令的响应,则可能会先接收一些第一个响应的数据,接着才是第二个响应的完整数据。若要避免这种情形发生,在没有读取已发送查询命令的响应数据前,请不要再接着发送查询命令。当无法避免这种状况时,在送第二个查询命令之前,应先送一个器件清除命令。

**2. 命令标记**

SCPI 命令标记主要给出 SCPI 要求的和可供选择的命令,概括地讲,SCPI 命令分为仪器公用命令(或称 IEEE 488.2 命令)和 SCPI 主干命令两部分。SCPI 主干命令又可分为测量指令和 21 个命令子系统,其中测量指令部分包括一组与测量有关的重要指令。

**3. 数据交换格式**

SCPI 的交换格式语法与 IEEE 488.2 语法是兼容的,分为标准参数格式和数据交换格式两部分。SCPI 语言定义了供程序信息和响应信息使用的不同数据格式。表 9-4 所列为 IEEE 488.2 命令简表。

(1) 标准参数格式

① 数值参数:需要有数据值参数(Numeric Parameters)的命令,都可以接受常用的十进制数,包括正负号、小数点和科学记数法,也可以接受特殊数值,如 MAximum、MINImum 和 DEFault。数值参数可以加上工程单位字尾,如 M、K 或 U。如果只接受特定位数的数值,SCPI 仪器会自动将输入数值四舍五入。表 9-5 所列为 SCPI 主干命令简表。

② 离散参数:离散参数(Discrete Parameters)用来设定有限数值(如 BUS,IMMediate 和 EXTernal)。和命令关键字一样,离散参数有简要形式和完整形式两种,而且可以大小写混用。查询反应的传回值,一定都是大写的简要形式。

表 9 - 4 IEEE488.2 命令简表

| 命 令 | 功能描述 | 命 令 | 功能描述 |
|---|---|---|---|
| * IDN? | 仪器标识查询 | * RST | 复 位 |
| * TST? | 自测试查询 | * OPC | 操作完成 |
| * OPC? | 操作完成查询 | * WAI | 等待操作完成 |
| * CLS? | 清状态寄存 | * ESE | 事件状态使能 |
| * ESE? | 事件状态使能查询 | * ESR? | 事件状态寄存器查询 |
| * SRE? | 服务状态使能 | * SRE? | 服务状态使能查询 |
| * STB? | 状态字节查询 | * TRG | 触 发 |
| * RCL? | 恢复所存状态 | * SAV | 存储当前状态 |

表 9 - 5 SCIP 主干命令简表

| 关键词 | 基本功能 |
|---|---|
| 测 量 指 令 | |
| 1. CONFigure | 组态,对测量进行静态设置 |
| 2. FETch? | 采集,启动数据采集 |
| 3. READ? | 读,实现数据采集和后期处理 |
| 4. MEASure? | 测量,设置、触发采集并后期处理 |
| 子系统命令 | |
| 5.CALCulate | 计算,完成采集后数据处理 |
| 6. CALIbration | 校准,完成系统校准 |
| 7. DIAGnostic | 论断,为仪器维护提供诊断 |
| 8. DISplay | 显示,控制显示图文的选择和表示方法 |
| 9. FORMat | 格式,为传送数据和矩阵信息设置数据格式 |
| 10. INPUt | 输入,控制检测器件输入特性 |
| 11. INSTrument | 仪器,提供识别和选择逻辑仪器的方法 |
| 12. MEMOry | 存储器,管理仪器存储器 |
| 13. MMEMory | 海量存储器,为仪器提供海量存储能力 |
| 14. OUTPut | 输出,控制源输出特性 |
| 15. PROGram | 程序,仪器内部程序控制与管理 |
| 16. ROUTe | 路径,信号路由选择 |
| 17. SENSe | 检测,控制仪器检测功能的特定设置 |
| 18. SOURce | 源,控制仪器源功能的特定设置 |
| 19. STATus | 状态,控制 SCPI 定义的状态报告结构 |
| 20. SYSTem | 系统,实现仪器内部辅助管理和设置通用组态 |
| 21. TEST | 测试,提供标准仪器自检程序 |
| 22. TRACe | 跟踪记录,用于定义和管理记录数据 |
| 23. TRIGger | 触发,用于同步仪器动作 |
| 24. UNIT | 单位,定义测量数据的工作单位 |
| 25. VXI | VXI 总线,控制 VXI 总线操作与管理 |

③ 布尔参数:布尔参数(Boolean Parameters)表示单一的二进位状态,即接通和断开两种形式,分别对应 ON 和 OFF,亦可表示为 1 和 0。但在查询布尔设定时,仪器返回值总是"1"或"0"。

④ 字符串参数:原则上字符串参数(String Parameters)可以包含任何的 ASCII 字符集。字符串的开头和结尾要有引号,引号可以是单引号或双引号。如果要将引号当作字符串的一部分,可以连续键入两个引号,中间不能插入任何字符。

除了上述参数形式外,在某些 SCPI 命令中还会用到参数的其他形式,如信号路径的选择、逻辑仪器耦合的通道数等常需用列表形式表示的参数,在下面常用 SCPI 命令简介中,将给出列表形式参数应用的例子。

(2) 数据交换格式

图 9-7 为数据交换格式结构示例。

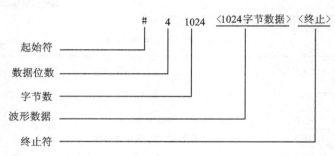

**图 9-7 数据交换格式结构示例**

定义数据交换格式是为了提高数据的可互换性。SCPI 的数据交换格式是以 Tek 公司的模拟数据互换格式(ADIF)为基础修改产生的,具有灵活性和可扩展性。它采用一种块(Block)结构,除了数据本身,数据交换格式还提供测量条件、结构特性和其他有关信息。复杂的数据和简单的数据均可以用这种块结构代表。

SCPI 数据交换格式不但适用于测量数据,而且对计算机通信和其他数据传输交换都有一定意义。

### 9.2.3 常用 SCPI 命令简介

虽然每个 SCPI 命令都有明确的定义和使用规则,但由于各种仪器测量功能不同,它所适用的 SCPI 命令在范围和功能上都可能会有所差别。下面以一个典型的 VXI 仪器模块 HP1411B 数字万用表为例,介绍常用 SCPI 命令的含义与用法。

**1. 常用仪器公用命令**

① *IDN? 仪器标识查询命令:每台 VXI 仪器都指定了一个仪器标识代码。对 HP1411B 模块,该命令实际返回标识码为 Hewlett Packard,E1411B,0,G.06.03。

② *RST 复位命令:复位仪器到初始上电状态。在仪器工作过程中,当发生程序出错或其他死机情况时,经常需要复位仪器。一般情况下先用命令 *CLS 清仪器状态,然后再复位。

③ *TST? 自检命令:该命令复位仪器,完成自检,返回自检代码。返回"0"表示仪器正常,否则仪器存在故障需维修。自检命令是确定仪器操作过程出现问题的一个有效手段。

④ *CLS 清除命令:中断正在执行的命令,清除在命令缓冲区等待的命令。例如当数字表正在等待外部触发信号时,此时输入的命令将在缓冲区等待,直至触发信号接收到后才执

行。命令 * CLS 将清除在缓冲区等待的命令。

⑤ * ERR? 错误信息查询命令：当仪器操作过程中发生错误时，错误代码和解释信息储存在错误队列中，用下述命令可以读入错误代码和解释信息：SYST：ERR?。

## 2. SCPI 主干命令

（1）MEASure：测量命令

该命令配置数字万用表用指定的量程范围和分辨率完成测试。当数字万用表触发后，该指令完成测试并返回读数到输出缓冲区。一般命令形式为：MEASure：VOLTage：AC? ［<range>［,<resolution>］］［,<channel—list>］。

① 参数 range 指定待测信号最大可能电压值，然后数字万用表自动选择最接近的量程。

② 参数 resolution 代表选择的测量分辨率：HP1411B 数字万用表提供三种选择：DEF（AUTO）|MIN|MAX。DEF（AUTO）选择自动选挡设定；MIN 根据指定量程选择最小分辨率；MAX 根据指定量程选择最大分辨率。

③ 参数<Channel—list>代表测量信号输入通道选择：HP1411B 数字万用表既可以通过输入表笔直接接入测量信号，也可以与多路开关模块连接，构成多路扫描数字表，完成多路信号的顺序测量。输入通道选择列表的一般形式是（@ccnn）或（@ccnn：ccnn），其中 cc 表示多路开关模块号，nn 代表开关模块通道号。

命令实例：MEASure：VOLTage：AC? 0.54，Max，（@103：108）。

该命令完成交流电压测量，量程 0.63 V，最大分辨率 61.035 mV，指定通道 3～通道 8，其中量程和最大分辨串可根据 HP1411B 数字万用表性能参数自动确定。

采用 MEASure 命令编程数字万用表，是进行测量最简单的方法，但命令灵活性不强。执行 MEASure 命令，除了功能、量程、分辨率和通道外，触发计数、采样计数和触发延迟等参数设置都沿用预设值，不能更改。因此，对一些需要进行触发或采样控制的复杂应用，必须采用更底层的测量命令 Read?、Fetch? 等。

（2）CONFigure：配置命令

该命令用指定参数设置数字万用表。CONFigure 命令在设置后并不启动测量，可以使用初始化命令 INITiate 置数字万用表在等待触发状态；或使用读 Read? 命令完成测量并将读数送入输出缓冲区。CONFigure 命令参数意义及用法与 MEASure 命令一致。执行 CONFigure 命令，测量不会立即开始，因此可以允许用户在实际测量前改变数字万用表的配置。

（3）Read?：读命令

读命令通常与 CONFigure 命令配合使用，它完成两个功能：

① 置数字万用表在等待触发状态（执行 INITiate 命令）；

② 当触发后，直接将读数送入输出缓冲区。

对 HP1411B 数字万用表而言，输出缓冲区容量为 128 字节。当缓冲区存满后，在从缓冲区读数之前，数字万用表置"忙"，测量自动停止。为了防止读数溢出，控制器从缓冲区读数的速度必须与数字万用表缓冲区容量匹配。

（4）FETch?：取命令

该命令取出由最近的 INITiate 命令放在内存中的读数值，并将这些读数送到输出缓冲区。在送 FETch? 命令前，必须先执行 INIT 命令，否则将产生错误。

　　测量命令组由上面 4 条指令组成,它处于 SCPI 指令的最上层。根据实际应用,4 条指令在执行方式上各有所长。实际上读命令 Read? 就等效于执行接口清除(＊CLS)、启动(INIT)和取数(FETch?)3 条指令;而测量指令 MEASure 就等效于执行接口清除(＊ CLS)、配置(CONFigure)和读取(Read?)3 条指令,初学者尤其需要注意。以上 4 条测量指令是最常用、也是最基本的 SCPI 命令,需要读者仔细理解并能灵活运用。

　　下面概要介绍其他主要的 SCPI 子系统命令,这些命令往往是与测量指令配合使用。

　　(5) CALibration:校准命令

　　该命令选择数字万用表的参考工作频率(50|60|MIN|MAX),指定打开/关闭自动对零方式,实际命令格式如下:

　　CAL:LFR 50 选择参考频率 50 Hz;

　　CAL:ZERO:AUTO ON 启动自动对零。

　　当自动对零方式打开时,数字万用表在每次测量读数后,接着测量一次零点值,然后从读数中减去零点值后再给出测量结果。自动对零方式关闭时,数字万用表只测一次零点。

　　(6) FORMat:格式化命令

　　该命令确定通过 MEASure?、READ? 和 FETch? 命令得到的测量数据格式。一般命令形式为:

　　FORMat[:DATA]<type>[,<1ength>]

　　type 参数选择 ASCII/REAL;length 参数选择 32/64,默认数据格式为 ASCII 型。命令实例:FORMAT REAL,64。

　　FORMat? 返回目前数据类型。

　　(7) SAMPle:采样命令

　　该命令与触发命令 TRIGer 配合使用,主要功能如下。

　　① 每次接到触发信号后采样次数(SAMPle:COUNt),采样次数 l～16 777 215 可选。

　　② 选择采样定时源(SAMPle:SOURce),定时源分为 IMM|TIMer 两种。

　　③ 设置采样周期(SAMPle:TIMer),TIMer 从 76 $\mu$s～65.534 ms 可选。

　　(8) TRIGger:触发命令

　　该命令控制触发信号类型与参数,主要功能如下:

　　① 数字万用表返回闲状态前的触发次数(TRIGger:COUNt),触发次数范围从 1～16 777 215,默认值为 1。

　　② 触发延迟时间(TRIGger:DELay)。

　　③ 设置触发源(TRIGger:SOURce),可选下列触发源 Bus| EXI| HOLD| IMM|<TTL-Trg0～TTLTrg1>。

# 9.3　VPP 仪器驱动程序开发

## 9.3.1　VPP 概述

　　在设计、组建基于总线仪器(如 GPIB、VXI 和 PXI)的虚拟仪器系统中,仪器的编程是一个系统中最费时费力的部分。用户需要花费不少宝贵的时间去学习系统中每台仪器的特定编程要求,包括所有公布在用户手册上的仪器操作命令集。由于系统中的仪器可能由各个仪器供应厂家提供,完成仪器系统集成的设计人员,需要学习所有集成到系统中的仪器的用户手册,并根据自己的需要一个个命令地加以编程调试。所有的仪器编程既需要完成底层的仪器 I/O操作,又需要完成高层的仪器交互能力,每个仪器的编程由于编程人员的风格与爱好不一样而可能各具特色。对于系统集成设计人员,不仅应是一个仪器专家,也应是一个编程专家,这大大地增加了系统集成人员的负担,使系统集成的效率和质量无法得到保证。由于未来的系统中将使用不少相同的仪器,因此仪器用户总是设法将仪器编程结构化、模块化以使控制特定仪器的程序能重复使用。因此,一方面,对仪器编程语言提出了标准化的要求;另一方面,需要定义一层具有模块化、独立性的仪器操作程序,也即具有相对独立性的仪器驱动程序。

以 GPIB 仪器为代表的机架层选式仪器结构,既能实现本地控制,又可实现远程控制。IEEE 488.1 和 IEEE 488.2 规范的制定,对 IEEE 488 仪器的所语法及数据结构连接的消息通信功能层和用公用命令及询问连接的公共系统功能层作了标准化规定。在此基础上,仪器制造商国际协会于 1990 年提出了可编程仪器标准命令(SCPI),它是一个超出 IEEE 488 之外的仪器命令语言,它支持同类仪器间语言的一致性。

另一方面,随着虚拟仪器的出现,软件在仪器中的地位越来越重要,将仪器的编程留给用户的传统方法也越来越与仪器的标准化、模块化趋势不相符。I/O 接口软件作为一层独立软件的出现,也使仪器编程任务划分。人们将处理与一特定仪器进行控制和通信的一层较抽象的软件定义为仪器驱动程序。仪器驱动程序是基于 I/O 接口软件之上,并与应用程序进行通信的中间纽带。

VXI 仪器的出现,为仪器驱动程序的发展带来了契机。对于 VXI 仪器来说,没有软件也就不存在仪器本身,而且,VXI 类型仪器既有与 GPIB 器件相似的消息基器件,也有需要实现底层寄存器操作的寄存器基器件。与消息基器件的类似性不同的是,每个寄存器的器件都有特定的寄存器操作,每个寄存器基器件之间的差异是很明显的,显然,用 SCPI 语言格式对 VXI 寄存器基器件进行操作是无法实现的。同样,由于 VXI 器件中特有的 FDC(高速数据通道)、共享内存、分布式结构特性,故 VXI 仪器驱动程序的编写比 GPIB 仪器显然要复杂得多。因此,VXI 即插即用系统联盟在定义虚拟仪器系统结构时,也详细规定了符合 VXI 即插即用规范的虚拟仪器系统的仪器驱动程序的结构与设计,即 VXI 即插即用规范中的 VPP 3.1～VPP 3.4。

在这些规范中明确了仪器驱动程序的概念:仪器驱动程序是一套可被用户调用的子程序,利用它就不必了解每个仪器的编程协议和具体编程步骤,只需调用相应的一些函数就可以完成对仪器各种功能的操作,并且对仪器驱动程序的结构、功能及接口开发等作了详细规定。这样,使用仪器驱动程序就可以大大简化仪器控制及程序的开发。

### 9.3.2  VPP 仪器驱动程序的特点

VPP 仪器驱动程序具有以下特点:

(1) 仪器驱动程序一般由仪器供应厂家提供

VXI 即插即用规范规定,虚拟仪器系统的仪器驱动程序是一个完整的软件模块,并由仪器模块供应厂家在提供仪器模块的同时提供给用户。可以提供给用户仪器模块的所有功能包括通用功能与特定功能。

（2）所有仪器驱动程序都必须提供程序源代码，而不是只提供给可调用的函数

用户可以通过阅读与理解仪器驱动程序源代码，根据自己的需要来修改与优化驱动程序。仪器功能并不由仪器供应厂家完全限定，仪器具有功能扩展性与修正性，可以方便地将仪器集成到系统中去，也可以方便地实现虚拟仪器系统的优化。

（3）仪器驱动程序结构的模块化与层次化

仪器驱动程序并不是 I/O 级的底层操作，而是较抽象的仪器测试与控制。仪器驱动程序的功能调用是多层次的，既有简单的操作，又有仪器的复合功能。所有仪器程序的设计都遵循外部接口模型与内部设计模型的双重结构。

（4）仪器驱动程序的一致性

仪器驱动程序的设计与实现，包括其错误处理方法、帮助消息的提供、相关文档的提供以及所有修正机制都是统一的。用户在理解了一个仪器驱动程序之后，可以利用仪器驱动程序的一致性，方便而有效地理解另一个仪器驱动程序。并也可以在一个仪器驱动程序的基础上，进行适当地修改，为新的仪器模块开发出一个符合 VPP 规范的仪器驱动程序。统一的仪器驱动程序设计方法有利于仪器驱动程序开发人员提高开发效率，并最大限度地减少了开发重复性。

（5）仪器驱动程序的兼容性与开放性

VPP 规范对于仪器驱动程序的要求，不仅适用于 VXI 仪器，也同样适用于 GPIB 仪器、串行接口仪器的驱动程序的开发。同样，VPP 规范也不仅适用于消息基器件驱动程序的开发，也适用于寄存器基器件驱动程序的开发。在虚拟仪器系统中，所有类型的虚拟仪器，具有同样结构与形式的仪器驱动程序，可以大大提高仪器系统的集成与调试过程，并有利于虚拟仪器系统的维护与发展，系统集成人员可以将精力完全集中到系统的设计与组建上，而不是像过去浪费太多的时间与精力在具体的仪器编程细节上，系统集成的效率与可靠性也大大增强。

在 VPP 系统中，一个完整的仪器的定义不仅包括仪器硬件模块本身，也包括了仪器驱动程序、软件面板以及相关文档。在标准化的 I/O 接口软件 VISA 基础上，对仪器驱动程序制定一个统一的标准规范，是实现标准化的虚拟仪器系统的基础与关键，也是实现虚拟仪器系统开放性与互操作性的保证。

### 9.3.3　仪器驱动程序的结构模型

#### 1. 外部接口模型

VPP 仪器驱动程序规范规定了仪器驱动程序开发者编写驱动程序的规范与要求，它可使多个厂家仪器驱动程序的共同使用，增强了系统级的开放性、兼容性和互换性。VPP 规范提出了两个基本的结构模型。VPP 仪器驱动程序都是围绕这个两模型编写的。第一个模型是仪器驱动程序的外部接口模型，它表示了仪器驱动程序如何与外部软件系统接口。

图 9-8 所示为仪器驱动程序外部接口模型。

外部接口模型共可分为五部分。

（1）函数体

函数体是仪器驱动程序的主体，为仪器驱动程序的实际源代码。函数体的内部结构将在仪器驱动程序的第二个模型（内部设计模型）中详细介绍。VPP 规范定义了两种源代码形式，一种为语言代码形式（主要是 C 语言形式），另一种是以 G（图形）语言形式。

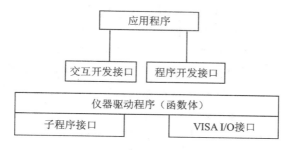

图 9-8　仪器驱动程序外部接口模型

（2）交互式开发接口

这一接口通常是一个图形化的功能面板,用户可以在这个图形接口上管理各种控制、改变每一个功能调用的参数值。

（3）程序开发接口

它是应用程序调用驱动程序的软件接口,通过本接口可以方便地调用仪器驱动程序中定义的所有功能函数。不同的应用程序开发环境,将有不同的软件接口。

（4）VISA I/O 接口

仪器驱动程序通过本接口调用 VISA 这一标准的 I/O 接口程序库,从而实现了仪器驱动程序与仪器的通信问题。

（5）子程序接口

指的是为仪器驱动程序调用其他软件模块（如数据库、FFT 等软件）而提供的软件接口。

## 2. 内部设计模型

仪器驱动程序的第二个模型是内部设计模型,如图 9-9 所示。它定义了图 9-8 中仪器驱动程序函数体的内部结构,并做出详尽描述。这一模型对于仪器驱动程序的开发者来说是非常重要的,因为所有 VPP 仪器驱动程序的源代码根据此设计模型而编写的。同样,它对于

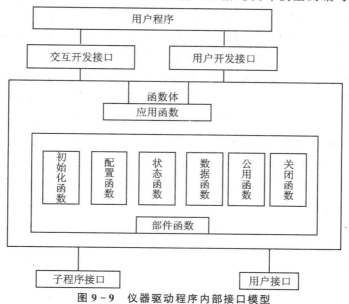

图 9-9　仪器驱动程序内部接口模型

仪器用户来说也是非常重要的,一旦用户了解了这一模型,并知道如何使用仪器驱动程序,那么,就完全知道怎样使用所有的仪器驱动程序。

VPP 仪器驱动程序的函数体主要由两个部分组成,第一部分是一组部件函数,它们是一些控制仪器特定功能的软件模块,包括初始化、配置、作用/状态。数据、实用和关闭功能。第二部分是一组应用函数,它们使用一些部分函数共同实现完整的测试和测量操作。

(1) 部件函数

仪器驱动程序的部件函数包括:初始化函数、配置函数、动作/状态函数、数据函数、实用函数和关闭函数。

① 初始化函数:初始化函数是访问仪器驱动程序时调用的第一个函数,它也被用于初始化软件连接,也可执行一些必要的操作,使仪器处于默认的上电状态或其他特定状态。

② 配置函数:配置函数是一些软件程序,它对仪器进行配置,以便执行所希望的操作。

③ 作用/状态函数:该函数使仪器执行一项操作或者报告正在执行或已挂起的操作的状态。这些操作包括激活触发系统,激励输出信号或报告测量结果。

④ 数据函数:用来从仪器取回数据或向仪器发送数据。例如,具有这些函数的测量器将测量结果传送到计算机,波形数据传送到任意波形合成器以及数据传送到数据信号发生器等。

⑤ 实用函数:该函数包括许多标准的仪器操作,如复位、自检、错误查询、错误处理、驱动程序的版本及仪器硬件版本。实用函数也可包括开发者自己定义的仪器驱动程序函数,如校准,存储和重新设定值等。

⑥ 关闭函数:该函数是最后调用的,它只是简单地关闭仪器与软件的连接。

(2) 应用函数

应用函数是一组以源代码提供的面向测试任务的高级函数,在大部分情况下,这些例行程序通过配置、触发和从仪器读取数据来完成整个测试操作。这些函数不仅提供了如何使用部件函数的实例,而且当用户仅需要一个面向测试的函数接口而不是使用单个部件函数时,它们也是非常有用的。应用函数本身是基于部件函数之上的。

从部件函数的类型看出,初始化函数、关闭函数以及实用函数是所有 VPP 仪器驱动程序都必须包含的,属于仪器的通用函数部分。而配置函数、动作/状态函数以及数据函数是每个仪器驱动程序的不同部分,属于仪器的特定函数部分。

根据测试任务的不同,将虚拟仪器粗分为三种类型:测量仪器、源仪器以及开关仪器,分别完成测量任务、源激励任务以及开关选通任务。在 VPP 系统仪器驱动程序规范中,将配置函数、动作/状态函数以及数据函数通称为功能类别函数,对应以上的三种仪器类型,分别定义了三种功能类别函数的结构,即测量类函数、源类函数以及开关类函数。

**3. 仪器驱动程序函数简介**

符合 VPP 规范的仪器驱动程序的函数是标准的、统一的。VPP 规范规定了仪器驱动程序通用函数的原型结构、参数类型与返回值,下面对通用函数作简单介绍。

(1) 通用函数

① 初始化函数:建立驱动程序与仪器的通信联系。

VPP 规范对参数及返回的状态值作了规定(见 VPP 3.2:仪器驱动程序函数体规范),如表 9-6、表 9-7 所列。

表 9 - 6　参数表

| 输入参数 | 描　述 | 类　型 |
|---|---|---|
| rsrcName | 仪器描述 | ViRsrc |
| Id query | 系统确认是否执行 | ViBoolean |
| Reset instr | 复位操作是否执行 | ViBoolean |
| 输出参数 | 描述 | 类型 |
| vi | 仪器句柄 | ViSession |

表 9 - 7　返回状态值表

| 返回状态值 | 描　述 |
|---|---|
| VI_SUCCESS | 初始化完成 |
| VI_WARN_NSUP_ID_QUERY | 标识查询不支持 |
| VI_WARN_NSUP_ID_RESET | 复位不支持 |
| VI_ERROR_FAIL_ID_RESET | 仪器标识查询失败 |

② 复位函数将仪器置为默认状态。

③ 自检函数对仪器进行自检。

④ 错误查询函数:仪器错误的查询。

⑤ 错误消息函数将错误代码转换为错误消息。

⑥ 版本查询函数对仪器驱动程序的版本与固有版本进行查询。

⑦ 关闭函数终止软件与仪器的通信联系,并释放系统资源。

(2) 特定函数

每个仪器不仅具有通用功能,也具有自己的特定功能。按功能类别函数定义的仪器类型,从功能上划分,分为测量仪器、源类仪器以及开关类仪器等。整个仪器驱动程序的结构是树形结构,仪器作为树结构的根节点,包括的功能类别函数按类别为子节点,再向下分解所包括的子功能为孙节点,一直分解到所有子功能都能对应到一个仪器功能操作函数为止。

下面分别对三种功能类别函数的结构进行描述:

1) 测量类功能类别函数

本类函数完成对一特定测量任务进行仪器配置,初始化测量过程并读取测量值。这些函数一般包含在测量类仪器模块(例如,万用表模块)的仪器驱动程序中。这些功能函数包含多个参数,且不需要与其他驱动函数操作进行交互。图 9 - 10 为测量类功能类别函数结构模型。

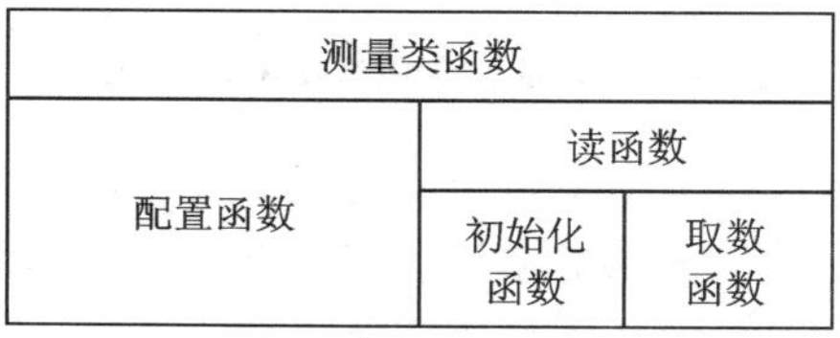

| 测量类函数 | | |
|---|---|---|
| 配置函数 | 读函数 | |
| | 初始化函数 | 取数函数 |

图 9 - 10　测量类功能类别结构模型

① 配置函数:为测量类仪器提供一个高级抽象的功能接口。它为一个特定的测量任务配

置仪器,但不进行测量初始化,一般不提供返回结果。

② 读函数:完成一个完整的测量操作,从测量的初始化到提供测量结果。

配置函数与读函数是相互独立的,但其内部有特定的顺序关系。读函数依赖于配置函数产生仪器状态,但并不能修改仪器的配置情况。

2）源类功能类别函数

该类函数在单一操作中,完成对一个特定的激励输出的仪器配置,并进行初始化。这些函数一般包含在源输出类模块(如信号发生器、任意波形发生器等模块)的仪器驱动程序中。这些功能函数包括多个参数,且不需要与其他驱动函数操作进行交互。图 9-11 为源类功能类别函数结构模型。

① 配置函数:该函数为源类仪器提供一个高级抽象的功能接口。它为一个特定的激励输出任务配置仪器,但不进行器件初始化,一般不提供返回结果。

| 源类函数 | |
| --- | --- |
| 配置函数 | 初始化函数 |

**图 9-11　源类功能类别结构模型**

② 初始化函数:该函数进行源操作登录,完成激励输出操作初始化。

配置函数与初始函数是相互独立的,但其内部具有特定的顺序关系。配置函数只为一种特定激励输出进行仪器配置。如源操作已经初始化,器件配置可以改变输出特性。而初始化函数只输出已配置的激励,并不能修改器件的配置情况。

3）开关类功能类别函数

在单一操作中,该函数完成对信号的开关选通。这些功能类别函数,一般包含在各类开关模块的仪器驱动程序中。这些功能函数包括多个参数,且不需要与其他驱动函数操作进行交互。图 9-12 所示为开关类功能类别函数结构模型。

① 配置函数:该函数为开关类仪器提供一个高级抽象的功能接口。它为一个特定的开关选通任务配置仪器,但不进行器件初始化,一般不提供返回结果。

② 初始化函数:该函数进行开关操作登录,完成开关选通操作初始化。

配置函数与初始函数是相互独立的,但其内部具有特定的顺序关系。配置函数只为一种特定开关进行仪器配置。而初始化函数只建立已配置的选通状态,并不能修改器件的配置情况。

| 开关类函数 | |
| --- | --- |
| 配置函数 | 初始化函数 |

**图 9-12　开关类功能类别结构模型**

在虚拟测试系统之中,将仪器分为测量类功能类别函数、源类功能类别函数和开关类功能类别函数三大类是相对模糊的,有的仪器本身既具有测量功能,同时具有源输出功能,因此,它必须同时符合 VPP 规范对于测量类功能类别函数与源类功能类别函数的要求。而上述所有的树结构模型的划分也是相对于模型的,仪器驱动程序的设计人员必须在以上树结构的基础上,进一步细化子节点的结构,直到所有的子节点都可以直接与一个函数操作相对应为止。也由于测试系统中的仪器类型实在太多,对所有的仪器驱动程序的设计作详细的规定与描述,既不可行也不符合扩展性要求。因此,仪器驱动程序人员必须在完全理解仪器驱动程序的外部接口模型与内部设计模型的基础上,结合本仪器的具体功能要求及一定的功能指标,并尽可能地参考现有的符合 VPP 规范的仪器驱动程序的实例,才能设计出标准化、统一化、模块化的 VPP 仪器驱动程序。

# 9.4　IVI 仪器驱动程序

长期以来,互换性成为许多仪器工程师搭建系统的目标。因为在很多情况下,仪器硬件不是过时就是需要更换,因此迫切需要一种无须改变用户程序代码就可用新的仪器硬件改进系统的方法。针对这一问题,在 1998 年 9 月成立了 IVI(Interchangeable VirtualInstrument)基金会。IVI 基金会是最终用户、系统集成商和仪器制造商的一个开放的联盟。目前,该组织已经制订了五类仪器的规范,即示波器/数字化仪(IVIScope)、数字万用表、(IVIDmm)、任意波形发生器/函数发生器(IVIFGen)、开关/多路复用器/矩阵(IVISwitch)及电源(IVIPower)。美国国家仪器公司(简称 NI)作为 IVI 的系统联盟之一,积极响应 IVI 的号召,开发了基于虚拟仪器软件平台的 IVI 驱动程序库。

IVI 基金会成员经常召集其系统联盟来讨论仪器类的规范和制订新仪器类规范。在适当的时候,将会成立专门的工作组来处理特殊技术问题,如:

① 为新仪器类建立规范;

② 结合仪器规范,概括应用程序的标准(如设立标准波形的文件格式和帮助文件);

③ 定义仪器驱动程序的测试步骤;

④ 建立故障报告和分布式更新机制;

⑤ 调查计算机的工业标准,为软件通信、软件封装制订规范。

IVI 基金会从基本的互操作性(Interoperability)到可互换性(Interchangeability),为仪器驱动程序提升了标准化水平。通过为仪器类制订一个统一的规范,获得了更大的硬件独立性,减少了软件维护和支持费用,缩短了仪器编程时间,提高了运行性能。运用 IVI 技术可以使许多部门获益。例如使用 IVI 技术的事务处理系统可以把不同的仪器用在其系统中,当仪器陈旧或者有升级的、高性能或低造价的仪器时,可以任意更换,而不需要改变测试程序的源代码;在电信和电子消费产品中,当仪器出现故障或者需要修复时,可以保持它们的生产线正常运行;各种大的制造公司可以很容易地在部门和设备之间复用及共享代码而没有必要强迫用同样的仪器硬件。

## 9.4.1　IVI 规范及体系结构

由于所有的仪器不可能具有相同的功能,因此不可能建立一个单一的编程接口。正因为如此,IVI 基金会制订的仪器类规范被分成基本能力和扩展属性两部分。前者定义了同类仪器中绝大多数仪器所共有的能力和属性(IVI 基金会的目标是支持某一确定类仪器中 95% 的仪器);后者则更多地体现了每类仪器的许多特殊功能和属性。以下简要地把这五类规范作一介绍。

① IVI 示波器类,把示波器视为一个通用的、可以采集变化电压波形的仪器来使用。用

基本能力来设置示波器,例如设置典型的波形采集(包括设置水平范围、垂直范围和触发)、波形采集的初始化及波形读取。基本能力仅仅支持边沿触发和正常的采集;除了基本能力外,IVI 示波器类定义了它的扩展属性:自动配置、求平均值、包络值和峰值、设置高级触发(如视频、毛刺和宽度等触发方式)、执行波形测量(如求上升时间、下降时间和电压的峰—峰值等)。

② IVI 电源类,把电源视为仪器,并可以作为电压源或电流源,其应用领域非常宽广。IVI 电源类支持用户自定义波形电压和瞬时现象产生的电压。用基本能力来设置供电电压及电流的极限、打开或者关闭输出;用扩展属性来产生交、直流电压、电流及用户自定义的波形、瞬时波形、触发电压和电流等。

③ IVI 函数发生器类,定义了产生典型函数的规范。输出信号支持任意波形序列的产生,包括用户自定义的波形。用基本能力来设置基本的信号输出函数,包括设置输出阻抗、参考时钟源、打开或者关闭输出通道、对信号的初始化及停止产生信号;用扩展属性来产生一个标准的周期波形或者特殊类型的波形,并可以通过设置幅值、偏移量、频率和初相位来控制波形。

④ IVI 开关类,规范是由厂商定义的一系列 I/O 通道,这些通道通过内部的开关模块连接在一起。用基本能力来建立或断开通道间的相互连接,并判断在两个通道之间是否有可能建立连接;用扩展属性可以等待触发,来建立连接。

⑤ IVI 万用表类,支持典型的数字万用表。用基本能力来设置典型的测量参数(包括设置测量函数、测量范围、分辨率、触发源、测量初始化及读取测量值);用扩展属性来配置高级属性,如自动范围设置及回零。万用表类定义了两个扩展的属性:IVIDmmMultipoint 扩展属性对每一个触发采集多个测量值;IVIDmmDeviceinfo 查询各种属性。

NI 开发的 IVI 驱动程序库包括 IVI 基金会定义的五类仪器的标准 Class Driver、仿真驱动程序和软面板。该软件包为仪器的交换做了一个标准的接口,通过定义一个可互换性虚拟仪器的驱动模型来实现仪器的互换性,图 9-13 为 NI 设计的 IVI 体系结构。

从图 9-13 中可以看出,IVI 驱动程序比 VXIPlug&Play(简称 VPP)联盟制订的 VISA 规范更高一层。它扩展了 VPP 仪器驱动程序的标准,并加上了仪器的可互换性、仿真和状态缓存等特点,使得仪器厂商可以继续用它们的仪器特征和新增功能。因此 IVI 基金会是对 VPP 系统联盟的一个很好的补充。

测试程序可以直接调用仪器特定驱动程序,也可通过类驱动程序来调用特定驱动程序。采用直接调用方式时,可以执行状态缓存、范围检查及简单的仿真。但是如果更换仪器时,需要修改测试程序;采用间接调用方式时,应用程序通过调用 IVI Configuration Utility 中的 IVIDmm_Configure 函数,来调用仪器的特定驱动程序,因此不用修改测试代码。例如在图 9-13 中,测试程序可以不直接调用 Fluke45_Configure 或者 HP34401_Configure。这样,当系统中使用的是 Fluke45Dmm 时,程序在运行中会动态地自动装载到 Fluke45_Configure 中去。如若将测试系统中的 Fluke45Dmm 换成了 HP34401Dmm,IVIDmm 驱动程序自动定向到调用 HP34401_Configure。按照这种"虚拟"方式把同一类仪器中的不同仪器的特性差异"封装"起来,保证应用程序完全独立于硬件仪器,也就同时保证了仪器的可互换性。

对于一个标准的仪器驱动程序,状态跟踪或者缓存是其最重要的特点。状态缓存命令可以把 IVI 的状态缓存特性在特定驱动程序下执行,因此不会影响类驱动程序的运行。IVI Engine 通过控制仪器的读写属性,来监测 IVI 驱动程序。通过状态缓存,存储了仪器当前状态的每一个属性设置值,消除了送到仪器的多余命令,当试着设置一个仪器已经有了的属性值,IVI引擎将会跳过这个命令,从而提高了程序运行速度。

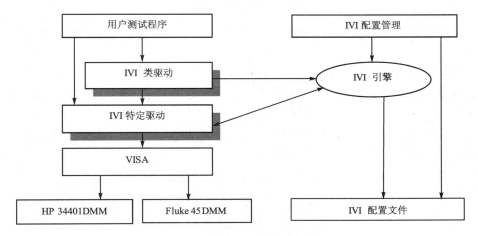

图 9-13 IVI 体系结构

因为 IVI 仿真驱动程序有内置的许多仿真数据产生算法,因此可以对仪器硬件进行仿真。当程序员在仪器不能运行或者不完整时,可以用软件仿真前端仪器的采集、计算和验证。同时仿真驱动程序也可以对仪器的属性值进行范围检查。即当写测试代码而没接仪器时,IVI 仿真驱动程序自动识别所发送的值是否有效。同时当输入参数超过范围时,强迫给一个正确值。仿真功能在特定驱动程序的控制下发生,有没有类驱动程序,都可以用这个特性。因此通过仿真,降低了测试的开发成本,缩短了仪器的编程时间。

软面板检查所用的仪器是否正常工作,并保证简单、交互式测量。IVI 驱动程序库已经有五类仪器的软面板。

### 9.4.2 开发 IVI 的特定驱动程序

由于 NI 开发的 IVI 驱动程序库已经包含了仪器的类驱动程序,因此程序员只要按照 IVI 的规范开发自己仪器的特定驱动程序,就可以实现仪器的互换性。IVI 驱动程序库,可以在任何能够产生 32 位 DLLS 的环境下运行,如 LabWindows/CVI、Visual Basic 和 Visual C++ 等。不过,在 LabWindows/CVI 环境下开发比较容易,因为这个软件包容纳了开发驱动程序的许多工具,并有一个自动的开发向导可以创建一个包含大多数驱动程序代码的模板,这样开发和测试驱动程序代码就很容易了。

在开发仪器的特定驱动程序以前,首先要熟悉仪器的有关命令,然后根据其功能进行分类。在 LabWindows/CVI 下创建仪器的特定驱动程序,需要按以下步骤进行程序开发。下面针对 ACME - XYZ 示波器做一详细介绍。

(1)创建一个驱动程序模板

LabWindows/CVI 有一个内置的开发向导提示程序员输入有关的信息,根据输入的信息,自动地创建一个代码模板和函数目录。代码模板包含了许多修改指令以及实现各种属性的例子;函数目录包含了每一个函数、控制和指示的规范。

(2)移走不用的扩展属性

根据 IVI 的规范,ACME - XYZ 示波器应该支持 IVI 示波器类的基本属性,而扩展属性仅仅支持边沿触发,因此与别的触发类型有关的扩展属性就必须从驱动程序的代码文件和头文件中移走。

（3）确定独立属性

独立的属性就是指不受别的属性设置影响的属性,如采集类型、输入阻抗、触发类型、触发耦合等。

（4）调用指定的属性

就采集类型来说,ACME - XYZ 示波器支持正常采集模式、峰值检测以及高分辨率等模式。表 9-8 列出了其具有的各种模式,范围表为存储有效的硬件设置,提供了一个简单和方便的方式。用属性编辑器可以编辑范围表或者寄存器的值。完成了范围表的编辑,接着就可以进行读、写操作以设置或读取硬件属性值。

表 9-8　用来设置和查询 ACME XYZ 采集模式的命令串

| Command String | Action |
| --- | --- |
| ACQ:TYPE:NORM | Normal acquisition mode |
| ACQ:TYPE:PEAK | Peak detect acquisition mode |
| ACQ:TYPE:ENV | Envelope acquisition mode |
| ACQ:TYPE:HIRES | Hi resolution acquisition mode |
| ACQ:TYPE:SPECT | Spectrum Analyzer mode |

（5）确定属性的失效规则

IVI 引擎用一个相对简单的机制来维护状态缓存的完整性。在许多情况下一个属性的值有可能影响另一个属性值,例如示波器的垂直范围和偏移量依赖于探头对输入信号的衰减。改变探头的衰减同时也就改变了垂直范围和偏移量。这就意味着当探头的衰减改变时,必须给垂直范围和偏移量的缓存值一个失效值或者更新值。这个问题很容易解决,只要在属性的失效目录中,为探头的衰减属性选择其衰减值。

经过以上五个步骤,成功地开发了符合 IVI 规范的仪器特定驱动程序。将来当你的测试平台改变或者系统体系结构（从 GPIB 到 VXI 或 PXI）改变时,所用仪器的驱动程序不用改变,真正实现了仪器的互换性。

### 9.4.3　LabWindows/CVI 环境下 IVI 仪器驱动程序

IVI 驱动程序可以用任何能产生 32 位动态链接库的开发环境来开发。但相对而言,目前用 LabWindows/CVI 来开发是最方便、最快捷的。因为 LabWindows/CVI 包含了许多创建仪器驱动程序的开发、测试工具,如 IVI 仪器驱动程序开发向导等。下面结合笔者开发实例,说明 LabWindows/CVI 环境下开发 IVI 驱动程序的五个基本步骤。

**步骤 1**:用 IVI 提供的 Create IVI Instrument Driver 工具,生成符合 IVI 规范的程序框架,创建基本的仪器驱动程序文件（包括源文件、头文件和函数面板文件）。LabWindows/CVI 包含一个内嵌的能引导开发者进行驱动程序开发的向导。

通过"Tools"菜单下的"Create IVI Instrument Driver"激活该向导,根据该向导的一系列提示,对话框要求进行选择或键入必要的信息,如选择是创建一个全新的驱动程序还是在已有的驱动程序的基础上来开发驱动程序,选择 I/O 接口类型、仪器所属类型,仪器所支持的操作

（ID 查询、复位、自检、错误查询等操作），并键入仪器名称、仪器前缀和有关开发者的信息等。

以开发 VXI 总线矩阵开关模块为例，选择"Create New Driver"，I/O 接口类型选择"VXI registerbased"，仪器类型选择"Genernal Purpose"，键入仪器名称"Matrix1608"，仪器前缀"matrix"，以及生产厂商 ID 号、器件逻辑地址等信息。

驱动程序开发向导根据这些信息首先对仪器进行基本检测，检测成功后自动生成一个以 matrix 为前缀的代码模板（即驱动程序的框架代码）、函数面板（function panel）以及一个函数树（function tree），其内容包含在 matrix.c，matrix.h，matrix.fp，matrix.sub 等构成仪器驱动程序的必要文件中。matrix.c 包含了各组成函数的框架代码，所生成的框架代码中除基本代码外，还包含修改指令标记，以提醒开发者在适当的地方加入自己的代码或对框架代码进行修改。

**步骤 2**：分析驱动程序的组成文件和源代码，根据自己开发的仪器功能，删除不用扩展代码，添加自己的函数和代码。IVI 规范定义了基本函数、属性以及扩展函数和代码。一个遵循 IVI 规范的驱动程序必须实现这些基本函数和属性。如果用 IVI 向导来开发驱动程序，则向导会自动实现这些基本函数和属性。扩展函数及属性体现了一个仪器类中比较特殊的特点。如果该仪器不支持扩展函数和这些属性，可以不实现它们，将多余的附加代码删除。如果仪器类型选择的是"Genernal Purpose"，则向导生成最基本的通用类型模板，这时开发者就必须自己设计定义面向特定仪器的函数，并为这些函数创建函数面板，编写源代码。

**步骤 3**：对独立属性实现属性回调函数，独立属性是不受其他任何属性影响的属性，这些属性可用来设置和访问硬件，开发者可以用属性编辑器编辑属性，如设置属性的数据类型、范围表和属性支持的回调函数等。属性设置完成后，就可以编写读、写回调函数。写回调函数实质上是被用来设置硬件属性值，在状态存储机制无效时，写回调函数总是被执行。当状态存储和范围检查有效时，如果所设置的属性值是有效值，或者设置的属性值与所存储的状态值不相等，IVI 引擎也执行写回调。读回调与写回调相类似，只是读回调是用来获取属性值。在状态存储被设置为无效时，读回调总是被执行。当状态存储被设置为有效时，则只有在程序要求获得一个属性的状态，而该状态值又没有存储在内存中时，IVI 引擎才执行读回调。

**步骤 4**：明确属性的无效值，IVI 引擎使用一套相对直观的机制来保持状态存储的完整性。在采用的很多技术中，IVI 引擎所依赖的是属性无效列表，该表被用来解决高级属性之间的相关性。在许多情况下，一个属性的值可能会受到其他属性值的影响。例如，一台示波器的垂直范围和偏置取决于作用在输入信号的探头衰减，改变探头衰减将同时改变示波器的垂直范围和垂直偏置，这就意味着当探头衰减的时候，垂直范围和垂直偏置的值或是无效，或是要更新。这可以通过在探头衰减属性的属性无效列表中包含垂直范围和偏置来实现上述的属性关系。

**步骤 5**：编写应用程序对 IVI 驱动程序的各函数进行测试，以确保正确性。经过编写、调试等实践证明，IVI 模型在低层的仪器 I/O 和高层的用户调用之间，引入各种软件组件，可以使所开发的仪器驱动程序在相应的支持例程下，更加灵活可靠，具有仪器级的互操作性。

对于不同厂家或同一个厂家不同型号的每一种仪器，都应带有自己特定的仪器驱动程序，IVI 仪器类驱动程序通过特定的仪器驱动程序与特定的仪器通信。这样，进行更换时，用户只需简单地更换仪器及特定的仪器驱动程序，不用改动仪器类驱动程序及测试程序。IVI 驱动程序库为 NI、HP、FLUKE 等著名公司的几十种通用仪器提供了特定的仪器驱动程序。如果测试系统中选用的或自制的仪器没有特定的仪器驱动程序，只要可以通过 VISA 函数进行操作，就可以使用 LabWindows/CVI 中的仪器驱动程序开发工具进行开发。然后，就开发好的特定的仪器驱动器加入 IVI 仪器驱动器库，在修改 IVI.INI 文件后，测试程序就可以通过类驱动器操作特定的仪器了。

以下是 IVI.INI 文件的一个例子，它分为虚拟仪器、仪器驱动器、硬件设置三部分。如果要将 Fluke 45 DMM 换成 HP34401 DMM，只要 IVI.INI 中相关内容换成 HP34401 的信息即可。

```
［IviLogicalNames］
DMM1 = "VInstr→Fl45"
［ClassDriver→IviDmm］
Description = "IVI Digital Multimeter 类驱动程序"
Simulation VInstr = "VInstr→NISimDMM"
［VInstr→F45］
Description = "Fluke 45 Digital Multimeter"
Driver = "Driver→F45"
Hardware = "Hardware→F45"
RangeCheck = True
Simulate = True
UseSpecificSimulation = True
Trace = True
InterchangeCheck = True
QueryStatus = True
ChannelNames = "ch1"
Defaultsetup = ""
［Driver→Fl45］
Description = "Fluke 45 Digital Multimeter Instrument Driver"
ModulePath = "c:\cvi50\instr\F145_32.dll"
Prefix = "FLl45"
Interface = "GPIB"
［Hardware→Fl45］
Description = ""
ResourceDesc = "GPIB::2::INSTR"
IdString = "FLUKE,45,4940191,1.6D1.0."
DefaultDriver = "Driver→Fl45"
```

DMM 类驱动程序初始化时，先在 IVI.INI 文件中找到 DMM1，然后找特定的仪器驱动程序"Driver→Fl45"，通过基于 VISA 的"Driver→Fl45"对 Fluke 45 进行操作。在测试程序中调用 IVI 仪器类驱动程序中的功能函数及属性的方法与调用 VXI plug & play 仪器驱动程序中相关函数的方法一样。从 IVI.INI 文件中可以看出状态跟踪、有效数据范围检查、仪器工作状态检查及仪器仿真等功能可以简单地用 true 或 false 来开关，不必更改测试程序。

虽然 IVI 技术有非常多的优点，但仍有不足之处，如：仪器类驱动程序的功能及属性是同类仪器的公共部分，某些特殊属性没有包含于仪器类驱动程序中，这会给某些特殊应用带来不便。随着现代电子设备对测试技术需求的快速增长以及计算机技术的迅猛发展，IVI 技术必将推动整个自动测试技术的进步，以建立更开放、更强大的自动测试软件平台。

# 本章小结

本章详细介绍了虚拟仪器软件结构 VISA 的基本结构、特点、应用和该规范的基本原理；阐述了可编程标准命令 SCPI 的命令句法和 SCPI 的仪器模型；介绍了 VPP 仪器驱动程序和 IVI 仪器驱动程序的结构模型。

# 思考题

1. 与现存的 I/O 接口软件相比，VISA 具有哪些特点？
2. 画出 VXI 总线虚拟仪器的软件框架？
3. 简述 VXI Plug&play 仪器驱动程序的结构模型？
4. 画出 SCPI 命令题头组成。

# 扩展阅读：基于 VISA 标准的仪器驱动程序设计

如前所述，VISA 是 VPP 系统联盟指定的 I/O 接口软件标准及其相关规范的总称。VISA 函数库是基于可编程仪器设备的 I/O 接口库，其目的是提供统一的设备资源管理、操作和使用，以帮助最终用户简化仪器 I/O 的编程。VISA 的标准独立于特定的硬件设备、接口、操作系统、编程语言甚至网络环境。通过 VISA，由不同的硬件接口（如 RS－232、GPIB 或 VXI 等）连接的仪器设备可以集成到一个系统中，由同一个软件采用统一的 I/O 完成所有仪器设备的控制，包括资源定位、接口通信的生命周期控制、属性控制、资源锁定服务、事件机制、I/O 控制等。

LabWindows/CVI 中提供的 VISA 函数库就是标准 VISA 的一个实现，其函数库主要包括 3 个子类：资源管理、资源模板和特定资源的操作。

## 1. 资源配置类函数

资源配置类函数包括资源管理器的打开与关闭、仪器资源的打开与关闭和资源属性的设置与查询。

下面结合实例对资源配置函数进行介绍。在实例中，首先打开 VISA 资源管理器，然后打开逻辑地址为 16 的 VXI 仪器，读取其模块代码并设置其操作超时时间，最后关闭仪器和 VISA 资源管理器。

```
#include < visa.h >
static ViVersion  moduleID;
static ViSession  vi;
static ViStatus  err;
static ViSession  defaultRM;
int main()
{
    err = viOpenDefaultRM ( &defaultRM);
```

```
    if ( err !  = 0)
    {
        //如果出错,弹出错误对话框,返回
        MessagePopup ("Error","Open VISA Manager Error!");
        return 0;
    }
    err = viOpen (defaultRM,"VXI0::16::INSTR", VI_NULL, VI_NULL, &vi);
    if (err !  = 0)
    {
        MessagePopup ("Error", "Open Instrument Error!");
        return 0;
    }
    else
    {
        //获取仪器模块操作超时时间为 1000 毫秒
        viGetAttribute (vi, VI_ATTR_MODEL_CODE, & moduleID);
        viSetAttribute (vi, VI_ATTR_TMO_VALUE, 1000);
    }
    //关闭仪器句柄和 VISA 资源管理器
    viClose (vi);
    viClose (defaultRM);
}
```

### 2. 数据 I/O 类函数

由于 VXI 总线仪器分寄存器基仪器和消息基仪器,数据 I/O 类函数也分为寄存器基数据 I/O 函数和消息基数据 I/O 函数。

(1) 寄存器基仪器的读写

```
static ViUInt16 value;
//读取仪器状态寄存器
viIn16(vi, VI_A16_SPACE, 4, &value);
//写入仪器控制命令
viOut16(vi, VI_A16_SPACE, 4, 1);
viOut16(vi, VI_A16_SPACE, 4, 0);
```

(2) 消息基仪器的读写

```
static ViChar result[50];

//用读写方式获取仪器识别信息
viPrintf (vi," * IDN? \n");
viScanf (vi,"%t", result);
//用询问方式获取仪器识别信息
viQueryf (vi," * IDN? \n","%t", result);
```

### 3. 事件处理类函数

事件是需要在应用程序中特别注意的特殊情况,事件类型包括服务请求、中断和硬件触发。处理事件的方法有回调函数法和排队法两种。但是,这两种处理方法互相独立,可以分别使用也可以同时使用。

① 回调函数法:为事件加载一个回调函数句柄,并使能事件。即,当已经安装了句柄的事件发生时,所指定的回调函数就会被调用。其涉及的 VISA 函数有加载/卸载回调函数、使能/禁止事件。下面给出利用回调函数法处理 VXI 仪器触发事件的实例。

```
//事件回调函数
ViStatus _VI_FUNC myHdlr (ViSession vi, ViEventType eventType, ViEvent ctx, ViAddr userHdlr)
{
    ViInt16 trigID;
    if(evenType ! = VI_EVENT_TRIG)
        return 0;
    //查询是何种触发
    viGetAttribute (ctx, VI_ATTR_RECV_TRIG_ID, &trigID);
        return 0;
}
void main()
{
    ViSession vi;
    ViSession defaultRM;
    viOpenDefaultRM (&defaultRM);
    viOpen(defaultRM,"VXI0::24::INSTR", VI_NULL, VI_NULL, &vi);
    viSetAttribute (vi, VI_ATTR_TRIG_ID, VI_TRIG_TTL0);
    //加载回调函数句柄并使能事件
    viInstallHandler (vi, VI_EVENT_TRIG, myHdlr, (ViAddr)10);
    viEnableEvent(vi, VI_EVENT_TRIG, VI_HNDLR, VI_NULL);
    //激活触发,使回调函数得到调用
    viAssertTrigger(vi, VI_TRIG_PROT_SYNC);
    viDisableEvent(vi,VI_EVENT_TRIG, VI_HNDLR);
    viUninstallHandler(vi,VI_EVENT_TRIG, myHdlr, (ViAddr)10);
    viClose(vi);
    viClose(defaultRM);
}
```

② 排队法:使能事件并等待事件的发生。也就是说,程序的执行会暂时中断,直到指定的事件发生或者超出设定的等待超时时间。其涉及的 VISA 函数有使能/禁止事件、等待事件。

```
# include < visa.h >
void main()
{
    ViStatus err;
    ViEvent eventVi;
    ViEventType eventType;
    ViSession vi;
    ViSession defaultRM;
    viOpenDefaultRM(&defaultRM);
```

```
viOpen (defaultRM,"VXI0:;INSTR", VI_NULL, VI_NULL, & vi);
viSetAttribute (vi, VI_ATTR_TRIG_ID, VI_TRIG_TTL0);
viEnableEvent(vi, VI_EVENT_TRIG, VI_QUEUE, VI_NULL)
viAssertTrigger(vi, VI_TRIG_PROT_SYNC);
//等待事件发生
err = viWaitOnEvent(vi, VI_EVENT_TRIG, 10000, &eventType, &eventVi);
if (err == VI_ERROR_TMO)
{
    printf("Timeout Occurd! Event not received.\n");
    return;
}
//查询是何种触发
viGetAttribute(eventVi, VI_ATTR_RECV_TRIG_ID, &trigID);
viClose(eventVi);
viDisableEvent(vi,VI_EVENT_TRIG, VI_QUEUE);
viClose(vi);
viClose(defaultRM);


}
```

# 第 10 章　自动测试系统集成技术

自动测试系统的集成技术与一般应用系统所采用的集成技术类似,本章首先结合实践介绍自动测试系统的开发与集成流程,其次通过某 K 型自动测试系统开发实例进一步深入阐述开发自动测试系统的实际步骤及流程。

## 10.1　自动测试系统的开发与集成流程

如第 1 章所述,自动测试系统(ATS)一般由三大部分即自动测试设备(ATE)、测试程序集(TPS)和 TPS 软件平台所组成。与一般应用系统的开发与集成相似,自动测试系统的开发与集成过程大致也可划分为需求分析、体系结构选择与分析和测试设备选择与配置等。其中:需求分析主要涉及功能分析、目标信号类型及特征分析、拟测参数定义、可测性分析等;体系结构选择与分析主要涉及硬件平台和软件平台,而硬件平台主要涉及接口总线分析、硬件体系结构分析、控制器选择与分析;软件平台则主要涉及软件运行环境分析、操作系统选择与分析、开发平台选择与分析、数据库选择与分析;测试设备选择与配置主要涉及测试仪器模块选择、UUT 接口连接设计和特殊参量指标的处理,如图 10 − 1 所示。

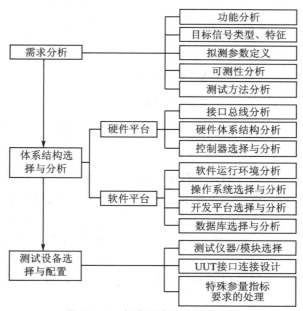

**图 10 − 1　自动测试系统开发步骤**

值得注意的是,图 10 − 1 所示为开发自动测试系统的基本开发步骤,但针对某项内容进行开发时,往往是多个步骤或多个流程的循环进行。实践证明,开发一套自动测试系统的经典流程如图 10 − 2 所示。

系统需求分析的任务是根据实际系统的测试需求确定 ATS 的研制任务,编制研制要求,

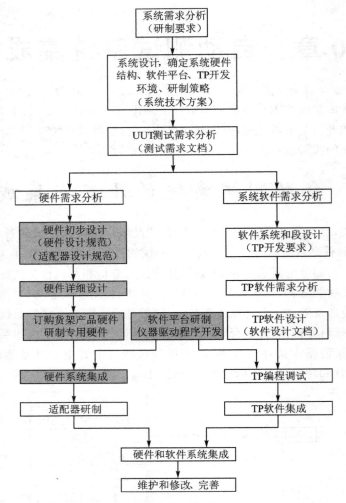

**图 10 − 2    自动测试系统开发与集成流程**

确定被测对象 UUT 清单和主要的测试指标。

系统设计的任务则是根据研制要求分析系统测试需求,确定系统硬件构型、软件平台、TP 开发环模、研制策略等问题,讨论总体技术方案,研究系统中的关键技术问题,编制系统技术方案提交用户和专家组评审,系统技术方案评审通过后开始组织以后的各项工作。

UUT 测试需求分析针对每一个 UUT 进行详细的测试需求分析,编制测试需求文档并得到 UUT 承制方和专家组的认可。

硬件需求分析的任务是根据所有 UUT 测试需求文档,归纳分析出系统的硬件测试资源的需求情况。

硬件初步设计的任务则是根据硬件需求情况确定硬件设计原则和设计规范,确定阵列接口信号定义与说明,制定适配器设计规范。

硬件详细设计包括订购货架产品硬件和研制专用测试资源硬件。

适配器研制则根据 UUT 测试需求文档,对适配器进行适当规划,可考虑多个 UUT 共用一个适配器。然后根据阵列接口信号定义与说明、UUT 接口信号定义及测试需求,设计适配器和测试电缆,并交付生产。

　　硬件系统集成的任务是将所有测试资源连接并安装起来,在软件平台及仪器驱动程序的支持下进行硬件集成,要求所有测试资源工作正常,程控资源控制准确可靠,仪器性能指标满足要求。硬件系统集成时可采用仪器面板和软件面板的控制方式进行试验,也可直接采用自检适配器和自检程序进行试验和验收。

　　系统软件需求分析的任务是对整个自动测试系统(ATS)的软件包括 TPS、测试软件平台、仪器驱动程序等进行分析和评估,并随后通过"软件系统和段设计"合理划分软件功能和结构,制定测试程序(TP)开发要求。

　　TP 软件需求分析则是根据 UUT 测试需求和 TP 开发要求对某个 UUT 的 TP 进行软件需求分析。

　　TP 软件设计包括概要设计和详细设计,编制软件设计文档。

　　TP 编程调试根据 TP 软件设计文档,在软件平台和仪器驱动程序的支持下编写程序代码,并在一起驱动程序仿真状态进行程序调试。仿真调试过的各个 UUT 测试程序同样可在仿真状态下进行"TP 软件集成"。如果软件平台和仪器驱动程序不具备仿真功能,则 TP 调试和 TP 软件集成必须在硬件平台上进行,或直接进行"硬件和软件系统集成"。

　　硬件和软件系统集成的任务是将硬件系统和软件系统集成在一起进行联调,这个阶段必须对每个 UUT 测试程序进行逐项实验,并进行验收试验。验收试验后 ATS 可交付使用方试用和使用,研制方的后续工作就是根据试用和使用情况对 ATS 进行维护和修改完善。

　　软件平台研制及测试仪器驱动程序开发过程,与一般软件系统的研制过程一致,这里不再详细讲述。

　　需要注意的是以上各步骤并非像图 10-2 所示那样简单排列,而是根据系统的复杂程序需要多次迭代过程。比如说,图中灰色框部分"硬件初步设计""硬件详细设计""软件平台研制"和"硬件系统集成"等过程,不同的研制策略,其排列或者选择不尽相同。事实上,如果选用货架产品或推广现有的硬件平台、软件平台则不需要这些过程,研制的工作量便可大大减少。但是,过分依赖于国外硬件平台和软件平台,同样会带来研制和维护费用昂贵、注册管理不安全等问题,因此,目前应大力提倡推广和使用具有自主知识产权的通用的 ATS 硬件平台和软件平台。

# 10.2　通 用 测 试 平 台

## 10.2.1　测试平台通用化的作用意义

　　目前,武器装备的测试设备大多都是随着具体型号武器项目配套研制的,虽然能够满足技术准备的需要,但存在缺乏对测试设备的系统、顶层规划,硬件不通用,软件不统一,造成保障的及时性、有效性和经济性不能达到最优状态等问题。本书结合"十一五"期间推行测试设备通用化、标准化、系列化的工作所取得的一些经验和成果,研究并提出了一套新的装备通用测试设备体系。该通用测试设备体系通过采用综合测试与综合诊断策略,实现了基于状态的武器装备的预测性维修,从而加快以测试设备为主体的保障装备向真正的"三化"方向发展的步伐,进一步提高了效益和保障水平。

### 10.2.2　测试平台开放式体系架构

参考美军的经验和先进做法,运用系统工程综合集成的方法,提出一种上下衔接、横向扩展、综合集成的武器装备测试平台框架新体系,实现由"基于型号"向"基于能力"的转变。其核心技术是采用综合测试与综合诊断策略,实现测试平台的开放式和网络化。

**1. 通用测试平台框架体系的建设目标**

(1) 采用相同标准且可通用的测试设备,实现测试平台的纵向综合

在技术阵地和各级别测试等装备的全寿命保障阶段,采用相同标准的、相互间可通用的测试设备硬件和软件,实现测试平台的纵向综合。

纵向综合测试策略是设计、制造、技术保障、维修综合测试策略的简称,是指武器装备设计过程中的验证试验测试、制造过程中故障分析和验收试验测试以及使用维修中的故障诊断测试均采用相同标准的、相互间可通用的测试设备硬件和软件。

也就是说,武器装备的设计、制造和使用维修中使用通用的测试硬件平台、统一的编程语言和测试软件平台进行测试,此前各阶段的测试设备和软件互不通用,就好像一道道"砖墙"把它们隔离开来,彼此互不相通,如图 10-3 所示。纵向综合测试策略就是要拆掉这些"砖墙"(见图 10-4),不但实现了各阶段的测试设备和软件的相互通用,而且还实现了各阶段的测试数据共享,减少不必要的重复试验和测试。

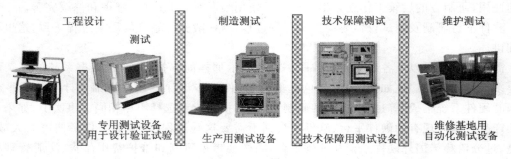

图 10-3　传统测试方法

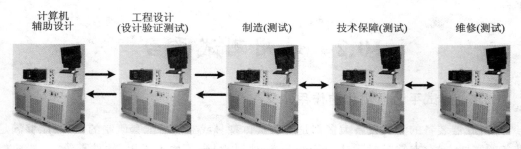

图 10-4　纵向综合策略

在技术保障和使用维修中使用通用的测试硬件平台、统一的编程语言和测试软件平台的进行测试与维修,从而减少专用测试保障装备需求,减少测试人员及培训费用、减少保障装备的备份储备。

要实现这一新策略,除了需要解决思想认识、传统习惯和管理体制等问题以外,重点需要

解决并行工程和标准化两大问题。

（2）针对不同的保障对象，实现测试平台的横向综合

横向综合测试策略是指对不同型号的武器系统（如导弹、鱼水雷等）和不同军种（海、陆、空）的武器装备，均采用标准化、通用化的测试设备和软件，方便维修保障装备资源共享和相互之间的替代。如图 10-5 所示，将常用的测试设备归结到一个通用平台下，同类装备的测试采用相同的自动测试设备（ATE）。

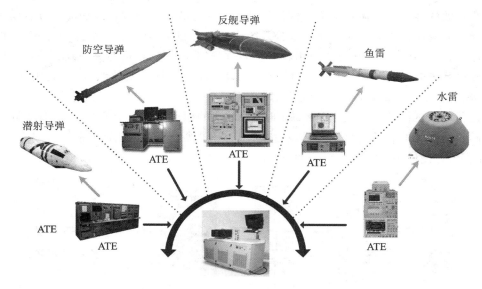

**图 10-5　横向综合测试策略示意图**

横向综合测试策略是一种高层次的测试策略。它的实现除了需要高层组织的推动，同样需要重点解决测试系统硬件、软件体系结构及其各组成要素的标准化。

通过采用纵、横向综合测试策略，可以实现测试软件的一次性开发、逐步添加、相互移植、数据共享等优点。这种综合的优点可以初步概括为"五减少两方便"：减少软件开发量，减少对专用测试设备的需求，减少维修人员及培训费用、减少测试设备的备份储备，方便测试资源共享，方便测试设备之间的替代。其最终效果将体现在测试设备的开发费用降低、使用和维修方便以及武器系统的出勤率和战备完好性大大提高等方面。

（3）运用综合诊断技术，实现武器装备基于状态的维修

综合诊断通常定义为通过综合测试性、维修辅助手段、技术信息、人员和培训等构成诊断能力的相关要素，使装备诊断能力达到最佳的结构化设计。其目的是以最少的费用最有效地检测、隔离武器装备内已知的或预期发生的所有故障，以满足装备保障要求。在这一过程中，诊断功能被划分到机内或机外的诊断单元，其基础是将测试和诊断过程中有关的信息与诊断功能和部件进行有效的通信。

综合诊断是一种新的思路和新的途径，其重点在于"综合"，即通过有效的配置使各组成单元成为一个整体，使各诊断要素有效综合，信息有效沟通。

通用测试设备在综合诊断的基础上，同时应具有对武器装备状态的实时或接近实时评估的能力，根据状态监测、综合故障诊断分析的结果，有效地检测、隔离武器装备内已知的或预期

发生的所有故障,确定需要检修时,再安排检修,这样可以减少不必要的人力、物力、财力的消耗,延长装备的运行周期,提高效率。

**2. 通用测试平台框架体系核心内容**

（1）开放式技术体系结构框架

"技术体系结构"定义了设计人员可用来使其设计决策必须做出的"共识"或"一致性"准则。

一个有效的开放系统体系结构将依赖于硬件和软件的模块化设计和功能划分。模块化设计和功能划分应使其排列成在更换其中分系统或部件时不会影响其他部分。通过对硬件和软件有效地划分,更新硬件无须修改应用软件。同时,修改应用软件也能够不改变硬件。模块化设计是开放系统方法的基础,但开放系统方法不只意味着一种模块化结构,它利用标准的"开放"接口规范各个单一的功能部件,形成模块化系统。

构建通用测试设备的模块化子系统,通过开放式的模块化子系统的组合,实现不同测试需求的不同测试资源的灵活组合,其功能示意如图 10 - 6 所示,可扩展的子系统可以水平、垂直的相互结合,方便使用。

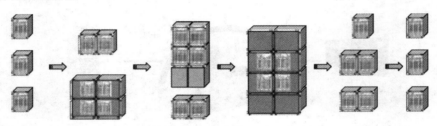

**图 10 - 6　开放式硬件框架体系示意图**

① 通用测试平台的技术体系要素:要实现测试平台的通用,必须为其定义和提供一种通用的技术框架,为构建、分类和组织通用测试平台体系结构提供指导和准则,以支持系统互操作性的实现。

其工作目标是:定义一个基于开放式系统原理的全面的、开放的 ATE 体系结构,广泛应用 COTS 技术,实现 TPS 的重用性和可移植性、测试仪器的互换性和互操作性以及针对新的测试需求的 ATE 灵活重构,允许升级和新仪器技术的灵活插入(如高级虚拟合成仪器技术),减少测试程序或测试步骤重组工作的开支,减少测试系统升级费用,实现整个产品生命周期内相关产品的互换。

关键技术是接口标准和规范有明确的定义,通过将自动测试设备分为测试资源设备(含硬件、软件和开关)、测试接口适配器、TPS(含诊断、测试程序)和被测对象 UUT 等几个主要部分,并将其划分成影响测试设备标准化、互操作性和使用维护费用的 24 个关键接口,以此为基础建立通用测试设备的体系结构。

实现测试平台通用的框架,包含 24 个关键元素和相关的一组开放性标准,如图 10 - 7 所示。关键要素如下:

AFP——适配器功能和参数信息;

BTD——机内测试数据;

CTI——通用测试接口;

CXE——计算机至外部环境；

NET——数据网络化；

DIAD——诊断数据；

DIAS——诊断服务；

DTF——数字测试格式；

DNE——分布式网络环境；

ICM——仪器通信管理器；

DRV——仪器驱动；

IFP——仪器功能和参数信息；

MTD——维修测试数据和服务；

MCI——一致性主指标；

MMF——多媒体格式；

PDD——产品设计数据；

RAI——资源适配器接口；

RMS——资源管理服务；

RTS——运行时服务；

SFP——开关功能和参数信息；

FRM——系统框架；

TPD——测试程序文档；

UDI——UUT 设备接口；

UTR——UUT 测试需求。

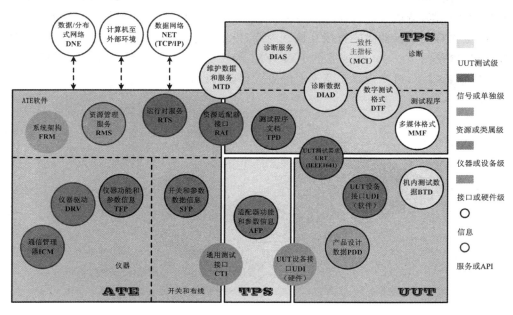

**图 10 - 7　通用平台技术体系要素**

通过以上技术体系元素相关标准的确定,实现以下目标:以标准化推动通用化,最大限度地减少专用资源的使用；通过在测试设备的订货过程中强制采用和遵守框架中定义的关键元素和相应的标准，形成系列装备可互操作且能支持其各自特殊要求的通用测试设备。

② 采用标准测试接口和标准仪器接口的硬件结构：标准测试接口规范了测试设备所有硬件资源输入/输出，通过规范的测试接口和适配器结构，实现测试设备的通用性和可扩展性。在前期完成的某型武器装备维修线测试设备的研制中，就采用了一个具有 25 个槽位的 VPC9025 接口作为标准测试接口(见图 10－8)，同时定义了所有测试资源在测试接口上的配置，为实现测试功能级的设备通用提供了硬件基础。

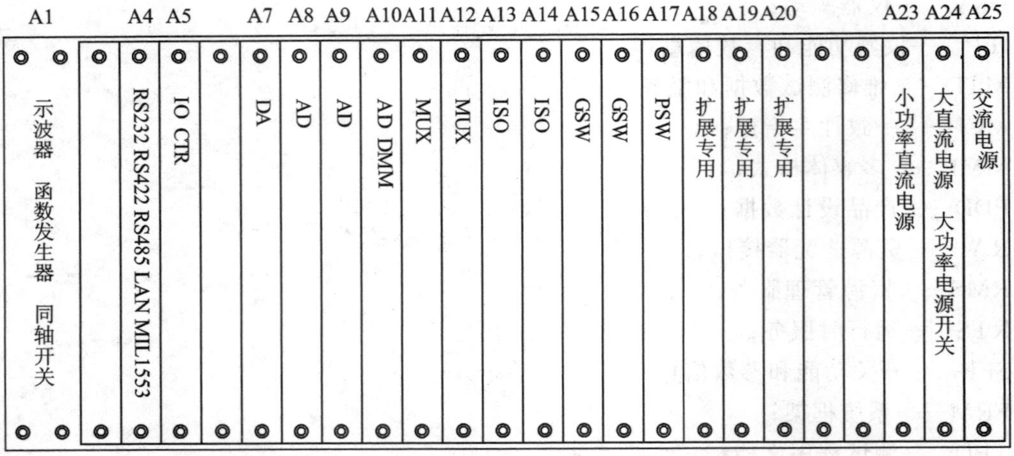

A1
A4
A5
A7
A8
A9
A10
A11
A12
A13
A14
A15
A16
A17
A18
A19
A20
A23
A24
A25
示波器 函数发生器 同轴开关
RS232 RS422 RS485 LAN MIL1553
IO CTR
DA
AD
AD
AD DMM
MUX
MUX
ISO
ISO
GSW
GSW
PSW
扩展专用
扩展专用
扩展专用
小功率直流电源
大直流电源 大功率电源开关
交流电源

**图 10－8 标准测试接口配置示意图**

但仅仅是测试接口的标准化解决不了测试仪器的可互换性，由于测试仪器的信号接口目前没有统一的规范，造成实际仪器的信号接口百花齐放，即使这些仪器的功能和仪器驱动程序是一致的，也很难实现仪器级的直接互换。为此，借鉴 IEEE 1693 标准的思想，设计一种仪器级的标准接口(见图 10－9)，将现有的 PXI、VXI 等模块，以及新研制的其他总线模块的信号接口均纳入该标准下，可实现真正意义上的更大程度的设备通用。

Power
Trigger
LAN
M-Module/PXI
Transition Panel

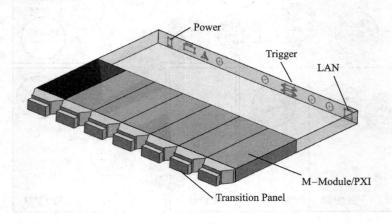

**图 10－9 仪器级的标准接口示意图**

③ 基于信息的通用开放式体系软件结构：构建基于信息的通用开放式体系结构，旨在借

助在相关的测试与诊断信息间建立通信,来降低系统成本,改进互用性,加速技术嵌入。这种开放系统结构的特点是网络化,网络化的基础是信息,综合诊断过程建立在信息模型和开放系统互联模型基础之上。

其体系结构的构成见图 10-10 所示,核心是采用分层结构,在现有的系统接口之上,单独设计一层信息框架,采用"软件背板"的设计思想(见图 10-11),将不同开发工具编写的 TPS 包容到一起进行协调工作,使得联入这个平台的测试程序实现数据共享,在数据共享的基础之上进而实现它们之间的互操作。同时,采用面向对象的组件化、模块化与标准化的设计技术,各模块间的通信联系做到最少,并以标准接口提供功能调用,实现了软件的模块化。

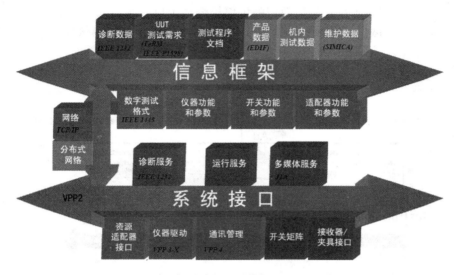

图 10-10　基于信息的通用开放式体系结构

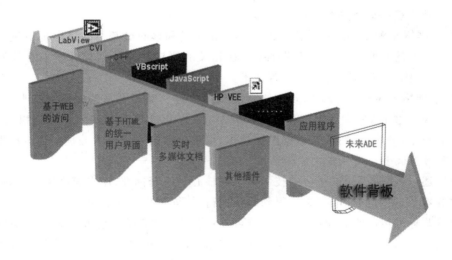

图 10-11　软件背板核心层示意图

(2) 测试平台网络化

在基于信息的通用平台开放式体系结构基础上,通过网络实现测试设备资源的互联和共享,实现网络为中心的测试(Net-Centric Test)、网络为中心的诊断(Net-Centric Diagnostics),为将测试和诊断综合到网络为中心的数据环境中,把服务、知识、数据和设备(机内、在线、离线测试设备)链接起来,实现远程测试和诊断,对网络中心战和一体化联合作战等信息化战争的技术保障能力。

其在通用测试平台上的应用如图 10 - 12 所示,将以往带 GPIB 的台式仪器、带各类接口的模块仪器以及采用综合化设计思想设计的新型测试模块仪器有机地统一起来,采用 LAN/GPIB 转换器实现对带 GPIB 接口台式仪器的控制,应用 LAN 接口通过转换控制器对各类模块、板卡仪器控制,对带 LAN 接口的台式仪器和模块直接进行控制。与传统自动测试系统最大区别是,采用综合化思想设计出的新型测试模块替代了以往具有完整功能的台式测量仪器或模块化仪器,通过系列新型模块有机结合,按测试流程完成所规定测量任务。

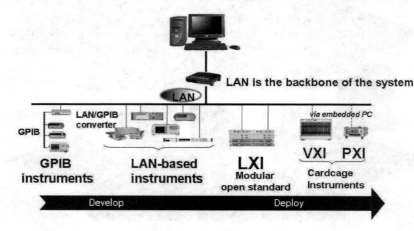

**图 10 - 12　通用测试平台的网络化结构**

其核心技术包括如下两个方面:

① 基于网络化测试的远程故障诊断　网络化测试和诊断最基本的目标是通过网络,实现测试和诊断资源的互联和共享。借助 LAN,在相关的测试与诊断信息间建立有效通信,实现信息共享、远程测试和诊断、异地会诊等技术。

② 基于网络的测试仪器是实现网络化测试的关键　基于网络的通用测试平台主要在数据和服务一级通过 LAN 实现测试和诊断的共享,因此 LXI 仪器和传感器网络以及与此相关的多机互联技术、分级测试技术、数据挖掘技术、可视化数据表示技术等是实现该技术的重点。

(3) 通用测试平台硬件与软件标准化

综前所述,构建通用测试平台的技术体系的核心是一套标准,用来定义接口、服务、协议或数据格式等规范,所有的标准都必须得到严格执行,协同工作才能满足应用需求。

所有这些标准可归结为总线技术、仪器可互换技术、测试程序集可移植与互操作技术、面向信号的测试技术、人工智能信息交换与服务技术、公共测试接口技术、合成仪器技术、仪器接口技术等。其中,可以采用已被认可的工业标准去规定体系结构组成部分的性能和接口要求,如基于网络化测试的相关标准 IEEE 1232、IEEE 1636、IEEE 1671、IEEE 1451 等。

近年来,在开展有关武器装备测试诊断的研制过程中,自方案论证阶段就注意开展自动测试设备标准化工作,且研制完成了多套基于 LXI 总线的测试系统,充分验证了 LXI 总线在自动测试系统的应用可行性。同时制定了有关自动测试系统的标准,构建统一的通用测试平台,确定了统一的测试接口定义,作为武器装备自动测试系统的标准接口,制定的有关标准包括:《通用平台技术规范》《信号调理技术规范》《适配器识别电阻技术规范》《软件平台技术规范》等。其中,《通用平台技术规范》主要包括:使用环境、供电电源、安全性、电磁兼容、可靠性、维修性、使用性等一般要求;结构与外观要求、装配等平台的结构规范;通用测试资源配置、通用测试资源描述等测试资源规范;通用测试接口规范;软件平台的一般要求;测试信息的存储与报告生成以及测试软件系统交付及安装要求等;《信号调理技术规范》主要规范测试系统信号调理装置的结构,接线方式等;《适配器识别电阻技术规范》主要规范识别电阻的选择依据、阻值系列、测试方法等,保证武器装备故障诊断设备的测试适配器具有唯一身份,规范充分考虑了扩展,预留了 55 个保留的识别电阻;《软件平台技术规范》则规范软件的界面形式、仪器驱动程序、结果处理等内容,并结合海泰 LXI 仪器确定了其仪器驱动程序。这些工作有效地推进了武器装备测试设备研发的标准化工作。

### 10.2.3　通用测试平台实例

#### 1. 总体设计

　　K 型通用测试平台是一套综合化、标准化、通用化,可靠性高、维修性好和扩展能力强的自动测试系统,由硬件资源、软件系统等组成。系统采用 PXI 总线和 LXI 总线的混合总线方式,测控计算机是系统的控制中心,它通过总线电缆把全部测试资源连成一体,通过测试软件控制测试资源,实现对被测对象的自动测试、自动诊断过程。其中,设备硬件资源的包括三部分:通用硬件平台、适配器及专用测试设备。这里,通用硬件平台按照相关测试设备技术规范的要求配置资源。

　　通用硬件平台以 PXI/PXIe 总线形式的高密度的模块化仪器为主,可有效降低 ATE 的重量,减小 ATE 的体积,提高系统的可靠性和可维护性。而基于 LXI 总线形式的仪器作为 PXI/PXIe 的有效补充。各种总线类型的仪器都接入到高速 LXI 总线网络中,由主控计算机进行控制,其整体架构如图 10 - 13 所示。

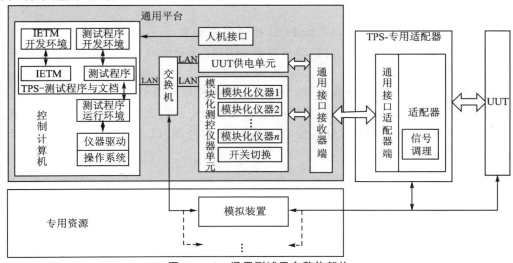

**图 10 - 13　通用测试平台整体架构**

模块化测控仪器单元用于提供激励信号、测试 UUT 输出响应,主要包括万用表、模拟量采集、模拟量输出、状态量采集与输出和开关切换等仪器模块。

通用阵列接口采用高质量的 VPC 连接器,对信号按功率、带宽、模拟、数字等进行分类。

### 2. 通用硬件平台设计

通用硬件平台主体由 4 个 12U 减震机柜组成,包括主控机柜、电源机柜、测试机柜以及综合机柜,如图 10-14 和图 10-15 所示。主控机柜通过控制总线实现对电源机柜、测试机柜以及综合机柜中仪器设备的控制,机柜之间的电气连接通过互联电缆实现。电源机柜内部主要安装各种程控直流电源和交流电源,用于为被测对象提供电源。测试机柜内部安装各种采集设备、激励设备,用于为产品测试提供激励信号,采集产品输出的响应。测试机柜后面安装 VPC 25 模通用接口,用于与专用适配器连接。综合机柜中主要用于安装专用设备。

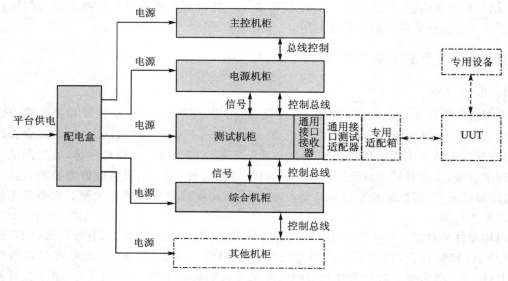

图 10-14 通用硬件平台原理框图

(1) 主控机柜

主控机柜正面从上到下依次是智能 PDU 控制与显示单元、打印机、UPS、工控机、显控单元,背面从上到下依次是风扇、单开门、单相智能 PDU 主体单元和信号转接板,主控机柜布局如图 10-16 所示。

主控机柜为整个平台的控制核心,控制计算机和显控单元用于运行测试程序及进行数据管理,UPS 用于外部供电突然中断的情况下,能够提供一定的时间延时,让用户进行数据保存等操作,智能 PDU 完成机柜内部设备加电、断电时序的控制,以及机柜内部温度、湿度的监视,如图 10-17 所示。

**图 10-15　机柜布局前视图**

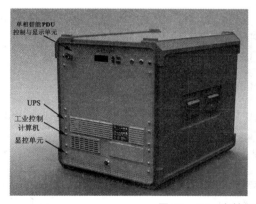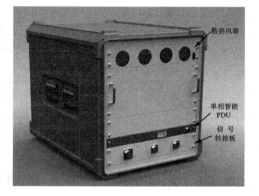

**图 10-16　主控机柜前视图和后视图**

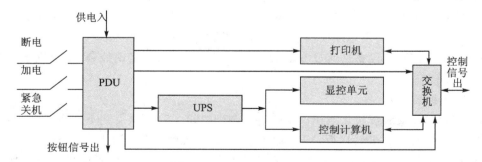

**图 10-17　主控机柜原理框图**

（2）电源机柜

电源机柜正面从上到下依次是智能 PDU 显示单元、N6702A 程控电源、面板、4 台 GEN3050G 大功率直流电源，背面从上到下依次是风扇、单开门、单相智能 PDU 主体单元、配电盒和信号转接板，电源机柜布局如图 10－18 所示。

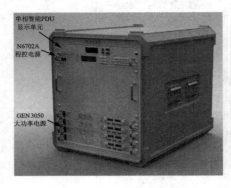

图 10－18　电源机柜前视图和后视图

电源机柜为 UUT 测试提供电源，安装有大功率直流电源、程控直流电源和智能 PDU 等，其原理框图如图 10－19 所示。电源机柜中安装的智能 PDU 接收来自主控机柜的智能 PDU 输出的控制信号，并根据预设的指令动作。电源机柜中的 PDU 采用单相 PDU，并安装显示选件。并且，电源机柜中电源的输出通道通过航插转接至测试机柜通用接口。

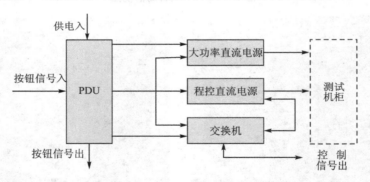

图 10－19　电源机柜原理框图

（3）综合机柜

综合机柜用于安装专用设备，包括电子模拟器、信号转换机箱、不间断检测设备和俄标 ГОСТ 18977－79 专用通信总线模块，综合机柜布局如图 10－20 所示。

综合机柜内部专用设备是通过 LAN 总线和 RS－485 总线实现控制，综合机柜原理图如图 10－21 所示。

（4）测试机柜

测试机柜内部安装模块化测控仪器和信号调理机箱。背面从上到下依次安装风扇、单相智能 PDU 主体单元，信号转接板，VPC 通用接口，测试机柜布局如图 10－22 所示。

测试机柜能够为 UUT 提供激励信号并采集 UUT 输出的信号，测试机柜的原理框图如图 10－23 所示。测试机柜的 PDU 采用单相 PDU。

 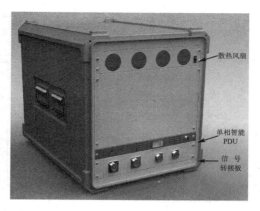

图 10 − 20　综合机柜前视图和后视图

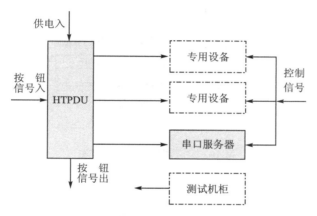

图 10 − 21　综合机柜原理框图

 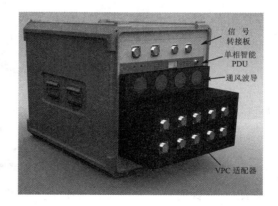

图 10 − 22　测试机柜前视图和后视图

　　对于普通信号类测试资源到通用接口的转接设计采取电缆形式,这可以大幅度提高连接的可靠性,使机柜走线变得清晰易查,易于系统维护。即,电缆的一端连接普通信号类测试资源,连接器的型号依测试资源而定。电缆的另一端连接 VPC 96 芯连接器模块,连接器的型号同测试资源输入输出接口。电缆与 VPC 96 芯连接器模块直接通过自研 PCB 板进行转接,为

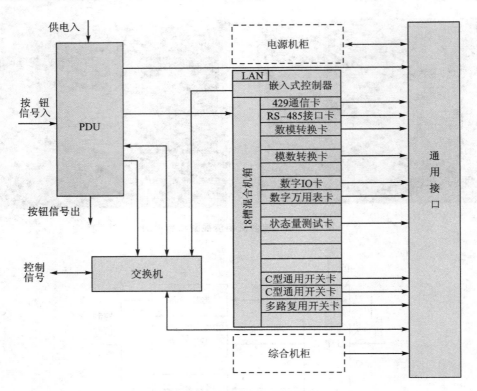

**图 10 - 23　测试机柜原理框图**

此,96 芯连接器模块的各针脚需要选用 90°弯针形式,如图 10 - 24 所示。

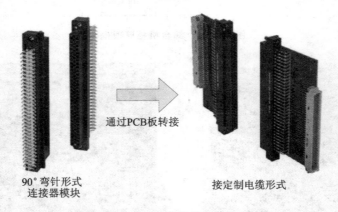

通过PCB板转接

90°弯针形式　　　　　　　　　接定制电缆形式
连接器模块

**图 10 - 24　96 芯普通信号转接形式**

采取 90°弯针的连接器形式灵活性大,可以实现测试资源到通用接口针脚的灵活自定义。采用电缆转接测试资源的示意图如图 10 - 25 所示。

(5) 阵列接口

① 阵列接口选型:根据《XXXX 测试设备通用规范》,阵列接口选型 VPC 系列的 25 模产品。

② 阵列接口功能:汇集 ATE 系统测试资源全部电子、电气信号,为测试设备到被测对象

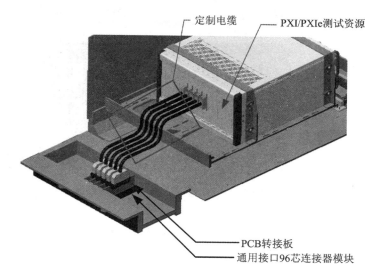

图 10 - 25  测试资源到通用接口的转接示意图

的激励信号提供连接界面,为 UUT 的响应传送到测试设备提供连接界面。

③ 阵列接口组成:通用接口在结构上由通用接收器和专用适配器两部分组成,如图 10 - 26 和图 10 - 27 所示。通用接收器固定在机柜外侧,测控仪器单元通过连接电缆 E 连接到通用接收器内的接收器模块 F。专用接口适配器由测试接口适配器(Interface Test Adapter,ITA)箱体、ITA 模块、ITA 适配器及插线组成。用户根据 UUT 自行设计 ITA 箱体内的线路、信号处理电路,以及产品测试电缆。产品测试时,选用和产品相应的专用接口适配器,然后与通用接收器对插在一起,从专用接口适配器另外一侧连接产品测试电缆到被测产品及辅助设备上。

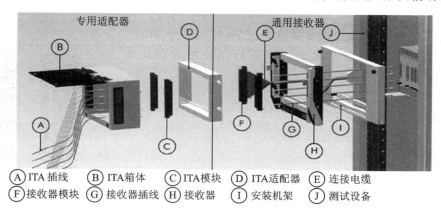

图 10 - 26  阵列接口组成示意图

按照相关通用测试设备技术规范要求,各接收器模块排列规划如图 10 - 28 所示。

接收器第 1,2 槽位为同轴信号模,选用 76 芯射频同轴模块,用于连接射频测试信号。76 芯射频同轴模块如图 10 - 29 所示,主要特性如下。

● 接口数:76;

● 阻抗特性:50 Ω;

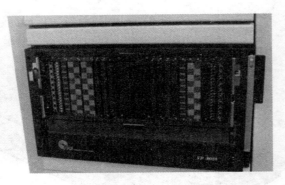

图 10 - 27　VPC 公司的 25 模接口适配器

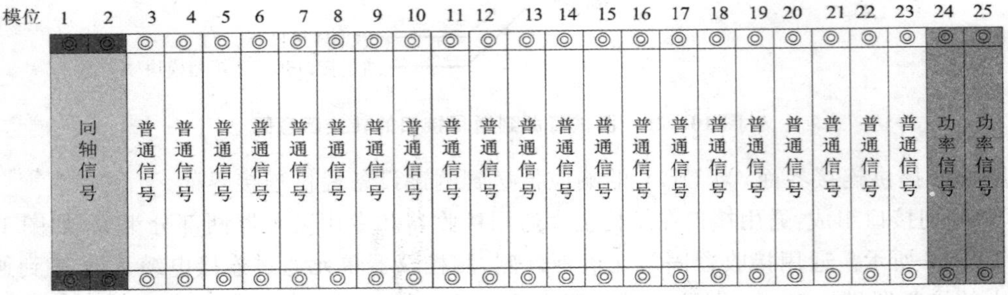

| 模位 | 1 | 2 | 3 | 4 | 5 | 6 | 7 | 8 | 9 | 10 | 11 | 12 | 13 | 14 | 15 | 16 | 17 | 18 | 19 | 20 | 21 | 22 | 23 | 24 | 25 |

同轴信号　普通信号　普通信号　普通信号　普通信号　普通信号　普通信号　普通信号　普通信号　普通信号　普通信号　普通信号　普通信号　普通信号　普通信号　普通信号　普通信号　普通信号　普通信号　普通信号　普通信号　普通信号　普通信号　功率信号　功率信号

图 10 - 28　阵列接口接收器模块排列

- 插针接触阻抗：5 mΩ；
- 频带：DC～2 GHz；
- 寿命：20 000 次。

接收器第 3～23 槽位为普通信号模，选用 96 芯低频小信号模块，用于连接低频小信号测试。96 芯低频小信号模块如图 10 - 30 所示，主要特性如下。

- 接口数：96；
- 插针最大电流：10 A；
- 插针接触阻抗：4 mΩ；
- 寿命：20 000 次。

接收器第 24,25 槽位为功率信号模，选用 16/16 芯低频大功率模块，用于连接大功率交直流电源或大功率开关。16/16 芯低频小信号模块如图 10 - 31 所示，主要特性如下。

图 10 - 29　76 芯射频同轴模块

- 接口数：16 芯信号，16 芯电源；
- 插针最大电流：信号针 10 A，电源针 50 A；
- 插针接触阻抗：10 mΩ；
- 寿命：20 000 次。

图 10 - 30　96 芯低频小信号模块　　　图 10 - 31　16/16 芯低频大功率模块

# 本章小结

自动测试系统的集成是将自动测试需要的各种仪器、设备组合在一起,利用计算机软件控制使用仪器,使之完成对被测对象的自动测试功能。本章首先介绍了开发一套自动测试系统的集成流程,然后通过详细介绍一个具体的开发实例——通用测试平台,展示如何进行系统集成。

# 思考题

1. 自动测试系统集成的基本流程是什么?
2. 软件平台由哪三部分组成?
3. TPS 的完成概念由哪三个部分组成,设计软件平添的测试程序时应遵循哪些规范?

# 扩展阅读:COBRA/T——美军通用自动测试系统

美国海军陆战队自动测试系统(the Common Off-the-Shelf Benchtop Rapidly deployed Advanced/Tester,COBRA/T)是美国海军陆战队通用自动测试系统的最新研究成果,可以用于基地级及前沿级的测试维修,具有体积小,功耗低,架构灵活及费用少等优点。

早在 1960 年,美国国防部秘书长会议(OSD)首先提出军事电子装备 3 级维修体制:前沿级(O)、中间级(I)和基地级(D)。通常,系统级维修保障包含前沿级的功能和中间级的系统功能。中间级维修保障包括自动测试和手动测试,PCB 板级维修都由制造公司负责,基地级主要完成部件的大修和重建。

20 世纪 60 年代初,美军主要采用基层级和基地级两级维修体制。随着基地级维修压力的增大,逐渐在基层级及基地级之间加入了中继级维修,从而形成了三级维修保障模式,海湾战争以来,美军认识到三级维修体制存在人力物力消耗大、维修周期长、费用高等缺点,因此,自 20 世纪 90 年代末开始又提出取消中继级维修、以二级维修逐步取代三级维修。但现在的二级维修不同于最初的二级维修,当前的二级维修具有缩短后勤补给线、提高维修效率、从而提高武器的战备完好性和生存性等优点,保证在不断降低维修费用的同时仍能保持武器装备的快速反应能力。

### 1. COBRA/T 产生的背景(TETS→VIPER/T→COBRA/T)

美军早期的自动测试系统多为专用测试系统,针对具体的武器系统而设计,测试系统兼容性及通用性不强,随着武器系统种类的增多,专用测试系统的种类也随之增多,带来了维修保障费用的提升,美国仅在 20 世纪 80 年代用于军用自动测试系统的开支就超过 510 亿美元。数量庞大、种类繁多的自动测试设备严重影响着现代化作战的机动性保障能力。

20 世纪 80 年代,美国军方制定通用自动检测设备(GPATE)发展计划,开始研制针对多种武器平台和系统,由可重复使用公共测试资源组成的通用测试系统,根据该计划,美海军陆战队提出了"海军陆战队自动测试系统(MCATE)"计划,并发展了"第三梯队"测试系统(the Third Echelon Test System,TETS),即 AN/USM - 657,如图 10 - 32 所示。该计划还包括海军的联合自动支持系统(CASS)和陆军的集成测试设备系列(IFTE)计划。

**图 10 - 32 "第三梯队"测试系统 TEST(AN/USM - 657)**

美国海军陆战队在 20 世纪 90 年代中期发展了具备基地及战场两级维修保障能力的电子产品保障策略。针对这些需求,MANTEC 公司研制了便携式自动测试系统 TETS,1998 年 10 月 21 日美国国防部批准将美国海军陆战队的自动测试系统 MCATES 作为一个新的 DoD ATS 家族成员,并且以"第三梯队"测试系统 TETS 作为 MCATES 的基础,1999 年开始在美国海军陆战队装备使用。该系统机动性能良好,能对多种模拟、数字及射频电路进行测试,具备了修理厂及战场两级维修保障的能力。

随着美国海军陆战队全天候作战能力需求的提升,配备激光及红外夜视系统的小型手握武器大量装备海军陆战队,现有的 TETS 等测试系统已不能满足这些新型武器的战场级测试保障能力,为弥补存在的缺陷,2008 年,美国海军陆战队专门成立一个综合产品小组(Integrated Product Team,IPT),负责 VIPER/T 的研制开发;同年 8 月 22 日,美国海军陆战队同 Astronics DME 及 Santa Barbara Infrared 公司签订合同,研制用于测试小型手握光电武器的原型光电测试系统一,即虚拟仪器便携维修/测试系统(Virtual Instrument Portable Equipment Repair/Test,VIPER/T),即 AN/UMS - 717,如图 10 - 33 所示。VIPER/T 基于 VXI 总线,由于新成立的综合产品小组采用系统工程方法进行科学的需求分析,在此基础上设计出经济实用的解决方案,因此,VIPER/T 取得极大成功。

**图 10 - 33　虚拟仪器维修/测试系统 VIPER/T(AN/USM - 717)**

随着美国海军陆战队机动化作战能力面临的新挑战不断加剧,武器系统的小型化及便携性需求产生了更高的需求,为验证在保留甚至扩展当前 VIPER/T 系统功能的前提下能否减小当前 VIPER/T 及 TETS 的体积,并查看体积减小的程度,美军研制了 COBRA/T 原型系统,如图 10 - 34 所示。COBRA/T 在保留 TETS 及 VIPER/T 原有功能基础上,体积、功耗成本显著降低,达到了预期目标。

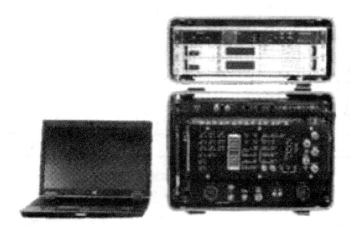

**图 10 - 34　COBRA/T 系统**

### 2. COBRA/T 的功能、结构及特点

(1) COBRA/T 的功能

COBRA/T 效仿 VIPER/T 系统的功能,采用基于 cPCI、PXI、PXI Express、LXI 多总线结构,具有以下功能:

① 一个基于 PXI 的功能数字 I/O 子系统,最高传输速率可达 5 MHz,包含 144 个通道,每个通道的数据线都具有定时功能。该子系统的功能等同于现有的 TETS 及 VIPER/T 系统的数字 I/O 子系统,同时降低了功耗,提高了散热性能。

② 一个基于 LXI 的开关子系统,最高频率可达 26.5 GHz,可兼容于 TETS 及 VIPER/T

系统。

③ 一个基于 LXI 的数字万用表,兼容于 TETS 及 VIPER/T 系统。

④ 一个基于 ePCI 总线的具有扩展功能的任意波形发生器,兼容于 TETS 及 VIPER/T 系统。

⑤ 一个基于 ePCI 总线的增强功能数字示波器,兼容于 TETS 及 VIPER/T 系统。

⑥ 一个基于 PXI 的射频测试仪器,兼容于 TETS 及 VIPER/T 系统;增强的功能包括:最高工作频率可达 26.5 GHz,同时具有模拟及数字调制功能。

⑦ 计算机总线接口包括 10 Gb(吉比特)以太网及 USB 3.0 总线标准。

⑧ 为 UUT 提供了多种 DC 电源。8 路可编程电源,兼容于 TETS 及 VIPER/T 系统。

(2) COBRA/T 的结构

COBRA/T 是美国海军陆战队的测试保障设备,是 MCATE 计划的一部分,采用开放式体系结构,COBRA/T 的测试接口将兼容已有的测试装置及开关节及仪器资源。COBRA/T 系统的资源配置结构如图 10-35 所示,COBRA/T 系统测试资源丰富,包含了直流电源、数据传输系统(144 通道)、低频开关、中频开关、高频开关、射频/模拟信号端、数字万用表、任意波形发生器、扩展系统。

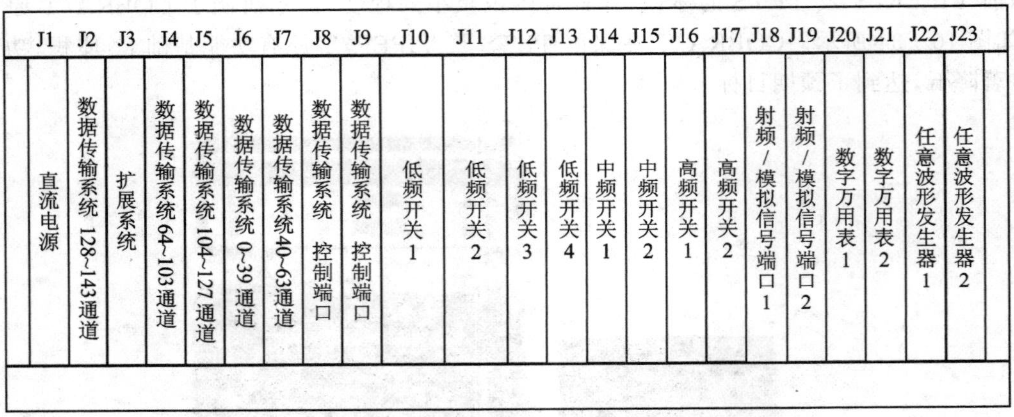

| J1 | J2 | J3 | J4 | J5 | J6 | J7 | J8 | J9 | J10 | J11 | J12 | J13 | J14 | J15 | J16 | J17 | J18 | J19 | J20 | J21 | J22 | J23 |
|---|---|---|---|---|---|---|---|---|---|---|---|---|---|---|---|---|---|---|---|---|---|---|
| 直流电源 | 数据传输系统128-143通道 | 扩展系统 | 数据传输系统64-103通道 | 数据传输系统104-127通道 | 数据传输系统0~39通道 | 数据传输系统40~63通道 | 数据传输系统控制端口 | 数据传输系统控制端口 | 低频开关1 | 低频开关2 | 低频开关3 | 低频开关4 | 中频开关1 | 中频开关2 | 高频开关1 | 高频开关2 | 射频/模拟信号端口1 | 射频/模拟信号端口2 | 数字万用表1 | 数字万用表2 | 任意波形发生器1 | 任意波形发生器2 |

**图 10-35　COBRA/T 系统的资源配置结构**

(3) COBRA/T 的特点

对比现役的 TETS 及 VIPER/T 系统,新的测试平台具备以下特点:

① 结构更加紧凑:新的测试系统体积显著减小,共 2 个组装箱、一个存储箱,而 TETS 共 4 个组装箱(或 3 个)、2 个存储箱,造成体积减小的主要原因在于 cPCI/PXI 及 LXI 仪器的广泛使用,相比 VXI 仪器,体积显著减小。

② 合成仪器(Synthetic Instruments)的应用:合成仪器提供了射频激励及分析能力,最高频率可达 26.5 GHz,可用于等幅波、脉冲及调制模式。同时中频带宽可达 160 MHz,射频仪器还支持跳频、扩频、蓝牙、频分复用等最新的通信技术,合成射频仪器的采用在减小体积的同时扩展了下一代射频通信功能。

③ 数字 I/O 性能的改良:TETS 系统的数字 I/O 子系统基于 VXI 总线,最高数据传输速率达到 25 MHz,每个通道存储量达 32 kbit,工作电压为 -2 ～ +5 V。而在新一代的 COBRA/T 系统中,数字 I/O 子系统最高数据传输速率提升一倍,达到 50 MHz,每个通道的

存储量提升了 8 倍,达到 256 kbit,工作电压为 $-11 \sim +15$ V,具备与现有测试系统 I/O 子系统同样的功能,从而减小了 TPS 移植的工作量。

④ 节能数字仪器结构:相比现有测试系统的数字子系统,新一代的 COBRA/T 系统降低了功耗,提升了散热管理能力。通过对数字电路板上电源线的有效管理,从而实现可编程的电源驱动模式,将子系统的功耗降至最低。另外,在过流等异常情况下,可停止每个通道的供电,并保存电路板当前的数据状态。VXI 的数字子系统在连续命令下的功率为 600 W,而 144 个通道的 PXI 数字子系统在管脚节能方式下功率小于 150 W。

⑤ 更高的仪器总线数据传输速率:采用 PXI 及 PXI Express 总线,总线带宽及速率满足合成仪器结构要求,提升测试系统的总体性能及 TPS 执行效果。

⑥ 采用标准的传输总线协议(USB 3.0 及 10 Gb(吉比特)以太网)进行仪器控制,相比现有的基于 VXI/MXI 等总线的测试系统,新的仪器通信解决方案性能提升且成本降低。

（4）COBRA/T 的几项关键技术

① 多总线融合技术:综合性的测试系统必须以多仪器总线为支撑、利用各种总线及仪器的优势。COBRA/T 系统采用基于 cPCI、PXI、PXI Express、LXI 多总线结构,充分利用各种总线的优势,合理配置,快速灵活地组建测试系统。

② 合成仪器技术:合成仪器是通过标准化的接口将一系列基本的硬件和软件部件进行连接的可重复配置系统,利用数字处理技术来产生信号和进行测量。其核心思想是将传统仪器分割成为一些基本功能模块,通过外部处理器及软件的聚合和标准接口连接,取代专用高端仪器并实现标定、校正等功能,完成不同的测量任务。合成仪器目标是试图通过分析仪器的基本功能要素,给出一个通用的仪器结构。

③ 开放式体系架构:美军测试设备的采购及改进必须确保这个系统是国防部批准的允许采用的测试系统类型。如果不是国防部批准的类型,他们的计划将不被批准。作为美军的自动测试系统,COBRA/T 具有开放式体系结构,具有可扩展的测试功能,相似的配置系统中功能相近的仪器之间很容易实现互换,TPS 移植性极强。开放式系统结构是通过 DoD ATS 技术架构实现的。而架构工作组给出的国防部 ATS 架构实质上是一系列强制执行要素的集合。DoD ATS 架构工作组(FRG)目前正在与工业界和各种标准组协作开发此架构。有一些要素已被有意纳入到 DoD ATS 测试设备家族的原始成员中。DoD ATS 技术架构中有 7 个强制执行的要素,分别是仪器驱动(DRV)、数字测试格式(DTF)、系统构架(FRM)、数字网络化(NET)、仪器通信管理(ICM)、计算机至外部环境(CXE)和运行时服务(RTS)。

④ TPS 移植技术:任何替换现有陈旧测试系统的新型测试系统及平台应支持已有测试程序及装置。TPS 移植的费用往往很容易超过被移植 TPS 最初的成本费用,因此,为降低 TPS 移植及系统升级改造的费用,新系统整体功能移植陈旧系统功能的可靠性及开发相关的移植工具显得十分必要。移植工具应将重写或改写测试代码的可能性降到最小,并且要提高移植工作的"自动化"程度,充分减少开发人员的工作量,而 COBRA/T 平台将支持现有的程序及装置。

⑤ 低功耗技术:相比 TETS 及 VIPER/T,COBRA/T 在节能及降低功耗方面得到极大提升,通过对数字电路板上电源线的有效管理,从而实现可编程的电源驱动模式,将子系统的功耗降至最低,同时提供了过流保护功能,同时能保留当前的通道状态,可靠性及可用性得到极大提高,能更好地满足海军陆战队战场级测试维修的使用要求。

# 第 11 章　自动测试系统的抗干扰技术

抗干扰性是自动测试系统的一个重要性能指标,也是自动测试系统在复杂电磁环境下可靠工作的保证。本章介绍了与干扰相关的基本概念,详细介绍了自动测试系统中干扰的耦合途径、干扰的抑制技术及计算机系统的抗干扰措施等内容。

## 11.1　概　述

测试系统是获取信息的电子设备,抗干扰是测试系统的重要性能。由于干扰的普遍存在,各种干扰会对测试系统产生影响,轻则影响测试精度,严重的干扰甚至会导致测试系统不能正常工作。因此,测试系统抗干扰能力的强弱,将直接影响到系统的可靠性、稳定性和品质指标。抗干扰问题是一个十分复杂的问题,在某种程度上说是一门实践性很强的技术,往往是在理论分析所得结论的基础上,通过反复认真地调试,才能得到解决。因此,在分析和设计测试系统时,必须考虑到可能存在的干扰对系统的影响,把抗干扰问题作为系统设计中一个至关重要的内容,对测试系统的干扰进行分析、研究和预测,掌握抑制干扰的有效手段,从硬件和软件上采取相应的措施消除和抑制测试系统中的干扰,才能增强整个测试系统的抗干扰能力,提高其在工作过程中的可靠性,确保测试精度。所以,对干扰的研究是测试技术的重要课题之一。

在测试系统中,由于内部或外部干扰的影响,被测信号上会叠加一些无用的电信号,通常把这些无用的信号称为噪声。干扰,就是系统内部或外部噪声对有用信号的不良作用。

干扰的形成必须同时具备三个基本因素:干扰源,耦合途径,敏感设备,如图 11 - 1 所示。

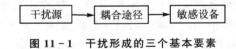

**图 11 - 1　干扰形成的三个基本要素**

① 干扰源:指产生干扰的任何元件、器件、设备、系统或自然现象。

② 干扰的耦合途径:耦合途径也称耦合通道,指将干扰能量传输到敏感设备的通路或媒介。

③ 敏感设备:敏感设备是指受干扰影响,对干扰发生响应的系统、设备或电路。敏感设备受干扰的程度用敏感度来表示。所谓敏感度是指敏感设备对干扰所呈现的不希望有的响应程度,敏感度越高,则抗干扰的能力越差。

分析干扰问题,首先要确定形成干扰的基本要素,然后通过抑制干扰源、降低敏感设备对干扰的响应、削弱干扰的耦合等措施来抑制干扰效应的形成。

# 11.2　干扰源及干扰模式

## 11.2.1　干扰源

干扰来自干扰源。干扰源的种类很多,为了便于讨论、分析和综合采取措施,可以按不同特征,对干扰进行分类。根据干扰的来源,可以将干扰分成外部干扰和内部干扰两大类。

### 1. 外部干扰

外部干扰是指那些与系统结构无关,由外界窜入到系统内部的干扰。它主要来自自然界的干扰以及周围电气设备的干扰。

（1）自然干扰

由于大气发生的自然现象所引起的干扰以及来自宇宙的电磁辐射干扰统称为自然干扰。如雷电、大气低层电场的变化,电离层变化,太阳黑子活动等,它们主要来自天空,因此,自然干扰主要对通信设备、导航设备有较大影响。对于长期存在的自然干扰,由于能量微弱,对测量影响不大,而对强烈的自然干扰,如雷电、太阳黑子辐射等,因有季节性、周期性,到时可予以回避。

（2）电气设备干扰

各种电气设备所产生的干扰有电磁场、电火花、电弧焊接、高频加热、可控硅整流等强电系统所造成的干扰。这类干扰主要是通过供电电源对测量装置和计算机产生影响,对测试系统正常工作的影响较为严重。在大功率供电系统中,大电流输电线周围所产生的交变电磁场,对安装在其附近的测试仪器也会产生干扰。此外,地磁场的影响及来自电源的高频干扰也可视为外部干扰。

### 2. 内部干扰

内部干扰主要是指由于设计不良或功能原理所产生的系统内部电子电路的各种干扰。如电路中的电阻热噪声;晶体管、场效应管等器件内部分配噪声和闪烁噪声;放大电路正反馈引起的自激振荡等。

在测试系统中,干扰可能来源于外部,但更多的干扰是来源于系统内部,特别是通过连接计算机与测试设备的过程通道而进入系统的干扰最为常见。表 11 - 1 列举了产生现场干扰的几种主要原因。

干扰源的分类方法很多,除了根据干扰的来源进行分类之外,还可根据干扰的途径、干扰的特点及干扰的方式等予以分类。如按干扰的耦合途径可分为传导干扰和辐射干扰;按干扰场的性质可分为电场干扰、磁场干扰及电磁场干扰;按干扰波形可分为正弦波干扰、脉冲干扰及准脉冲干扰等;按干扰的频带宽度可分为宽带干扰和窄带干扰;按干扰的幅度特性可分为稳态干扰和暂态干扰;按干扰的方式可将传输线上的干扰分为差模干扰和共模干扰。

表 11 - 1  干扰产生的原因

| 干扰种类 | 干扰产生的原因 |
|---|---|
| 静电感应 | 测试设备本身或布线周围存在静电耦合,分布电容对具有高阻抗的回路影响最大 |
| 电磁感应 | 信号线和流过大电流的导线平行,或信号线放于大功率变压器及电力线旁 |
| 漏电阻 | 多芯电缆或电源变压器绝缘不好,干扰信号可通过漏电阻影响小信号 |
| 接触电位差 | 两节点之间产生接触电位差,并引入回路 |
| 多点接地 | 地线通过较大的直流电流、脉冲电流。不共地易引入干扰源(两地电位差) |

### 11.2.2  干扰模式

#### 1. 差模干扰

差模干扰就是在输入通道中与信号源串联的干扰,其特点是干扰信号与有用信号按电势源的形式串联,如图 11 - 2 所示。图中 $U_S$ 为有用信号,$U_{NM}$ 则为差模干扰信号。

形成差模干扰的原因可归结为长线传输的互感,分布电容的相互干扰,以及 50 Hz 的工频干扰等。较常见的是外来交变磁通对传感器的一端进行电磁耦合。如图 11 - 3 所示,外交变磁通 $\Phi$ 穿过其中一条传输线,产生的感应干扰电势 $U_{NM}$ 便与热电偶电势 $e_T$ 相串联。

消除这种干扰的办法通常是采用低通滤波器、双绞线信号传输及屏蔽等措施。

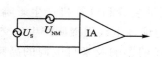

图 11 - 2  串联干扰等效电路

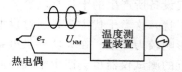

图 11 - 3  产生差模干扰的典型例子

#### 2. 共模干扰

共模干扰电压是指测量仪表两输入端和地之间存在的电压。造成这种干扰的主要原因是双重接地后出现地电位差,如图 11 - 4 所示。

理想情况下,现场接地点与系统接地点之间应具有零电位,但实际上大地的任何两点间往往存在电位差,尤其在大功率设备附近,当这些设备的绝缘性能较差时,各点的电位差更大,此电位差 $U_{CM}$ 称为共模电压。$U_{CM}$ 一般都较大,交流或直流均可达几十伏,甚至上百伏,它与现场环境及接地情况有关。图中 $r_1$、$r_2$ 是长电缆导线电阻,$Z_1$、$Z_2$ 是共模电压通道中放大器输入端的对地等效阻抗,它与放大器本身的输入阻抗、传输线对地的漏抗以及分布电容有关。

共模干扰是如何对系统产生影响的呢?从图 11 - 4(b)等效电路看出,$U_{CM}$ 产生回路电流 $i_1$ 和 $i_2$,分别在输入回路电阻 $r_1$ 和 $r_2$ 上产生压降,从而在放大器的两个输入端之间产生一个干扰电压 $U_{NM}$,由图 11 - 4(b)得

$$U_{NM} = U_{CM} \left( \frac{r_1}{r_1 + Z_1} - \frac{r_2}{r_2 + Z_2} \right) \tag{11-1}$$

式(11-1)表明:

① 由于 $U_{CM}$ 的存在,在放大器输入端产生一个等效干扰电压 $U_{NM}$,此电压称为差模干扰电压。可见,共模干扰电压转化成差模干扰电压后才对测量仪器产生干扰作用。

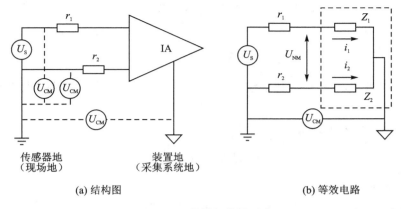

(a) 结构图　　　　　　　　　　　　(b) 等效电路

**图 11 - 4　共模干扰的形成**

② 共模干扰电压的干扰作用和电路对称程度有关，$r_1$、$r_2$ 的数值越接近，$Z_1$、$Z_2$ 越平衡，则 $U_{NM}$ 越小。当 $r_1 = r_2$、$Z_1 = Z_2$ 时，则 $U_{NM} = 0$。

产生对地共模干扰的原因主要有以下几种：

① 测试系统附近有大功率的电气设备，电磁场以电感形式或电容形式耦合到传感器和测量导线中。

② 电源绝缘不良引起漏电或三相动力电网负载不平衡致使零线有较大的电流时，存在着较大的地电流和地电位差。如果系统有两个以上的接地点，则地电位差就会造成共模干扰。

③ 电气设备的绝缘性能不良时，动力电源会通过漏电阻耦合到测试系统的信号回路，形成干扰。

④ 在交流供电的电子测量仪表中，动力电源会通过原、副边绕组间的杂散电容、整流滤波电路、信号电路与地之间的杂散电容到地构成回路，形成工频共模干扰。

共模干扰电压有时比信号电压值高得多，而其干扰来源和耦合方式却不易搞清。抑制共模干扰的方式将在接地措施中有较详细的叙述。此外，从减小交变磁场的耦合途径方面也可采取措施，即用绞合测量导线、对电源进行认真的屏蔽等，可把共模干扰电压减到最小。

**3. 共模抑制比**

共模干扰对测量装置和仪器的影响程度，取决于共模干扰转化成差模干扰的大小。为了衡量测试装置和仪器对共模干扰的抑制能力，引入共模抑制比（Common Mode Rejection Ratio，CMRR）这一重要概念。

CMRR 通常有两种表示方法。一种是

$$CMRR = 20 \lg \frac{U_{CM}}{U_{NM}} \tag{11 - 2}$$

式中：$U_{CM}$——作用在测量电路和仪器上的共模干扰电压；

$U_{NM}$——在 $U_{CM}$ 作用下，转化为在测量电路输入端所呈现的差模干扰信号电压。

对于图（11 - 4），并由式（11 - 1）有

$$CMRR = 20 \lg \frac{(r_1 + Z_1)(r_2 + Z_2)}{Z_1 r_1 - Z_2 r_2} \tag{11 - 3}$$

从式（11 - 3）看出，当 $Z_1 r_2 = Z_2 r_{11}$ 时，即测量电路差动输入端完全平衡时，共模抑制比趋向无

限大。但实际上这是难以做到的。一般情况下,大多是 $Z_1 Z_2 \geqslant r_1 r_2$。当 $Z_1 = Z_2 = Z$ 时,式(11-3)可化简为

$$CMRR = 20\lg \frac{Z}{r_2 - r_1} \qquad (11-4)$$

由式(11-4)可知,若长电缆传输线对称,即 $r_1 = r_2$,则可以提高此测量电路的共模干扰抑制能力。

CMRR 的另一种表示方法是

$$CMRR = 20\lg \frac{K_{NM}}{K_{CM}} \qquad (11-5)$$

式中: $K_{NM}$ 为串模增益; $K_{CM}$ 为共模增益。

以上两种定义都说明,CMRR 越高,测量电路及仪器对共模干扰的抑制能力越强。

[例题]　设 $U_{CM} = 5$ V,它对测量放大器的影响表现为使差模增益为 200 的放大器输出端有 1 mV 输出,则放大器输入端的等效差模干扰电压为

$$U_{NM} = \frac{1 \times 10^{-3}}{200} \text{ V} = 5 \times 10^{-6} \text{ V}$$

共模抑制比为

$$CMRR = 20\lg \frac{U_{CM}}{U_{NM}} = 20\lg \frac{5}{5 \times 10^{-6}} \text{ dB} = 120 \text{ dB}$$

# 11.3　干扰耦合途径

干扰的耦合途径通常分为两类:传导耦合途径及辐射耦合途径。传导耦合途径又可分为电路性传导耦合、电容性传导耦合及电感性传导耦合;辐射耦合途径可分为近场感应耦合和远场辐射耦合。

传导耦合途径要求在干扰源与敏感设备之间有完整的电路连接,该电路可包括导线、供电电源、机架、接地平面、互感或电容等。即只要共用一个返回通路将两个电路直接连接起来,就会发生传导耦合,此返回通路可以是另一根导线,也可是公共接地回路、互感或电容。在本节中我们主要讨论传导耦合途径。

## 11.3.1　电路性耦合

电路性耦合也称共阻抗耦合,当两个电路回路的电流流经一个公共阻抗时,一个电路回路的电流在该公共阻抗上形成的电压就会影响到另一个电路回路,这就是电路性耦合。

### 1. 电路性耦合模型

最简单的电路性耦合模型如图 11-5 所示。图中 $Z_1$、$Z_2$、$Z_{12}$ 为阻抗,又称复数阻抗,$U_1$、$Z_1$ 及 $Z_{12}$ 组成回路 1,$Z_{12}$ 及 $Z_2$ 组成回路 2。当回路 1 有电压 $U_1$ 作用时,该电压经 $Z_1$ 加到公共阻抗 $Z_{12}$ 上,如果回路 2 开路,由回路 1 耦合到回路 2 的电压为

$$\dot{U}_2 = \dot{I} Z_{12} = \frac{Z_{12}}{Z_{12} + Z_1} \dot{U}_1 \qquad (11-6)$$

式中,$U_1$、$I_1$ 为电压、电流的复数有效值,称为电压相量和电流相量。若共阻抗 $Z_{12}$ 中不含电抗

元件时为共电阻耦合,简称电阻耦合,由于导线间的绝缘能力降低或击穿而产生的漏电,就是一种电阻耦合途径。

### 2. 电路耦合的实例

(1) 地线阻抗形成的耦合

地线阻抗形成的耦合干扰,如图 11-6 所示。在设备的公共地线上有各种信号的电流,并由地线阻抗 $Z_c$ 变换成电压.当这部分电压构成低电压信号放大器输入电压的一部分时,公共地线上的耦合电压就被放大并成为干扰输出。

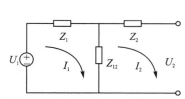

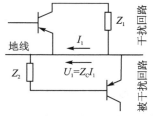

图 11-5　共阻抗耦合电路的一般形式　　　　图 11-6　地线阻抗形成的干扰电压

(2) 公共电源内阻及公共线路阻抗形成的耦合

图 11-7 表示电源内阻及公共线路阻抗形成的耦合。电路 2 的电源电流的任何变化都会影响电路 1 的电源电压,这是由两个公共阻抗造成的;电源引出线是一个公共阻抗,电源内阻也是一个公共阻抗。当同一电源给几个电路供电时,高电压电路的输出电流,流经电源而由电源的内阻及公共线路的阻抗交换为电压,耦合到其他电路成为干扰电压。

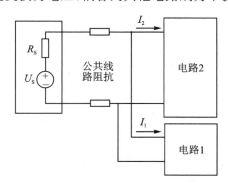

图 11-7　电源内阻及公共线路阻抗形成的耦合

## 11.3.2　电容性耦合

两个电路的电场相互作用的结果称为电容性耦合,因为这种耦合是通过杂散电容形成的,所以也称为电容性耦合。

图 11-8(a)表示一对平行导线所构成的两回路通过线间的电容耦合,在信号线 2 的旁边有一条交流供电线 1,而信号线又有一段与其平行,则会通过电容耦合的方式在信号线 2 上产生干扰电压。

设导线 1 是干扰源,$U_1$ 为干扰源电压;导线 2 是被干扰的电路,由它接收干扰信号。$C_{12}$ 为导线 1、2 间的电容,$C_{1G}$ 与 $C_{2G}$ 分别为导线 1 和 2 与地间的电容,$R$ 为接于导线 2 与地间的负载电阻。

由等效电路图 11-8(b)，可求得干扰电源 $U_1$ 在导线 2 电路中产生的干扰电压 $U_N$。

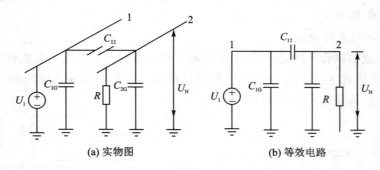

(a) 实物图　　　　　　　　　　(b) 等效电路

**图 11-8　地面上两导线间电容性耦合**

从干扰的角度考虑，等效电路中的 $C_{1G}$ 完全可以忽略，因为它对干扰不起作用，则有

$$\dot{U}_N = \frac{Z_2}{Z_2 + X_C}\dot{U}_1, \quad X_C = \frac{1}{j\omega\,C_{12}}$$

$$Z_2 = \frac{1}{1 + j\omega\,C_{2G}R}, \quad \dot{U}_N = \frac{j\omega\,C_{12}R}{1 + j\omega\,R(C_{12} + C_{2G})}\dot{U}_1$$

在大多数情况下，$R$ 远比杂散电容 $C_{12}$ 加上 $C_{2G}$ 的阻抗小得多。即

$$R \ll \frac{1}{\omega(C_{12} + C_{2G})}$$

则有

$$\dot{U}_N = \frac{j\omega\,C_{12}R}{1}\dot{U}_1 \tag{11-7}$$

这是电容耦合的重要公式，这说明：

① 干扰电压 $U_N$ 与干扰源的电压 $U_1$ 大小成正比。所以，高电压小电流的干扰源的干扰主要是通过电场途径传播的。

② 干扰电压 $U_N$ 与干扰源的频率大小成正比。这说明电容耦合主要是在射频频率形成干扰，频率越高，电容耦合越明显。

③ 干扰电压 $U_N$ 与 $C_{12}$ 成正比。所以当干扰源的电压频率一定时，要降低干扰电压的值，应尽量设法减小干扰源和接收电路之间的分布电容值。如果两导线的距离大于导线直径 40 倍以上时，$C_{12}$ 会迅速降低，使干扰电压减小。

④ 形成干扰电压的接地电阻 $R$ 的大小，即接收电路的输入阻抗的大小，对 $U_N$ 有很大的影响，一般希望在几百欧姆以下。但是有的电路不允许 $R$ 太小。

当 $R$ 很大且

$$R \gg \frac{1}{\omega(C_{12} + C_{2G})}$$

则有

$$U_N \approx \left(\frac{C_{12}}{C_{12} + C_{2G}}\right)U_1$$

此时，$U_N$ 与频率无关。图 11-9 给出了 $U_N$ 随角频率 $\omega$ 的变化曲线。

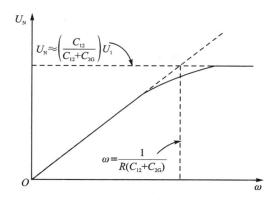

**图 11 - 9　电容性干扰耦合与频率的关系曲线**

由图可见,当频率较低时曲线由式(11-7)来决定,当频率增加时,干扰电压逐渐达到最大值 $U_N = C_{12} U_1 / (C_{12} + C_{2G})$,而与频率无关。当频率

$$\omega = \frac{1}{R(C_{12} + C_{2G})} \tag{11-8}$$

由式(11-7)所给出的干扰电压值 $U_N$ 为实际值的 $\sqrt{2}$ 倍。但大多数情况下,干扰电压 $U_1$ 的角频率都远低于式(11-8)所决定的值。

### 11.3.3　电感性耦合

电感性耦合是由于测量导线附近的载流导体周围存在交变磁场,两个电路之间存在着互感,由此在测量回路内产生出电感性干扰电压,是两个回路的磁场相互作用的结果。

图 11-10 给出了一对平行导线的电感耦合模型,每根导线都有接地回路,可以把这两个接地回路看成一匝初级线圈和一匝次级线圈。

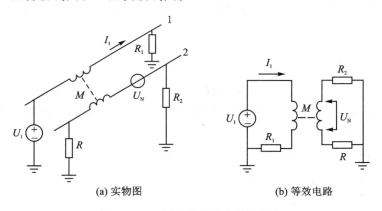

(a) 实物图　　　　　　(b) 等效电路

**图 11 - 10　两电路间的电感性耦合**

我们知道,闭合电路中的电流 $I$ 要产生磁通量 $\Phi$,则

$$\Phi = L I \tag{11-9}$$

式中:$L$ 为闭合回路的电感量。其大小取决于电路的几何形状及其包容的磁场介质的磁特性。

当第一个电路里的电流在第二个电路中产生磁通时,电路 1 和电路 2 之间,就存在一个互感 $M_{12}$,表示为

$$M_{12} = \Phi_{12} / I_1 \qquad\qquad (11-10)$$

式中：$\Phi_{12}$ 为当电路 1 中的电流为 $I_1$ 时在电路 2 中所产生的磁通。

一个面积为 $A$ 的闭合环，处在磁通密度为 $B$ 的磁场中，在该电路中则会引起电压 $U_N$ 为

$$\dot{U}_N = -\frac{d}{dt}\int \dot{B} \cdot \dot{A}$$

式中，$A$ 和 $B$ 皆为矢量。

假定闭合环固定不变，$B$ 是时间的正弦函数，且在整个闭合环面积范围内是恒定的常数，则上式可简化为

$$\dot{U}_N = j\omega \dot{B}\dot{A}\cos\theta \qquad\qquad (11-11)$$

式中，$\theta$ 为磁通密度 $B$ 与回路面积 $A$ 的切割角。

如果用两个回路间的互感 M 来表示时，则为

$$\dot{U}_N = j\omega M\dot{I}_1 \qquad\qquad (11-12)$$

式中，$I_1$ 为干扰电路中的电流；

$M$ 为考虑了两回路间的几何形状和介质磁特性的互感。

由式（11-12）可见，回路 2 中所产生的磁性干扰电压 $U_N$ 的大小与回路 1 中电流的角频率 $\omega$、回路 2 的面积 $A$、在面积 $A$ 上的磁通密度 $B$ 以及 $B$ 和 $A$ 的切割角 $\theta$ 的余弦成正比。其中 $\omega$ 是由其他回路中电流 $I_1$ 的特性所决定的，一般无法改变。为了降低 $U_N$，则必须想办法减小 $B$、$A$ 和 $\cos\theta$ 各项。

# 11.4　干扰抑制技术

为了保证测试系统正常工作，必须掌握干扰抑制技术，并在测试系统的设计和使用过程中合理应用，才能有效地抑制干扰。屏蔽、接地、滤波是三项最基本的干扰抑制技术，主要用来切断干扰的传输途径。

## 11.4.1　屏　蔽

屏蔽就是利用导电体或导磁体制成的容器，将干扰源或信号电路包围起来。屏蔽主要用于切断通过空间辐射之干扰的传输途径，根据其性质可分为电场屏蔽、磁场屏蔽和电磁屏蔽。

### 1. 电场屏蔽

电场屏蔽简称电屏蔽，实质是减少系统或设备间的电场感应，主要用于防止电场耦合干扰，它包括静电屏蔽和交变电场的屏蔽。

（1）静电屏蔽

根据静电学原理，置于静电场中的导体在静电压衡的条件下，有下列性质：

① 内部任何一点的电场为零。

② 表面上任一点的电场方向与该点的导体表面垂直。

③ 整个导体是一个等位体。

④ 导体内没有静电荷存在，电荷只能分布在导体表面上。

即使其内部存在空腔的导体，在静电场中也有上述性质，因此，如果把有空腔的导体引入

电场,由于导体的内表面无静电荷,空腔空间中也无电场,所以该导体起了隔绝外电场的作用,使外电场对空腔空间无影响。反之,如果将导体接地,即使空腔内有带电体产生电场,在腔体外面也无电场,这就是静电屏蔽的理论根据。

　　例如,当屏蔽体内空腔存在正电荷 $Q$ 时(见图 11-11(a)),屏蔽体内侧感应出等量的负电荷,外侧感应出等量的正电荷。从图 11-11(b)可以看出,仅用屏蔽体将静电场源包围起来,实际上起不到屏蔽作用,只有将屏蔽体接地,图 11-11(c)时,才能将静电场源所产生的电力线封闭在屏蔽体内部。屏蔽体才能真正起到屏蔽的作用。

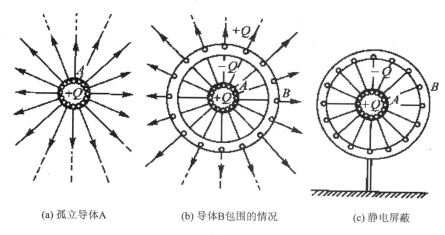

(a) 孤立导体A　　　　　(b) 导体B包围的情况　　　　　(c) 静电屏蔽

**图 11-11　对电荷的静电屏蔽**

　　当屏蔽体外有静电场的干扰时,由于导体为等位体,其屏蔽体内部空间不会出现电力线,即屏蔽体内部不存在电场,从而实现静电屏蔽,而屏蔽体之外有电力线,存在并终止在屏蔽体上,如图 11-12 所示。在电力线的端点有电荷出现于屏蔽体的外表面,在屏蔽体的两侧出现等量反号的电荷,而屏蔽体内部没有电荷,当屏蔽体是完全封闭时,不管该屏蔽体是否接地,屏蔽体内部的外电场均为零。但实际上屏蔽体不可能完全封闭,如果不接地,就会引起电力线侵入,造成直接或间接静电耦合,为防止这种现象,此时屏蔽体仍需接地。

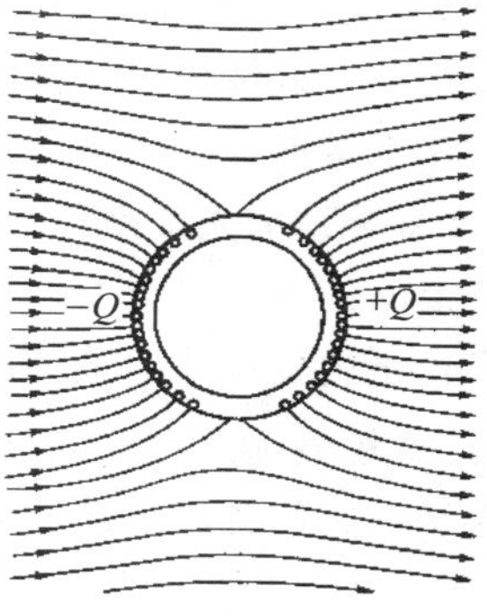

**图 11-12　对外来静电场静电屏蔽**

　　(2)交变电场的屏蔽

　　对于交变电场的屏蔽原理,采用电路理论加以解释较为方便,因为干扰源与受感器之间的电场感应可用分布电容来进行描述。

　　设干扰源 g 上有一交变电压 $U_g$,在其附近有一受感器 s 通过阻抗 $Z_s$ 接地,干扰源 g 对受感器 s 的电场感应作用等效为分布电容 $C_j$ 的耦合,从而形成了由 $U_g$、$C_j$、$Z_g$ 和 $Z_s$ 构成的耦合回路,如图 11-13 所示,在受感器上产生的干扰 $\dot{U}_s$ 为

$$\dot{U}_s = \frac{j\omega C_j Z_s \dot{U}_g}{1 + j\omega C_j (Z_g + Z_s)} \tag{11-13}$$

　　从式中可以看出分布电容 $C_j$ 越大,则受感器受到的干扰电压越大。为了减小干扰,可使

干扰源与受感器尽量远离,当无法满足要求时,则要采用屏蔽。

为了减小 g 对 s 的干扰,在两者之间加入屏蔽体,如图 11-14 所示,使得原来的电容 $C_j$ 变为 $C'_j$、$C''_j$ 串联与 $C'''_j$ 的并联,由于 $C'''_j$ 较小,故可以忽略,得屏蔽体上被感应的电压为

$$\dot{U}_j = \frac{j\omega C'_j Z_j U_g}{1 + j\omega C'_j (Z_g + Z_j)} \tag{11-14}$$

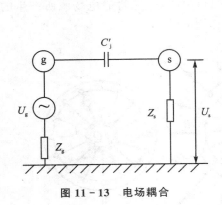

图 11-13  电场耦合

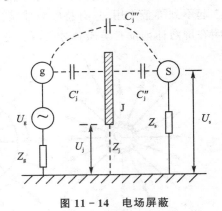

图 11-14  电场屏蔽

受感器上被感应的电压为

$$\dot{U}_s = \frac{j\omega C''_j Z_j U_g}{1 + j\omega C''_j (Z_s + Z_j)} \tag{11-15}$$

从上面两式可以看出,要使 $U_s$ 较小,则 $Z_j$ 应比较小.而 $Z_j$ 为屏蔽体的阻抗和接地阻抗之和。这一事实表明,屏蔽体必须选用导电性能好的材料,而且必须良好接地,只有这样才能有效地减少干扰。一般情况下,要求接地的接触阻抗小于 2 mΩ,比较严格的场合要求小于 0.5 mΩ。若屏蔽体不接地或接地不良,则由于 $C'_j > C_j$(电容量与两极板间距成反比,与极板面积成正比)。这将导致加入屏蔽体后,干扰变得更大,因而对于这点应特别引起注意。

从上面的分析可以看出,电场屏蔽的实质是在保证良好接地的条件下,将干扰源发生的电力线终止于由良导体制成的屏蔽体,从而切断了干扰源与受感器之间的电力线交连。

**2. 磁场屏蔽**

磁场屏蔽简称磁屏蔽,是用于抑制磁场辐射实现磁隔离的技术措施,它包括低频磁屏蔽和高频磁屏蔽。

(1) 低频磁屏蔽

低频(100 kHz 以下)磁场屏蔽常用的屏蔽材料是高磁导率的铁磁材料(如铁、硅钢片、坡莫合金等),其屏蔽原理是利用铁磁材料的高磁导率对干扰磁场进行分路。由于磁力线是连续的闭合曲线,我们可把磁通所构成的闭合回路称为磁路,根据磁路理论有

$$U_m = R_m \Phi_m \tag{11-16}$$

式中:$U_m$ 为磁路两点间的磁位差(A);$\Phi_m$ 为通过磁路的磁通量(Wb);$R_m$ 为磁路中两点间的磁阻,若磁路截面 $S$ 是均匀的,则

$$R_m = \frac{Hl}{BS} = \frac{1}{\mu s} \tag{11-17}$$

式中:$\mu$ 为材料的导磁率(H/m);$S$ 为磁路的横截面积(m²);$L$ 为磁路的长度(m)。

由式(11-16)可见,当两点间磁位差 $U_m$ 一定时,磁阻 $R_m$ 越小,磁通 $\Phi_m$ 越大;由式(11-17)可见,$R_m$ 与 $\mu$ 成反比,因而磁屏蔽体选用高 $\mu$ 铁磁材料,由于其磁阻 $R_m$ 很小,所以大部分磁通流过磁屏蔽体。图 11-15 所示的密绕螺管线圈,用铁磁材料做的屏蔽罩加以屏蔽。线圈产生的磁场主要沿屏蔽罩通过,即磁场被限制在屏蔽层内(见图 11-15(a)),从而使线圈周围的电路或元件不受线圈磁场的影响。同样,外界磁场也将通过屏蔽罩壁而很少进入罩内(见图 11-15(b)),从而使外部磁场不至影响到屏蔽罩内的线圈。

若铁磁材料的磁导率 $\mu$ 越高,屏蔽罩越厚,则磁阻越小,磁屏蔽效果越好。但随之使成本增高、体重增加。

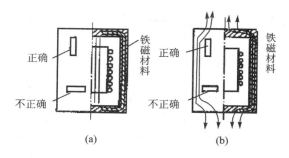

**图 11-15　低频磁场屏蔽**

应该指出的是,用铁磁材料做的屏蔽罩,在垂直于磁力线方向上不应开口或有缝隙。因为这样的开口或缝隙会切断磁力线,使磁阻增大,磁屏蔽效果变差(见图 11-15)。

铁磁材料的屏蔽只适用于低频,不能用于高频磁场屏蔽。因为在高频情况下铁磁材料的磁导率明显下降,其屏蔽效能也将随之降低。

（2）高频磁场的屏蔽

高频磁场屏蔽采用的是低电阻率的良导体材料,如铜、铝等。其屏蔽原理是利用电磁感应现象在屏蔽壳体表面所产生涡流的反磁场来达到屏蔽目的。也就是说,利用涡流反磁场对于原干扰磁场的排斥作用,来抵消屏蔽体外的磁场。例如将线圈置于用良导体做成的屏蔽盒中,则线圈所产生的磁场将被限制在屏蔽盒内,同样,外界磁场也将被屏蔽盒的涡流反磁场排斥而不能进入屏蔽盒内,从而达到对高频磁场屏蔽的目的,如图 11-16 所示。

根据上述对高频磁场屏蔽的原理可知,屏蔽盒上所产生的涡流的大小将直接影响屏蔽效果。下面通过屏蔽线圈的等效电路来说明影响涡流大小的诸因素。把屏蔽壳体看成是一匝的线圈,图 11-17 表示屏蔽线围的等效电路。图中,$I$ 为线圈的电流,$M$ 为线圈与屏蔽盒间的互感,$r_s$、$L_s$ 为屏蔽盒的电阻及电感,$I_s$ 为屏蔽盒上产生的涡流。则有

$$\dot{I}_s = \frac{\mathrm{j}\omega M \dot{I}}{r_s + \mathrm{j}\omega L_s} \qquad\qquad (11-18)$$

在高频情况下,可以认为 $r_s \ll \omega L_s$,于是

$$\dot{I}_s = \frac{M \dot{I}}{L_s}$$

由式(11-18)可看出,在高频时,屏蔽盒上产生的涡流 $I_s$ 与频率无关,但在低频时,$r_s \gg \omega L_s$,这时 $\omega L_s$ 可忽略不计,则有

$$\dot{I}_s = \frac{j\omega M\dot{I}}{r_s} \qquad\qquad (11-19)$$

这说明在低频时,产生的涡流小,而且涡流与频率成正比。可见,利用感应涡流进行屏蔽在低频时效果是很小的。因此,这种屏蔽方法主要用于高频。

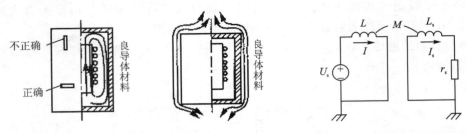

图 11-16   高频磁场屏蔽                    图 11-17   屏蔽线圈等效电路

从式(11-19)也可看出,屏蔽盒(屏蔽材料)的电阻 $r_s$ 越小,产生的涡流大,而且损耗也小。所以,高频屏蔽材料要用良导体,常用的有铝、铜及铜镀银等。此外,屏蔽层上开口方向应尽量不切断电流,图 11-16 所示。对磁场屏蔽的屏蔽盒是否接地,不影响屏蔽效果,这一点与电场屏蔽不同,电屏蔽必须接地。但如果将良导体金属材料制成的屏蔽盒接地,则它就同时具有电场屏蔽和高频磁场屏蔽的作用,所以实际使用中屏蔽盒最好接地。

### 3. 电磁屏蔽

电磁屏蔽主要是抑制高频电磁场的干扰,它是采用导电良好的金属材料做成屏蔽层,利用高频电磁场能在金属内产生涡流,再利用涡流产生的反磁场来抵消高频干扰磁场,从而达到屏蔽的目的。

在交变场中,电场分量和磁场分量总是同时存在的,只是在频率较低的范围内,随着干扰源的特性不同,电场分量和磁场分量有很大差别。高压低电流干扰以电场为主,磁场分量可以忽略。这时就可以只考虑电场屏蔽。而低压大电流干扰则以磁场为主,电场分量可以忽略,这时就可以只考虑磁场屏蔽。随着频率增高,电磁辐射能力增加,产生辐射电磁场,这时干扰的电场、磁场均不能忽略。因而就要对电场和磁场同时屏蔽即电磁屏蔽。

采用良导电材料,就能同时具有对电场和磁场(高频)屏蔽的作用,所以,屏蔽层的材料必须选择导电性能良好的低电阻金属(当频率在 500 kHz～30 MHz 范围内,屏蔽材料选用铝,而当频率大于 30 MHz 时,则可选用铝、铜、铜镀银等)。由于高频趋肤效应,对于良导体而言其趋肤深度很小,高频涡流仅流过屏蔽层的表面一层。因此电磁屏蔽体无须做得很厚,其厚度仅由工艺结构及机械性能决定即可。如果需要在屏蔽层上开孔或开槽,必须注意孔和槽的位置与方向,尽量减少影响涡流的途径,以免影响屏蔽效果。

基于涡流反磁场作用的电磁屏蔽,在原理上与屏蔽体是否接地无关,但在一般应用上都是接地的,其目的是同时兼有静电屏蔽的作用。

### 11.4.2　接　地

**1. 接地的概念**

所谓"接地"，一般是指将一个点和大地或者可以看成与大地等电位的某种构件之间用低电阻导体连接起来。"地"的概念也可以认为是电位为"0"的参考点。它是测试系统或电路的基准电位，但不一定是大地电位，只有用一低阻电路将它接至大地时，才可认为该点的电位是大地电位。

接地在测试系统抗干扰中占有非常重要的位置。实践证明，测试系统受到的干扰与系统的接地有很大关系，接地往往是抑制干扰的重要手段之一。良好的接地不仅能保护设备和人身安全，而且能在很大程度上抑制测试系统内部噪声的耦合，防止外部干扰的侵入，提高系统的抗干扰能力；反之，如果接地处理不当，将会导致噪声耦合，产生干扰。接地效果在系统设计之初并不明显，但在测试过程中即可发现，良好的接地可在花费较少的情况下解决许多电磁干扰问题。将接地问题处理好，就解决了测试系统中大部分干扰问题。

**2. 地线的类型**

在讨论接地问题之前，首先要明确地线的类型，在测试系统中有以下类型的地线。

（1）信号地线

信号地线是电子装置的输入与输出零信号电位公共线（基准电位线），它本身却可能与大地是隔绝的。信号地线又分为模拟信号地、数字信号地和信号电源地。

① 模拟信号地：放大器、采样/保持器和 A/D 转换器等模拟电路的零电位基准。

② 数字信号地：又称逻辑地，是指数字电路的零电位基准。

③ 信号源地：传感器的零电位基准（传感器可看作测试系统的信号源）。

（2）功率地

指大电流网络部件的零电位。

（3）屏蔽地

又称机壳地，是为防止静电感应和电磁感应而设计的，也能达到安全防护目的，一般接大地。

（4）交流地

指交流 50 Hz 电源的地线，是噪声源，必须与直流电源相互绝缘。

（5）直流地

直流电源的地线。

**3. 信号地线的接地方式**

信号接地的目的是为信号电压提供一个零电位的参考点，以保证测试设备稳定工作。信号地线是指各信号的公共参考电位线，在许多电路中，常以直流电源的正极线或负极线作为信号地线。交流零线不能作为信号地线，因为一段交流零线两端可能有数百微伏或数百毫伏的电压，这对低电压信号是一个非常严重的干扰。信号地线的基本接地方式有如下几种。

（1）一点接地

任何导体，包括大地在内，都有电阻抗，当其中流过电流时，导体中就呈现出电位。如果测试系统在两点接地，由于大地各地电位很不一致，因而，两个分开的接地点很难保证有等电位，造成它们之间有一电位差,形成地环路电流,从而对两点接地电路产生干扰,这时地电位差是测试系统输入端共模干扰的主要来源。

如果在信号输入端一点接地,就可以有效地避免共模干扰。在低频情况下,由于信号线上分布电感不是大问题,故往往要求一点接地。一点接地从形式上可以分为以下两种。

① 串联一点接地:串联一点接地如图 11-18 所示。其中 $R_1$,$R_2$,$R_3$ 分别表示各地线段的等效电阻。显然,$A$,$B$,$C$ 各点的电位不为零,而是:

$$U_A = (I_1 + I_2 + I_3)R_1, \quad U_B = (I_2 + I_3)R_2 + U_A, \quad U_C = U_A + U_B + I_3 R_3$$

由此可见,串联一点接地存在着各接地点电位不同的问题,将造成子系统之间的相互干扰。但是,由于这种接地方式布线比较简单,现在仍然使用,不过应满足下述条件。

各子系统的对地电位应相差不大。当各子系统对地电位相差很大时不能使用,因为高地电位子系统将会产生很大的地电流,经共接地线阻抗对低地电位于系统产生很大的干扰。

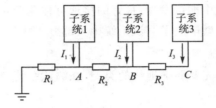

**图 11-18   串联一点接地**

② 并联一点接地:如图 11-19 所示,各子系统建立一个独立的接地线路,然后各子系统并联一点接地,各子系统的地电位仅与本子系统的地电流和地电阻(如 $R_1$,$R_2$,$R_3$,…)有关,即

$$U_A = I_1 R_1, \quad U_B = I_2 R_2$$
$$U_C = I_3 R_3, \quad U_D = I_4 R_4$$

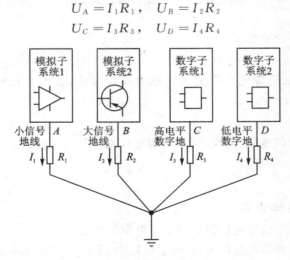

**图 11-19   并联一点接地**

各子系统的地电流之间不会形成耦合,因此,没有共接地线阻抗噪声影响。这种接地方式对低频电路最为适用,共接地线噪声得以有效抑制。

在测试系统中,一般存在着模拟信号和数字信号。模拟信号在未经放大以前,通常是比较弱的,可能是 mV 级甚至是 μV 级。数字信号则相对较强,其跳变的幅度对 TTL 电压是 3～5 V。

在设计印制电路板时,应尽量使模拟信号与数字信号分开,以减少它们之间的耦合。但是,事实上模拟信号与数字信号不可能完全分开,因为许多芯片的正常工作要求这两种信号有相同的地电位(参考电位),所以要特别注意防止数字信号通过地线耦合到模拟信号上,而对系统的工作产生严重的干扰。

数字地线不仅有很大的噪声而且有很大的电流尖峰,避免数字信号耦合到模拟信号的基本原则是:电路中的全部模拟地与数字地仅仅在一点相连。

现在许多芯片,如 A/D 转换器、采样/保持器、多路开关等都提供了单独的模拟地与数字地的引脚,从工作原理上讲,这两种地的电位是相同的,可以连接在一起。但是,实际上应把每个芯片的模拟地接到模拟地线上,数字地接到数字地线上,然后在某一个合适点把数字地与模拟地连接,如图 11-20 所示。在这个图中,如果只在芯片 2 处用线段①把模拟地与数字地连接起来,则数字信号的电流不会流到模拟地线,这是正确接法。但是,如果除了①以外,还有线段②连接模拟地与数字地,则数字地的电流 $i_D$ 的一部分 $i_{D2}$ 将流经模拟地,并在这段模拟地线的线阻 $R_A$ 上产生压降 $i_{D2}R_A$,并加到放大器 A 的输入端,这就可能形成严重的干扰。

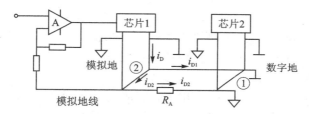

**图 11-20　测试系统地线的连接**

并联一点接地方式存在以下两个缺点:

- 需要多根接地线,布线复杂。由于分别接地,势必会增加地线长度,从而增加地线阻抗。
- 这种接地方式仅适用低频电路,不能用于高频电路,因为许多根相互靠近又很长的导线,对于高频信号,会呈现出电感而使地线阻抗增大,也会造成各地线间的磁场耦合;分布电容造成各地线间电场耦合,特别是当地线长度是 1/4 波长的奇数倍时,地线阻抗会变得很高。

因此,高频时不能采用一点接地,而应采用多点接地方式。

③ 串并联一点接地:串联接地有简单易行的优点,并联接地则能抑制共接地线阻抗干扰。在低频时,实际上能采用串并联一点接地方式,串联和并联的优点兼而有之。通常所用的低频测量系统,一般分三组予以串并联接地。即,低电压的信号电路分为一组串联接至信号地线;继电器、电动机和高功率电路分为一组,用串联方式接至噪声地线;仪器机壳、设备机架及机箱,还有交流电源的电源地线分为一组,用串联方式接至金属件地线。然后将三条地线采用并联方式,连接在一起通过一点接地,如图 11-21 所示。

采用这种接地方式,对各种测量系统,可以解决大部分接地问题。

(2)多点接地

多点接地是指某一个系统中各个需要接地点都直接接到距它最近的地平面上,以使接地线的长度最短,如图 11-22 所示。这样,由于地线很短,阻抗又低,可防止高频时地线向外辐射噪声;又由于地线阻抗低且互相远离,大大减少了磁场耦合和电场耦合。

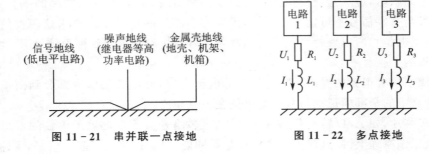

图 11 – 21　串并联一点接地　　　　图 11 – 22　多点接地

在图 11 - 22 中,各电路的地线分别连至最近的低阻抗公共地,设每个电路的地线电阻及电感分别为 $R_1,R_2,R_3$ 及 $L_1,L_2,L_3$,每个电路的地线电流分别为 $I_1,I_2,I_3$,则各电路对地的电位差为

$$
\left.
\begin{aligned}
U_1 &= I_1(R_1 + \mathrm{j}\omega L_1)\\
U_2 &= I_2(R_2 + \mathrm{j}\omega L_2)\\
U_3 &= I_3(R_3 + \mathrm{j}\omega L_3)
\end{aligned}
\right\}
\tag{11-20}
$$

为了降低电路的地电位,每个电路的地线应尽可能缩短,以降低地线阻抗。为了在高频时降低地线阻抗,通常要将地线和公共地镀上银层。在导体截面积相同的情况下,为了减少电阻,常用矩形截面导体做成地线带。

这种接地方式的优点是地线较短,适用于高频情况;其缺点是形成了各种地线回路,造成地回环路干扰,这对系统内同时使用的具有较低频率的电路会产生不良影响。

（3）混合接地

如果电路的工作频带很宽,在低频情况需采用单点接地,而在高频时又需采用多点接地,此时,可以采用混合接地方法。所谓混合接地,就是将那些只需高频接地的点使用串联电容器把它们和接地平面连接起来,如图 11 - 23 所示。

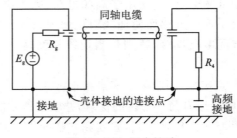

图 11 – 23　混合接地

由图 11 - 23 可见,在低频时,电容的阻抗较大,故电路为单点接地方式;在高频时,电容阻抗较低,故电路成为两点接地方式,因此混合接地方式适用于工作于宽频带的电路,应注意的是要避免所用的电容器与引线电感发生谐振。

**4. 接地线的连接原则**

前面介绍了地线的类型和信号地线的接地方式,对于不同的地线,采用何种方式接地、如何接地是测试系统中设计、安装、调试的一个大问题。通常在考虑测试系统接地时,应遵循以下接地原则。

（1）一点接地和多点接地原则

电路接地的基本原则是低频电路需一点接地，而高频电路应就近多点接地。因为在低频电路中，布线和元件间的电感并不是什么大问题，而公共阻抗耦合干扰影响较大，因此，常以一点为接地点。但一点接地不适用于高频电路，因为高频时各地电路形成的环路会产生电感耦合，引起干扰。一般来说，频率低于 1 MHz 时，可以使用一点接地；当频率高于 10 MHz 时，应采用多点接地方式；频率在 1～10 MHz，如用一点接地时，地线长度不得超过波长 1/20，否则应采用多点接地。

（2）不同性质接地线的连接原则

在采用一点接地的测试系统中，不同性质的接地线应采用以下原则接地。

在弱信号模拟电路、数字电路和大功率驱动电路混杂使用的场合，强信号地线与弱信号地线应分开；模拟地与数字地应分开；高电压数字地与低电压信号地应分开；各个子系统的地只在电源供电处才相接一点入地。只有这样才能保证几个地线系统有统一的地电位，又避免形成公共阻抗。

（3）接地线应尽量加粗的原则

因为接地线越细，其阻抗越高，接地电位随电流的变化就越大，致使系统的基准电压信号不稳定，导致抗干扰能力下降，所以接地线应尽量加粗，使它能通过三倍于印制电路板上的允许电流。如有可能，接地线长度应在 2～3 mm 以上。

还应指出，接地处必须可靠，不能靠铰链、滚轮等部件去接地，这会使系统工作时好时坏，极不稳定，难以发现故障所在。应该采用电焊、气焊、铜焊、锡焊等接地，用螺钉、螺栓等连接金属件的接地仍不如焊接物可靠。

### 11.4.3　滤　波

滤波的含义是指从混有噪声或干扰的信号中提取有用信号分量的一种方法或技术，是抑制传导干扰的有效措施。根据干扰频率和有用信号的频率关系，选用合适的滤波器，可有效地抑制经导线耦合到电路中的噪声干扰。

能够实现滤波功能的电路或电器称为滤波器。滤波器可以定义为一个网络，是由电阻器、电感器和电容器，或是它们的某种组合所构成的。这样的网络能使某段频率范围易于通过而称为通带，而阻碍其他一些频率成分的通过而称为阻带。也就是说，滤波器的通带是指在频率范围内的能量传输只有很小或没有衰减，而滤波器的阻带则是指对能量传输衰减很大的频率范围。

按通过的频率来划分，滤波器大体上可分为四种：低通滤波器、高通滤波器、带通滤波器和带阻滤波器。

**1. 低通滤波器**

低通滤波器是抗干扰技术中用得最多的一种滤波器，是用来控制高频电磁干扰的。例如，电源线滤波器是低通滤波器，当直流或市电频率电流通过时，没有明显的功率损失，而对高于这些频率的信号进行衰减。在放大器电路和发射机输出电路中的滤波器通常是低通滤波器，使其基波信号频率能通过而谐波和其他乱真信号受到衰减。低通滤波器的种类很多，按其电路形式可分为并联电容滤波器、串联电感滤波器及 L 型、Ⅱ 型和 T 型滤波器等。各种低通滤波器的电路结构见表 11－2 所列。

表 11 - 2　低通滤波器的电路结构

| 滤波器类型 | 电路结构图 |
|---|---|
| 并联电容 | 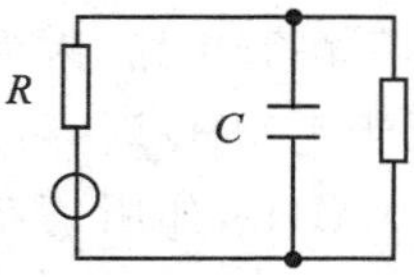 |
| 串联电感 | 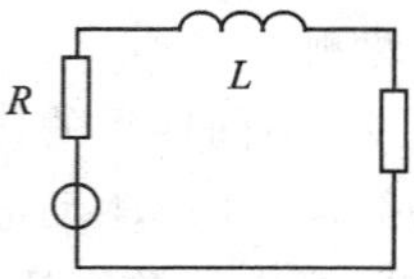 |
| L 型 | 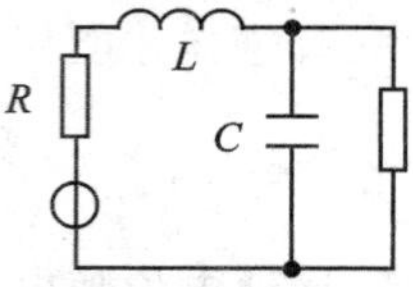 |
| Ⅱ 型 | 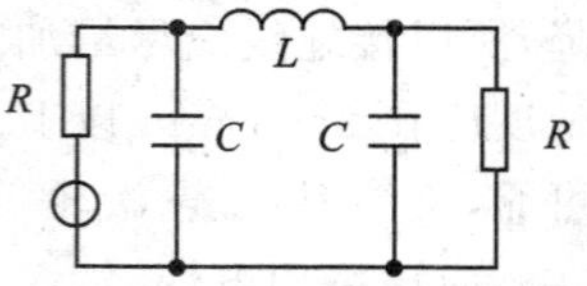 |
| T 型 | 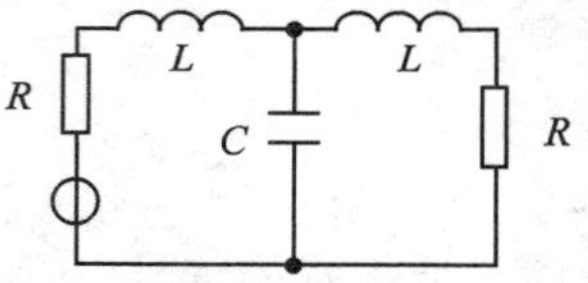 |

表中各种类型滤波器的应用选择,应由干扰源及干扰对象阻抗的相对大小而定。当干扰源内阻及负载电阻都比较小时,应选用 T 型或串联电感型滤波器;当两者的阻抗都比较高时,应选用 Ⅱ 型或并联电容型滤波器,当两者的阻抗相差较大时,则应选用 L 型滤波器,如表 11 - 3 所列。

表 11 - 3　滤波器的选择

| 干扰源阻抗 | 干扰对象阻抗 | 电路结构图 |
|---|---|---|
| 低　阻 | 低　阻 | 串联电感型 T 型 |
| 高　阻 | 高　阻 | 并联电容型 Ⅱ 型 |
| 高　阻 | 低　阻 | 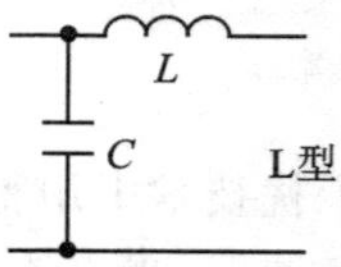 L 型 |

续表 11 - 3

| 干扰源阻抗 | 干扰对象阻抗 | 电路结构图 |
|---|---|---|
| 低　阻 | 高　阻 | L型 |

## 2. 高通滤波器

高通滤波器主要用于从信号通道中排除交流电源频率及其他低频外界干扰,高通滤波器可由低通滤波器转换而成。当把低通滤波器转换成具有相同终端和截止频率的高通滤波器时。其转换方法如下。

① 每个电感 L 转换成数值为 1/L 的电容 C。

② 把每个电容 C 转换成数值为 1/C 的电感 L。

例如,2 H 的电感换成 0.5 F 的电容,10 F 的电容换成 0.1 H 的电感,图 11 - 24 给出了两种低通滤波器向高通滤波器转换的例子。

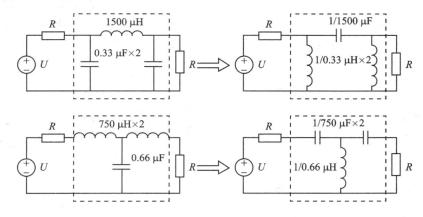

**图 11 - 24　低通滤波器向高通滤波器的转换**

## 3. 带通滤波器与带阻滤波器

带通滤波器是对通带之外的高频及低频干扰能量进行衰减,其基本构成方法是由低通滤波器经过转换而成为带通滤波器。带阻滤波器是对特定的窄带内的干扰能量进行抑制,它通常串联于干扰源与干扰对象之间,也可将一带通滤波器并接于干扰线与地之间来达到带阻滤波的作用。

# 11.5　计算机系统抗干扰

干扰侵入计算机系统的主要途径有电源系统、传输系统、对空间电磁波的感应三个方面。本节主要讨论如何从电源系统、传输系统和软件等方面采取相应的措施,以减少或消除干扰,破坏干扰信号的传输条件,从而提高计算机系统的抗干扰能力及可靠性。

### 11.5.1　电源系统抗干扰

电源系统包括供电系统、电源单元及负载。目前,计算机系统大都使用 220 V、50 Hz 的市电,由于我国电网的频率与电压波动较大,会直接对计算机系统产生干扰。同时,电网中某一设备的负荷突变时,也会在电源线上产生强的脉冲干扰,这种干扰电压的峰值可达几百伏至 2.5 kV,其频率为几百赫至 2 MHz。电网的冲击,频率的波动直接影响系统的可靠性和稳定性,甚至由于电网的冲击还会给整个系统带来毁灭性的破坏。因此,电源干扰是计算机系统中最主要、危害最严重的干扰源。为了消除和抑制电网传递给计算机系统的干扰,必须对其使用的电源系统采取抗干扰措施。

**1. 采用隔离变压器**

一般来说,电网与计算机系统分别有各自的地线。在应用中,如果直接把计算机系统与电网相连,两者的地线存在地电位差 $U_{CM}$,如图 11 - 25 所示。

由于 $U_{CM}$ 的存在而形成环路电流,造成共模干扰。因此,计算机系统必须与电网隔离,通常采用隔离变压器进行隔离。考虑到高频噪声通过变压器(不是靠初、次级线圈的互感耦合,而是靠初、次级间寄生电容的耦合)耦合的。因此,隔离变压器的初级和次级之间均用屏蔽层隔离,以减少其寄生电容,提高抗共模干扰能力。计算机系统与电网的隔离如图 11 - 26 所示。计算机系统的地接入标准地线后,由于采用了隔离变压器,使电网地线的干扰不能进入系统,从而保证计算机系统可靠地工作。

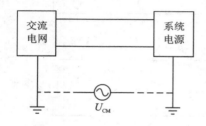
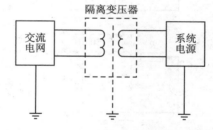

图 11 - 25　环路电流的干扰　　　　图 11 - 26　计算机系统的电源隔离

**2. 采用电源低通滤波器**

由于电网的干扰大部分是高次谐波,故采用低通滤波器来滤除大于 50 Hz 的高次谐波,以改善电源的波形,电源低通滤波器的线路如图 11 - 27 所示。

电源低通滤波器是由电容和电感组成的滤波网络,能滤除电网噪声。但是,当噪声电压较高时,由于电感发生磁饱和现象,使电感元件几乎完全失去作用,从而导致抗干扰失效。

为了避免低通滤波器进入磁饱和状态,需要在干扰进入低通滤波器前加以衰减。为此,常在电源低通滤波器的前面,加设一个分布参数噪声衰减器。它是由一捆近 50 m 长的双绞线组成的,导线的横截面积根据通电电流强度决定。分布参数噪声衰减器靠两根导线之间及各匝导线之间存在的分布参数(分布电容和分布电感),对流过它的叠加在低频市电上的各种干扰脉冲进行衰减甚至滤除,从而保证低通滤波器的电感工作在非饱和区。由于它是无电感器件,故不会产生磁饱和现象。

在使用低通滤波器时,应注意以下几点:

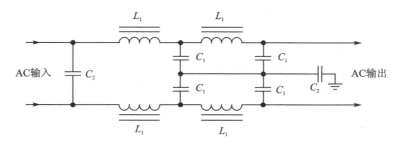

**图 11 - 27  电源低通滤波器**

① 低通滤波器本身应屏蔽,而且屏蔽盒与系统的机壳要良好的接触。

② 为减少耦合,所有导线要靠近地面走线。

③ 低通滤波器的输入与输出端要进行隔离。

④ 低通滤波器的位置应尽量靠近需要滤波的元件,其连线也要进行屏蔽。

### 3. 采用交流稳压器

采用交流稳压器来保证交流供电的稳定性,防止交流电源的过压或欠压。对于计算机系统来说,这是目前最普遍采用的抑制电网电压波动的方法,在具体使用时,应保证有一定的功率储备。

### 4. 系统分别供电

为了阻止从供电系统侵入的干扰,一般采用如图 11 - 28 所示的供电线路,即交流稳压电源串接隔离变压器、分布参数衰减器和低通滤波器,以便获得较好的抗干扰效果。

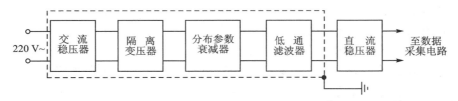

**图 11 - 28  计算机系统的一般供电线路**

当系统中使用继电器、磁带机等电感设备时,向计算机系统电路供电的线路应与继电器等供电的线路分开,以避免在供电线路之间出现相互干扰,供电线路如图 11 - 29 所示。

在设计供电线路时,要注意对变压器和低通滤波器进行屏蔽,以抑制静电干扰。

### 5. 采用电源模块单独供电

近年来,在一些数据采集板卡上,广泛采用 DC - DC 电源电路模块,或三端稳压集成块如 7805、7905、7812、7912 等组成的稳压电源单独供电。其中 DC - DC 电源电路由电源模块及相关滤波元件组成。此类电源模块的输入电压为 + 5 V,输出电压为与原边隔离的 ± 15 V 和 + 5 V,原副边之间隔离电压可达 1 500 V。采用单独供电方式,与集中供电相比,具有以下一些优点。

① 每个电源模块单独对相应板卡进行电压过载保护,不因某个稳压器的故障而使全系统瘫痪。

② 有利于减小公共阻抗的相互耦合及公共电源的相互耦合,大大提高供电系统的可靠

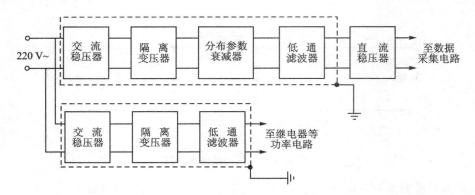

图 11 - 29　系统分别供电的线路

性,也有利于电源的散热。

③ 总线上电压的变化,不会影响板卡上的电压,有利于提高板卡的工作可靠性。

**6. 供电系统馈线要合理布线**

在计算机系统中,电源的引入线和输出线以及公共线在布线时,均需采取以下抗干扰措施。

① 电源前面的一段布线。从电源引入口,经开关器件至低通滤波器之间的馈线,尽量用粗导线。

② 电源后面的一段布线。

● 均应采用扭绞线,扭纹的螺距要小。扭绞时,应把馈线之间的距离缩到最短。

● 交流线、直流稳压电源线、逻辑信号线和模拟信号线、继电器等感性负载驱动线、非稳压的直流线均应分开布线。

③ 电路的公共线:电路中应尽量避免出现公共线,因为在公共线上,某一负载的变化引起的压降,都会影响其他负载。若公共线不能避免,则必须把公共线加粗,以降低阻抗。

### 11.5.2　传输通道抗干扰

测试系统中计算机的传输通道主要指传输线(主机与外围设备之间的连接线)、计算机接口与总线、地线系统、模拟信号输入通道等。

**1. 传输通道抗干扰措施**

信号传输通道是计算机与外设和测试设备之间进行信号交换的渠道,对这一信息渠道侵入的干扰主要是公共地线所引起,当传输线路较长时,还会受到静电和电磁波噪声的干扰。这些干扰将严重影响测试结果的准确性和可靠性,因此,必须给以抑制或消除。常用的抗干扰措施有如下几种。

(1) 采用隔离技术

隔离就是从电路上把干扰源与敏感电路部分隔离开来,使它们之间不存在电的联系,或者削弱它们之间电的联系。隔离技术从原理上讲可分为光电隔离和电磁隔离。

1) 光电隔离:光电隔离是利用光电耦合器件实现电路上的隔离。光电耦合器能够隔离电路的原因如下。

① 光电耦合器的输入端为发光二极管,输出端为光敏三极管,输入端与输出端之间是通

过光传递信息的,而且又在密封条件下进行,故不受外界光的影响。光电耦合器的结构如图 11 - 30 所示。

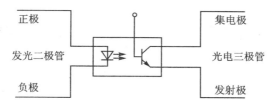

图 11 - 30 二极管/三极管型的光电耦合器

② 光电耦合器的输入阻抗很低,一般在 $100\sim1000\ \Omega$ 间,而干扰源的内阻一般很大,通常为 $10^5\sim10^6\ \Omega$ 间,根据分压原理可知,这时能馈送到光电耦合器输入端的噪声自然很小。

③ 由于干扰噪声源的内阻一般很大,尽管它能提供较大幅度的干扰电压,但能提供的能量很小,即只能形成微弱的电流。而光电耦合器输入端的发光二极管,只有当流过的电流超过其阈值时才能发光,输出端的光敏三极管只在一定光强下才能工作。因此,即使是电压幅值很高的干扰,由于没有足够的能量而不能使发光二极管发光,从而被抑制掉。

④ 光电耦合器的输入端与输出端之间的寄生电容极小,一般仅为 $0.5\sim2\ pF$,而绝缘电阻又非常大,通常为 $10^{11}\sim10^{13}\ \Omega$,因此输出端的各种干扰噪声很难反馈到输入端。

由于光电耦合器件的以上优点,使光电耦合器在计算机数据采集系统中得到以下应用:

● 用于系统与外界的隔离:在实际应用中,因为计算机数据采集系统采集的信号来源于测试现场,所以需把待采集的信号与系统隔离。其方法是在传感器与数据采集电路中间,加上一个光电耦合器,如图 11 - 31 所示。

● 用于系统电路之间的隔离:指在两个电路之间加入一个光电耦合器,如图 11 - 32 所示。电路 1 的信号向电路 2 传递是靠光传递,切断了两个电路之间的联系,使两电路之间的电位差 $U_{CM}$ 不能形成干扰。

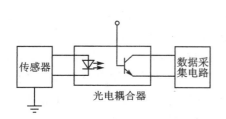

图 11 - 31　信号与系统的隔离

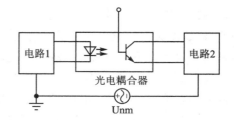

图 11 - 32　电路光电耦合隔离

电路 1 的信号加到发光二极管上,使发光二极管发光,它的光强正比于电路 1 输出的信号电流。这个光被光电三极管接收,再产生正比于光强的电流输送到电路 2。由于光电耦合器的线性范围比较小,所以,它主要用于传输数字信号。

2) 电磁隔离:指在传感器与采集电路之间加入一个隔离放大器,利用隔离放大器的电磁耦合,将外界的模拟信号与系统进行隔离传送。隔离放大器是一种既有通用运放的特性,又在其输入端与输出端之间(包括所使用的电源之间)无直接耦合回路的放大器,其信息传送是通过磁路来实现的。隔离放大器在系统中的使用如图 11 - 33 所示。

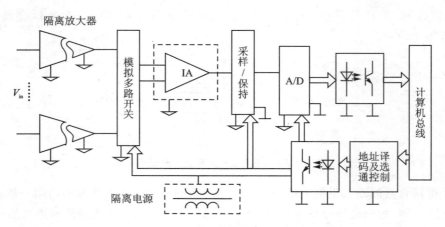

**图 11－33　计算机数据采集系统的隔离**

由图 11－33 可以看到,外界的模拟信号由隔离放大器进行隔离放大,然后以高电压低阻抗的特性输出至多路开关。为抑制市电频率对系统的影响,电源部分由变压器隔离。另外,A/D 转换输出采取光电隔离后送入计算机总线,以防止模拟通道的干扰馈入计算机;计算机总线的控制信号也经光电隔离传送至多路开关、采样/保持和 A/D 转换芯片。

（2）采用滤波器

从测试现场采集到的信号,是经过传输线送入采集电路或计算机的接口电路。因此,在信号传输过程中,可能会引进干扰。为使信号在进入采集电路或计算机接口电路之前就消除或减弱这种干扰,可在信号传输线上加上滤波器。

（3）采用浮置措施

浮置又称浮空、浮接,它是指自动测试系统中数据采集电路的模拟信号地不接机壳或大地。对于被浮置的数据采集系统,自动测试电路与机壳或大地之间无直流联系。浮置的目的是为了阻断干扰电流的通路。

自动测试系统被浮置后,明显地加大了系统的信号放大器公共线与地（或机壳）之间的阻抗。因此,浮置能大大地减少共模干扰电流。但是,浮置不是绝对的,不可能做到"完全浮置"。其原因是信号放大器公共线与地（或机壳）之间,虽然电阻值很大（是绝缘电阻级）,可以大大减少电阻性漏电流干扰,但是,它们之间仍然存在着寄生电容,即容性漏电流干扰仍然存在。

数据采集系统被浮置后,由于共模干扰电流大大减少,因此,其共模抑制能力大大提高。下面以图 11－34 所示的浮置桥式传感器数据采集系统为例进行分析。

图中 $R_H$,$R_L$ 为传感器电阻,均为 1 kΩ,传感器到采集电路间用带屏蔽网的电缆连接,屏蔽网的电路 $R_S < 10\ \Omega$;采集电路有两层屏蔽,因采集电路与内层屏蔽体不相连,所以是浮置输入;其内层屏蔽体通过信号线的屏蔽网在信号源处接地,外层屏蔽（外壳）接大地。信号源（传感器）地与采集电路机壳地之间的地电位差 $E_{CM}$ 构成共模干扰源,两个地之间的电阻 $R_C < 0.1\ \Omega$。$E_{CM}$ 形成的干扰电流分成两路:一路经 $R_S$ 和内外屏蔽间的寄生电容 $C_3$ 到地;另一路经 $R_L$、采集电路与内屏蔽的寄生电容 $C_2$,$C_3$ 到地,因为,$R_L + X_{c2} + X_S$ 较大,故此路电流很小。

取 $C_2 = C_3 = 0.01\ \mu F$,$C_1 = 3\ pF$,$E_{CM}$ 为 50 Hz 工频干扰,则有:$X_{C1} \gg R_L$,$X_{C2} \gg R_L$,$X_{C3} \gg R_S$,$R_L$ 两端的干扰电压 $U_N$ 可以表示为

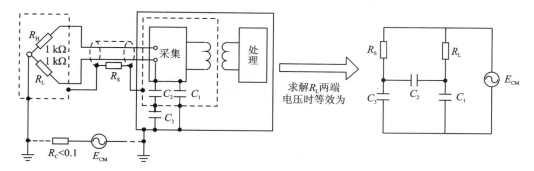

图 11-34　桥式传感器浮置输入采集系统

$$U_N = \left( \frac{R_S R_L}{X_{C2} X_{C3}} + \frac{R_L}{X_{C1}} \right) E_{CM}$$

共模抑制比

$$CMRR(\mathrm{dB}) = 20\lg \frac{E_{CM}}{U_N} = -20\lg \left( \frac{R_S R_L}{X_{C2} X_{C3}} + \frac{R_L}{X_{C1}} \right)$$

根据给定的电路参数,则有$(R_S R_L)/(X_{C2} X_{C3}) \ll R_L/X_{C1}$,所以

$$CMRR(\mathrm{dB}) = 20\lg \frac{X_{C1}}{R_L} \approx 119(\mathrm{dB})$$

若用漏电阻 $R_1, R_2, R_3$ 分别代替寄生电容 $C_1, C_2, C_3$,则可以看出,浮置同样能抑制直流共模干扰。

**注意:** 只有在对电路要求高,并采用多层屏蔽的条件下,才采用浮置技术。采集电路的浮置应该包括该电路的供电电源,即这种浮置采集电路的供电系统应该是单独的浮置供电系统,否则浮置将无效。

(4) 长线传输抗干扰

长线传输是自动测试系统必然遇到的问题,信息在长线中传输时不但会使信息延迟,而且由于终端阻抗匹配会造成波的反射,使波形畸变和衰减。因此,在用长线传输信号时,抗干扰的重点是防止和抑制非耦合性(反射畸变)干扰。主要解决两个问题:一个是阻抗匹配;另一个是长线驱动。

1) 阻抗匹配法:阻抗匹配的好坏,直接影响长线上信号的反射强弱。

阻抗匹配的方法有:串联电阻始端匹配法、阻容始端匹配法、并联阻抗终端匹配法、阻容终端匹配法及二极管终端匹配法。通常采用的是二极管终端匹配法。

二极管终端匹配的方法如图 11-35 所示。

图 11-35　二极管终端匹配

这种匹配方法的优点如下:

① 门 B 输入端的低电平被钳至 0.3 V 以内,减少了反冲与振荡现象。

② 有了二极管,可以吸收反射波,减少了波的反射现象。

③ 大大减少线间串扰,提高了动态抗干扰能力。

2) 长线驱动:长线如果用 TTL 电路直接驱动,有可能使电信号幅值不断减小,抗干扰能力下降及存在串扰和噪声,结果使电路传错信号。因此,在长线传输中,需采用驱动电路和接收电路。

图 11-36 为驱动电路和接收电路组成的信号传输线路的原理图。

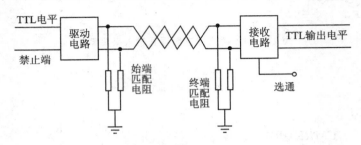

图 11-36 长线驱动示意图

① 驱动电路:它将 TTL 信号转化为差分信号,再经长线传至接收电路。为了使多个驱动电路能共用一条传输线,一般驱动电路都附有禁止电路,以便在该驱动电路不工作时,禁止其输出。

② 接收电路:它具有差分输入端,把接收到的信号放大后,再转换成 TTL 信号输出。由于差动放大器有很强的共模抑制能力,而且工作在线性区,所以容易做到阻抗匹配。

**2. 传输线的使用**

在信息传输时,有很多类型的传输线可供选择和使用。

(1) 屏蔽线的使用

屏蔽线是在信号线的外面包裹一层铜质屏蔽层而构成的。采用屏蔽线可以有效地克服静电感应的干扰。对理想的屏蔽层来说,它的串联阻抗很低,可以忽略不计,所以由瞬时干扰电压引起的干扰电流,只通过屏蔽层流入大地。由于干扰电流不流经信号线,故信号传输不受干扰。

为了达到屏蔽的目的,屏蔽层要一端接地,另一端悬空。接地点一般可选在数据采集设备的接地点上,如图 11-37 所示。

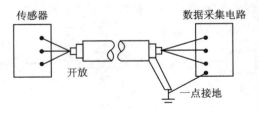

图 11-37 屏蔽线接地方法

(2) 同轴电缆的使用

同轴电缆的使用情况如图 11-38 所示,电流 $I$ 由信号源通过电缆中心导体流入接收负载,而沿屏蔽层流回信号源。电缆中心导体内的电流＋$I$ 和屏蔽层内的电流－$I$ 产生的磁场相互抵消,因此,它在电缆屏蔽层的外部产生的磁场为零。同样,外界磁场对同轴电缆内部的影响也为零。

在使用同轴电缆时,一定要把屏蔽层的两端都接地(见图 11－38)。否则电流将沿电缆中心导体和地形成环路,使屏蔽层无电流流过,造成屏蔽层不起屏蔽的作用,如图 11－39 所示。当两端接地时,屏蔽层流过的电流实际上与中心导体相同,因而能有效地防止电磁干扰。

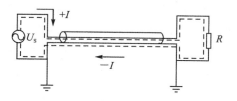

图 11－38　同轴电缆外部磁通为零

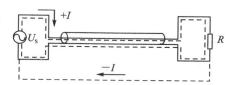

图 11－39　两端不接地的电流回路

（3）双绞线的使用

双绞线是最常用的一种信号传输线,与同轴电缆相比,具有波阻抗高,体积小,价格低的优点;缺点是传送信号的频带不如同轴电缆宽。

用双绞线传输信号可以消除电磁场的干扰。这是因为在双绞线中,感应电势的极性取决于磁场与线环的关系。图 11－40 示出外界磁场干扰在双绞线中引起感应电流的情况。

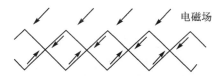

图 11－40　双绞线中的电磁感应

由此图可以看出,外界磁场干扰引起的感应电流在相邻绞线回路的同一根导线上方向相反,相互抵消,从而使干扰受到抑制。

双绞线的使用比较简单、方便和经济,用一般塑料护套线扭绞起来即可。双绞的节距越短,电磁感应干扰就越低。图 11－41 所示为双绞线的应用例子,它可以接在门电路的输出端和输入端之间,也可以接在晶体管射极跟随器发射极电阻的两端,双纹线中间不能接地。

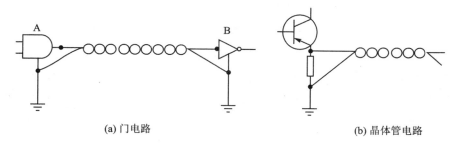

(a) 门电路　　　　　　　　　　　　　　(b) 晶体管电路

图 11－41　双绞线使用实例

综上所述,可以得出以下结论:抑制静电干扰用屏蔽线,抑制电磁感应干扰则应用双绞线。

（4）扁平带状电缆的使用

目前，使用扁平带状电缆作为传输线的情况很普遍，这是因为市场上有很多扁平带状电缆相配套的接插件可供选择，用相应的接插件压接在扁平带状电缆上或接在印制电路板上都很方便。虽然，它的抗干扰能力比双绞线要差一些，但由于很实用，因而使用很广泛。若采取一些措施，也可成为一种很好的传输线。

由于扁平带状电缆的导线较细，当传输距离较远时，用它做地线，地电位会发生变化。因此，最好采用双端传送信号的办法。当单端传送信号时，每条信号线都应配有一条接地线。

扁平带状电缆的接地方法如图 11－42 所示，即在每一对信号线之间留出一根导线作为接地线。这种扁平带状电线接地方法，对减小两条信号线之间的电容耦合和电感耦合是很有效的。这种方法只适合于信号在 10～20 m 间的传输，再长就不适用了，原因是地电位明显出现电位差。

（5）光纤电缆的使用

近代出现的光纤电缆能将电信号转换成光信号，进行数据的发送和接收。由于光电隔离，具有很强的抗干扰能力。其重量轻、体积小又耐高温，带宽可以达到 1 012 MHz，传输速度可达 $10^2$～$10^3$ Mb/s，对某些波长衰减很小，200 km 无需中继器。由于信号以光波形式传播，因此不受电气噪声干扰。由于它不导电，所以不受接地电流及雷电干扰，也无电磁场辐射，不会干扰其他设备。光纤传输如图 11－43 所示。

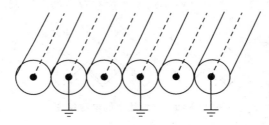

图 11－42　扁平电缆接地法

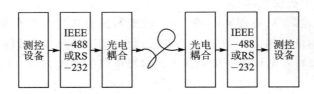

图 11－43　光线传输抗干扰

在强电磁场环境下，采用光纤传输是一种很好的选择。由于它不受电磁场影响，同时又切断了地回路，所以具有很强的共、串模干扰抑制能力。由于其光电隔离，可以确保系统安全，尤其在易燃、易爆的测试现场，用光纤传输可以避免用金属传输线在触点处产生短路火花、漏电等引起的燃烧、爆炸事故。

### 11.5.3　计算机软件抗干扰

在计算机系统中，抗干扰有硬件法、软件法和软硬件结合三种方法。其中，软件法和软硬件结合法是计算机突出的特点和独到之处。除上几节讨论的硬件抗干扰措施外，还应根据环境条件、信号特点及硬软件情况采取必要的软件抗干扰措施,以提高系统的可靠性。

计算机软件抗干扰是一种价廉、灵活、方便的方式。纯软件抗干扰不需要资源,不改变硬件环境,不需要对干扰源精确定位,不需要定量分析,故实现起来灵活、方便。因此,用软件抗干扰能提高系统效能,节省硬件,还能解决部分硬件解决不了的问题。用软件抗干扰的措施有以下几种。

### 1. 用数字滤波技术减小误差

所谓"数字滤波",就是通过特定的计算程序处理,减少干扰信号在有用信号中所占的比例,故实质上是一种程序滤波。由于数字滤波是用程序实现的,靠计算机的高速、多次运算达到模拟,并提高精度的目的,不需要增加硬件设备,因而可靠性高、稳定性好。各回路之间不存在阻抗匹配等问题,可以多个通道"共用"一个滤波程序;同时,数字滤波可以对频率很低(如 0.01 Hz)的信号实现滤波,克服了模拟滤波器的缺陷,而且通过改写数字滤波程序,可以实现不同的滤波方法或改变滤波参数,这比改变模拟滤波器的硬件要灵活、方便。因此,数字滤波受到相当的重视,得到了广泛的应用。

数字滤波的方法有多种多样,读者可根据数据的性质不同进行选择,下面介绍几种常用的数字滤波方法。

(1) 中值滤波法

所谓"中值滤波"就是对某一个被测量连续采样 $n$ 次(一般 $n$ 取奇数),然后把 $n$ 个采样值从小到大(或从大到小)排队,再取中值作为本次采样值。

程序流程图如图 11 - 44 所示。

本程序只需改变外循环次数 $n$,即可推广到对任意次数采样值进行中值滤波。一般来说,$n$ 值不宜太大,否则滤波效果反而不好,且总的采样时间加长,所以 $n$ 值一般取 3~5 即可。

中值滤波法对于去掉脉冲性质的干扰比较有效,但是,对快速变化过程的参数(如流量等)则不宜采用。

(2) 算术平均值法

算术平均值法是寻找这样一个 $\bar{Y}$ 作为本次采样的平均值,使该值与本次各采样值间最小误差的平方和,即

$$E = \min\left[\sum_{i=1}^{N} \mathrm{e}_i^2\right] = \min\left[\sum_{i=1}^{N} (\bar{Y} - X_i)^2\right] \quad (11-21)$$

由一元函数求极值原理得

$$\bar{Y} = \frac{1}{N} \sum_{i=1}^{N} X_i \quad (11-22)$$

式中:$\bar{Y}$——$N$ 次采样值的算术平均值;

　　　$X_i$——第 $i$ 次采样值;

　　　$N$——采样次数。

算术平均值法适用于对温度、压力、流量一类信号的平滑处理,这类信号的特点是有一个平均值,信号在某一数值范围

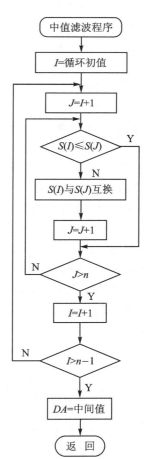

图 11 - 44 中值滤波程序流程图

附近上下波动,在这种情况下,仅取一个采样值作为依据显然是不准确的。算术平均值法对信号的平滑程度完全取决于 $N$。当 $N$ 较大时,平滑度高,但灵敏度低;当 $N$ 较小时,平滑度低,但灵敏度高。应视具体情况选取 $N$,以便既少用计算时间,又达到最好的效果。

对于流量,通常取 $N=12$;对于压力,则取 $N=4$;温度如无噪声可以不平均。

（3）一阶滞后滤波法（惯性滤波法）

在模拟量输入通道中,常用一阶低通 RC 滤波器（见图 11-45）来削弱干扰。但不宜用这种模拟方法对低频干扰进行滤波,原因在于大时间常数及高精度的 RC 网络不易制作,因为时间常数 $\tau$ 越大,必须要求 $C$ 值越大,且漏电流也随之增大。而惯性滤波法是一种以数字形式实现低通滤波的动态滤波方法,它能很好地克服上述缺点,在滤波常数要求大的场合,这种方法尤为实用。

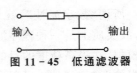

**图 11-45　低通滤波器**

惯性滤波的表达式为

$$\bar{Y}_n = (1-a)\bar{X}_n + a\bar{Y}_{n-1} \tag{11-23}$$

式中:

$\bar{X}_n$——第 $n$ 次采样值;

$\bar{Y}_{n-1}$——上次滤波结果输出值;

$\bar{Y}_n$——第 $n$ 次采样后滤波结果输出值;

$a$——滤波平滑系数,$a = \tau/(\tau + T_s)$;

$\tau$——滤波环节的时间常数;

$T_s$——采样周期。

通常采样周期 $T_s$ 远小于滤波环节的时间常数 $\tau$,也就是输入信号的频率高,而滤波器的时间常数相对地大。$\tau$ 和 $T_s$ 的选择可根据具体情况确定,只要使被滤波的信号不产生明显的纹波即可。另外,还可以采用双字节计算,以提高运算精度。

惯性滤波法适用于波动频繁的被测量的滤波,它能很好地消除周期性干扰,但也带来了相位滞后,滞后角的大小与 $a$ 的选择有关。

（4）防脉冲干扰复合滤波法

前面讨论了算术平均值法和中值滤波法,两者各有一些缺陷。前者不易消除由于脉冲干扰而引起的采样偏差;而后者由于采样点数的限制,使其应用范围缩小。但是从这两种滤波法削弱干扰的原理可以得到启发,如果将这两种方法合二为一,即先用中值滤波法滤除由于脉冲干扰而有偏差的采样值,然后把剩下的采样值做算术平均,就可得出防脉冲干扰复合滤波法。其算式表示为

若 $x_1 \leqslant x_2 \leqslant \cdots \leqslant x_N (3 \leqslant N)$,则

$$Y = (x_2 + x_3 + \cdots + x_{N-1})/(N-2) \tag{11-24}$$

根据上面公式,可以得出防脉冲干扰复合滤波法流程图,如图 11-46 所示。

可以肯定,这种方法兼容了算术平均值法和中值滤波法的优点。它既可以去掉脉冲干扰,又可对采样值进行平滑处理。在高、低速数据采集系统中,它都能削干扰,提高数据处理质量。当采样点数为 3 时,它便是中值滤波法。

以上介绍了几种常用的数字滤波方法,每种方法都有其各自的特点,可根据具体的被测物理量选用。在考虑滤波效果的前提下,尽量采用计算时间短的方法。如果计算时间允许,则可

采用复合滤波法。

　　值得说明的是，数字滤波固然是消除干扰的好办法，但并不是任何一个系统都需要进行数字滤波。有时采用不恰当的数字滤波反而会适得其反，造成不良影响。因此，在用软件抗干扰时，采用哪种滤波方法，或者是否采用数字滤波法，一定要根据实际情况确定，千万不可凭想象行事。

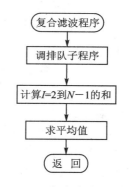

图 11-46　复合滤波程序框图

### 2. 用软件消除抖动

　　当测试系统需要采集两个以上模拟信号时，是通过多路开关依次切换每个模拟信号通道与 A/D 转换器接通，来顺序采集模拟信号的。

　　任何一种开关（机械或电子），在切换初始，由于机械性能或电气性能的限制，都会出现抖动现象，经过一段时间后才能稳定下来，多路开关在切换模拟信号通道时，同样存在抖动的问题。因此，在多路开关切换未稳定的情况下采集数据，会造成采样误差。

　　目前，消除开关抖动的方法有两种：一种是用硬件电路来实现，即用 RC 滤波电路滤除抖动；另一种是用软件延时的方法来解决。由于 A/D 接口卡的电路已是固定的，很难再加入其他器件，因此，从硬件上消除抖动是很困难的。但是，用软件延时的方法来消除抖动却很容易实现。

　　用软件延时的方法是在启动 A/D 接口卡之前，在程序中增加一条延时语句，以等待多路开关稳定，然后再进行数据采集，这样，可消除采样误差，提高采样精度。由此可见，软件延时的方法是简便有效的。

### 3. 用软件消除零电压漂移

　　在自动测试系统中，应用了大量的电子器件，这些器件大多数对温度比较敏感，其工作特性随温度变化而变化。反映在输出上，是使零电压随温度变化而有缓慢的漂移。这种零电压漂移必定会叠加到采集的数据上，导致采样误差的增加。

　　为了提高数据采集的精度，在用计算机对模拟输入通道进行巡回采集时，首先对未加载的传感器进行检测，并将所有零电压信号 $U_{zoi}$($i=1,2,\cdots,N$)读入计算机内存中相应的单元，然后再开始采样程序的执行。在采样程序中，每读入一批数据，都要先经过"清零点过程程序"处理，"清零点过程程序"将采集到的数据与零电压相减，得出的是受零电压漂移影响很小的数据，从而使采集到的数据基本上消除了所包含的零电压漂移分量。

　　零电压漂移量 $U_{zoi}$ 的采集方法是：每过一段时间将传感器置于零输入下，扫描各通道 $U_{zoi}$ 值，并将它们存入相应的内存单元。

### 4. 用软件消除假信号

　　由于外界电磁干扰一般是一些幅度、宽度小的随机类脉冲过程，根据信号特点用软件方法区别真假信号，在某些条件下是有效的。

　　（1）脉冲宽度鉴别法

　　当脉冲信号有一定宽度时，通过连续采集信号，在信号的上升沿连续采集几次，如果 $n$ 次以后仍有信号，则认为是真信号。如果 $k$ 次以后（$k<n$）再没有信号，则所有采集的信号就是

干扰信号。这样可以解决多数情况下窄尖脉冲的干扰。

（2）逻辑判别法

对开关量信号可以采用逻辑判别法。在检测区域内，对 I/O 口上输入多个不同时刻的开关量，进行按位逻辑乘，因为开关量的对应位为"1"，在受干扰情况下它不改变，其余位可能为"1"或"0"。对 I/O 接口输入的开关量进行多次逻辑乘，若为"0"则说明刚才多次接收的信号是干扰；若不为"0"则是真信号。

（3）多次重复检查法

干扰信号的强弱没有规律，变化是随机的。通过对输入数据进行多次检测，如果内容一致，则是真信号，否则便是假信号。

（4）幅度判别法

对变化缓慢的信号，利用设置的采样值、偏差值及最大允许值等编制判别程序，对采样信号进行幅度判别，对某些信号亦可判出真假。

### 11.5.4　ATE 系统接地方法

#### 1. 系统接地基本原则

接地在测试系统抗干扰中占有非常重要的位置。实践证明，测试系统受到的干扰与系统的接地有很大关系，接地往往是抑制干扰的重要手段之一。如果接地处理不当，将会导致噪声耦合，产生干扰。接地效果在系统设计之初并不明显，但在测试过程中即可发现，良好的接地可在花费较少的情况下解决许多电磁干扰问题。

ATE 系统中，一般可安全地设置两个，如图 11 - 47 所示。一个是仪器的 AC 电源线通常连到设备舱内的配电插座板上，分解成从一个插座到另一个插座菊花链形的安全接地。此外，测试仪器一般都有"安全地"接到其机箱（壳）上，在导轨中机箱（壳）被安装在机柜的金属框架上，这就落成了仪器之间第二个安全的回路。这两个安全地回路分别单独设置，最终接到专用的接地点上。

ATE 平台中，单独设置了系统地。系统地针对所有的信号返流都是单点接地，而安全地针对所有的非信号返流。这两个地都是和机柜绝缘的，这样设计的最重要的原因是防止信号电路地返回地 AC 电源线地噪声，另外，为 ESD 提供了一个安全地通路。

#### 2. 信号地线处理方式

信号接地的目的是为信号电压提供一个零电位的参考点，以保证测试设备稳定工作。ATE 中，采用了混合接地的方式，将直流供电地和测试信号地分开，提高了信号测试的精度，采用的基本方法如下所述。

（1）一点接地和多点接地

电路接地的基本原则是低频电路一点接地，高频电路就近多点接地。当频率低于 1 MHz 时，使用一点接地；当频率高于 10 MHz 时，采用多点接地；频率在 1～10 MHz 之间，采用一点接地时，地线长度不超过波长的 1/20，否则采用多点接地。

（2）不同性质接地线的连接

在采用一点接地的测试系统中，在弱信号模拟电路、数字电路和大功率驱动电路混杂的场合，将强信号地线与弱信号地线分开；模拟地与数字地分开；高电压数字地与低电压信号地分开；各个子系统的地只在电源供电处相接一点入地，避免形成公共阻抗。

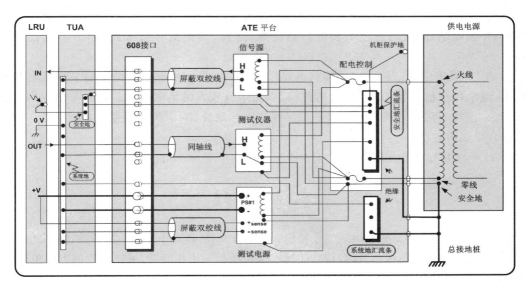

**图 11-47　ATE 系统接地原则**

（3）接地线尽量加粗

接地线应尽量加粗,使它能通过三倍于印制电路板上的允许电流。如有可能,使用编制带作为接地线,提高基准电位的稳定性。

### 3. 电缆的选用和屏蔽原则

系统中无特殊要求的信号按照电流大小分别选用相应规格的单芯软导线,易受干扰的信号用双绞线或同轴电缆件为传输信号的导体,则可以把磁场辐射和邻近电路引起的干扰减至最小。对传输 100 kHz 以下的信号,用双绞线作为传输信号的导体,把磁场辐射和邻近电路引起的干扰减至最小。如果要求资源在 100 kHz 以上工作,则使用同轴电缆,详述如下:

① 在使用同轴电缆时,一定要把屏蔽层的两端都接地,否则电流将沿电缆中心导体和地形成环路,使屏蔽层无电流流过,造成屏蔽层不起屏蔽的作用。两端接地时,屏蔽层流过的电流实际上与中心导体相同,因而能有效地防止电磁干扰。使用同轴电缆的单端仪器的屏蔽端应被开关同步切换,不能只切换高端,不切换屏蔽端,并且屏蔽端和资源系统地汇流条不能有硬性连接,同轴电缆的屏蔽端可以在 TUA 端连到系统地上,这样,防止了通过机箱壳体的信号返流路径,因为在低频情况下,同轴线将失去其"调谐阻抗",信号回流既会在屏蔽层上流动又会在第二个地通路流动,由于仪器信号回返被接到机箱地,就增加了 ATE 系统接地的不确定性。雷达回波信号测试原用同轴线,信号衰减特别严重,将屏蔽层与地断开后,测试正常。

② 双绞屏蔽线通常采用在电缆的测试仪器一侧,留下屏蔽层不连接,规定屏蔽层通过 TUA 连到信号地上,形成了对电场的屏蔽,防止通过电容耦合造成的信号干扰。应避免将屏蔽线的两端同时接地,因为屏蔽线两端的 AC 和 DC 电压是不同的,当屏蔽线两端都接地时,会产生低频电流回路。低频电流流过屏蔽线大的回路面积,并通过寄生电感耦合到屏蔽线内的信号线上。如果双绞线绕得精确平衡,那么感生电压对仪表放大器来说呈现共模电压而不是差模电压。但是,导线不可能完全平衡,传感器和激励电路也不可能完全匹配,而且接收端对共模抑制能力也是有限的。因此,在导线的输出端存在差模电压,经仪表放大器放大呈现在

输出端。当系统需要工作在宽频带范围时,采用混合接地法。也就是说在发送端,将屏蔽层直接接地;在接收端,屏蔽层通过高频电容器接地,这样,高频信号被旁路,而形不成低频对地回路。

③ ATE 系统中普遍使用扁平带状电缆作为数字信号的传输线。由于扁平带状电缆的导线较细,通常用于信号在 10 m 以内的传输,以免造成较大的地电位差。同时采用双端传送信号的办法,在每一对信号线之间留出一根导线作为接地线,减小两条信号线之间的电容耦合和电感耦合是很有效的。

图 11-47 所示为 ATE 系统接地原则。

# 本章小结

本章介绍了干扰的形成基本要素,干扰模式和耦合途径,针对干扰的生成原理,详细阐述屏蔽、接地和滤波等各种抗干扰措施,针对特殊的计算机系统的抗干扰问题,根据干扰的生成条件,分析了特定环境下的接地和屏蔽的具体抗干扰措施和方法。

# 思考题

1. 干扰形成的三个基本因素是什么?
2. 什么是共模干扰电压?画出其等效电路图?
3. 三种最基本的干扰抑制技术是什么?
4. 常用的传输通道抗干扰措施有哪些?
5. 自动测试系统中的接地原则有哪些?

# 扩展阅读:电磁兼容试验标准介绍

自 20 世纪 80 年代以来,我国加快了制定电磁兼容性国家标准的步伐。1988 年 6 月发布了与国际无线电干扰特别委员会的"CISPR22:1985"等效的国家标准"GB 9254—1988",标准名称是《信息技术设备的无线电干扰极限值和测量方法》,并于 1998 年 11 月 1 日起实施。1993 年该标准成为强制性国家标准。之后,考虑到标准的适用性与时效性,又根据第三版的"CISPR22:1997"对 GB 9254—1988 进行了修改,实施日期为 1999 年 12 月 1 日。该标准自实施之日起替代 GB 9254—1988,但其中有关电信端口的内容滞后半年实施。该标准仍作为强制性标准执行。同期还发布了 GB/T17618—1998《信息技术设备抗扰度限值和测量方法》,该标准等同于"CISPR24:1997",并作为推荐标准来实施,此两项电磁兼容性产品类国家标准的发布将为制定国内信息技术设备产品标准提供技术依据。

## 1. 信息技术设备定义

信息技术设备是 GB 9254 中最为重要的术语之一,它界定了该标准适用的范围。GB 9254 的 3.1 给出了以下明确的定义:

信息技术设备应同时满足以下二个条件的:

① 能对数据和电信消息进行录入、存储、显示、检索、传递、交换或控制（或几种功能的组合）；该设备可以配置一个和多个通常用于信息传递的终端端口。

② 额定电压不超过 600 V；根据产品的使用环境，信息技术设备分为 A 级和 B 级，它们分别要满足 A 级电磁兼容标准和 B 级电磁兼容标准，B 级标准要严于 A 级标准。一般来说，在以下场所使用的信息技术设备属于 B 级；

住宅区，如四合院、公寓等；

商业区，如商店、超市等；

商务区，如写字楼、银行等；

公共娱乐场所，如电影院、餐馆、迪厅等；

户外场所，如加油站、停车场和体育中心等；

轻工业区，如车间、实验室等。

满足 A 级电磁兼容标准的产品在使用说明书或产品标牌上通常作如下内容的声明：

“此产品满足电磁兼容 A 级，在生活环境中，该产品可能会造成无线电骚扰。在这种情况下，可能需要用户对其骚扰采取切实可行的措施。”

**2. 限　值**

(1) 电源端子的传导骚扰限值

电磁骚扰可以通过设备的电源端子传导发射，造成电网的污染。因此，电磁兼容标准中对电源端子的传导骚扰发射进行了限制，这就是电源端子传导发射限值。表 11－4 给出了 A 级和 B 级电源端子的传导骚扰限值。

**表 11－4　电源端子的传导骚扰限值**

| A 级 | | | B 级 | | |
|---|---|---|---|---|---|
| 频率范围/MHz | 限值/dB·μV | | 频率范围/MHz | 限值/dB·μV | |
| | 准峰值 | 平均值 | | 准峰值 | 平均值 |
| 0.15～0.50 | 79 | 66 | 0.15～0.50 | 66～56 | 56～46 |
| 0.50～50 | 78 | 60 | 0.50～5 | 56 | 46 |
| — | — | — | 5～30 | 60 | 50 |

(2) 电信端口的共模传导骚扰限值

电缆上的共模电流会产生很强的电磁辐射，大部分设备在不连电信电缆时能够顺利通过有关的标准，而连上电缆后就不再满足标准的要求，这就是由于电缆中共模电流产生了共模辐射。因此本项对电信端口的共模传导发射提出了限制，表 11－5 给出了 A 级和 B 级电信端口的共模传导骚扰限值。

**表 11－5　电信端口的共模传导骚扰限值**

| 频率范围/MHz | A 级 | | | | B 级 | | | |
|---|---|---|---|---|---|---|---|---|
| | 电压限值/dB·μV | | 电流限值/dB·μA | | 电压限值/dB·μV | | 电流限值/dB·μA | |
| | 准峰值 | 平均值 | 准峰值 | 平均值 | 准峰值 | 平均值 | 准峰值 | 平均值 |
| 0.15～0.5 | 97～87 | 84～74 | 53～43 | 40～30 | 84～74 | 74～64 | 40～30 | 30～20 |
| 0.5～30 | 87 | 74 | 43 | 30 | 74 | 64 | 30 | 20 |

（3）辐射发射骚扰限值

信息设备在工作时会向空间辐射电磁波,这构成了对其他设备的骚扰,特别是对无线接收设备的影响很大。因此,本项目对设备辐射的电磁波强度提出了限制。表 11-6 给出了 A 级和 B 级辐射骚扰限值。

表 11-6　辐射骚扰限值

| 频率范围/MHz | 准峰值 dB·$\mu$V/m | |
|---|---|---|
| | A 级 | B 级 |
| 30～230 | 40 | 30 |
| 230～1000 | 47 | 37 |

（4）机箱的抗扰度限值

机箱要对外界的各种骚扰有一定的抵抗能力,根据实际环境中存在的骚扰,分为表 11-7 所列的三类。

表 11-7　机箱抗扰度试验限值

| 电磁环境 | 抗扰度限值 |
|---|---|
| 工频磁场 | 50 或 60 Hz 1A/m(r.m.s) |
| 射频电磁场 | ≤80～1000 MHz 3V/m(r.m.s,未调制)80％AM(1 kHz) |
| 静电放电 | 4 kV(接触放电)8 kV(空气放电) |

（5）信号端口和抗扰度限值

信号端口上的骚扰来自空间电磁波在电缆上感应的电流,根据实际环境中的电磁骚扰现象,有表 11-8 所列的三种。

表 11-8　信号端口和电信端口抗扰度限值

| 电磁环境 | 抗扰度限值 |
|---|---|
| 射频连续波传导 | 0.15～80 MHz 3 V(r.m.s,未调制)80％ AM(1 kHz) |
| 浪涌(冲击) | 1.5 kV(峰值)4 kV(峰值)10/700 $\mu$s |
| 电快速瞬变脉冲 | 0.5 kV(峰值)5/50 ns 5 kHz(重复频率) |

（6）直流电源端口抗扰度限值

直流电源端口的抗扰度要求如表 11-9 所列。

表 11-9　电源输入端口的抗扰度限值

| 电磁环境 | 抗扰度限值 |
|---|---|
| 射频连续波传导 | 0.15～80 MHz 3 V(r.m.s,未调制)80％AM(1 kHz) |
| 浪涌(冲击) | 1.2/50(8/20) $\mu$s 0.5 kV(峰值) |
| 电快速瞬变脉冲 | 0.5 kV(峰值)5/50 ns 5 kHz(重复频率) |

（7）交流电源端口抗扰度限值

交流电源端口的抗扰度要求如表 11-10 所列。

表 11 - 10　交流电源端口抗扰度要求

| 电磁环境 | 抗扰度限值 |
|---|---|
| 射频连续波传导 | 0.15～80 MHz 3 V(r.m.s,未调制)80％AM(1 kHz) |
| 电压暂降 | ＞95％减小 0.5 周期 30％减小 25 周期 |
| 电压短时中断 | ＞95％减小 250 周期 |
| 浪涌(冲击) | 1.2/50(8/20)$\mu$s 1 kV(峰值),线 线 2 kV(峰值),线 地 |
| 电快速瞬变脉冲 | 1.0 kV 5/50 ns 5 kHz(重复频率) |

## 3. 测量方法

(1) 电源端子传导骚扰测量方法

① 测量设备:进行电源端子传导发射测量需要以下 3 种设备:

骚扰测量设备:用来定量计量骚扰强度的设备,可以是 EMI 测量接收机,也可以是频谱分析仪,频率范围要覆盖 150 kHz～30 MHz,具有峰值、准峰值和平均值检波功能,满足 GB/T6113.1 规定的要求。

线路阻抗稳定网络(LISN):由于电源端子传导发射的强度与电网的阻抗有关,因此为了使测量具有唯一性,必须在特定的阻抗条件下测量,LISN 就提供了这样一个环境,GB 9254 标准中使用的 LISN 为 50 $\Omega$/50 $\mu$H,要满足 GB/T6113.1 第 8 章规定的要求。

接地平板:受试设备要放置在接地金属板上进行试验,该金属板比被测设备边框大0.5 m,最小尺寸为 2 m×2 m。

② 测量方法:电源端子传导骚扰测量主要测量被测设备沿着电源线向电网发射的骚扰电压,做这项试验时要注意的是:调整受试设备工作状态,找出最大骚扰所对应的工作状态为试验结果。

(2) 电信端口共模骚扰测量方法

① 测量设备:进行电源端子传导发射测量需要以下 4 种设备:

骚扰测量设备:该设备用来定量计量骚扰强度,同电源端口传导发射测量的要求相同。

阻抗网络:共模终端阻抗为 150 $\Omega$±20 $\Omega$,相角 0°±20°。阻抗网络的隔离度在 150 kHz～1.5 MHz时,为 35～55 dB,且随频率线性上升;在 15～30 MHz 时,大于 55 dB;纵向转换损耗对 3 类电缆。阻抗网络的隔离度在 150 kHz～1.5 MHz 时,为 80～55 dB±3 dB;在 1.5～30 MHz时阻抗隔离度大于 50～25 dB±3 dB,并随频率线性下降。

容性电压探头:阻抗＞1 M$\Omega$,并联电容＜5 pF。

电流探头:插入阻抗≤1 $\Omega$。

接地平板比被测设备边框大 0.5 m,最小尺寸为 2 m×2 m。

② 测量方法:电信端口配置为两组以上平衡电缆或非屏蔽电缆时,采用电压法和电流法。电信端口配置为平衡电缆或同轴(屏蔽)电缆时,采用电流法。

(3) 辐射骚扰测量方法

① 测量设备与场地:椭圆形开阔场或半电波暗室,水平和垂直场地衰减测量值与理想场地的理论值之差不得大于±4 dB;

测量接收机:30～1000 MHz,满足 GB/T6113.1;

天线:对数偶极子天线或双锥天线,满足 GB/T6113.1;

接地平板:符合 GB/T6113.1。

② 测量方法:将天线取水平极化方向并置于某一适当高度,转台置于某一适当角度,在 30~1 000 MHz 范围内用峰值检波进行初测;

在 0°~360°旋转转台,在初测时骚扰较大的频率点上,寻找被测设备最大骚扰电压(准峰值)。

在 14 m 高度范围内升降天线,寻找该频率点上的最大骚扰电压。

改变天线极化方向,改为垂直极化,重复上述测量。

### 4. 抗干扰度试验

① 静电放电抗扰度试验:静电放电实验用来考查在静电放电过程中产品的可靠性,即被实验品在一定的实验电压下应能正常工作。根据现场工作条件的不同,静电放电实验有接触放电和气隙放电两种。这两种放电的严酷度等级如表 11-11 所列。

表 11-11　静电放电实验用严酷度等级

| 严酷度等级 | 接触放电测试电压/kV | 气隙放电测试电压/kV |
|---|---|---|
| 1 | 2.0 | 2.0 |
| 2 | 4.0 | 4.0 |
| 3 | 60.0 | 8.0 |
| 4 | 8.0 | 15.0 |
| X* | 特殊 | 特殊 |

注:X* 是一个未定级,根据设备情况,由设备生产者和用户商定。

接触放电是一种理想的放电测试方式,它可以消除实验中分布电容的不稳定性和放电电极在靠近被实验产品过程中放电电流的变化而获得稳定的测试数据。

气隙放电主要用于接触放电不能应用的场合,如放电表面不清洁或表面涂有绝缘层等。

静电放电实验的设备配置主要有静电放电测试仪和静电放电枪等。

实验时,被试品处于工作状态,将放电器的放电电压逐步增加到所规定的严酷度等级值,观察被试产品有无误动作发生。

② 电快速瞬变脉冲群抗扰度试验:快速瞬态脉冲群实验主要用于模拟来源于诸如继电器等电感性负载开、断时产生的各种瞬时干扰脉冲对产品的干扰情况。本实验所用的严酷度等级如表 11-12 所列。

表 11-12　快速瞬态脉冲群实验试验用严酷度等级

| 严酷度等级 | 试验电压(开路输出电压的±10%)/kV | |
|---|---|---|
| | 在电源线上 | 在 I/O 信号、数据和控制线上 |
| 1 | 0.5 | 0.25 |
| 2 | 1.0 | 0.5 |
| 3 | 2.0 | 1.0 |
| 4 | 4.0 | 1.0 |
| X* | 特殊 | 特殊 |

X* 是一个未定级,根据设备情况,由设备生产者和用户商定;开路输出电压等于储能电容上的电压快速瞬态脉冲群实验设备的配置主要有快速瞬态脉冲群实验仪及耦合夹等。

在快速瞬态脉冲群实验中,把实验信号加到被试品的角直流电源线时可采用电容耦合方式(专用耦合夹),而且在被试品和供电电源之间要增设去耦网络以避免影响其他设备工作。

脉冲群信号的脉冲重复率与实验电压有关,一般来说,实验电压为 1.0 kV 以下时,脉冲重复率为 5(±20%) kHz,当实验电压高于 2 kV 时,脉冲重复率为2.5(±20%) kHz。

实验时,先确定相应的严酷度等级的实验电压,采用电容耦合夹将脉冲发生器的输出脉冲耦合到相应的测试线路上,而且在正、负两种脉冲极性下进行实验。每条被试线路上的实验次数可根据具体要求而定,但实验的时间不应少于 1 min。被试品在相应的严酷度等级的实验中应能正常工作,或者在撤掉干扰后能恢复正常工作(可视具体情况而定)。

(3) 浪涌(冲击)抗扰度试验:浪涌抗干扰度实验主要用来考察产品在可能遇到雷击或开关切换过程中所造成的电流和电压浪涌,产品的电源线、I/O 线以及通信线路上遭受高能量脉冲干扰时的抗扰度。在 IEC 801-5 标准中描述了两种不同的雷击浪涌脉冲波发生器,它应能产生前沿为(1.2/50) μs(高阻负载)或(80/20) μs(短路负载)、开路电压最大峰值不低于4 kV、短路电流波增最大峰值不低于 2 kV、正负极性可调的综合波。

实验时将干扰信号耦合到被试品的电源线路或通信线路上。应在供电电源和被试品之间设置去耦网络,防止干扰信号进入电网影响其他设备。当把干扰信号耦合到电源线上时,耦合回路主要采用电容耦合,可接成差模干扰,也可接成共模干扰。浪涌抗扰度的严酷度等级如表 11-13 所列。

表 11-13　浪涌抗干扰度实验严酷度等级

| 严酷度等级 | 电压/kV | |
|---|---|---|
| | 线-线间 | 线-地间 |
| 0 | 不测试 | 不测试 |
| 1 | 不测试 | 0.5 |
| 2 | 0.5 | 1.0 |
| 3 | 1.0 | 2.0 |
| 4 | 2.0 | 4.0(带了一次性保护来测试) |
| 5 | 取决于当地供电系统的等级 | 取决于当地供电系统的等级 |
| X* | 特　殊 | 特　殊 |

X * 是一个未定级,根据设备情况,由设备生产者和用户商定。实验时,先选择被试品的实验电压和实验部位,在每个被试点上,正、负极性的干扰至少需要各进行五次,但重复率不得超过 1 次/min。被试品在实验期间应能正常工作。

除上述实验外,还有其他几种实验,可参考有关的标准和书籍,这里不再详述。

# 第 12 章　诊断与维修技术基础

通常,对电子设备进行自动化测试的目的有两个:一是检验设备的性能是否达到要求;二是通过测试判断设备是否发生故障以及故障发生的部位,并据此进行维修。因此,电子设备的故障诊断能力也是自动测试系统设计的基本指标之一;尤其是随着自动测试技术的发展,电子设备或武器装备的自动化测试变得越来越简单、越来越"智能",而对其故障的诊断能力与诊断后的维修能力要求越来越高。因此,本章主要介绍电子设备故障诊断与维修的相关概念、基础知识及基本理论。

## 12.1　概　　述

### 12.1.1　基本概念

#### 1. 故障与故障诊断

（1）故　障

故障通常指设备在规定条件下不能完成其规定功能的一种状态。这种状态往往是由不正确的技术条件、运算逻辑错误、零部件损坏、环境恶化、操作错误等引起的。这种不正常的状态可分为以下几种:

① 设备在规定的条件下丧失功能;

② 设备的某些性能参数达不到设计要求,或超出了允许范围;

③ 设备的某些零部件发生磨损、断裂、损坏等,致使设备不能正常工作;

④ 设备工作失灵,或发生结构性破坏,导致严重事故甚至灾难性事故。

根据故障发生的性质,可将故障分为两类:硬故障和软故障。硬故障是指设备硬件损坏引起的故障,如结构件或元部件的损伤、变形、断裂等;软故障是指系统性能或功能方面引起的故障。设备故障一般具有以下特性。

① 层次性:故障一般可分为系统级、子系统(分机)级、部件(模块)级、元件级等多个层次。高层次的故障可以由低层次故障引起,而低层次故障必定引起高层次故障。故障诊断时可以采用层次诊断模型和层次诊断策略。

② 相关性:故障一般不会孤立存在,它们之间通常相互依存和相互影响。一种故障可能对应多种征兆,而一种征兆可能对应多种故障。这种故障与征兆之间的复杂关系,给故障诊断带来一定的困难。

③ 随机性:突发性故障的出现通常都没有规律性,再加上某些信息的模糊性和不确定性,就构成了故障的随机性。

④ 可预测性:设备大部分故障在出现之前通常有一定的先兆,只要及时捕捉到这些征兆信息,就可以对故障进行预测和防范。

（2）故障诊断

故障诊断就是对设备运行状态和异常情况做出判断。也就是说，在设备没有发生故障之前，要对设备的运行状态进行预测和预报。即在设备发生故障后，对故障原因、部位、类型、程度等做出判断，并进行维修决策。

故障诊断的任务包括故障检测、故障识别、故障分离与估计、故障评价和决策。故障诊断通常有以下几种分类方法。

① 从诊断方式分：功能诊断和运行诊断。功能诊断时检查设备运行功能的正常性，如发电机组的输出电压、功率等是否满足功能需要，它主要用于新安装或刚大修后的设备；运行诊断则是监视设备运行的全过程，主要用于正常运行的设备。

② 从诊断连续性分：定期诊断和连续监控。定期诊断是按规定的时间间隔内进行，一般用于非关键设备且性能改变为渐发性故障及可预测性故障。连续监控是在机器运行过程中自始至终加以监视和控制，一般用于关键设备且性能改变属突发性故障及不可预测性故障。

③ 从诊断信息获取方式分：直接诊断和间接诊断。设备在运行过程中进行直接诊断是比较困难的，一般都是通过二次的、综合的信息来做出间接诊断的。

④ 从诊断的目的分：常规诊断与特殊诊断。

电子设备故障诊断是一项十分复杂、困难的工作。虽然电子设备的故障与电子技术本身同步出现，而故障诊断方面的发展速度似乎要慢得多。在早期的电子设备故障诊断技术中，其基本方法是依靠一些测试仪表，按照跟踪信号逐点寻迹的思路，借助人的逻辑判断来决定设备的故障所在。这种沿用至今的传统诊断技术在很大程度上与维修人员的实践经验和专业水平有关，基本上没有一套可靠的、科学的、成熟的办法。随着电子工业的发展，人们逐步认识到，对故障诊断问题有必要重新研究，必须把以往的经验提升到理论高度，同时在坚实的理论基础上，系统地发展和完善一套严谨的现代化电子设备故障诊断方法，并结合先进的计算机数据处理技术，实现电子电路故障诊断的自动检测、定位及故障预测。

所谓电子电路故障诊断技术，就是根据对电子电路的可及节点或端口及其他信息进行测试，推断设备所处的状态，确定故障元器件部位和预测故障的发生，判断电子产品的好坏并给出必要的维修提示方法。

**2. 维修与电子设备维修**

（1）维　　修

维修就是维护和修理的统称。维护就是保持某一事物或状态不消失、不衰竭、相对稳定；修理就是使损坏了的设备能重新使用，即恢复其原有的功能。维修是伴随着生产工具的使用而出现的，随着生产工具的进步，机器设备大规模地使用，人们对维修的认识也在不断的深化。虽然对维修定义的标准略有不同，但基本认为：维修是为了使装备保持、恢复和改善规定技术状态所进行的全部活动，最终目的是提高装备的使用效能。

（2）电子设备维修

电子设备维修是指为使电子设备保持、恢复和改善规定的技术状态所进行的全部活动，它是一个多层次、多环节、多专业的保障系统。电子设备维修主要包括维修思想、维修体制、维修类型、维修方式、维修专业、维修手段、维修作业等，并以维修管理贯穿其中，使之相互联系、相互作用，构成一个有机的整体。

### 3. 可靠性与电子设备的可靠性

**(1) 可靠性**

可靠性是指产品在规定的条件下和规定的时间内,完成规定功能的能力。规定的条件是指产品的使用环境条件、应力条件以及操作人员的技术要求等;规定的时间是指产品的有效使用期限,通常使用的时间、动作次数、日历时限等来表示;规定的功能是指产品的质量特性应具备全技术标准。

根据设计和应用的角度不同可靠性有不同的定义标准。从设计角度出发,可靠性分为基本可靠性和任务可靠性。从应用角度出发,可靠性分为固有可靠性和使用可靠性。随着信息技术在电子设备中的广泛应用,软件可靠性逐渐引起了人们的重视。软件可靠性是在规定的条件下和规定的时间内,软件不引起系统故障的能力。软件的可靠性与软件存在的差错、系统输入和系统使用有关。

**(2) 电子装备的可靠性**

随着电子技术的快速发展,电子设备逐渐向综合化、系统化、智能化方向发展,科技含量越来越高,工艺制作生产越来越复杂,这就导致了电子装备的可靠性下降。因为电子装备的元器件及数量是决定可靠性的关键,元器件越多,可靠性就越低。

为了提高电子设备的可靠性,必须在原材料、设备、工艺、试验、管理等方面采取相应的措施。对于研制和生产单位来说,必然会使装备成本增加,但从使用方面来说,由于装备可靠性的提高大大减少了使用和维修费用。电子装备的可靠性主要取决于设计制造,而制造应尽量确保设计的可靠性。因此,电子设备的设计阶段必须在性能上作出权衡,运用技术措施提高其可靠性。

电子设备的电磁兼容性是不容忽视的问题,当电子设备内部或外部电磁干扰超过允许值时,就会使设备性能降低或不能工作。

### 4. 维修性与电子设备的维修性

**(1) 维修性**

维修性是指设备在规定的条件和规定的时间内,按规定的程序和方法进行维修时,保持或恢复其规定的能力。其概率度称为维修度。规定的条件是指维修机构、场所、人员、设备、设施、工具、备件、技术资料等资源。规定的程序与方法是指按技术文件采用的维修工作类型、步骤和方法等。

**(2) 电子设备的维修性**

电子设备的维修性具有一定的要求。维修工作量要少,便于维修,维修时间要短,减少维修差错提高维修安全,注意人机的有机结合,维修费用要低等都是对电子设备的维修性提出的具体要求。

电子设备维修性涉及内容很多,主要包括:可达性、易拆装性、标准化、互换性,检测诊断准确、快速、简便,具有完善的防差错措施及识别标识、安全性要求等。

### 5. 保障性与电子设备的保障性

**(1) 保障性**

保障性是指系统的设计特性和规划的保障资源能够满足平时战备完好性及战时使用要求的能力。保障性是装备系统的固有属性,包括两方面的含义,即与装备保障有关的设计特性和保障资源的充足和适用程度。

　　保障性中所指的设计特性,是指与装备使用与维修保障有关的设计特性,如可靠性和维修性等,以及使装备便于操作、检测、维修、装卸、运输、补给(消耗品,如油、水、气、弹)等的设计特性。这些都是通过设计途径赋予装备的硬件和软件。如果装备具有满足使用与维修要求的设计特性,就说明它是可保障的。

　　计划的保障资源是指为保证装备完成平时和战时的使用要求所规划的人力和物力资源。其中,有些是沿用现役装备的保障资源,但大部分需要重新研制,人员也要进行专门训练。保障资源的满足程度有两方面的含义:一是指数量与品种上满足装备使用与维修要求;二是保障资源的设计与装备相互匹配。这两方面都需要通过保障性分析和保障资源的设计与研制来实现。由于保障资源的复杂性,保障资源的研制需要使用方与承制方的有效协调和实施科学管理方能顺利实施。

　　(2) 电子设备的保障性

　　电子设备的保障性贯穿于从论证、设计到研制、生产、使用寿命周期。特别是论证、设计阶段是决定电子设备保障性优劣的关键,所涉及保障性问题将直接影响装备的设计特性和研制、生产、使用各阶段保障工程的开展。保障分析是电子设备研制工作的一个重要组成部分,是研究保障对电子设备设计的影响和确定资源的分析。电子设备使用阶段保障性的工作主要包括:

　　① 完善综合保障总计划:根据使用阶段发现的保障性问题,修订综合保障总计划的有关内容,完善综合保障总计划。

　　② 实施停产后的保障计划。

　　③ 制定维修规划:根据综合保障总计划,制定电子设备维修规划,确定维修组织、维修条件、维修计划、维修内容和维修要求。

　　④ 实施维修保障:根据维修规划,培训维修人员,提供维修技术、设备、设施、器材保障,开展电子设备维修工作。

　　⑤ 进行部署后的保障评估:部署后的保障评估是验证实际使用条件下,计划的保障资源对保证设备使用的充分性。要现场考核保障资源的充分程度、设计要求和各量化指标,并进行保障费用核算,进行完善设备的保障系统,为设备性能改进等保障性问题提供有价值的数据和资料。

## 12.1.2　诊断与维修的目的和意义

　　随着现代化大生产的发展和科学技术的进步,系统的规模日益扩大,复杂程度越来越高,同时系统的投资也越来越大。由于受到许多无法避免的因素影响,系统会出现各种各样的故障,从而多少会丧失其预定的功能,甚至造成严重的损失乃至灾难性事故。国内外曾发生的各种空难、海难、爆炸、断裂、倒塌、毁坏以及泄露等恶性事故,不尽造成了人员伤亡,还产生了严重的社会影响;即使是日常生产中的事故,也因生产过程不能正常运行或机器设备损坏而造成巨大的经济损失。因此,如何提高系统的可靠性、可维护性和有效性,从而保证系统的安全运行并消除事故,是十分迫切的问题。

　　为提高设备的可靠性、可维护性和有效性,设备故障诊断技术为其开辟了一条新的途径。

　　对于工业生产过程来说,为了避免某些生产过程发生故障而引起整个生产过程瘫痪,必须在故障发生伊始迅速进行有效处理,维持系统的功能基本正常,从而提高设备的利用率和使用安全性,保证生产过程安全可靠地进行。用计算机监控系统检测生产过程中的故障并分离出故障源已成为生产控制的重要任务之一。

世界范围内客观存在着两种发展趋势,必须引起我们的注意。以武器装备为例,早在 20世纪 50 年前,人们已从局部战争中认识到武器装备仅有优良的性能是远远不够的,由于可靠性、维修性差发生故障而影响武器装备的战备完好率和任务成功率,最终导致装备作战效能过低的教训至今仍令人记忆犹新。从单纯追求性能到重视综合效能观念的变革经历了几十年的时间,这是问题的一个方面;另一方面,几十年来,在世界范围内,在部分高科技产品采购价格大幅度增长的同时,维修使用费用竟上升至约占总投资费用的 1/4,甚至 1/3。

众所周知,由于可靠性、维修性不佳导致系统发生故障,已成为维修使用费用剧增的重要因素。我国是发展中国家,必须使用有限的资金大力发展民用产品和军事装备,对于武器系统来说,引入故障的检测与诊断是提高武器有效度、更好发挥现有装备效能的重要途径。面对两种发展趋势,迎接挑战是面临的刻不容缓的实际问题。而防止故障发生,对发展故障诊断技术是十分重要的,两者有着不可分割的关系。

**1. 诊断与维修的目的**

故障诊断技术是指在系统运行状态或工作状态下,通过各种监测手段判别其工作是否正常。如果不正常,经过分析与判断指出发生了什么故障,便于管理人员维修;或者在故障未发生之前提出可能发生故障的预报,便于管理人员尽早采取措施,避免发生故障(或避免发生重大故障)造成停机停产,给工程带来重大经济损失。这是故障诊断技术的任务,也是发展故障诊断技术的目的。

故障诊断是排除故障的基础。它可以做到以下几点:

① 能及时、正确地对各种异常状态做出诊断,预防或消除故障,对系统的运行进行必要的指导,提高系统运行的可靠性、安全性和有效性,从而把故障损失降低到最低水平。

② 保证系统发挥最大的设计能力,制定合理的检测维修制度,以便在允许的条件下充分挖掘系统潜力,延长服役期限和使用寿命,降低全寿命周期费用。

③ 通过检测监视、故障分析和性能评估等为系统结构修改、优化设计、合理制造以及生产过程提供数据和信息。总之,故障诊断既要保证系统的安全可靠运行,又要获得更大的经济效益和社会效益。

**2. 故障诊断与维修的意义**

对工业系统、武器装备开展故障诊断的重要意义体现在以下方面。

(1) 提高设备管理水平

"管好、用好、修好"设备,不仅保证简单的必不可少的再生产条件,而且对提高企业经济效益,推动国民经济持续、稳定、协调发展都有极其重要的意义。而设备的状态监测和故障诊断是提高设备管理水平的一个重要组成部分。

(2) 保证产品质量,提高系统的可靠性与维修性

现代高科技产品是一个复杂的技术综合体,要保证产品研制成功并能有效地应用,研制过程中必须在可靠性、维修性、安全性、经济性、可生产性和质量控制等方面加以保证。在工业界,产品的可靠性问题已经被提高到产品生命线的高度(而不是单纯的追求产品性能指标)。解决可靠性问题,需要动员各个职能部门的力量,运用各种手段和各种技术,协同作战;需要应

用系统工程观点和优化观点,对产品(设备也是产品)从开发、设计、制造、安装调试到维修使用实施全过程管理,并需要有长期的技术更新、数据存储和经验的积累,包括对某些传统观念的更新,从而提高企业的自身素质来加以综合保证。通过开展故障诊断工作,可以有效地延缓系统可靠性的下降速度,并对维修决策提供有力的支持。

(3) 避免重大事故的发生,减少事故危害性

现代化工业生产中重大事故的发生不仅会造成巨大的损失,而且会给人们带来严重的灾难。近些年来,国际上曾先后发生过几起引起全球很大震动的严重事故,例如:

① 1984 年 12 月印度帕尔农药厂毒气泄露事故,造成 2 000 多人死亡,成为目前为止世界工业史上空前的大事故。

② 1986 年 1 月 28 日,美国“挑战者”号航天飞机由于右侧固体火箭发动机装配接头和密封件失效,造成航天飞机爆炸,7 名宇航员遇难身亡。

③ 1986 年 4 月,前苏联乌克兰切尔诺贝利核电站爆炸,造成 2 000 多人死亡,几万名居民撤离原居住区,溢出的放射性物资污染了西欧上空,带来近 30 亿美元的巨额损失,影响了国际政治关系。

④ 1986 年 10 月与 1988 年 2 月,我国陕西和山西先后发生两起 20 万千瓦电站机组由于运行失稳导致机组剧烈震动、轴系断裂、零件飞出毁坏厂房的恶性电站事故。

⑤ 1987 年,日本一架飞机机身结构疲劳断裂,导致飞机坠毁,造成整机 400 多名人员死亡,无一生还。

⑥ 1998 年 9 月 2 日,由美国纽约飞往瑞士日内瓦的瑞士航空 111 号航班由于机上电缆短路故障,造成飞机在加拿大哈利法克斯机场附近海域冲入大西洋解体,机上 229 人全部遇难。

⑦ 2003 年 2 月 1 日,美国“哥伦比亚”号航天飞机在着陆前发生意外,航天飞机解体坠毁,7 名宇航员全部罹难。

⑧ 2003 年 8 月 23 日,巴西运载火箭在发射台爆炸,导致至少 16 人死亡,20 人受伤,发射平台被毁,伤亡人员中许多是巴西的火箭技术专家。

⑨ 2003 年 11 月 29 日,日本 H2A 火箭从日本鹿儿岛县种子岛宇宙中心发射升空,中途出现故障,未能将两颗间谍卫星送入预定轨道,由地面控制引爆。

⑩ 2011 年 9 月 27 日,上海地铁 10 号线突发设备故障导致两辆列车追尾,事故造成 260 人受伤。

故障的发生是不可避免的,但是开展有效的故障诊断工作,在故障发生之前对可能发生的故障进行预警,及早采取相应的措施,可以降低故障发生率和故障严酷度,从而避免重大事故的发生,减少事故危害性。

(4) 可以获得潜在的巨大经济效益和社会效益

现代工业生产的特点是:设备大型化、生产连续化、高度自动化和高度经济化。这在提高生产率、降低成本、节约能源和人力、减少废品率以及保证产品质量等方面具有巨大的优势。但是,一旦生产过程发生故障,哪怕是一个零件或组件,也会迫使生产中断,整个生产线停止运行,从而带来生产损失。根据生产规模的大小,以小时计,这种损失可达几万或几十万之巨。故障诊断技术是研究系统在运行状态下是否存在故障、工作是否正常;如果有故障,要求能够给予早期预报,并为设备管理提供技术支持,从而尽最大可能减少非计划性停机时间,以实现生产高效率、高经济性的目的。

为最大限度地提高生产经济性，即要"充分发挥设备的效能，取得良好的投资效益"，现代设备管理以追求最大限度降低寿命周期费用(LCC)为目标。寿命周期费用(LCC)是指系统从规划设计到报废所消耗费用的总和。如果以公式来表示，即：

寿命周期费用(LCC)＝研制费用＋生产费用＋使用、维修费用＝购置费用＋使用、维护费用

购置费用是一次性投资，又称非再现性费用，是寿命周期费用中的重要成分。使用、维护费用，又称可再现性费用或维持费用。由于没有采用现代化管理和现代化维修技术，再现性费用可以几倍或几十倍高于非再现性费用。减少再现性费用对故障诊断技术起到十分重要的作用。

# 12.2　电子设备的诊断技术

## 12.2.1　故障诊断技术的发展

故障诊断技术的发展是和人类对设备的维修方式紧密相连的。故障诊断自有工业生产以来就已经存在，但故障诊断作为一门学科是从 20 世纪 60 年代以后才发展起来的，它是适应工程实际需要而形成和发展起来的一门综合学科。纵观其发展过程，故障诊断可依据其技术特点分为以下四个阶段。

**1. 原始诊断阶段**

原始诊断始于 19 世纪末至 20 世纪中期，这个时期由于机器装备比较简单，故障诊断主要依靠装备使用专家或维修人员通过感官、经验和简单仪表，对故障进行诊断，并排除故障。

**2. 基于材料寿命分析的诊断阶段**

20 世纪初至 1960 年代，由于可靠性理论的发展与应用，使得人们能够利用对材料寿命的分析与评估，以及对设备材料性能的部分检测，来完成诊断任务。

**3. 基于传感器与计算机技术的诊断阶段**

基于传感器与计算机技术的故障诊断始于 20 世纪 60 年代的美国。在此阶段，由于传感器技术和动态测试技术的发展，使得对各种诊断信号和数据的测量变得容易和快捷；计算机和信号处理技术的快速发展，弥补了人类在数据处理和图像显示上的低效率和不足，从而出现了各种状态监测和故障诊断方法，涌现了状态空间分析诊断、时域诊断、频域诊断、时频诊断、动态过程诊断和自动化诊断等方法。机械信号检测、数据处理与信号分析的各种手段和方法，构成了这一阶段装备故障诊断技术的主要研究和发展内容。

**4. 智能化诊断阶段**

智能化诊断技术始于 20 世纪 90 年代初期。这一阶段，由于机器设备日趋复杂化、智能化及光机电一体化，传统的诊断技术已经难以满足工程发展的需要。随着微型计算机技术和智能信息处理技术的发展，将智能信息处理技术的研究成果应用到故障诊断领域中，以常规信号处理和诊断方法为基础，以智能信息处理技术为核心，构建智能化故障诊断模型和系统。故障诊断技术进入了新的发展阶段，传统的以信号检测和处理为核心的诊断过程，被以知识处理为核心的诊断过程所取代。虽然智能诊断技术还远远没有达到成熟阶段，但智能诊断的开展大大提高了诊断的效率和可靠性。

### 5. 健康管理阶段

20 世纪 90 年代中期,随着计算机网络技术的发展,出现了智能维修系统(Intelligent Maintenance System,IMS)和远程诊断、远程维修技术,开始强调基于装备性能劣化监测、故障预测和智能维修研究。

进入 21 世纪以来,故障诊断的思想和内涵进一步发展,出现了故障预测与健康管理(Prognostic and Health Monitoring,PHM)技术,该技术作为大型复杂装备基于状态的维修和可靠性工程等新思想的关键技术,受到美英等国的高度重视。

所谓故障预测与健康管理事实上是传统的机内测试(BIT)和状态监控能力的进一步拓展。其显著特点是引入了预测能力,借助这种能力识别和管理故障的发展与变化,确定部件的残余寿命或正常工作时间长度,规划维修保障。目的是降低使用与保障费用,提高装备系统安全性、可靠性、战备完好性和任务成功性,实现真正的预知维修和自主式保障。PHM 重点是利用先进的传感器及其网络,并借助各种算法和智能模型来诊断、预测、监控与管理装备的状态。至此,传统的故障诊断已经发展到了诊断与预测并重阶段,通常称为故障诊断与预测(Diagnosis and Prognosis,DP)阶段。

当前,故障诊断领域中的几大研究课题主要为故障机理研究、现代信号处理和诊断方法研究、智能综合诊断系统与方法研究以及现代故障预测方法的研究等方面。智能故障诊断与预测研究已成为现代装备故障诊断技术的一个最具有前途的发展方向。故障诊断技术的发展呈现出以下三方面的发展趋势。

① 诊断系统智能化:专家系统、模糊诊断、神经网络、进化计算、群体智能和综合诊断等方法正走向成熟,并将在故障诊断系统中得到广泛的应用。

② 诊断系统集成化:诊断系统的开发转向专门技术的组合和集成,使软件更加规范化、模块化,硬件更加标准化、专业化。

③ 诊断与预测综合化:由过去单纯的监测、诊断和预测,向今后的集监测、诊断、预测、健康管理、咨询和训练于一体化的综合化方向发展。

## 12.2.2　电子设备故障机理及故障规律分析

### 1. 电子设备故障模式及分布规律

(1) 电子设备的故障描述

电子设备的故障描述可分为定性描述和定量描述。当设备或设备的一部分不能或将不能完成预定功能的事件或状态时,则可认为设备发生故障,这就是电子设备故障的定性描述。而电子设备故障的定量描述比较复杂,它与产品的可靠性密不可分。下面介绍几个与可靠性、电子设备故障相关的定量描述概念。

1) 可靠度与故障分布函数

可靠度(Reliability)是指产品在规定的条件(如温度、负载、电压等)下和规定的时间(设计寿命)内完成规定功能的概率。通常,可靠度可用来衡量设备在规定寿命内完成规定功能的能力。一般将可靠度记为 $R(t)$,它是时间 $t$ 的函数,称为可靠度函数。从概率分布角度看,它又称为可靠度分布函数,且是累积分布函数。它表示在规定的条件和规定的时间内,无故障地发挥功能而工作的设备占全部工作产品(累积起来)的百分数为

$$0 \leqslant R(t) \leqslant 1 \qquad\qquad (12-1)$$

若"产品在规定的条件和规定的时间内完成规定功能"的这一事件($E$)的概率用 $P(E)$ 表示,则可靠度作为描述产品正常工作时间 $T$ 这一随机变量的概率分布为

$$R(t) = P(E) = P(T \geqslant t) \tag{12-2}$$

故障分布函数是产品在规定的条件下和规定的时间内丧失规定功能的概率,用 $F(t)$ 表示。$F(t)$ 也称累积故障概率或不可靠度,即为

$$F(t) = P(T \leqslant t) \tag{12-3}$$

由于产品有故障和无故障这两个条件是不相容的,所以有公式如下

$$R(t) + F(t) = 1 \tag{12-4}$$

为了估计一种产品在一定时间内的可靠度与不可靠度,根据概率测试原则,可以通过这类产品的大量实验来决定。如有 $N_0$ 个产品在规定的条件下工作到某个规定的时间 $t$ 有 $n(t)$ 个产品出故障,则此时不可靠度和可靠度可以以下式表示为

$$F(t) \approx \frac{n(t)}{N_0}; \quad R(t) \approx 1 - F(t) = \frac{N_0 - n(t)}{N_0} \tag{12-5}$$

一般来说,产品可靠度 $R(t)$ 和不可靠度 $F(t)$ 随使用时间的变化有不同的表现。在开始使用或实验时,可以认为所有产品都是好的,因此,$n(0) = 0$,$R(0) = 1$,$F(0) = 0$;随着时间的增长,产生故障不断增加,因此故障分布函数(不可靠度)单调递增,而可靠度则单调递减;任何产品在使用过程中最后总是要发生故障的,因此有:$n(\infty) = N$,$R(\infty) = 0$,$F(\infty) = 1$。

2) 故障密度函数

故障密度函数 $f(t)$ 是累积故障概率 $F(t)$ 的导数,也即不可靠度的导数,它反映的是任意时刻故障概率的变化,用式表示如下

$$f(t) = \frac{\mathrm{d}F(t)}{\mathrm{d}t} = -\frac{\mathrm{d}R(t)}{\mathrm{d}t} \tag{12-6}$$

设 $N$ 为受试产品总数,$\Delta N(t)$ 是时刻 $t$ 到 $t + \Delta t$ 时间间隔内产生的故障产品数,当 $N$ 足够大,$\Delta t$ 足够小时,则按如下式计算

$$f(t) \approx \frac{\Delta N(t)}{N \cdot \Delta t} \approx \frac{1}{N} \frac{\mathrm{d}N}{\mathrm{d}t} \tag{12-7}$$

它表示时刻 $t$ 的单位时间的故障概率。由式(12-6)可得

$$F(t) = \int_0^t f(t)\,\mathrm{d}t \tag{12-8}$$

而产品的可靠度则可用下式表示,即

$$R(t) = 1 - F(t) = 1 - \int_0^t f(t)\,\mathrm{d}t = \int_t^\infty f(t)\,\mathrm{d}t \tag{12-9}$$

3) 故障率

故障率又称失效率,它可从平均故障率和瞬时故障率两方面来讨论。

① 平均故障率:平均故障率指在规定的条件和规定的时间内,产品的故障总数与寿命单位总数之比,一般用 $\lambda$ 表示,平均故障率是产品可靠性的一个基本参数;寿命单位是对产品使用持续时间的度量单位,如工作小时、月、年、次等。

② 瞬时故障率:瞬时故障率指在时刻 $t$ 工作着的产品到时刻 $t + \Delta t$ 的单位时间内发生故障的条件概率。它的观测值记为 $\lambda(t)$,用下式表示,即

$$\lambda(t) = \frac{\Delta n}{[N_0 - N_f(t)]\Delta t} \tag{12-10}$$

式中：$N_0$ 为产品总数；$N_f(t)$ 为工作到 $t$ 时刻已损坏的产品数；$\Delta n$ 为 $t$ 时刻后 $\Delta t$ 时间内损坏的产品数。则有

$$\lambda(t) = f(t)\frac{1}{1-F(t)} = \frac{f(t)}{R(t)} = -\frac{R'(t)}{R(t)} = -\frac{\mathrm{d}\ln R(t)}{\mathrm{d}t} \qquad (12-11)$$

对公式(12-11)积分得

$$R(t) = \exp\left[-\int_0^t \lambda(t)\mathrm{d}t\right] \qquad (12-12)$$

$$f(t) = R(t)\lambda(t) \cdot R(t) = \lambda(t) \cdot \exp\left[-\int_0^t \lambda(t)\mathrm{d}t\right] \qquad (12-13)$$

由前面的诸关系式可得 $f(t)$，$F(t)$，$R(t)$ 和 $\lambda(t)$ 的关系见表 12-1。

**表 12-1 $f(t)$，$F(t)$，$R(t)$ 和 $\lambda(t)$ 的关系**

| 函　　数 | $f(t)$ | $F(t)$ | $R(t)$ | $\lambda(t)$ |
|---|---|---|---|---|
| $f(t)$ | — | $\dfrac{\mathrm{d}F(t)}{\mathrm{d}t}$ | $-\dfrac{\mathrm{d}R(t)}{\mathrm{d}t}$ | $\lambda(t)\exp\left[-\int_0^t \lambda(t)\mathrm{d}t\right]$ |
| $F(t)$ | $\int_0^t f(t)\mathrm{d}t$ | — | $1-R(t)$ | $1-\exp\left[-\int_0^t \lambda(t)\mathrm{d}t\right]$ |
| $R(t)$ | $\int_t^\infty f(t)\mathrm{d}t$ | $1-F(t)$ | — | $\exp\left[-\int_0^t \lambda(t)\mathrm{d}t\right]$ |
| $\lambda(t)$ | $\dfrac{f(t)}{\int_t^\infty f(t)\mathrm{d}t}$ | $\dfrac{\mathrm{d}F(t)/\mathrm{d}t}{1-F(t)}$ | $-\dfrac{\mathrm{d}\ln R(t)}{\mathrm{d}t}$ | — |

4）平均寿命

在产品的寿命指标中，最常用的是平均寿命。产品寿命是它无故障工作时间，而平均寿命是指产品寿命的平均值。平均寿命对不可修复产品和可修复产品有不同的定义。

对于不可修复产品，其寿命是它故障前的工作时间。因此，平均寿命就是指该产品从开始使用到故障前的工作时间的平均值，或称故障前平均时间，一般记为 MTTF（Mean Time To Failure），用下式表示，即

$$MTTF \approx \frac{1}{N}\sum_{i=1}^N ti \qquad (12-14)$$

式中：$N$ 为测试产品总数；$t_i$ 为第 $i$ 个产品故障前的工作时间。

对于可修复的产品，其寿命是指相邻两次故障间的工作时间。因此，它的平均寿命即为平均故障间隔时间，一般记为 MTBF（Mean Time Between Failure），用下式表示，即

$$MTBF \approx \frac{1}{\sum_{i=1}^N n_i}\sum_{i=1}^N \sum_{j=1}^{n_i} t_{ij} \qquad (12-15)$$

式中：$N$ 为测试产品总数；$n_i$ 为第 $i$ 个测试产品的故障数；$t_{ij}$ 为第 $i$ 个产品从第 $j-1$ 次故障到第 $j$ 次故障的工作时间。MTTF 和 MTBF 的理论意义和数学表达式的实际内容都是一样的，故统称为平均寿命。

（2）电子设备的故障模式

电子设备的故障模式是指电子设备故障的表现形式。它注重的不是设备为何出故障，而是设备出什么样的故障。电子设备的故障模式很多，常见的故障模式见表 12 - 2。

表 12 - 2　电子设备常见的故障模式

| 序　号 | 故障模式 | 序　号 | 故障模式 |
|---|---|---|---|
| 1 | 无法开机 | 10 | 无法切换 |
| 2 | 无法关机 | 11 | 指示错误 |
| 3 | 动作错误 | 12 | 机械磨损 |
| 4 | 短　路 | 13 | 击　穿 |
| 5 | 开　路 | 14 | 氧　化 |
| 6 | 输入超限 | 15 | 断　裂 |
| 7 | 输出超限 | 16 | 变　形 |
| 8 | 无输入 | 17 | 其　他 |
| 9 | 无输出 | — | — |

在电子设备故障诊断与修理中，故障统计分析的任务之一就是从大量的故障数据统计分析中，搜寻每种设备的典型故障模式及其发生概率，分析典型故障模式的影响及危害性，提高设备的利用率。

（3）电子设备常见故障模式分布

1）正态分布

正态分布又称高斯（Gauss）分布，是一切随机现象中最常见和应用最广泛的一种概率分布，可用来描述许多自然现象和各种物理性能。正态分布在故障统计中的主要用途：用于因磨损、老化、腐蚀而出现故障的设备故障统计分析；用于对制造设备及其性能的分析和质量控制。若随机变量 $X$ 的概率密度函数为

$$f(X) = \frac{1}{\sqrt{2\pi}\sigma} \exp\left[-\frac{1}{2}\left(\frac{X-\mu}{\sigma}\right)^2\right] \qquad -\infty < X < +\infty \qquad (12-16)$$

式中：$\sigma$ 为标准偏差；$\mu$ 为均值或中位数，$-\infty < \mu < +\infty$，称 $X$ 服从参数 $\sigma$ 和 $\mu$ 的正态分布，并记为：$X \sim N(\mu, \sigma)$。

当 $X$ 为电子设备的寿命 $t$ 时，就得到正态故障密度函数为公式如下

$$f(t) = \frac{1}{\sqrt{2\pi}\sigma} \exp\left[-\frac{1}{2}\left(\frac{t-\mu}{\sigma}\right)^2\right] \qquad 0 \leqslant t < +\infty \qquad (12-17)$$

其累积故障分布函数如下

$$F(t) = \frac{1}{\sqrt{2\pi}\sigma} \int_0^t \exp\left[-(t-\mu)^2/(2\sigma^2)\right] \mathrm{d}t \qquad (12-18)$$

其故障率函数式如下

$$\lambda(t) = \frac{f(t)}{1-F(t)} = \frac{\exp\left[-(t-\mu)^2/(2\sigma^2)\right]}{\displaystyle\int_t^\infty \exp\left[-(t-\mu)^2/(2\sigma^2)\right] \mathrm{d}t} \qquad (12-19)$$

其可靠度函数式如下

$$R(t) = 1 - F(t) = \frac{1}{\sqrt{2\pi}\sigma} \int_t^\infty \exp\left[-(t-\mu)^2/(2\sigma^2)\right] dt \qquad (12-20)$$

图 12-1 为正态分布的故障密度函数 $f(t)$。从中可见它具有如下特点：

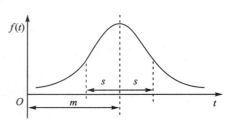

① $f(t)$ 曲线以 $\mu$ 为对称，曲线与 $X$ 之间的面积在 $\mu$ 两边各为 0.5；

② $f(t)$ 曲线在 $\mu \pm \sigma$ 处有拐点；

③ 当 $t = \mu$ 时，$f(t)$ 有最大值 $\dfrac{1}{\sigma\sqrt{2\pi}}$；

**图 12-1　正态分布的故障密度函数**

④ 当 $t \to \infty$ 或 $t \to 0$ 时，$f(t) \to 0$；

⑤ 曲线 $f(t)$ 以 $t$ 为渐进线，且有 $\int_0^{+\infty} f(t)dt = 1$。

2）对数正态分布

若随机变量 $t$ 取对数 $\ln t$ 后服从正态分布 $N(\mu, \sigma^2)$，则 $t$ 服从对数正态分布。近些年来对数正态分布在可靠性领域得到了人们的关注，主要用于机械零件的疲劳寿命和设备维修时间的分布。当设备故障服从对数正态分布 $\ln t \sim N(\mu, \sigma^2)$ 时，其故障密度函数用下式表示，即

$$f(t) = \frac{1}{\sqrt{2\pi}\sigma t} \exp\left[-\frac{1}{2}\left(\frac{\ln t - \mu}{\sigma}\right)^2\right] \qquad (12-21)$$

其累积故障分布函数为

$$F(t) = \int_0^t \frac{1}{\sqrt{2\pi}\sigma t} \exp\left[-(\ln t - \mu)^2/(2\sigma^2)\right] dt \qquad (12-22)$$

其故障率函数为

$$\lambda(t) = \frac{f(t)}{1 - F(t)} = \frac{\dfrac{1}{\sqrt{2\pi}\sigma t} \exp\left[-(\ln t - \mu)^2/(2\sigma^2)\right]}{\displaystyle\int_t^\infty \frac{1}{\sqrt{2\pi}\sigma t} \exp\left[-(\ln t - \mu)^2/(2\sigma^2)\right] dt} \qquad (12-23)$$

其可靠度函数为

$$R(t) = 1 - F(t) = \int_t^\infty \frac{1}{\sqrt{2\pi}\sigma t} \exp\left[-(\ln t - \mu)^2/(2\sigma^2)\right] dt \qquad (12-24)$$

3）威布尔分布

威布尔分布在可靠性分析中得到广泛应用，通常用来描述某个模型中最弱环节的模型，特别适用于疲劳、磨损等故障模式。在电子设备中的继电器、断路器、开关、磁控管等元器件的故障往往服从威布尔分布。当设备故障服从威布尔分布时，其故障密度函数为

$$f(t) = \frac{m}{t_0}(t-\gamma)^{m-1} \exp\left[\frac{(t-\gamma)^m}{t_0}\right] \qquad (12-25)$$

累积故障分布函数为

$$F(t) = 1 - \exp\left[\frac{(t-\gamma)^m}{t_0}\right] \qquad (12-26)$$

故障率函数为

$$\lambda(t) = m\frac{(t-\gamma)^{m-1}}{t_0} \qquad (12-27)$$

其可靠度函数为

$$R(t) = 1 - F(t) = \exp\left[\frac{(t-\gamma)^m}{t_0}\right] \tag{12-28}$$

以上各式中,$m$ 为形状参数,用来表征分布曲线的形状;$\gamma$ 为位置参数,用来表征分布曲线的起始位置;$t_0$ 为尺度参数,用来表征坐标的尺度。

① 形状参数 $m$ 对故障密度函数的影响:

当 $m<1$ 时,故障密度函数 $f(t)$ 随时间单调下降,故障率函数 $\lambda(t)$ 随时间变化为递减型。

当 $m=1$ 时,故障密度函数 $f(t)$ 随时间下降,故障率函数 $\lambda(t)$ 随时间变化为常数型,威布尔分布变成指数分布。

当 $m>1$ 时,故障密度函数 $f(t)$ 出现峰值,故障率函数 $\lambda(t)$ 随时间变化为递增型;而当 $m \geqslant 3.5$ 时,故障密度函数 $f(t)$ 接近于正态分布。从图 12-2 可以看出形状参数 $m$ 对故障分布函数的影响。

② 尺度参数 $t_0$ 只与分布曲线坐标标尺比例有关,起到放大或缩小坐标尺度的作用,如图 12-3 所示。

③ 位置参数 $\gamma$ 对故障分布函数 $f(t)$ 的形状没有影响,它只表示分布曲线在 $t$ 上的起始位置。当 $\gamma<0$ 时,表示设备开始工作前就已发生故障;当 $\gamma>0$ 时,表示设备在 $\gamma=t_0$ 之前不发生故障,此时,$\gamma$ 又称作最小保证寿命。位置参数 $\gamma$ 对故障分布函数 $f(t)$ 的影响如图 12-4 所示。

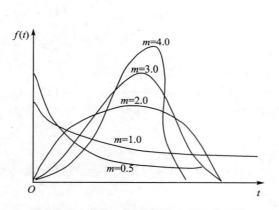

图 12-2　参数 $m$ 对故障分布函数的影响

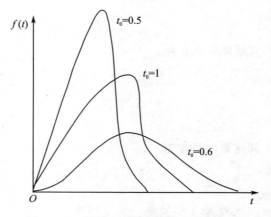

图 12-3　参数 $t_0$ 对故障分布函数的影响

4) 指数分布

在进行电子设备可靠性设计和故障数据分析时,指数分布占有相当重要的地位,指数分布是威布尔分布的一个特例,当故障率函数 $\lambda(t)=\lambda$ 为常数时,便得到指数分布如下

$$f(t) = \lambda \exp(-\lambda t) \tag{12-29}$$
$$F(t) = 1 - \exp(-\lambda t) \tag{12-30}$$
$$R(t) = \exp(-\lambda t) \tag{12-31}$$

指数分布曲线如图 12-5 所示。由于故障率函数 $\lambda(t)=\lambda$ 为常数,所以指数分布具有"无记忆性"。所谓"无记忆性"是指设备被使用一段时间后,仍然同新设备一样,故障率与前相同。在电子设备中,电路的短路、开路、机械结构的损伤所造成的故障,也都服从指数分布。指数分布

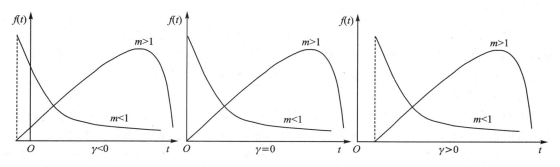

**图 12 - 4　位置参数 $\gamma$ 对故障分布函数 $f(t)$ 的影响**

在可靠性分析中有重要地位,这是由它本身的特性决定的。

① 它描述了 $\lambda(t) = \lambda$ 为常数的故障过程,这一过程又称随机(偶然)故障过程(阶段)。在这一期间内,设备的故障完全是偶然的,它是设备工作的最佳阶段。很多电子元器件和电子设备的故障过程都呈指数分布。

② 指数分布的各项可靠性指标,有严格的统计计算方法,而且用数学处理也很方便。在不少地方,用指数分布的各项公式作为统一的对比方法是比较方便的。如指数分布的均值为

$$\mu = \int_0^\infty t f(t) \mathrm{d}t = \int_0^\infty R(t) \mathrm{d}t = 1/\lambda \tag{12-32}$$

则指数分布的方差为

$$\sigma^2 = \lambda \int_0^\infty t^2 \mathrm{e}^{-\lambda t} \mathrm{d}t - \mu^2 = 1/\lambda^2 \tag{12-33}$$

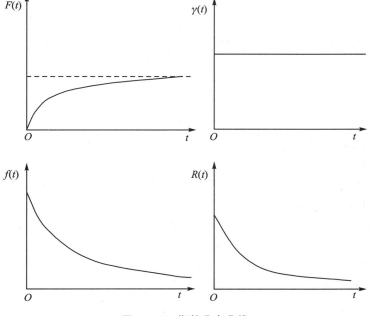

**图 12 - 5　指数分布曲线**

## 2. 电子元器件失效机理分析

习惯上把元器件故障称为失效。了解元器件的失效模式和失效机理以及设备的故障机理,对诊断设备故障,保持设备固有的可靠性是十分必要的。对电子设备来说,元器件种类很多,常见的有:电阻器、电容器、接插件、焊接件、线圈、集成块、变压器等。

### (1) 电阻器失效机理

电阻在电子设备中使用的数量很大,而且是一种发热元器件,电子设备故障中由电阻器失效导致的占有一定的比例。其失效原因与产品的结构、工艺特点、使用条件有密切关系。

电阻器失效的机理是多方面的,工作条件或环境条件下所发生的各种理化过程是引起电阻器老化的原因,主要涉及导电材料的结构变化、硫化、气体吸附与解吸、氧化、有机保护层的影响、机械损伤等原因。总的来讲,电阻器失效可以分为两大类,即致命失效和参数漂移失效。从现场使用统计来看,电阻器失效的大多数情况是致命失效,常见的有:断路、机械损伤、接触损坏、短路、击穿等;只有少数为阻值漂移失效。

电阻器按其构造形式分为:线绕电阻器和非线绕电阻器;按其阻值是否可调,可分为:固定电阻器和可变电阻器(电位器)。从使用的统计结果看,它们的失效机理是不同的。

① 非线绕固定电阻器:引线断裂、膜层不均匀、膜材料与引线端接触不良、基体缺等,如碳膜电阻器;电阻膜不均匀、电阻膜破裂、基体破裂、电阻膜分解、静电荷作用等,如金属膜电阻器。据统计,非线绕电阻失效原因中,开路约占 49%、阻值漂移约占 22%、引线断裂约占 17%、其他原因约占 7%。

② 线绕电阻器:接触不良、电流腐蚀、引线不牢、焊点熔解等。据统计,线绕电阻失效原因中,开路约占 90%、阻值漂移约占 2%、引线断裂约占 7%、其他约占 1%。

可变电阻器:接触不良、焊接不良、引线脱落、杂质污染、环氧胶质量较差等。

### (2) 电容器失效机理

电容器失效模式常见的有:击穿、开路、参数退化、电解液泄漏和机械损伤等。导致这些失效的主要原因有以下几方面。

1) 击　穿

① 电介质材料中存在疵点、缺陷、杂质等;

② 电介质材料的热老化与老化;

③ 电介质内部金属离子迁移形成导电沟道或边缘飞弧放电;

④ 电介质材料内部气隙击穿或介质电击穿;

⑤ 电介质在电容器制造过程中受到机械损伤;

⑥ 电介质材料分子结构的改变;

⑦ 在高湿度或低气压环境中电极之间的飞弧;

⑧ 在机械应力作用下电介质瞬时短路。

2) 开　路

① 引线与电极接触点氧化而造成低电平开路;

② 引线与电极接触不良或绝缘;

③ 电解电容器阳极引出金属因腐蚀而导致开路;

④ 工作电解质的干枯或冻结;

⑤ 在机械应力作用下工作电解质和电介质之间的短时开路。

3）电参数退化

① 潮湿或电介质老化与热分解；

② 电极材料的金属离子迁移；

③ 表面污染；

④ 电极的电解腐蚀或化学腐蚀；

⑤ 杂质或有害离子的影响；

⑥ 材料的金属化电极的自愈效应等；

⑦ 引出线和电极的接触电阻增大。

4）电解液泄露

① 电场作用下浸渍料分解放气使壳内气压上升；

② 电容器金属外壳与密封焊接不佳；

③ 绝缘端子与外壳或引线焊接不佳；

④ 半密封电容器机械密封不良；

⑤ 半密封电容器引线表面不够光洁；

⑥ 电解液腐蚀焊点。

由于电容器是在工作应力和环境应力的综合作用下工作的,因而有时会产生一种或几种失效模式和失效机理,还会由一种失效模式导致另外失效模式或失效机理的发生。各失效模式有时是相互影响的。电容器的失效与产品的类型、材料的种类、结构的差异、制造工艺及工作环境等诸多因素密切相关。

（3）集成电路的失效模式与失效机理

① 电极开路或时通时断:主要原因是电极间金属迁移、电蚀和工艺问题；

② 电极短路:主要原因是电极间金属电扩散、金属化工艺缺陷或外来异物等；

③ 引线折断:主要原因有线径不均,引线强度不够,热点应力和机械应力过大和电蚀等；

④ 机械磨损和封装裂缝:主要由封装工艺缺陷和环境应力过大等造成；

⑤ 电参数漂移:主要原因是原材料缺陷、可移动离子引起的反应等；

⑥ 可焊接性差:主要由引线材料缺陷、引线金属镀层不良、引线表面污染、腐蚀和氧化造成；

⑦ 无法工作:一般是工作环境因素造成的。

集成电路的实效机理比较复杂,既有设计方面的,也有工艺方面的,还有使用方面的,实际使用中集成电路的实效可能是以上各种原因的综合。

（4）接触件的失效模式与失效机理

所谓接触件,就是用机械的压力使导体与导体之间彼此接触,并有导通电流的功能元器件的总称。通常包括:开关、接插件、继电器和启动器等。接触件的可靠性较差,往往是电子设备或系统可靠性不高的关键所在,应引起人们的高度重视。一般来说,开关和接插件以机械故障为主,电气失效为次,主要由于磨损、疲劳和腐蚀所致。而接触点故障、机械失效等则是继电器等接触件的常见故障模式。

1）开关及接插件常见失效机理

① 接触不良:接触表面污染、插件未压紧到位、接触弹簧片应力不足和焊剂污染等；

② 绝缘不良:表面有尘埃和焊剂污染、受潮、绝缘材料老化及电晕和电弧烧毁碳化等；

③ 机械失效：主要由弹簧失效、零件变形、底座裂缝和推杆断裂等引起；

④ 绝缘材料破损：主要原因是绝缘体存在残余应力、绝缘老化和焊接热应力等；

⑤ 弹簧断裂：弹簧材料的疲劳、损坏或脆裂等。

2）继电器常见失效机理

① 继电器磁性零件去磁或特性恶化：主要原因是磁性材料缺陷或外界电磁应力过大造成的；

② 接触不良：接触表面污染或有介质绝缘物、有机吸附膜及碳化膜等，接触弹簧片应力不足和焊剂污染等；

③ 接触点误动作：结构部件在应力下出现谐振；

④ 弹簧断裂：弹簧材料的疲劳、裂纹损坏或脆裂、有害气体的腐蚀等；

⑤ 线圈断线：潮湿条件下的电解腐蚀和有害气体的腐蚀等；

⑥ 线圈烧毁：线圈绝缘的热老化、引出线焊接头绝缘不良引起短路而烧毁等。

电子元器件的失效一般是由设计缺陷、工艺不良、使用不当和环境影响造成的，大多数情况下可从以上几方面找到真正原因。

### 3. 电子设备的故障机理分析

一般来说，电子设备故障主要在两方面：一是设备本身有缺陷；二是由于设备使用的外部环境恶劣引起的。具体来说，电子设备的故障机理主要有：元器件失效、设计缺陷、制造工艺缺陷、使用维护不当、环境因素影响等。

（1）元器件失效

元器件失效会直接影响电子设备的正常使用，在通常情况下，据统计元器件失效大约占电子设备整机故障的40％左右。元器件失效的原因主要有以下几方面：元器件本身可靠性低、筛选不严及苛刻的环境条件等。对元器件失效除上面介绍的常规元器件外，对可编程的集成芯片器件，如果软件编程有错误或者有病毒侵蚀，往往导致软件瘫痪，元器件失效；在条件恶劣时，如电磁干扰、大电机启停、振动、高温等也会导致元器件失效。

（2）设计缺陷

设计缺陷也是导致电子设备故障的重要原因之一。即使电子元器件质量很好，在组成一定功能的电子设备时，如果设计有缺陷，同样会导致设备故障。常见的设计故障有：抗干扰设计不到位；通风散热设计差；精度设计考虑不周；耐环境设计差；电路设计不合理；没有注意降额设计等。以抗干扰设计为例，就必须进行多方面考虑，有些电子设备，在实验室能正常运行，但送到使用现场却无法工作，其原因就是抗干扰设计不到位。

1）对差模干扰信号采取的设计措施

电子设备的干扰按作用方式不同，可将其分为差模干扰和共模干扰两类。在设计产品时应根据不同的情况，采取不同的措施。针对差模干扰信号的特性和来源，可采用如下设计措施。

① 若差模干扰频率比被测信号频率高，则采用输入低通滤波器来抑制高频差模干扰。如果差模干扰频率比被测频率低，则采用输入高通滤波器来抑制低频差模干扰。如果干扰频率处于被测信号频谱的两测，则应该使用带通滤波器较为适宜。一般差模干扰要比被测信号变化快，故常用两级阻容低通滤波网络作为模/数转换器的输入滤波器。

② 当尖峰形差模干扰成为主要干扰源时，用双斜率积分模/数转换器可以削弱差模干扰

的影响。因为此类变换器是对输入信号的平均值，而不是对瞬时值进行转换，所以对尖峰干扰具有抑制能力。若取积分周期等于主要差模干扰的周期或为其整数倍，则通过积分比较变换器后，对差模干扰会有更好的效果。

③ 在电磁感应作为差模干扰的主要发生源的情况下，对被测信号应尽可能早地进行前置放大，从而达到提高回路中的信号噪声比的目的；或者尽可能早地完成模/数转换，也可以采用隔离和屏蔽等措施。

④ 如果差模干扰的变化速度与被测信号相当，则上述措施的效果不佳，这时就需要从产生差模干扰的原因入手或充分利用数字滤波技术进行数据处理。

2）对共模干扰信号采取的设计措施

① 利用变压器或光电耦合器把各种模拟负载与数字信号源隔离开来，也就是把"模拟地"与"数字地"断开。被测信号通过变压器耦合或光电耦合获得通路，使共模干扰由于不成回路而得到有效的抑制。也可利用光电耦合器的开关特性组成的具有串行接口功能的共模抑制线路。在这种线路中，由于光电耦合器有很高的输入/输出绝缘电阻和较高的输出阻抗，因此能抑制较大的共模干扰电压。

当共模干扰电压很高或要求共模漏电流非常小时，常在信号源与计算机的共模传送途径中插入隔离放大器，利用光电耦合器的光隔离技术或者变压器耦合的载波隔离技术，把"数字地"和"模拟地"隔离开来，从而消除共模干扰的产生途径，达到将输入数据和系统电压隔离开来的目的。

② 采用浮地输入双层屏蔽放大器抑制共模干扰。这是利用屏蔽方法使输入信号的"模拟地"浮空，从而达到抑制共模干扰的目的。

③ 利用双端输入的运算放大器作为模/数转换器的前置放大器。

④ 用仪表放大器来提高共模抑制比，这是一种用于分离共模干扰与有用信号的器件。

除去上面介绍的电子设备的硬件抗干扰设计外，还可以采用一些软件抗干扰设计，如数字滤波等。

（3）制造工艺缺陷

设备制造不完善、工艺质量控制不严和设备生产人员技术水平低等因素，都会导致设备可靠性下降，产生故障。因此，制造工艺缺陷也是造成电子设备故障的原因之一。常见的制造工艺缺陷有：

① 焊接缺陷，如虚焊、漏焊和错焊，常调整和强震动部位处焊接不良等；

② 元器件、材料的挑选和老化不够；

③ 产品出厂时关键参数的调整和校正不当；

④ 设备的各组件组装不合理等。

（4）人为与环境因素

人为因素主要指电子设备的装备和维修人员，不按规定的操作规程，组装、使用、调校电子设备而导致人为故障。

使用条件恶劣会导致电子设备故障增多。如高温、强振、强电磁干扰等的影响，会超出设备的设计要求，使之不能正常工作。

**4. 电子设备故障规律分析**

以上描述的是电子元器件及整机设备的故障机理，称为微观规律。本节故障的宏观规律是描述电子设备故障发生频率与使用时间关系的统计规律。按前述的故障统计分析可将电子设备故障率 $\lambda(t)$ 随时间的变化曲线分为下列 3 种类型：

① 故障率递减型：在设备的早期，故障率高，但随着工作时间增加而快速下降。描述这类故障规律的理论分布可用形状参数 $m \leqslant 1$ 的威布尔分布。

② 故障率常数型：在设备的偶然故障期，设备故障是随机的，此时，设备处于使用寿命中的最佳状态，描述此类故障规律的理论分布可用指数分布。

③ 故障率递增型：在设备的故障耗损期，故障率从某一时刻开始增大并且集中出现故障。描述此类故障规律的理论分布为正态分布和对数正态分布。

电子设备的故障率曲线，往往是由上述一种或多种类型的曲线组成的。对于电子设备故障宏观规律，主要包括早期经典的浴盆曲线规律、新兴的复杂电子设备无耗损期规律及全寿命故障率递减规律。

（1）浴盆曲线规律

浴盆曲线指产品从投入到报废为止的整个寿命周期内，其可靠性的变化规律，形成于 20 世纪 50 年代，是最经典的故障宏观规律。它分为早期故障期、偶然故障期和严重故障期，如图 12 - 6 所示，图中以时间为横坐标，以失效率为纵坐标。

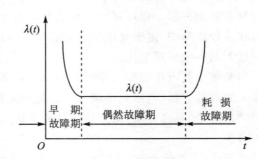

图 12 - 6　浴盆曲线

1）早期故障期

早期故障期是设备的使用初期，其特点是故障率较高，但随着时间的增加而快速下降。导致设备早期故障率高的主要原因：① 元器件不合格；② 设计、制造和装配工艺问题；③ 未排除的明显故障。在使用一段时间，排除发现的故障后，设备故障率会很快下降，进入偶然故障期。

2）偶然故障期

偶然故障期是设备的有用寿命期，其特点是故障率低而稳定，近似为常数。在此期间内，设备故障是在任意时间间隔内偶然发生的，故障的原因是由于设计缺陷、工艺缺陷、材料缺陷、使用维护不当及环境参数超过设计极限等因素造成的。

3）严重故障期

严重故障期出现在设备的使用寿命的末期，元器件故障率开始随时间的增加而快速增加，表现为故障集中出现的趋势。严重故障期的显著特点是故障率随时间递增。故障原因主要是电子元器件及其他构件的老化、疲劳、腐蚀、磨损等。

4）浴盆曲线的数学模型

从上面的分析可以看出，电子设备的浴盆曲线虽然不能用准确的函数关系表达，但在设备的不同使用阶段，可用适当的理论分布函数近似表达。如前所述，可用形状参数 $m \leqslant 1$ 的威布尔分布来描述早期故障期设备故障；可用指数分布来描述偶然故障期设备故障；可用正态分布和对数正态分布来描述耗损故障期设备故障。浴盆曲线的数学模型如下

$$\lambda(t) = \lambda_1(t) + \lambda_2(t) + \lambda_3(t) = \sum_{i=1}^{3} \lambda_i(t) \qquad (12-34)$$

式中：$\lambda(t)$ 为设备总故障率；$\lambda_1(t)$ 为早期故障率；$\lambda_2(t)$ 为偶然期故障率；$\lambda_3(t)$ 为耗损期故障

率。浴盆曲线是这 3 种故障率的综合。图 12－7
示出这种综合过程。在设备的早期故障期,存在
$\lambda_1(t)$ 和 $\lambda_2(t)$,而 $\lambda_3(t)$ 较小可忽略,此时有:
$\lambda(t)=\lambda_1(t)+\lambda_2(t)$;在偶然故障期,$\lambda_1(t)$ 和
$\lambda_3(t)$ 较小,且变化趋势相反,此时有:$\lambda(t)=$
$\lambda_2(t)$;而在耗损故障期,$\lambda_2(t)$ 和 $\lambda_3(t)$ 对设备故
障率都有较大实用意义,故有:$\lambda(t)=\lambda_3(t)+$
$\lambda_2(t)$。

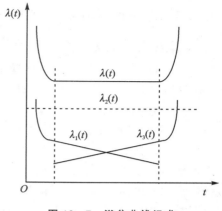

图 12－7　浴盆曲线组成

浴盆曲线规律表明,电子设备预防更换的时
机应选择在设备进入耗损故障期之前,而在早期
故障期及偶然故障期只能在发现故障后立即采
取排除措施,不适合采取事前的预先更换措施,
因为在这一时期内,定期更换电子部件,反而会使平均故障率保持在高水平。

（2）复杂设备无耗损区规律

复杂设备无耗损区规律是在 20 世纪 60 年代提出的,它是对浴盆曲线规律的补充和发展,
复杂设备无耗损区规律仍承认浴盆曲线规律对于简单设备和具有支配性故障模式的复杂设备
的实用性。

复杂设备无耗损区规律来源于人们对航空设备故障率曲线的研究。人们发现在航空设备
的诸多组件中,对那些简单设备和具有支配性故障模式的复杂设备,在使用过程中有明显的耗
损期存在,对这些设备可以规定使用寿命,定期更换;对那些复杂的设备,包括航空电子设备,
在使用过程中无耗损期存在,因此,对它们不需要规定使用寿命。这就是复杂设备无耗损区规
律的基本内容。

（3）设备全寿命故障率递减规律

设备全寿命故障率递减规律源于 20 世纪 80 年代的统一场故障理论。该理论认为,现代
电子设备的故障发生遵从寿命故障率递减规律,也即全寿命期内故障率随时间的变化是递
减的。

设备全寿命故障率递减规律的基本观点:设备生产出来后就有缺陷,在内外应力的作用
下,缺陷导致设备发生功能故障;应力施加的速度快,故障就会提前出现;每个偶然故障都有它
的原因和结果;随着应力施加时间的增加,设备缺陷总数按指数规律递减,因而故障也将按指
数规律递减;设备从制造、试验到使用都存在这种相同的过程。

设备全寿命故障率递减规律实质是将设备出厂前筛选的概念扩大到整个使用阶段。设备
在工厂筛选阶段,经过工厂筛选和严格条件下的运转,并剔除缺陷,使其在工厂筛选阶段故障
率呈递减趋势;设备正式使用时,受内外应力作用,其未剔除的缺陷最终会发展为故障,经检查
发现后加以排除,所以说设备的使用过程就是一种筛选过程,与生产厂筛选具有相同的性质,
只是筛选的时间、应力大小和方式不同而已。如果把筛选的过程移植到使用阶段,那么使用阶
段也将出现故障率递减现象。这即是所谓的设备全寿命故障率递减规律。

统一场故障理论目前尚无统一的故障率表达式,但已论证了目前工厂筛选的故障率模型
和使用阶段故障率模型的相关性。不过设备全寿命故障率递减规律目前只是一种假说,尚未
完全得到公认。

### 12.2.3　电子设备故障诊断方法

**1. 故障诊断方法的分类**

故障诊断技术发展至今，已经出现了许多故障诊断方法。按照国际故障诊断权威德国 Frank 教授的观点，将故障诊断方法划分为基于数学模型的方法、基于信号处理的方法和基于知识的方法三大类。

（1）基于数学模型的故障诊断方法

这种方法的核心就是要建立一个比较准确的被控过程的数学模型来描述被测系统，然后通过将被诊断对象的可测信息和由模型表达的系统先验信息进行比较，从而产生残差，并对残差进行分析和处理而实现故障诊断的技术。在没有故障时，残差等于零或近似为零；而当系统出现故障时，残差应显著偏离零点。根据残差产生的不同，又可以分为状态估计方法、等价空间方法和参数估计方法。

状态估计方法的基本思想是利用系统的定量模型和测量信号重建某一可测变量，将估计值与测量值之差作为残差，以检测和分离系统故障。在能够获得系统的精确数学模型的情况下，状态估计方法是最直接有效的方法。

等价空间方法的基本思想就是通过系统输入、输出（或部分输出）的实际值检验被诊断对象数学关系的等价性（即一致性），从而达到检测和分离故障的目的。

参数估计方法基本思想是许多被诊断对象的故障可以看作是其过程系数的变化，而这些过程系数的变化又往往导致系统参数的变化。因此，可以根据系统参数及响应的过程系数变化来检测和诊断故障。

目前，该方法在理论上研究的比较深入，但在实际运用中，往往难以获得诊断对象精确的数学模型，因此，就大大限制了该方法的使用范围。

（2）基于信号处理的方法

基于信号处理的方法，就是利用信号模型（如相关函数、频谱、自回归滑动平均、小波变换等）直接分析设备的可测信号，提取与故障特征相关的时域或频域特征值（如方差、幅值、频率等），进而检测出设备的故障。目前，常用基于信号处理的方法主要有以下两种。

1）小波变换法

小波变换是一种时—频分析方法，具有多分辨分析的特性，非常适合非平稳信号的奇异性分析。故障诊断时，对采集的信号进行小波变换，在变换后的信号中除去由于输入变化引起的奇异点，剩下的奇异点即为系统发生的故障点。基于小波变换的方法可以区分信号的突变和噪声，故障检测灵敏准确，克服噪声能力强，但在大尺度下会产生时间延迟，且不同小波基的选取对诊断结果有影响。该方法随着小波理论研究的深入而发展较快。

小波变换作为一种非平稳信号的时频域分析方法，既能够反映信号的频率内容，又能反映该频率内容随时间变化的规律，并且其分辨率是可变的（即在低频部分具有较高的频率分辨率和较低的时间分辨率，而在高频部分具有较高的时间分辨率和较低的频率分辨率）。小波变换在故障诊断中的应用主要有以下种类：

① 利用小波变换对信号进行多尺度多分辨率分析，从而提取信号在不同尺度上的特征用于故障诊断。

② 利用小波变换的模极大值可以检测出信号的突变，因此基于小波变换的奇异性检测可

用于突发型故障的诊断。

③ 根据实际系统中有用信号往往集中在低频部分且比较平稳,而噪声主要表现为高频信号的特点,小波变换还经常用于对随机信号进行去噪。小波分解与重构的去噪声方法通过在小波分解信号中去除高频部分来达到去噪的目的。

2）主元分析法

主元分析法是一种有效的数据压缩和信息提取方法,该方法可以实现在线实时诊断,一般应用于大型的、缓变的稳态工业过程的监控。主元分析用于故障诊断的基本思想如下:对过程的历史数据采用主元分析方法建立正常情况下的主元模型,一旦实测信号与主元模型发生冲突,就可判断故障发生,通过数据分析可以分理出故障。主元分析对数据中含有大量相关冗余信息时故障的检测与分离非常有效,而且还可以作为信号的预处理方法用于故障的特征量提取。

（3）基于知识的故障诊断方法

人工智能及计算机技术的飞速发展,为故障诊断提供了新的理论基础,产生了基于知识的故障诊断方法。这类方法由于不需要诊断对象的精确数学模型,而且具有一定的"智能"特性,因此是一种很有发展前途、很有生命力的故障诊断方法;该类方法有时也被认为是基于人工智能的故障诊断方法。目前,应用较多的该类方法主要有:基于专家系统的故障诊断方法、基于故障树的故障诊断方法、基于神经网络的故障诊断方法、基于模糊理论的故障诊断方法和基于信息融合的故障诊断方法。

目前,在电子产品或武器装备的综合测试系统、综合故障诊断系统的开发过程中,应用比较多的是基于专家系统的故障诊断、基于故障树的故障诊断、基于神经网络的故障诊断和基于信息融合的故障诊断四种方法。

**2. 常用基于知识的故障诊断方法**

（1）基于专家系统的故障诊断方法

基于专家系统的故障诊断方法,是指计算机在采集被诊断对象的信息后,综合运用各种规则（专家经验）,进行一系列的推理,必要时还可以随时调用各种应用程序,运行过程中向用户索取必要的信息后,就可以快速地找到最终故障或最有可能的故障,再由用户来证实。在基于知识的故障诊断方法中,这种方法是应用较多的一种方法。基于专家系统的故障诊断方法可用图 12 - 8 所示结构来进行说明,它通常由数据库、知识规则库、人机界面、推理机等各部分组成。

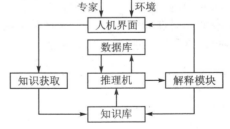

图 12 - 8　专家系统故障诊断结构图

数据库:对于在线监视或诊断系统,数据库的内容是实时检测到的工作状态数据（一般称为动态数据库）;对于离线诊断,数据库内容可以是在故障时检测数据的保存,也可以是人为检测的一些特征数据,即存放推理过程中所需要和所产生的各种信息,它是推理机选用知识的依据,这种数据库一般称为静态数据库。

知识库:存放的知识可以是系统的工作环境,系统知识（反映系统的工作机理及系统的结构知识）;规则库则存放一组组规则,反映系统的因果关系,用于故障推理。知识库是专家领域知识的集合。专家知识有两类：一类为确定性知识，即被专业人员掌握了的广泛共享的知识；另一类为非确定性知识，即凭经验、直觉和启发而得到的知识。知识库中的知识应具有可用性、确实性和完善性。

人机界面：人与专家系统打交道的桥梁和窗口，是人机信息的交接点。

推理机：根据获取的信息综合运用各种规则，进行故障诊断，输出诊断结果。推理机是专家系统的组织控制结构。推理机的核心是推理机制。推理机制的确定主要考虑推理控制策略和推理搜索策略这两个问题。推理控制策略指推理方向的控制和推理规则的选择策略。推理方向主要有正向推理、反向推理和混合推理三种。推理搜索策略用来选择匹配对象，也就是说，推理过程实质上是一个匹配过程。搜索可分为有知识搜索和无知识搜索两种。有知识搜索就是根据某种原则来选择最有希望的路径进行搜索；无知识搜索由于它不利用任何特定领域的知识，因而有较大的通用性。

解释模块：解释模块是专家系统中用来回答用户询问和对问题求解过程及对当前求解状态提供说明的一个重要机构。解释模块涉及程序的透明性，它能让用户理解程序正在做什么和为什么这样做，它向用户提供了一个关于系统的认识窗口。

专家系统故障诊断的根本目的在于利用专家的领域知识、经验为故障诊断服务。目前，基于专家系统的故障诊断在电子设备、化工设备及机械系统的故障诊断方面已得到广泛应用。但专家系统的应用依赖于专家的领域获取知识。因而，知识获取就被公认为是专家系统研究开发应用中的"瓶颈"问题。此外，在自适应能力、学习能力及实时性方面专家系统还存在不同程度的局限性。

**（2）基于故障树的故障诊断方法**

故障树模型是一个基于被诊断对象结构、功能特征的行为模型，是一种定性的因果模型，以系统最不希望的事件为顶事件，以可能导致顶事件发生的其他事件为中间事件和底事件，并用逻辑门表示事件之间联系的一种倒树状结构。它反映了特征向量与故障向量（故障原因）之间的全部逻辑关系。图 12 - 9 所示为一个简单的故障树。图中顶事件：系统故障，由部件 A 或部件 B 引发，而部件 A 的故障又是由两个元器件 1 或 2 中的任意一个失效引起部件 B 的故障在两个元器件 3 和 4 同时失效时发生。在利用故障树进行故障搜索与诊断时，根据搜索方式不同，又可分为逻辑推理诊断法和最小割集诊断法。限于篇幅，这两种方法就不再详细介绍。

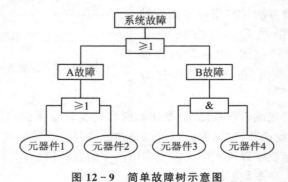

**图 12 - 9　简单故障树示意图**

利用故障树分析是用于大型复杂系统可靠性、安全性分析和故障诊断的一种重要方法，在工程上有着广泛的应用。基于故障树的分析,可以将造成电子装备故障的硬件、软件、环境、人为等相关要素进行有机的组织,建立起故障树模型,进而确定故障原因的各种可能组合方式与(或)其发生概率。利用故障树模型和相关分析检测手段,可以对装备状态进行定性和定量分析,实现故障的快速排查、高效隔离、准确诊断和快速排除。故障树分析是可靠性设计的一种有效方法,已成为故障诊断技术中的一种有效方法。

（3）基于神经网络的故障诊断方法

对于故障诊断而言其核心技术是故障模式识别,而人工神经网络由于其本身信息处理特点,如并行性、自学习、自组织性、联想记忆功能等,使其能够出色解决那些传统模式识别方法难以圆满解决的问题,所以故障诊断是人工神经网络的重要应用领域之一。

目前,神经网络在故障诊断领域的应用研究主要集中在两个方面:一是从模式识别的角度应用它作为分类器进行故障诊断;二是将神经网络与其他诊断方法相结合而形成复合故障诊断方法。模式识别的神经网络故障诊断过程,主要包括学习(训练)与诊断(匹配)两个过程。其中每个过程都包括预处理和特征提取两部分,诊断过程如图 12 - 10 所示。

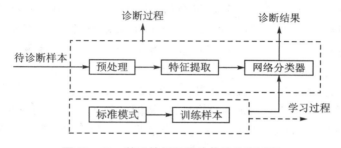

**图 12 - 10　基于神经网络的故障诊断过程**

学习过程:在一定的标准模式样本的基础上,依据某一分类规则来设计神经网络分类器,并用标准模式训练。

诊断过程:将未知模式与训练的分类器进行比较来诊断未知模式的故障类别。

① 预处理:首先对映射得到的样本空间数据进行预处理,主要是通过删除原始数据中的无用信息得到另一类故障模式,由样本空间映射成数据空间。在数据空间上,通过某种变换(如对模式特征矢量进行量化、压缩和规格化等)使其有利于故障诊断。

② 特征提取:将从诊断对象获得的数据看做一组时间序列,通过对该时间序列的分段采样,可以将输入数据映射成样本空间的点。这些数据可能包含故障的类型、程度和位置等信息。但从样本空间看,这些特征信息的分布式是变化的,因此,一般不能直接用于分类,需经核实的变换来提取有效的故障特征。而所提取的这些特征对于设备的参数应具有不变性。常用的特征提取方法有:傅里叶变换、小波变换、分形维数等。

③ 网络分类器:常用于故障诊断分类的神经网络有:BP 网络、双向联想记忆(BAM)网络、自适应共振理论(ART)、自组织网络 SOM 和 B 样条网络等。

利用各种诊断方法的优点,将其他诊断方法与神经网络相结合,可以得到效率更高的复合故障诊断方法。如将神经网络与专家系统相结合的诊断方法;模糊神经网络故障诊断系统和神经网络信息融合故障诊断系统等,都显示出其特别的诊断特性。基于神经网络的故障诊断方法应用难点在于:一是训练样本获取困难;二是忽视了领域专家的经验知识;三是网络权值表达方式难以理解。

(4) 基于信息融合的故障诊断方法

信息融合是将来自不同用途、不同时间、不同空间的信息,通过计算机技术在一定准则下加以自动分析和综合,形成统一的特征表达信息,以使系统获得比单一信息源更准确、更完整的估计和判决。由此可见,多传感器系统是信息融合的硬件基础,多源信息是信息融合的加工对象,协调优化和综合处理是信息融合的核心。信息融合的主要优点是:

① 生存能力强:当某个(或某些)传感器不能被利用或受到干扰,或某个目标/事件不在覆盖范围内时,总会有一种传感器可以提供信息。

② 扩展了空间覆盖范围:多个交叠覆盖的传感器共同作用于监控区域,扩展了空间覆盖范围,同时一种传感器还可以探测其他传感器探测不到的区域。

③ 扩展了时间覆盖范围:用多个传感器的协同作用提高检测概率,某个传感器可以探测其他传感器不能顾及的目标/事件。

④ 提高了可信度:用一种或多种传感器对同一目标/事件加以确认,提高了可信度。

⑤ 降低了信息的模糊度:多传感器的联合信息降低了目标/事件的不确定性。

⑥ 改进了探测性能:对目标/事件的多种测量的有效融合,提高了探测的有效性。

⑦ 提高了空间分辨率:多传感器孔径可以获得比任何单一传感器更高的分辨率。

⑧ 增加了测量空间的维数。

近年来,基于信息融合的故障诊断方法在故障设备的诊断与维修中应用越来越广泛,其原因在于:一是多传感器形成了不同通道的信号;二是同一信号形成了不同的特征信息;三是不同诊断途径得出了有偏差的诊断结论。信息融合的最终目的是综合利用各种信息提高故障设备的故障诊断率。

电子设备或系统是一个有机的整体,设备或系统某一部位的故障将通过传播表现为其整体的某一症状。因此通过对不同部位信号的融合,或同一部位多传感器信号的融合,可以更合理地利用设备或系统的信息,使故障诊断更准确、更可靠。

基于信息融合的故障诊断就是根据系统的某些检测量得到故障表征(故障模式),经过融合分析处理,判断是否存在故障,并对故障进行识别和定位。基于层次结构的信息融合故障诊断模型如图 12-11 所示。

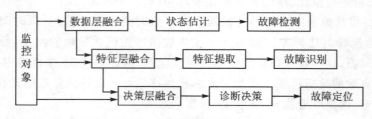

**图 12-11 信息融合故障诊断模型**

1) 数据层融合故障检测

从传感器网络得到的信息一方面要存入数据库,另一方面要首先进行数据层的信息融合,以实现故障的监测、报警等初级诊断功能。检测层融合也称像素层融合,它是直接在采集到的原始数据层上进行融合,即在各种传感器的原始数据未进行预处理之前进行数据的分析与综合。数据层融合保持了尽可能多的现场数据,提供了很多细微信息,主要用来进行故障检测和为特征层提供故障信息。

2）特征层融合故障识别

特征层融合是利用从各个传感器原始信息中提取的特征信息进行综合分析和处理的中间层次融合。它既需要数据层的融合结果，同时也需要有关诊断对象描述的诊断知识的融合结果。诊断知识既包括先验的各种知识，如基于规则的知识、基于动态模型的知识、基于故障树的知识、基于神经网络的知识等，也包括数据采集系统得到的有关对象运行的新知识，如规则、分类、序列匹配等，根据已建立的假设（已知的故障模式），对观测量进行检验，以确定哪一个假设与观测量匹配来进行故障识别。

由于实际的传感器系统总是不可避免地存在测量误差，诊断系统也不同程度地缺乏有关诊断对象的先验知识，当故障发生时，往往不能确定故障发生的个数，也无法判定观测数据是由真实故障引起，还是由噪声、干扰等引起。这些不确定因素破坏了观测数据与故障之间的关系，因此需要特征层信息融合进行故障识别。特征层信息融合将诊断知识的融合结果和观测量数据层的融合结果结合起来，实现了故障诊断系统中的诊断功能。

3）决策层融合故障定位

决策层融合是一种高层次的融合，其信息既来自特征层的融合结果，又有对决策知识融合的结果。决策层融合为系统的控制决策提供依据。决策层信息融合前，多传感器系统中的每一个传感器的数据先在本地完成预处理、特征提取、识别或判断等处理，再针对具体决策问题的需求，采用适当的融合技术，充分利用特征层融合所得出的各种特征信息，对目标给出简明而直观的结果。决策层融合是三级融合的最终结果，是直接针对具体的决策目标，融合结果的质量将直接影响决策水平。系统根据决策层信息融合的结果，针对不同故障源和故障特征，采取相应的容错控制策略，对故障进行隔离、补偿或消除。

由于电子设备故障的复杂性，通常采用多种信息融合的方法来实现故障元件的准确检测、识别及定位，主要方法有 Bayes 推理、模糊信息融合、DS 证据推理机神经网络信息融合等方法，在此不再一一介绍。

### 12.2.4　电子设备故障诊断技术

任何一个电子设备的故障最终都可定为到某个模块、某个电路、某个器件或某个连接器上，因此电子设备最终电路的故障诊断也是电子设备故障诊断研究的重点。电子设备中的电路可分为模拟电路和数字电路两种，也有将其分为模拟电路、数字电路和数模混合电路三种形式，不过大多数数模混合电路可以看成数字电路与模拟电路的组合。电子设备中的可程控或可编程器件（如 FPGA、单片机等）从功能上看也可以认为是一种复杂的数字电路，因此电子设备的故障诊断可以从数字电路故障诊断和模拟电路故障诊断两个方面展开研究。

**1. 模拟电路故障诊断技术**

据统计，虽然电子设备中的数字电路超过 80％，但是所出现的故障中，80％以上的故障却来自模拟电路部分。在集成电路设计中，超过 60％的电路包含数模混合电路。在混合信号电路中，虽然模拟部分仅仅占 5％的芯片面积，但花费在模拟电路诊断上的费用已经占据总诊断费用的 95％以上。而且用于电路诊断的费用逐年增长，模拟电路诊断已经成为困扰电子电路工业生产和发展的技术瓶颈之一。

（1）模拟电路故障诊断特点

由于模拟电路的故障状态复杂、待诊断电路信息不充分、参数容差的作用、电路元器件的非线性效应、数字/模拟混合电路的普遍使用等问题，模拟电路的故障诊断工作非常困难。相比数字电路的故障诊断，模拟电路故障诊断进展缓慢，至今无论在理论上还是方法上均未完全成熟，尚不能形成行业标准，距实用更是还有相当大的距离。造成这种现象的原因主要使由于模拟电路故障诊断时具有如下特点：

① 模拟电路的故障现象往往十分复杂，任何一个元件的参数变值超过其容差时就是故障，而且根据超过容差范围的大小又可分为软故障和硬故障（见图 12－12），软硬故障产生的后果也不尽相同，硬故障可以导致整个电路系统严重失效，甚至完全瘫痪。这种故障的特点是元件参数值变化到两种极端情况。软故障又称参数故障或偏离故障，是指故障元件的参数值偏离出允许的取值范围，即元件的参数偏移超出容差范围。大多情况下它们不会引起电路系统的完全失效，但会引起系统性能的异常或恶化。这种故障的特点是其可能出现无限多个不同的状态，且易于与电路容差混淆，是模拟电路故障诊断的难点之一。总的来说，模拟电路的故障状态是无限的，故障特性是连续的；而在数字电路中，一个门的状态一般只有两种可能，即1 或 0，所以，故障特性是离散的，整个系统的故障状态是有限的，便于处理。

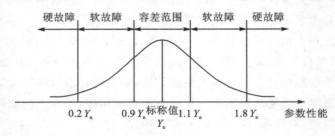

图 12 － 12    模拟电路软硬故障参数范围示意图

② 模拟电路的输入—输出关系比较复杂，即使是线性电路，其输出响应与各个元件参量之间的关系也往往是非线性的，更何况许多实际电路中还存在着非线性元件。而在数字电路中，只需用一幅真值表或状态转换图就足以清楚地描述它的输入—输出特性。

③ 虽然模拟电路中非故障元件的参数标称值（设计值）是已知的，但一个具体电路的实际值会在其标称值上下作随机性的变动，一般并不正好等于其标称值。另外，模拟电路中特有的一些复杂因素，诸如元件非线性的表征误差、测试误差等，也会给诊断带来很大困难。所有这些原因，均使得模拟电路的故障诊断比数字电路的故障诊断困难得多。目前的电子设备中，模拟电路仍占相当比重，而且模拟电路的故障问题较多又特别复杂，但不断发展的计算机辅助测试技术为此问题的解决提供了客观可能。现有的自动测试设备（ATE）可以在微机控制下十分迅速地对一个待诊断电路进行各种测试，使我们能方便地获得诊断所需的大量精确数据。

（2）模拟故障诊断方法的分类

查明电路是否存在故障称作故障检测。发现故障后确定引起故障的原因及明确当前故障的状态称作故障诊断。更确切地说，电路的故障诊断就是在电路所允许的条件下进行各种必要的测试，以决定引起电路性能不正常的故障元件的位置及该故障元件的参数值，前者简称故障定位，后者简称故障定值。前后两者统称故障辨识。

故障诊断可分为在线诊断及离线诊断两个阶段。所谓在线诊断，是指不中断生产线或测试线上运行条件的诊断,其余便称离线诊断。相应地,我们也把诊断过程中的计算分为在线计算及离线计算两部分。

　　对于模拟电路,有许多种诊断方法。对于这些诊断方法,可从不同的角度进行分类,具体可归纳为以下几种分类:从诊断是否仅仅限于故障检测、或进一步要求故障的定位或定值来分类;根据待诊断电路的复杂性(例如线性或非线性)来分类;根据诊断过程中能否充分保证测试条件来分类。按照对被诊断电路进行现场测试之先于(或后于)电路模拟的方法来分类。这种分类方法可分为测前模拟法和测后模拟法,这也是模拟电路故障诊断的常用分法;其中测前模拟法又可分为故障字典法和概率统计法,测后模拟法可分为元件参数辨识和故障预猜验证法,如图 12-13 所示。

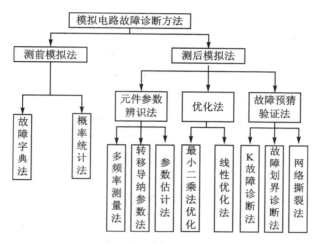

图 12-13　模拟电路故障诊断方法分类

　　故障字典法的思路是预先模拟(既可以是理论的,也可以是实验的,甚至是经验的)出种种常见故障状态下的网络端口征兆,然后将这些端口征兆经过某种处理后编撰成一部字典,称作故障字典。诊断时就根据待诊断电路的现场测试结果,在字典中检索出相应的故障类型,因此,这种方法本质上是一种经验性的诊断方法。由于模拟电路中的故障现象十分复杂,需要考虑的因素很多(包括故障值的连续性和容差等问题),因此,用字典法诊断模拟电路的故障不如诊断数字电路有效。但它毕竟是在模拟电路故障诊断领域早期就已发展起来的一种主要方法,也确实能够解决不少实际问题,特别是那些对输入—输出特性难以深入进行解析分析的系统问题。

　　元件参数辨识法是通过解析分析,直接从网络响应与元件参数值之间的关系中求解出元件的实际参数值,进而识别故障元件,因此在测试条件充分的情况下,有可能不牵涉容差问题。但是,正因为它是通过直接从网络响应与元件参数值之间的关系中求解出元件的实际参数值,所以它只适用于故障元件的位置已明确的场合。在元件参数辨识法中,待诊断电路即使是线性的,其诊断方程通常也是非线性的,因此计算起来比较复杂,一般需要有较大容量的计算机。特别是当需要从非线性诊断方程中解析出所有元件的参数值时,从可解性的条件出发,端口测试必须充分。

　　故障预猜验证法一般用在测试条件较差的场合,即端口数较少的场合。该方法首先认为网络中存在的故障很少,而且假定非故障元件的实际值即为其标称值,这样就可预猜哪几个元件是故障元件。通常根据测试结果与故障元件拓扑之间的约束条件作为验证式来判别上述预猜是否正确，如此不断筛选，直至搜索到符合"验证式"要求的真实故障元件的位置（故障定位）后才进行故障定值。由此可见，故障预猜验证法所处理的故障元件，不仅其参数值是未知的，其位置也可是未知的，这是本方法的一个十分重要的特点。但当电路的规模较大，且其中故障元件为数较多时，故障预猜验证法的筛选、搜索工作量较大，不过每一次验证所涉及的运算比较简单，而且对于线性电路通常其诊断方程可以是线性的，同时该方法中的不少运算工作可事先离线毕备，因此一般微机便可胜任该方法的计算任务。然而，由于容差的存在，非故障元件的实际值与标称值之间的偏差却往往并不很小，以致该法诊断效果不够理想。

逼近法包括测后模拟法中的优化法与测前模拟法中的概率统计法两种。由于这两种方法所得的解都是或然的，因此统称为近似法。

上述各种方法各有其优缺点，在实际诊断中，常把各种方法结合起来使用，根据实际场合的需要，取长补短，达到最佳诊断效果。目前国内外许多学者正在总结数十年来所积累的丰富的故障侦查及维修经验，以期用人工智能等方法把各种诊断法综合应用。

## 2. 数字电路故障诊断技术

数字电路最先出现的是组合逻辑电路，然后是时序逻辑电路。因此，数字电路故障诊断的研究工作最早是从组合逻辑电路开始的。开展电子设备故障诊断工作，离不开测试，尤其对数字电路而言，没有测试就没有故障诊断，数字电路大部分的测试方法及算法也是进行故障诊断时的方法及算法。

通常认为，数字电路的故障诊断始于 1959 年 Eldred 提出了第一篇关于组合电路的测试报告。在 Eldred 研究的基础上，1966 年 Roth 提出了著名的 D 算法，给出了通路敏化方法，并从理论上证明了 D 算法的正确性。基于 D 算法的基本思想，后来又陆续有人提出了 PODEM 算法和 FAN 算法，这两种方法在小、中规模组合电路的诊断中已达到了实用的阶段。此后，国际上又先后提出了基于布尔代数的布尔差分算法和布尔微分算法，这两种方法使通路敏化理论得到了系统化。针对大型组合电路的测试与诊断问题，Archambeau 提出了伪穷举法。

时序逻辑数字电路的测试与诊断存在计算量大、状态不易控制等难点，因此不能将组合逻辑电路的测试与诊断方法直接用于时序逻辑电路。人们在对时序逻辑电路进行深入研究的基础上，提出了多种诊断方法：如利用时序电路的组合化模型，将时序电路各时段上的函数关系转换成空间上的函数关系，提出了 5 值算法以及 9 值算法，利用特殊的 13 值布尔变量，提出了 M0M1 算法，以及 H 算法等。同时，时序电路的功能测试也得到了广泛的重视。这种方法不研究具体故障的定位问题，只检验系统功能的正确性，因此在系统自检和作为机内功能测试上是相当有用的。

随着 CMOS 电路及大规模集成电路的普遍应用，上述仅通过测试电路节点电压进行功能测试的诊断方法越来越不能满足需求。因此，基于电流测试的缺陷测试法越来越得到重视，典型的方法有静态电流测试法和动态电流测试法。而新型电子设备的复杂化和各种人工智能算法的兴起，也使得基于人工智能技术的数字电路故障诊断方法得到蓬勃发展。

(1) 数字电路的故障模型

为研究数字电路的故障对电路或系统的影响，定位故障的位置，有必要对数字电路的故障进行分类，并选择最典型的故障，这个过程叫做故障的模型化，用以代表一类故障的典型故障称为模型化故障。

故障模型化有两个基本原则:一个是模型化故障应能准确反映某一类故障对电路或系统的影响,即应具有典型性、准确性和全面性;另一个是模型化故障应该尽可能简单,以便做各种运算和处理。数字电路的常用故障模型如下:

1) 固定型故障

固定型故障主要反映在电路或系统中某一根信号线上的信号不可控,即系统运行过程中该信号线永远固定在某一个值上。导致固定型故障的原因很多,可能是信号短路造成的,也可能是器件错误状态造成的。通常固定型故障有以下三类:

① s-a-1:如果节点或信号线固定在逻辑高电平,称为固定 1 故障(Stuck-at-1);

② s-a-0:如果节点或信号线固定在逻辑低电平,称为固定 0 故障(Stuck-at-0);

③ 开路故障:指由于电路开路导致的故障。在电路板中,依据不同的电路具体结构,可以等价于 s-a-1 或 s-a-0 故障。

2) 桥接故障

桥接故障也称为粘连故障,主要是敷铜和连线之间的短路、焊点之间的粘连等。在实际电路系统中主要出现的是元件一端之间的两线桥连或三线桥连。如果此时相连的两个节点逻辑电平不一样,就难以确定短路节点上的逻辑电平,这时要从以下两种情况考虑:

① "或"短路:若节点上的驱动能力是逻辑"1"占支配地位,当两节点短路时,最终的逻辑值为两节点逻辑值相"或"。

② "与"短路:若节点上的驱动能力是逻辑"0"占支配地位,当两节点短路时,最终的逻辑值为两节点逻辑值相"与"。

固定型故障不会改变电路的拓扑结构,它只是使电路中某一个节点的值不可控,桥接故障会改变电路的拓扑结构,导致系统的基本性能发生根本性的变化,从而导致故障诊断变得十分困难。

3) 芯片故障

电路系统中芯片故障主要是芯片内部结构出现故障和引脚连线故障。在实际诊断中,对芯片的诊断都是对它进行功能测试,即看芯片是否能正常完成功能,并不完全要求诊断芯片内部什么部分出现故障,但对引脚故障要求能诊断。

4) 时滞故障

时滞故障主要考虑电路中信号的动态故障,即电路中各元件的时延变化和脉冲信号的边沿参数变化等。这类故障主要导致时序配合上的错误,因此在时序电路中影响较大。这可能是由于元件参数变化引起的,也可能是电路结构设计不合理引起的,后者可以用故障仿真的方法来解决,对前者的检测和诊断往往是困难的。

(2) 数字电路故障诊断方法

目前数字电路的故障诊断方法非常多,按诊断对象可分为组合逻辑电路故障诊断方法和时序逻辑电路故障诊断方法;按测试信号可分为基于电压的故障诊断方法和基于电流的故障诊断方法;按诊断算法可分为传统故障诊断方法和智能诊断方法;按基于功能测试和基于缺陷测试对数字电路故障诊断方法进行分类。

1) 基于功能测试的故障诊断方法

基于功能测试的故障诊断方法主要是通过测量节点电压来判断电路功能是否正常的诊断方法,该方法具有测试速度快、识别 0/1 精度要求不高等特点,主要适用于固定型故障的诊断。

常用的基于功能测试的故障诊断方法主要有以下几种。

① 穷举测试法：穷举测试法指在数字电路的输入端输入所有可能存在的输入信号，作为测试向量，然后观察被测电路的输出是否符合电路逻辑功能的故障检测方法。该方法的步骤是先找到电路中可能存在的故障测试向量集合，把这些测试向量加入待测电路，同时检测出电路的响应，即可实现故障诊断。

该种方法在小、中型组合逻辑电路的故障诊断中具有非常好的应用效果，但随着数字电路输入端的增加，测试向量以几何指数形式剧增，导致测试时间过长，使得故障测试失败。

② 伪穷举测试法：为克服穷举测试法在大型数字电路中测试向量过多、测试时间太长的缺点，在实际使用时，往往先把电路进行合理化的分块，且每个被划分为块的电路都采用穷举测试法进行穷举测试，从而实现电路的故障诊断。

该种方法在大型组合逻辑电路或部分时序逻辑电路的故障诊断中取得较好的应用效果，具有实际操作简单可行等优点。

③ 布尔差分法：布尔差分法的基本思路是利用对同一输入测试矢量测试时，正常的输出矢量和故障的输出矢量之间异或的逻辑关系进行数字电路故障诊断，通常有一阶布尔差分法和高阶布尔差分法之分。利用布尔差分法可以求得检测故障的全部测试，即求得了所有激活故障以及所有可能敏化的传输途径。

布尔差分法是组合逻辑电路测试矢量生成的一种方法，具有描述严格简洁、物理意义清晰等特点，因此在研究组合逻辑电路测试的理论和方法时具有重要意义，但是采用布尔差分法进行故障诊断时，需要同时处理大量文字符号的计算，因此计算布尔差分是非常困难的，尤其是在进行高阶布尔差分计算时。由于布尔差分和布尔微分之间的类比关系，也可以利用布尔微分进行组合电路的故障诊断。

④ 边界扫描测试法：边界扫描测试法是基于 IEEE1149.1 标准的一种测试方法，IEEE1149.1 意味着每一个符合 IEEE1149.1 标准的器件，在其外引脚和内部逻辑之间，插入标准的边界扫描单元，这些单元彼此串联在器件的边界构成移位寄存器。这个移位寄存器的两端分别与测试数据输入端和测试数据输出端相连接，这就构成了此数字器件本身的扫描路径。一个器件的测试数据输出端和另一个器件的测试数据输入端相连，如此便形成了串行的测试数据通道。这种测试方法对器件测试具有很好的效果，但边界扫描技术只适合具有边界扫描特性器件的电路板。

⑤ D 算法：D 算法是针对故障电路寻找具体测试矢量能够"复原"故障的一种算法，它从理论上解决了产生故障测试矢量的寻找问题（由于采用了 $0,1,X,D$ 和 $\bar{D}$ 五个变量，D 算法也被称为五值算法）。D 算法可以认为是拓扑结构测试中最经典的方法，也是最早实现自动化的测试生成算法之一。它是完备的测试算法，可以检测非冗余电路中所有可以检测的故障。自 20 世纪 60 年代提出以来，被更改过多次，在此基础上许多新的算法也应运而生，并一直沿用至今。

D 算法在具体应用时，计算工作量很大，尤其是对大型的组合电路计算时间很长，原因是在作敏化通路的选择时随意性太大，特别是考虑多通路敏化时各种组合的情况太多，然而真正"有效"的选择往往较少，做了大量的返回操作。改进的算法，如 PODEM 何 FAN 算法，有效地减少了返回次数，提高了效率。

⑥ 特征分析法：特征分析法是把故障电路的输出矢量特征提取出来，并与正常电路的输

出矢量特征进行比较,从而实现对数字电路故障诊断的方法。这种方法主要解决了大型组合逻辑电路测试序列较长、测试时间较长、测试速度较慢、占用计算机内存较多的缺点,但采用该方法一定要保证被测故障电路输出端或可及测量端能测到与正常电路不一致的响应。

⑦ 九值算法:九值算法是在 D 算法的基础上开发的测试生成算法,与 D 算法的基本思想类似,只是它在 D 算法的 5 值代数$(0,1,X,D,\bar{D})$的基础上又再增加了 4 个部分未知值,成为 9 值。

九值算法主要解决异步时序逻辑电路的测试问题,它比一般的扩展 D 算法减少了很多次无用计算,同时它充分考虑了故障在重复阵列模型中的重复影响作用,从而大大减少了计算工作量,同时可能对用一般 D 算法无法产生测试的故障产生测试矢量。

由于组合电路的测试生成不仅在理论上比较成熟,而且有具体的方法和程序可供使用,因此时序逻辑电路进行故障诊断的基本思路是将时序逻辑电路先转换成组合逻辑电路,然后应用组合电路的故障诊断方法和理论进行故障诊断。无论是同步时序逻辑电路还是异步时序逻辑电路,存在的核心问题仍是测试矢量的生成问题。目前,正在研究的 13 值算法、M0M1 算法、H 算法等各种算法,不同之处在于进行故障诊断时生成的测试矢量大小、数量不同,故障诊断时测试速度不同等,本质上与 D 算法并无区别。更多情况下,对时序逻辑电路的故障诊断仅仅是判断电路或系统是否发生故障,而不着眼于故障的定位。

2) 基于缺陷测试的故障诊断方法

随着微电子技术的迅猛发展及 CMOS 电路的广泛应用,传统的基于电压测试方法对高集成度、高性能数字集成电路的故障诊断已显得力不从心。经长期实践,人们发现对某些类型的故障(如栅氧短路、操作感生、PN 结漏电等故障)或暂态故障,电路并不表现为逻辑故障,因此无法使用测试输出矢量逻辑电平来检测,但是这些故障会大大降低器件、电路或设备的可靠性。因此,基于缺陷测试的故障诊断方法在数字电路故障诊断中重新获得重视。基于缺陷测试的故障诊断方法是以电流为测试对象的故障诊断方法,这种方法可以有效弥补基于功能测试的故障诊断方法的不足,进一步提高故障覆盖率。基于缺陷测试的故障诊断方法有静态电流测试法和动态电流测试法。

① 静态电流测试法:静态电流测试法是以电源电流为测试对象,它的原理就是检测静态时数字电路的漏电流,当电路正常时静态电流非常小(CMOS 电路在毫安级),而存在缺陷时静态电流就大得多。如果用静态电流法检测出电路的电源电流超过设定的阈值,则意味着该电路可能存在缺陷或发生故障。

静态电流测试法广泛用于 CMOS 集成电路的故障诊断,能够在极大减小检测集合的同时仍保持较高的故障覆盖率,对于逻辑冗余故障,桥接故障更是十分有效。但静态电流存在两个先天性的缺点:

● 测试速度低。通常对电流的测量所需时间要大于对电压的测量所需时间,如果对大规模 CMOS 集成电路的每一个测试向量都进行一次静态电流测试,将需要很长的时间。尤其在高速数字集成电路测试中,静态电流测试速度显得明显不足。
● 深亚微米技术给静态电流的测试带来困难。随着深亚微米技术的发展,晶体管门长度的不断缩小,单片集成电路晶体管数目的不断增加,使得晶体管关闭状态漏电流的控制更为困难,导致正常电路与故障电路测得的静态电流值没有明显区别,给故障诊断带来困难,甚至导致故障诊断失败。

② 动态电流测试法：动态电流测试法是通过观察电路在其内部状态发生变化时流经电路的动态电流，来发现某些不被其他测试方法所能发现的故障。当电路状态发生变化时，由于CMOS 电路中的 PMOS 晶体管和 NMOS 晶体管同时导通以及电路中电容的充放电，使得在电源与地之间形成一个短暂的导电通路，流经这个通路的电流被成为动态电流。通过动态电流使得观察电路内部的开关性能变为可能，因此，动态电流测试作为电压测试和静态电流测试的补充手段逐渐受到重视。

动态电流测试法相对于静态电流测试法来讲，主要研究电路在动态变换过程中电流的变化情况，因此静态漏电流的大小不影响动态电流测试的结果，避免了高度集成化电路不断增长的静态漏电流对测试的影响。此外，动态电流测量不需要等待电流稳定后进行，因此可以有效提高电路的测试速度，这点在高速 CMOS 电路测试中尤其重要。但是动态电流测试法对后续处理算法要求较高，实时性较差，对高速变化的动态电流进行超高速采样时对设备的要求比较苛刻，不利于工程上的实现。

# 12.3　电子设备的维修技术

## 12.3.1　常用电子设备维修技术

目前，我国电子设备尤其是武器装备的电子设备维修，按照基层、基地两级维修进行小修、中修或大修时，以时效、费用比为目的，综合运用事后维修、随坏随修、定期维修、预防性维修和应急抢修等方式开展电子设备的维修。

**1. 基层级维修常用维修技术**

基层级维修的主体是基层部队，通常完成设备的小修或部分中修任务。电子设备的小修是指对电子设备使用中的一般故障和轻度损坏进行的调整、修复或者更换简单零部件元器件等修理活动；电子设备的中修是指对设备主要系统、总成进行的局部恢复性能的修理。在基层级维修中常用的维修技术有定期维修和应急抢修。

（1）定期维修

定期维修指电子设备使用到预先规定的间隔期，按事先安排的内容进行维修。规定的间隔期一般是以设备或模块使用时间为基准的，可以是累计工作时间、日历时间或循环次数等。维修工作的范围从设备简单的清洗、维护等小修内容到设备的分解、检查等大修内容。定期维修方式以时间为标准，维修时机的掌握比较明确，便于安排计划，但针对性、经济性差，工作量大。

（2）应急抢修

应急抢修指在使用中电子设备遭受损伤或发生可修理的事故后，在损伤评估的基础上，采用快速诊断与应急修复技术使之全部或部分恢复必要功能或自救能力而进行的电子设备修理活动。应急抢修虽然属于修复性范畴，但由于维修环境、条件、时机、要求和所采用的技术措施等与一般修复性维修不同，因而可把它视为一种独立的维修类型。应急抢修的首要因素是时间，战场抢修并不需要恢复装备（产品）的规定状态或全部功能，有些情况下只要求能自救或实现部分功能，也不限定人员、工具和器材等。对电子设备而言，基层开展应急抢修通常采用原价修理、换件修理及拆拼修理三种方式。

### 2. 基地级维修常用维修技术

基地级维修的主体通常是专业维修厂、设备生产厂,通常完成设备的中修或大修任务。电子设备的大修指对设备进行全面恢复的修理,即全面解体电子设备,更换或者修复所有不符合技术标准和要求的零件、部件,消除缺陷,使军事装备达到或者接近新品标准或者规定的技术性能指标。在基地级维修中常用的维修技术有定期维修、事后维修、改进性维修、视情维修和预防性维修。

（1）事后维修

在电子设备发生故障或出现功能失常现象以后进行的维修,称为事后维修方式。对不影响安全或完成任务的故障,不一定必须做拆卸、分解等预防性维修工作,可以使用到发生故障之后予以修复或更换。事后维修方式不规定电子设备的使用时间,因而能最大限度地利用其使用寿命,使维修工作量达到最低,是一种比较经济的维修方式。

事后维修有时也在基层级维修时使用,通常是设备发生故障,基层通过简单的换件完成修复。

（2）改进性维修

改进性维修是指为改进已定型和部署中使用的电子设备的固有性能、用途或消除设计、工艺、材料等方面的缺陷,而在维修过程中,对电子设备实施经过批准的改进或改装。改进性维修也称改善性维修,是维修工作的扩展,其实质是修改电子设备的设计。

这种维修方式通常有设备生产厂商在设备不能满足使用要求时,结合设备返厂进行中修或大修时进行。

（3）视情维修

视情维修方式是对电子设备进行定期或连续监测,在发现其功能参数变化,有可能出现故障征兆时进行的维修。视情维修是基于大量故障不是瞬时发生的,故障从开始到发生,出现故障的时间总会有一个演变过程而且会出现征兆。因此,采取监控一项或几项参数跟踪故障现象的办法,则可采取措施预防故障的发生,所以这种维修方式又称预知维修或预兆维修方式。视情维修方式的针对性和有效性强,能够较充分地发电子设备的使用潜力,减少维修工作量,提高使用效益。

视情维修通常由设备生产厂商或维修厂结合设备进行中修或大修时完成。在视情维修中通常要采用大量传感器、运用状态监控技术完成电子设备的状态监控。状态监控技术是指对电子设备进行连续或周期性的定性或定量测试的技术。状态监控技术以电子设备的测试为基础,其目的是随时跟踪和掌握电子设备的技术状态,检测和预知电子设备技术状态的变化情况,为制定电子设备的预防性维修、修理决策和方案提供可靠性方面的依据。对电子设备尤其是军用电子设备进行状态监控,需要采集各种信息,采用不同的原理和技术,如环境状态参数的监控、电气参数的监控等。

（4）预防性维修

预防性维修是指为预防故障或提前发现并消除故障征兆所进行的全部活动。在基层级维修中主要包括清洁、润滑、调整、定期检查等;而在基地级维修中通常运用状态监控、可靠性分析等技术结合设备进行中修、大修的时机开展预防性维修。这些活动均在故障发生前实施,目的是消除故障隐患,防患于未然。由于预防性维修的内容和时机是事先加以规定并按照预定的计划进行的,因而也称为预定性维修或计划维修。

目前常用的预防性维修技术有以可靠性为中心的预防性维修、基于状态的预防性维修等技术。以可靠性为中心的维修是按照以最少的维修资源消耗保持设备固有可靠性和安全性的原则,应用逻辑决断的方法确定设备预防性维修要求的过程。基于状态的维修是试图代替固定检修的时间周期而根据设备状态确定的一种维修方式,也是一种根据状态监测技术所指示的设备状态的需要而执行的维修活动。本质上,基于状态的预防性维修可认为是一种视情维修,是相对事后维修和以时间为基础的预防维修而提出的,是指从设备内部植入的传感器或外部检测设备中获得系统运行时的相关状态信息,利用信号分析、故障诊断、可靠性评估、寿命预测等技术对这些状态信息进行实时或周期性的评价,识别故障状态的早期特征,对故障情况以及故障状态的发展趋势做出分析和预测,得出装备的维修需求,并对其可能发生功能性故障的项目,进行必要的预防性维修。

## 12.3.2 常用电子设备维修方法

### 1. 故障设备维修的基本步骤

电子设备故障查找与维修是电子与信息工作中经常会碰到的问题,是一项理论与实践紧密结合的技术工作。通过实践可提高分析问题和解决问题的能力。

电子电路的维修过程是从接收故障电路开始,到排除故障交付用户的经过。遵循正确的故障查找程序,有利于准确判断故障的原因和部位,可提高故障查找速度和维修质量。故障查找的基本步骤一般可分为以下几个方面。

(1) 询问用户

询问用户可以帮助了解故障产生的来龙去脉,询问用户的主要内容有:故障产生的现象、使用的时间、基本操作的情况、设备使用的环境、设备管理与维护等情况,以便对该电路的故障有一个初步的了解,从而掌握第一手资料。

(2) 熟悉电路的基本工作原理

熟悉电路的基本工作原理是故障查找和维修的前提。对于要维修的电子电路或设备,尤其是新接触的电路和设备应仔细查找该电路或设备的技术资料及档案资料。技术和档案资料主要有:产品使用说明书、电路工作原理图、框图、印刷电路图、结构图、技术参数,以及与本电路和设备相关的维修手册等。目前有的产品没有技术资料,给电子电路故障查找与维修带来困难,所以维修人员要养成收集专业文献资料的习惯。

(3) 熟悉电路及设备的基本操作规程

电子电路及设备产生故障的原因往往是由于使用不当,有的是违章操作所造成的。对于维修人员来说也要认真按照使用说明,熟悉操作规程,才能尽快了解情况,及时修复。反之则会使故障进一步扩大,造成更大的损失。

(4) 先检查设备的外围接口部分,再检查设备内部电路

电子电路及设备在故障检修时,应先检查设备的外围部分,如电源插座插头、输入插孔、面板上的开关、接线柱等,发现问题应及时排除。检查设备内部电路可先用感观法,看电路板上的电子元器件有无霉变、烧焦、生锈、断裂、断路、松动、虚焊、导线脱落、熔断器烧毁等现象,一经发现,应立即修复。

(5) 试机观察

有些电子设备通过试机观察,能很快确认故障的大致部位,如电视机可通过观察图像、光

栅、彩色、伴音等来确认故障的部位。必须指出：当机内出现熔断器烧毁、冒烟、异味时，应立即关机。

（6）故障分析、判断

根据故障的基本现象和工作原理分析故障产生的部位和有可能损坏的元器件，这是非常关键的一步。如果故障部位判断不准确就盲目检修，甚至"野蛮"拆装，会导致故障进一步扩大，造成不必要的损失。

（7）制订检测方案

一般故障产生的部位确认后，要制订检测方案。检测方案主要有：静态电压、电流测试，动态测试，选用合适仪器仪表，这是故障检修工作中一个重要的程序。

（8）故障排除

通过检查检测找出损坏的元器件，并更换，使电路及设备恢复正常功能。

（9）老　化

电路及设备恢复正常功能后，需要进行老化（老练）处理，老化的时间视具体情况而定，一般需要 12 h 左右，如果再出现故障应做进一步检修。

**2. 常用维修方法**

根据我国电子设备维修体制及军用电子设备维修级别划分，下面从系统（分机）级和模块（板卡）级两个方面介绍电子设备常用的维修方法

（1）系统（分机）级常用维修方法

1）原件修理

原件修理是指对故障或者损坏的零部件进行调整、加工或者其他技术处理，使其恢复到所要求的功能后继续使用的修理方法。这种修理方法在修理费用和耗时比较经济，或者没有备件的情况下比较适用。采用新型修理技术对某些零部件进行原件修理还可以改善其部分技术性能。原件修理通常需要一定的设施、设备和一定等级的专业技术人员等保障资源的支持。大多数情况下原件修理都不能再恢复零部件的原位进行，而是需要将零部件拆下后修理，所以耗时也比较多。原件修理的这些特点，决定其不便于靠前、及时和快速抢修的要求。

2）换件修理

换件修理是指对故障、损坏或者报废的相应零部件、元器件或者模块、总成进行更换的修理方法。换件修理能满足靠前、及时和快速抢修的要求，对修理级别和专业技术人员的技能要求也不高。但是实施换件修理，要求电子设备的标准化程度要高，备件要具有互换性，同时还必须科学地确定备件的品种和数量。换件修理并不适用于所有电子设备和所有条件，有的情况下换件修理并不经济，反而会增加电子设备维修保障负担。平时对换下的零部件是废弃还是修复或者降级使用，要进行权衡分析。在战时或应急条件下，换件修理可以缩短修理时间，加快修理速度，保证修理质量，节省人力，较快地将故障或损坏的设备修复重新投入使用，因而是战时或应急，特别是在野外条件下修复电子设备的主要方法。

3）拆拼修理

拆拼修理是指经过批准，将暂时无法修复或者报废设备上的可疑使用或者有修复价值的部分总成或者零部件拆卸下来，更换到其他电子设备上去，从而利用故障、损坏或者报废设备重新组配完好设备的修理方法。这种方法可以缓解维修器材的供需矛盾，保证部队故障和损坏设备尽快得到恢复并投入使用，是适用于战时或某些紧急情况下修复设备的修理方法。拆

拼修理的不足是只能修理设备具有通用性和互换性的部分。同时有可能减少可以修复的设备数量。因此,拆拼修理只有情况紧急,并经批准后才能进行。

上述三种方法在电子装备尤其是军用电子装备基层级维修时是最常用的也是最有效的恢复设备功能的修理方法。

(2) 模块(板卡)级维修方法

1) 感观法

感官法可总结为"一看、二听、三闻、四摸"四种常用方法;通常这也是开展电子电路故障查找必用的方法之一。

"看"即观察,就是在不通电的情况下,观察整机电路或仪器设备的外部、内部有无异常。

① 看电子仪器设备外围、接口是否正常:先看电子电路或仪器设备外壳有无变形、摔破、残缺,开关、键盘、插孔、显示器、指示电表的表头是否完好,接地线、接线柱、电源线和电源插头等有无脱落,是否松动。一旦发现问题应立即排除。外部故障排除后,再检查内部。

② 看电路内部的元器件及构件是否正常:打开电子设备的外壳,观察熔丝、电源变压器、印刷电路板和排风扇等有无异常现象。如元器件烧焦,有无发黑现象、元器件击穿有无漏液现象,脱焊、引线脱落、接插件不良有无松动现象,有无熔丝断开、焊点老化虚焊等现象。如果电子电路、仪器设备已经他人维修过,则应当仔细查看电路元器件的极性、电极等是否装错,连接线是否正确,如有错误的地方要及时更正,然后再排除电路故障。

"听"电子设备工作时是否有异常的声音(如音调音质失真、声音是否轻、是否有交流声、噪声、咯啦咯啦声、干扰声、打火声等)。听设备中有无啸叫声,听机械传动机构有无异常的摩擦声或其他杂声。如有上述现象则说明电路或机械传动机构有故障。

"闻"电子设备工作时,是否有异味,以此来判断电子电路是否有故障。如闻到机内有烧焦的气味、臭氧味,则说明电路中的元器件有过电流现象,应及时查明元器件是否已损坏或有故障。

"摸"是用手触摸电子元器件是否有发烫、松动等现象。小信号处理电路中的电子元器件摸上去应该是室温的、无明显的升温感觉,说明电路无过电流现象,工作正常;大信号处理电路(末级功率放大管)用手摸上去应有一定的温度,但不发烫,说明电路无过电流现象。用手摸变压器外壳或电动机外壳是否有过热现象,如变压器外壳发烫,则说明变压器绕组有局部短路或过载;如果电动机外壳发烫,则说明电动机的定子绕组与转子可能存在严重的摩擦,应检查定子绕组、转子和含油轴承是否损坏。

用手去触摸电子元器件时应注意以下几点:

● 用手触摸电子元器件前,先对整机电路进行漏电检查。检测整机外壳是否带电的方法,即用试电笔或万用表检测。

● 用手触摸电子元器件时要注意安全。在电路结构、工作原理不明的情况下,不要乱摸乱碰,以防触电。

● 悬浮接地端是带电的,手不要触摸"热地",以防触电。电源变压器的一次侧直接与220 V/50 Hz交流电连接,是带电的,故用手不要触摸电源变压器一次侧,以防触电。

2) 直流电阻测量方法

直流电阻测量法是检测故障的一种基本方法,是用万用表的欧姆挡测量电子电路中某个部件或某个点对地的正反向阻值。一般有两种直流电阻测量法,即在线测量法和离线线测量法;离线测量比较简单,不再介绍。

在线直流电阻测量是指被测元器件已焊在印刷电路板上,万用表测出的阻值是被测元器件阻值、万用表的内阻和电路中其他元件阻值的并联值。所以,选用万用表的技巧是选内阻大的万用表,测量时,选用 R×1 Ω 挡,可测量电路中是否有短路现象,是否是元器件击穿引起的短路现象;选用 R×10 kΩ 挡,可测量电路中是否有开路现象,是否是元器件击穿引起的开路现象。

印制电路板在制作时(尤其是人工制作时),三氯化铁腐蚀不当,会造成印制电路板某处断裂,断裂地方的阻值很大,用万用表电阻挡测量断裂处时表头的指针不动。

3)直流电流测量方法

直流电流测量法是用万用表的电流挡,检测放大电路、集成电路、局部电路、负载电路和整机电路的工作电流,根据测得的工作电流值来判断的一种。直流电流检测可分为直接测量和间接测量两种。

① 直流电流直接测量的方法:采用直流电流直接测量时要注意以下三个问题:

(a)要选择合适的电流表量程。如果电流表量程选得不合理,则会损坏万用表。

(b)断开要测量的地方,人造一个测试口,将电流表串接在测试口中,可测量电路中的电流,如图 12 - 14 所示。

(c)有的电路中有专门的电流测试口,只要用电烙铁断开测试口,将电流表串接在测试口中,可直接测量电路中的电流。

**图 12 - 14　直流电流直接测量图**

② 直流电流间接测量的方法:电流间接测量是先测直流电压,然后用欧姆定律进行换算,估算出电流的大小。采用这种方法是为了方便,不需在印制电路板上人造一个测试口,也不要用电烙铁断开测试口。

4)电压测量方法

电路有了故障以后,它最明显的特征是相关的电压会发生变化,因此测量电压是排除故障时最基本、最常用的一种方法。电压测量主要用于检测各个电路的电源电压、晶体管的各电极电压、集成电路各引脚电压及显示器件各电极电压等。测得的电压结果是反映电子电路实际工作状态的重要数据。在应用电压测量法时要注意以下几点:

① 万用表内阻越大测量的精度越准确。若被测电路的内阻大于万用表的内阻时,测得的电压就小于实际电压值。

② 测量时要弄清所测的电压是静态电压,还是动态电压,因为有信号和无信时的电压是不一样的。

③ 万用表在选择挡位时要比实际电压值高一个挡位,这样可提高测量的精度。

④ 电压测量是并联式测量,所以,为了测量方便可在万用表的一支表笔上装上一只夹子,用此夹子夹住接地点,用万用表的另一支表笔来测量,这样可变双手测量为单手操作,既准确,又安全。

⑤ 电压测量除直流电压测量外,还有交流电压的测量。在交流电压测量时要先换挡,将万用表的直流电压挡拨到交流电压挡,并选定合适的量程,尤其是测量高压时,应注意设备的

安全,更要注意人身安全。

5) 干扰法

干扰法常用于模拟电路的故障诊断,尤其对检验放大电路工作是否正常且非常有效,在没有信号发生器的情况下,可采用此方法。一般用于高频信号放大电路、视频放大电路、音频放大电路、功率放大等电路的检测。具体操作有两种:

第一种方法是:用万用表 R×1 kΩ 挡,红表笔接地,用黑表笔点击(触击)放大电路的输入端。黑表笔在快速点击过程中会产生一系列干扰脉冲信号,这些干扰信号的频率成分较为复杂,既有基波分量也有谐波分量。如果干扰信号的频率成分中有一小部分的频率被放大器放大,那么,经放大后的干扰信号同样会传输到电路的输出端,如输出端负载接的是扬声器,就会发出杂声;如输出端负载接的是显示器件,那么显示屏上会出现噪波点。杂声越大则噪波点越明显,说明被测放大器的放大倍数越大。

第二种方法是:用手拿着小螺钉旋具、镊子的金属部分,去点击(触击)放大电路的输入端。它是由人体感应所产生的瞬间干扰信号送到放大器的输入端。这种方法简便,容易操作。

但要注意,用干扰信号法检查电路时:一要快速点击;二要从末级向前级逐级点击。从末级向前级逐级点击时声音若逐级增大,则正常。当点到某一级的输入端时,若输出端没有声响,则这一级可能存在故障。干扰信号法可快速寻找到故障的大致部位,这种方法简便,被广泛使用。

用干扰信号法判断高、低频电路的技巧:干扰信号到高频电路输入时,其输出端接扬声器时,发出的是"喀啦、喀啦"的声响;而干扰信号到低频电路输入时,发出的是"嘟嘟嘟、嘟嘟嘟"的声响,而交流信号发出的是"嗡嗡"的声响。

6) 短接法

短接法是用导线、镊子等导体,将电路中的某个元器件、某两点或几点暂时连接起来。一是能检查信号通路中某个元器件是否损坏;二是能检查信号通路中由于接插件损坏引起的故障。用导体短路某个支路或某个元器件后,该电路能恢复工作正常了,说明故障就在被短接的支路或元器件中。

使用短接法进行故障诊断时要注意:在电路中要短接某个元器件,首先要弄清这个元器件在电路中的作用,从而找出信号通路中的关键元器件。所谓关键元器件是:这个元器件损坏会造成整个电路信号中断,如放大电路工作电压正常,就是无信号输出,此时应考虑是否是耦合电容失效引起的,可用一只好的电容将电路中的电容短路,短路后放大电路若有信号输出,则说明是电容器损坏造成的,具体做法如图 12-15 所示。

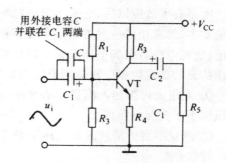

图 12-15 短接法示意图

数字电路中关键元器件损坏会造成电路的逻辑功能失常或控制失灵等现象。

7) 比较法

比较法在电子模块或板卡维修中常用的方法之一是用两台同一型号的设备或同一种电路进行比较。比较的内容有:电路的静态工作电压、工作电流、输入电阻、输出电阻、输出信号波形、元器件参数及电路的参数等。通过测量分析、判断,找出电路故障的部位和原因。

在维修一个较复杂的电路或设备时,手中缺少完整的维修资料,此时,可用比较法。比较法的测量技巧是:先比较在线电阻、电压、电流值的测量数据,当两者基本相同时,再测量信号波形是否一致,最后测量电路元器件的参数。

运用比较法时应注意以下两点:

① 要防止测量时引起的新的故障,如接地点接错,没有接在公共的接地(含"热地")点,造成新的故障。

② 要防止连接错误,检测人员应先熟悉原理图、印制电路和工作原理,以免造成新的故障。

8) 电路分割法

电路分割法是:怀疑哪个电路有故障,就把它从整机电路中分割出来,看故障现象是否还存在,如故障现象消失,则一般来说故障就在被分割出来的电路中。然后再单独测量被分割出来电路的各项参数、电压、电流和元器件的好坏,便能找到故障的原因。如整机电源电压低的故障现象,一是由于负载过重引起输出电压下降;二是稳压电源本身有故障。一般做法是把负载断开,接上假负载,然后再检测稳压电源的输出电压是否恢复正常。如恢复正常,则说明故障在负载;若断开后稳压电源输出电压还是低,那么故障在稳压电源本身。这种方法在多接插件、多模块的组合电路中得到广泛应用。

9) 替代法

替代法有两种:一种是元器件替代;另一种是单元电路或部件替代。

① 元器件替代:有些元器件没有专用仪器是很难鉴别它的好坏的,如内部开路的声表面波滤波器,用万用表只能是估量,不能测试它的性能。这时可选用一只新的质量好的、型号、参数、规格一样的声表面波滤波器替代有疑问的声表面波滤波器。如果故障排除,则说明原来的元器件已损坏。

原则上讲任何元器件都可替代,但这样会给维修带来麻烦,一般是在没有带专用仪器情况下,无法测那些需专用仪器测试的元器件时用替代法。元器件替代的基本技巧是:对开路的元器件,不需焊下,替代的元器件也不要焊接,用手拿住元器件直接并联在印制电路板相应的焊接盘上,看故障是否消除,如果故障消除则说明替代正确。如怀疑电容量变小就可以直接并联上一只电容。

② 单元电路或部件替换法:用已调整好的单元电路替代有问题电路。这种方法可以快速排除故障。一般用于上门服务、急用、现场维修、快修等场合。运用这种方法时应注意接线或接插件不要装错。

随着电子技术的不断发展,集成电路的集成度越来越高,功能越来越多,体积也越来越小,在元器件和单元电路替代也越来越困难的情况下,普遍采用部件替换法。

10) 假负载法

所谓假负载法,就是在不通电的情况下,断开主电源与主要负载电路的连接,用相同阻值、相等功率的线绕电阻器作为假负载,接在主电源输出端与地之间。假负载也可以用作电源调试、电路测试等。该方法通常用于电子设备电源电路的诊断与维修,尤其是电源模块输出不正常时。

使用时应注意:由于假负载上的功率损耗很大,温度也较高,故每次试验的时间不要太长,以防损坏假负载。

### 11）波形判别法

波形判别法是用信号发生器注入信号，用示波器检测电子电路工作时各关键点波形、幅度、周期等来判断电路故障的一种方法。

如果用电压、电流、电阻等方法后，还不能确定故障的具体部位，此时可用波形法判断故障的具体部位。这是因为，用波形法测量出来的是电路实际的工作情况（属动态测试），所以测量结果更准确有效。

将信号发生器的信号输出端接入到被测电路的输入端，示波器接到被测电路的输出端，先看输出端有无信号波形输出，若无输出，那么故障就在电路的输入端到输出这个环节中；若有信号输出，再看输出端信号波形是否正常，如信号波形的幅度、周期不正常，则说明电路的参数发生了变化，需进一步检查这部分的元器件，一般电路参数发生变化的原因主要是元器件变值、损坏、调节器件失调等。用波形法检测时，要由前级逐级往后级检测，也可以分单元电路或部分电路检测。要测量电路的关键点波形。关键点一般指电路的输出端、控制端。

### 12）逻辑仪器分析法

逻辑仪器分析法用专门的逻辑分析仪或逻辑分析器对故障电路进行检测，然后，确定故障的部位和元器件损坏的原因。这种方法检修数字电路和带有 CPU 的电路特别有效。

常用的逻辑分析仪器的种类及测试的内容有：

① 逻辑时间分析仪，用来测量 $I^2C$ 总线控制的时序关系是否正常。

② 逻辑状态分析仪，用来检测程序运行是否正常，可检查出各种代码是否出错或漏码现象。

③ 特征分析仪，用来检测特征码是否正常。

④ 逻辑笔（逻辑探头），用来测量输入输出信号电平是否正常。

⑤ 逻辑脉冲信号源，它可产生各种数据域信号。

⑥ 电流跟踪器，可检测电路中的短路现象。

### 13）频率测量法

时间和频率是电子技术中两个重要的基本参量，电子电路故障查找和电路调试，经常要用频率测量。信号频率是否准确，决定电子电路的性能，它是一项重要的技术指标。了解和掌握频率的测量方法是非常重要的。频率的测量方法可分为直接测量法和对比测量法。

① 直接测量法：直接测量是指直接利用电路的某种频率响应来测量频率的方法。电桥法和谐振法是这种测量方法的典型代表。

② 对比法：对比法是利用标准频率与被测频率进行比较来测量频率的，其测量的准确度主要决定于标准信号发生器输出信号频率的准确度。拍频法、外差法及电子计数器测频法是这类测量方法的典型代表，尤其是利用电子计数器测量频率和时间，具有测量精度高、速度快、操作简单，可以直接显示数字、便于与计算机结合实现测量过程的自动化等优点，是目前最好的测频方法。

# 本章小结

电子设备的测试、故障诊断、维修三者组成一个有机整体，自动测试的最终目的是保障产品功能的完好性或对故障设备进行诊断并维修，可以认为自动测试是基础、诊断与维修是目的。因此,增加本章作为测控工程等专业进一步学习的入门基础。

　　本章主要介绍了诊断与维修的基本概念、诊断与维修的目的意义,并着重从技术和方法两个方面概述性地介绍了电子设备的故障诊断与电子设备的维修;学习时应重点掌握常用的故障诊断与设备维修的种类与基本方法。

# 习　题

1. 简述故障诊断与维修的目的和意义。
2. 简述电子设备故障的宏观规律。
3. 常用电子设备的故障诊断技术有哪些?
4. 常用电子设备的维修方法有哪些?

# 拓展阅读:Pit - Stop 抢修技术

　　Pit - Stop 是指在美国国际 Fl 比赛中的停站快速维修。赛车决赛过程中必须视轮胎磨损和油耗状态进入维修站换胎及加油,称为 Pit - Stop。一次 Pit - Stop 需要 21 个人来共同完成,通常需花费 6～12 s 时间来为赛车加油及换胎。以现在的 Fl 车队的水平,通过团队合作可以在 7 s 内完成换胎并加满 60 L 的汽油。2007 年美国国防部维修年会上,有一个专题是"面向陆军的 Pit - Stop 维修",有两位代表发言;在另一个专题中有一位代表谈到了应用 Pit - Stop 影响装备设计。可见,借鉴 Pit - Stop 已经引起美国陆军的兴趣与重视,他们正在研究和实施 Pit - Stop 实施方案。

## 1. Pit - Stop 维修与常规维修的比较

　　Pit - Stop 是在比赛过程中赛车停在维修站(Pit)中进行的加燃料、换新轮胎、修理、机械调整、驾驶员替换或上述各种工作的组合。其核心是 Pit - Stop 维修是"超级的战备完好性"。美国将陆军航空与赛车维修做了全面比较,见表 12 - 3。

表 12 - 3　陆军航空与美国全国汽车比赛协会(MASCAR)维修级别对比

| 陆军航空 | 赛　车 |
| --- | --- |
| 阶段性维修 | 赛车店铺 |
| 中继级维修(AVIM) | 赛车路途修理间 |
| 基层级维修(AVUM) | 比赛日 |

　　如表 12 - 4 所列,在赛车维修中,Pit - Stop 维修工作量很少,实际上是将工作量转移到后面的店铺。而在现有实践中,典型的陆军航空维修工作量却被转移到航线并远离阶段维修。

表 12 - 4　维修工时率比较(维修工时/使用小时)

| 类别对比 | 项　目 | | |
| --- | --- | --- | --- |
| | AVUM/Pit - Stop | AVIM、修理间 | 阶段、店铺 |
| Pit - Stop 维修 | 0.09 | 20.83 | 59.17 |
| AH - 64D 直升机 | 12.34 | 2.17 | 2.88 |

表 12-5 中,陆军航空借鉴 Pit-Stop 维修的经验,将显著提高装备的可用性和任务的可靠性,但资产的利用率将下降。具体说实行 Pit-Stop 要达到赛车那样高的可用性和任务可靠性,要求:

① 陆军航空维修的基本结构必须改变。

② 增加维修人员:"后面的店铺"(阶段性维修人员)将增加 20 倍;中继级维修人员将增加 10 倍。

③ 专业化:维护、阶段性维修、DART(缺陷分析和分级技术)组等分工明确并更加专业化。

④ 改进维修系统设计,使航空基层级维修最小化(应用 RCM)。

⑤ 增加所需资产的种类。

⑥ 强制实行装备设计为模块化更换。

⑦ 强制实行装备预测与诊断:把基于状态的维修(CBM)嵌入装备,需要将黑盒子和传输设计进入原理系统中,但费用较高。

表 12-5　指标比较

| 类别指标 | 项　目 | | |
| --- | --- | --- | --- |
| | 使用可用度 | 在用资产/总资产 | 任务可靠性 |
| 美国陆军航空 | 82%~91% | 18/24/0.75 | 80%~85% |
| 汽车比赛协会 | 99%~100% | 1/2/0.5 | 95%~99% |

陆军航空在其维修实践中不能孤立强调修理实践,可以通过选择应用 Pit-Stop 方案得到很大的效益,但需要综合权衡。Pit-Stop 的效益可能被以下负面影响所抵消,如增加费用、更多预先构建的不组件/储备(浮动)、更多的阶段性维修、更多的专门化训练,在部署位置储存更多的零部件。

同时,跟踪系统中更多的零部件。为了维持资产可用度和储备的装备,需要更多可用装备作为后备,并增加了中继级维修,即工作由航线转移到后面的店铺或阶段性维修。所以,陆军应借鉴 Pit-Stop 涉及的相关技术,改进维修工作,使装备达到更高的可用性和任务可靠性,但不能全面照搬。

### 2. 美军 Pit-Stop 创议

美国陆军借鉴赛车中的快速维修经验,改进维修工作的重点是能够提高速度、效率、质量和利用工作空间的设施、工具和车间设备。美军 Pit-Stop 创议包括:提高零部件和工具的可用性;快速损伤修复或缓解;预兆/快速诊断/CBM;高可靠性;专业比赛的技术杠杆作用。Pit-Stop 维修在这些方面具有优势。

(1) 提高零部件和工具的可用性

如对于应急抢修车,完整的部件组装:后端,前夹悬浮,刹车等,并采用加标签的工具箱和抽屉内分类的工具。同时,在抢修车上带有发电机、电焊、磨床、火焰切割等。

(2) 快速损伤修复或缓解

① 预先组装的修理装置(组件):将过去赛车损伤评估的经验,用于确定在比赛时需要携带备件以及快速修复的方案。例如,在损伤情况下,可以将完整的浮动(储备)后悬浮组件利用支架连接到

损伤车体工作的燃料加注器颈部(美国道路汽车赛)。这些装置都将提高修复的速度。

② 机组工程师更深地进入比赛策略规划中,应重视驾驶员的年龄、技术、要求的休息,以及竞赛组的需求。这与战场是很相似的,在战场上指挥办必须掌握机组人力、疲劳情况、装备使用情况和其他各种因素以便实施战斗计划。

③ Pit‐Crew(应急维修机组)训练:首先必须精通车库(修理间)的业务;其次是相互协作基础上形成机组并在实践和比赛中验证。

实际训练按照工作规定要求,维修人员必须是坚强的、敏感的、并经过核心力量和能量的训练;轮胎更换必须快速和准确,要求视觉敏感并快速练习。

额外规定每天两小时训练,在周末利用维修站( Pit)进行汽车的应急维修,建立对赛程维修站的精确模拟。

④ 预兆/快速诊断:如美国运动车比赛比美国全国汽车比赛协会允许进行遥测。他们只是监测能帮助完成任务的那些零部件。

遥测包括:加速计、应变计、燃气比、轮胎磨损、气象、振动传播、Pit窗口。数据通过无线传输到维修站指挥部的工程师,以便确定竞赛策略、更换机组或汽车人员。有超过48条通道的数据被记录。

⑤ 高可靠性在 Pit‐Stop 技术中可进行根本性原因分析,包括对好的和差的原因分析,以提高赛车可靠性。因此,在装备快速维修中,应当进行简易、快速和可使用数据的收集,包括部件性能、供应商零部件性能;竞赛车辆测试(风道、操作、发动机);机组行为(维修站停车次数,每日时间进度、关键工作职责);每台车有组件的记录。

### 3. Pit‐Stop 的实施

Pit‐Stop 的实施是完成一系列有关维修的项目,其基础在于现有装备的完整性。

① 通用拆卸/更换产品成套工具箱,包括所有的消耗零件和预先组装的产品组件,如齿轮箱、更换模块等;其次是按要求/需求更好地确定零部件组合,维修小组预先为装备各维修区域待用的工具以及该区域的维修工作类型贴上标签。

② 组件重新设计为更多模块。带工具和预先组装的组件和修理面板的抢修车,改善对损伤或故障装备的反应时间。

③ 协调现有装备拆卸工作。模块设计和预制的部组件是中间步骤。本部分包括专门的机组和维修程序;完善阶段性维修组织;机组成员只限定确定的装备区域;实行专业化以提高速度并减少修理时间。

总之,尽管维护或修理是必要的,在战斗或竞赛期间每个额外的毫秒都给敌人或竞赛对手以优势。装备的 Pit‐Stop 设计并不是为了满足最低限度的要求,而是为了取得战斗胜利。因此,应用 Pit‐Stop 的设计原理,在战场应急维修中,尽可能实现零件包装小型化,以减轻重量和运输体积;运用模块化设计,以便于战场应急维修的通用化与及时升级;精简战场应急维修工具数目,对毫无目的的维修工具予以剔除,通过简化设计和系统通用化减少维修训练的复杂度与冗余度。

在此基础上,专门的维护小组则可以战场抢修的目标定位在最短时间内恢复战斗力上,维修过程中需要的或产生的维修数据,可以通过通信方式下载到地面机组,实现维修工作准备与快速实施。通过 Pit‐Stop 工程,改善维修提高修理速度,可以在减轻后勤保障占地面积的同时,提高装备可用性和任务成功性。

# 参考文献

[1] Jeffrey Travis, Jim Kring.LabVIEW 大学实用教程(第三版)[M].乔瑞萍,等,译. 北京: 电子工业出版社,2013.

[2] 孙晓云.基于 LabWindows/CVI 的虚拟仪器设计与应用[M]. 北京:电子工业出版社,2011.

[3] 黄双双.基于 ATLAS 2000 的通用 ATS 的可视化开发软件设计[D]. 西安:西安电子科技大学,2013.

[4] 李泽安.测试程序开发环境分析与设计[D]. 南京:南京气象学院,2004.

[5] 崔伟,李云鹏,骆鲁秦.基于 ATLAS 语言的某型信号处理机测试应用研究[J]. 微型机与应用,2011,30(17):31-32.

[6] 李行善,左毅,孙杰.自动测试系统集成技术[M].北京:电子工业出版社,2004.

[7] 柳爱利,周绍磊.测控技术与虚拟仪器[M].北京:电子工业出版社,2015.

[8] 王建新,隋美丽.LabWindows/CVI 虚拟仪器测试技术及工程应用[M].北京:化学工业出版社,2015.

[9] 秦红磊,路辉,郎荣玲.自动测试系统——硬件及软件技术[M].北京:高等教育出版社,2007.

[10] 肖明清,胡雷刚,王邑,等.自动测试概论[M].北京:国防工业出版社,2012.

[11] 陈尚松,郭庆,雷加.电子测量与仪器[M].北京:电子工业出版社,2009.

[12] 曹玲芝.现代测试技术及虚拟仪器[M].北京:北京航空航天大学出版社,2004.

[13] 赵茂泰.智能仪器[M].北京:电子工业出版社,2009.

[14] 张发启,江勇,成立等.现代测试技术及应用[M].西安:西安电子科技大学出版社,2005.

[15] 张毅,周绍磊,杨秀霞.虚拟仪器技术分析与应用[M].北京:机械工业出版社,2004.

[16] 方子晋.度量衡起源[J].科学大观园,2009,2:40-42.

[17] 赵亮亮,肖明清,程进军等.COBRA/T—美军通用自动测试系统的新进展[J].计算机测量与控制,2013,21(6):1408-1411.

[18] 肖风云,马廷卫,唐义清.基于 VISA 标准的仪器驱动器设计[J].机械工程与自动化,2006,135(2):132-133.

[19] 何振宁.某型号弹上机测试系统研制[D].哈尔滨:哈尔滨工业大学,2012.

[20] ELSAYEDA.ELSayed 著.可靠性工程(第 2 版)[M].杨舟译.北京:电子工业出版社,2013.

[21] 袁晓静,苏勋家,侯根良.装备损伤与维修技术[M].北京:国防工业出版社,2015.

[22] 朱大奇.电子设备故障诊断原理与实践[M].北京:电子工业出版社,2004.

[23] 库振勋,王建,李文惠.实用电子电路故障查找技术[M].沈阳:辽宁科学技术出版社,2011.

[24] Sanjaya Maniktala 著.开关电源故障诊断与排除[M].王晓刚,谢运祥译.北京:人民邮电出版社,2011.

[25] 陈树峰.高频电源电子线路故障诊断及辅助软件设计[D].南京:南京航空航天大学,2013.